U0948775

隐伏型岩溶区建筑地基稳定性评价方法研究与工程实践

聂庆科　韩立君　李华伟　李建朋　张开伟　著

科学出版社

北　京

内 容 简 介

本书围绕浅埋隐伏型岩溶地面塌陷的成因机制、勘察技术特别是物探技术的应用，致力于探究稳定性评价理论与方法等问题，从工程实践者的角度开展深入的分析、研究和探讨，并给出若干翔实可靠的工程实例。本书将理论与实践、学术性与技术性融为一体，可使读者对岩溶地面塌陷问题有较为清晰的了解。

本书可供从事土建工程和地质灾害治理的科研、设计、施工及教学人员参考使用。

图书在版编目(CIP)数据

隐伏型岩溶区建筑地基稳定性评价方法研究与工程实践/聂庆科等著. —北京：科学出版社，2020.11

ISBN 978-7-03-061729-3

Ⅰ. ①隐… Ⅱ. ①聂… Ⅲ. ①隐伏构造-岩溶区-地基稳定性-研究 Ⅳ. ①TU470

中国版本图书馆 CIP 数据核字（2019）第 122115 号

责任编辑：王 钰 / 责任校对：陶丽荣

责任印制：吕春珉 / 封面设计：东方人华平面设计部

科学出版社 出版

北京东黄城根北街 16 号

邮政编码：100717

http://www.sciencep.com

北京中科印刷有限公司 印刷

科学出版社发行　各地新华书店经销

*

2020 年 11 月第 一 版　开本：B5（720×1000）

2020 年 11 月第一次印刷　印张：20 1/4

字数：390 000

定价：175.00 元

（如有印装质量问题，我社负责调换〈中科〉）

销售部电话：010-62136230　编辑部电话：010-62137026

序

在我国，岩溶地貌分布众多，尤以广西、云南、贵州分布面积较广，是世界较大的岩溶发育区之一，西藏及北方地区也有分布。

在大多数人眼中，岩溶是美丽的风景名胜，如桂林的七星岩、北京南郊的上方山云水洞等。但在工程建设者眼里，岩溶是威胁工程建设的地质灾害。近年来，岩溶塌陷地质灾害发生多起，给人民生命和财产造成了巨大损失。岩溶发育的难确定性、突发性使有关岩溶地质灾害的研究始终是岩土工程中重要的研究课题之一。因此，该书瞄准了岩土学科的前沿，紧密结合我国工程建设的实际需求，具有重大的理论和工程应用价值。

十几年来，该书作者一直致力于覆盖型岩溶建筑地基的评价研究，倾注了大量心血，创造性地提出了覆盖型岩溶建筑地基稳定性评价方法、勘察技术及治理方法，并成功应用于工程实践，由此获得了多项全国优秀工程勘察奖，深刻诠释了岩土工程独具的理论—经验—工程判断的“艺术”特色，这也是该书的最大特色。作者不仅积累了大量的第一手资料，而且勤于并善于总结提高，通过对现象进行分析判断，归纳演绎出科学结论，提出了许多具有科学性和工程实用价值的方法。特别是，作者深入研究了物探技术在岩溶地质勘察中的应用，有原理、有实例，图文并茂，为该书赋予了新的内容。

该书是一部理论和工程实践集成的专著，理论分析有据、深入，工程实践又为理论的验证提供支持，立论有据、分析清晰、结论可信，对岩土工程界各同仁具有宝贵的借鉴和参考价值。

“物我两忘、宠辱不惊”，只要看准了事情，就要去把它做到底。作者集十几年之力，做成了这件事情，正是我所期望的。“青出于蓝而胜于蓝”，我为岩土工程界出现这样的中坚而备感欣慰！

阅读该书，获益甚丰，衷心希望岩土工程界多出这样的作者，多出这样的著作，这才是岩土工程专业进步发展的基石！

王梦恕 2017年9月9日

前　言

关于岩溶发育区建筑地基的研究，国内外的许多学者和工程师已进行了大量的探索，但由于岩溶区建筑地基的特殊性，特别是浅埋、隐伏型岩溶区，还有许多有待研究的问题，包括勘察技术、处置技术及稳定性评价方法等。近十几年来，作者一直致力于浅埋、隐伏型岩溶区建筑地基的研究和工程实践，取得了一些成功的经验，本书是对这些工作较为全面的阶段性总结。

作者以唐山市为例研究了浅埋、隐伏型岩溶地面塌陷的成因机制与影响因素，并建立了基于 WebGIS 的城市岩溶勘察信息系统，对于北方浅埋、隐伏型岩溶区建筑地基研究具有重要意义。作者深入研究了隐伏型岩溶区建筑地基的勘察技术，并系统阐述了物探技术在隐伏型岩溶区建筑地基勘察中的理论基础、原理、适用条件及实例应用。特别是，作者研究了隐伏型岩溶区建筑地基稳定性评价理论和方法，尝试将基于权重反分析、Logistic 回归模型及云模型等新的稳定性评价方法用于隐伏岩溶区的建筑地基稳定性评价，并用实例予以验证，证明该方法是合理和适用的。

本书共 10 章：第 1 章绪论，系统阐述了隐伏型岩溶建筑地基的国内外研究现状；第 2 章隐伏型岩溶地面塌陷成因机制与影响要素分析，以唐山市为例，阐述了隐伏型岩溶地面塌陷的分布规律、成因及主要影响因素；第 3 章基于 WebGIS 的城市岩溶勘察信息系统，阐述了系统程序设计、功能，以及岩溶勘察的关键信息的收集和整理；第 4 章隐伏型岩溶区建筑地基勘察技术，阐述了勘察技术的原理和方法，以及勘察程序和方法；第 5 章物探技术在岩溶勘察中的应用，阐述了物探技术在岩溶勘察中的理论基础、原理适用条件及实例；第 6 章隐伏型岩溶建筑地基稳定性的评价理论与方法，系统阐述了基于权重反分析、Logistic 回归模型及云模型等稳定性评价方法，用于隐伏型岩溶建筑地基稳定性评价新方法的建立和应用，并用实例给予了验证；第 7 章隐伏型岩溶建筑地基处置技术，系统阐述了充填法、注浆法、桩基础等方法在处理隐伏型岩溶建筑地基中的应用；第 8～10 章为岩溶勘察与治理工程实录，这 3 个实录都是获得全国优秀工程勘察设计奖银质奖的项目。

本书由河北建设勘察研究院有限公司聂庆科教授级高工、韩立君教授级高工、李华伟博士，河北建设勘察研究院有限公司博士后工作站博士后李建朋博士，河北建设勘察研究院有限公司张开伟高工合著；河北建设勘察研究院有限公司梁书奇、王英辉、贾向新、田鹏程、王凯亮、郅正华、王伟参与了现场试验、测试、数据整理及本书部分章节的资料整理工作；唐山中冶地勘有限公司胡艳东教授级高工、吴德明教授级高工、河北省地矿局第四水文工程地质大队杜兴明教授级高工等为本书提供了部分资料；聂庆科和李建朋统筹了本书全稿。

承蒙中国工程院院士、北京交通大学教授王梦恕先生审阅书稿，并为本书作序；全国工程勘察设计大师、河北省工程勘察设计咨询协会会长、河北建设勘察研究院有限公司顾问梁金国先生在百忙之中审阅书稿，并提出了宝贵意见和建议，在此表示衷心感谢！

2017年10月9日

目　录

第 1 章　绪论 …… 1

1.1　岩溶地区相关问题 …… 1

1.2　岩溶地区的国内外研究现状 …… 2

1.2.1　国外研究现状 …… 2

1.2.2　国内研究现状 …… 5

1.3　覆盖型岩溶建筑地基勘察与治理中的关键问题 …… 7

第 2 章　隐伏型岩溶地面塌陷成因机制与影响要素分析 …… 8

2.1　引言 …… 8

2.2　唐山市岩溶地面塌陷分布规律 …… 8

2.2.1　唐山市岩溶地面塌陷空间分布规律 …… 8

2.2.2　唐山市岩溶地面塌陷时间分布规律 …… 9

2.3　基于典型案例的岩溶塌陷形成机制分析 …… 11

2.3.1　岩溶发育程度综合分析 …… 12

2.3.2　体育中心地质构造特征 …… 13

2.3.3　体育中心工程地质条件特征 …… 18

2.3.4　体育中心特殊岩溶水文地质条件分析 …… 22

2.3.5　体育中心岩溶地面塌陷过程的数值模拟 …… 25

2.3.6　体育中心岩溶塌陷的形成机制 …… 27

2.4　岩溶地面塌陷的主要影响因素 …… 32

2.5　本章小结 …… 33

第 3 章　基于 WebGIS 的城市岩溶勘察信息系统 …… 34

3.1　引言 …… 34

3.2　岩溶勘察关键信息的收集与整理 …… 34

3.2.1　原始勘察成果资料 …… 34

3.2.2　岩溶勘察关键信息专题图 …… 35

3.3　系统的设计与实现 …… 39

3.3.1　系统架构设计 …… 39

3.3.2　系统主要功能 …… 42

3.3.3 系统实现的关键技术 …… 44
3.4 应用实例 …… 44
3.5 本章小结 …… 46
第 4 章 隐伏型岩溶区建筑地基勘察技术 …… 47
4.1 引言 …… 47
4.2 岩溶勘察技术原理与方法 …… 47
4.2.1 地球物理勘探 …… 47
4.2.2 钻探 …… 52
4.2.3 原位测试与土工试验 …… 52
4.3 一种基于反射波法的桩底岩溶探测技术 …… 53
4.3.1 基本原理 …… 54
4.3.2 实现方法 …… 55
4.3.3 应用实例 …… 57
4.4 隐伏型岩溶区建筑地基勘察程序与方法 …… 60
4.5 本章小结 …… 61
第 5 章 物探技术在岩溶勘察中的应用 …… 63
5.1 引言 …… 63
5.2 高密度电阻率法 …… 63
5.2.1 高密度电阻率法理论基础 …… 63
5.2.2 高密度电阻率法的仪器设备 …… 67
5.2.3 高密度电阻率法工作特点及适用范围 …… 70
5.2.4 高密度电阻率法在岩溶及采空区勘察中的应用 …… 71
5.3 高密度地震映像法 …… 80
5.3.1 高密度地震映像法的理论基础 …… 80
5.3.2 地震映像法仪器设备 …… 85
5.3.3 主要应用条件及应用领域 …… 88
5.3.4 高密度地震映像法的应用 …… 89
5.4 地质雷达 …… 94
5.4.1 地质雷达理论基础 …… 94
5.4.2 地质雷达仪器设备 …… 96
5.4.3 应用领域及应用条件 …… 96
5.4.4 地质雷达在岩溶勘察中的应用 …… 96

5.5 跨孔层析成像 …… 109
5.5.1 跨孔层析成像理论基础 …… 109
5.5.2 跨孔层析成像的仪器设备 …… 111
5.5.3 跨孔层析成像的应用范围和条件 …… 113
5.5.4 跨孔层析成像的应用 …… 114
5.6 大地电磁测深成像法 …… 118
5.6.1 大地电磁测深成像法理论基础 …… 118
5.6.2 大地电磁测深成像法的设备 …… 122
5.6.3 大地电磁测深成像法的应用条件和范围 …… 123
5.6.4 大地电磁测深成像法的工程应用 …… 124
5.7 本章小结 …… 132
第 6 章　隐伏型岩溶建筑地基稳定性的评价理论与方法 …… 133
6.1 引言 …… 133
6.2 隐伏型岩溶地基稳定性评价经典方法 …… 133
6.2.1 定性评价法 …… 133
6.2.2 理论公式法 …… 134
6.2.3 逐步判归法 …… 135
6.3 基于权重反分析的岩溶地基稳定性评价新方法 …… 138
6.3.1 岩溶地面塌陷危险性评价案例的收集与分析 …… 138
6.3.2 岩溶地面塌陷危险性评价的评分表的制作方法 …… 153
6.3.3 岩溶地面塌陷危险性评价的评分表 …… 160
6.3.4 小结 …… 161
6.4 基于 Logistic 回归模型的隐伏型岩溶地基稳定性评价新方法 …… 161
6.4.1 二分类 Logistic 回归基本原理 …… 162
6.4.2 影响因子的选择与变量赋分 …… 164
6.4.3 岩溶地面塌陷危险性预测的二分类 Logistic 回归模型 …… 169
6.4.4 岩溶地面塌陷危险性分级 …… 173
6.4.5 工程应用 …… 174
6.4.6 小结 …… 175
6.5 基于云模型的隐伏型岩溶地基稳定性评价新方法 …… 175
6.5.1 云模型理论简介 …… 176
6.5.2 基于云模型的岩溶地面塌陷危险性评价方法 …… 177
6.5.3 应用实例 …… 182
6.5.4 小结 …… 184

6.6 隐伏型岩溶建筑地基稳定性综合评价方法 …… 184
6.6.1 综合评价系统构成 …… 185
6.6.2 综合评价系统各组成部分之间的区别与联系 …… 185
6.6.3 建立综合评价系统的技术路线图 …… 185
6.6.4 综合评价系统的应用方法 …… 186
6.7 本章小结 …… 186
第 7 章 隐伏型岩溶建筑地基处置技术 …… 188
7.1 引言 …… 188
7.2 岩溶地基处置方案选择方法 …… 188
7.3 一种新的隐伏型岩溶区溶洞充填施工工艺 …… 189
7.3.1 技术内容 …… 190
7.3.2 基本原理 …… 190
7.3.3 应用实例 …… 191
7.4 隐伏型岩溶区地基注浆施工方法 …… 192
7.4.1 注浆方案 …… 192
7.4.2 注浆材料、设备与制浆 …… 194
7.4.3 岩溶地基注浆处理施工 …… 197
7.4.4 注浆质量检查 …… 199
7.5 隐伏型岩溶区桩基础施工方法 …… 200
7.5.1 桩基础施工工艺选择 …… 200
7.5.2 一种适合隐伏岩溶区钻孔灌注桩施工的工法 …… 201
7.6 岩溶地基治理效果评价 …… 204
7.6.1 检验 …… 204
7.6.2 监测 …… 204
7.7 本章小结 …… 205
第 8 章 唐山市体育中心岩溶勘察与治理工程实录 …… 206
8.1 工程背景 …… 206
8.2 唐山市岩溶塌陷的地质背景分析 …… 207
8.2.1 褶皱构造 …… 207
8.2.2 区域断裂构造 …… 208
8.2.3 第四系覆盖层厚度及岩性结构 …… 209
8.2.4 地下水分布与补给 …… 210

8.3 唐山市体育中心岩溶勘察方案 212
8.3.1 勘察的技术途径 212
8.3.2 工程钻探与土工试验 212
8.3.3 工程物探 213
8.4 唐山市体育中心岩溶物探成果及解释 214
8.4.1 物探成果的数据处理 214
8.4.2 工程物探成果的地质解释 215
8.5 唐山市体育中心岩溶病害治理 216
8.5.1 岩溶病害治理技术路线 216
8.5.2 工程治理方案设计要求和内容 217
8.5.3 治理工程的实施 220
8.6 治理效果分析评价 227
8.6.1 第四系注浆跑浆、串浆特点分析 227
8.6.2 注浆量充填体积分析 229
8.6.3 钻孔岩芯质量分析 231
8.6.4 工程注浆结束标准分析 235
8.6.5 治理前后钻孔标贯击数对比分析 235
8.6.6 治理前后浅层地震反射波速对比分析 236
8.6.7 体育中心水位流场分析 244
8.6.8 建筑物沉降观测对比分析 245
8.7 治理工程质量评价 247
8.8 本章小结 248

第 9 章 广西信发铝电有限公司靖西厂址区岩溶勘察及红黏土治理工程实录 249

9.1 工程背景 249
9.2 勘察方法选取 249
9.3 浅层地震反射波法在桩端岩溶检测中的应用 250
9.3.1 浅层地震反射波法的引用背景 250
9.3.2 浅层地震反射波法的检测原理 250
9.3.3 观测系统 251
9.3.4 现场工作方法及步骤 252
9.3.5 探测成果典型信号分析 254
9.3.6 浅层地震反射波曲线类型统计 256
9.3.7 探测结果解释 257
9.3.8 地震反射波法探测本区桩底基岩完整性的一般规律 257

9.4 超前孔施工勘察 ······ 258
9.4.1 设计的单桩极限承载力标准值要求 ······ 258
9.4.2 超前孔设计 ······ 258
9.4.3 超前孔施工 ······ 259
9.4.4 建议桩长设计 ······ 259
9.4.5 检测效果 ······ 259
9.4.6 超前孔施工勘察经验总结 ······ 259
9.4.7 厂区岩溶分布特征 ······ 260
9.5 厂址区红黏土动力特性与处理实践 ······ 260
9.5.1 试验方法 ······ 261
9.5.2 试验结果与分析 ······ 264
9.5.3 广西靖西红黏土地基处理实践 ······ 276
9.6 本章小结 ······ 281
第 10 章 中电四会 2×400MW 级燃气热电冷联产项目岩溶勘察与治理工程实录 ······ 282
10.1 工程背景 ······ 282
10.2 厂址区岩溶勘察 ······ 282
10.2.1 对称四极电测深法勘探 ······ 282
10.2.2 基桩超前钻孔 ······ 284
10.2.3 厂址区溶洞的发育特征 ······ 285
10.3 桩基础施工过程中溶洞（土洞）处理方法 ······ 286
10.3.1 桩型为冲孔灌注桩时溶洞（土洞）处置方案 ······ 286
10.3.2 桩型为管桩时溶洞（土洞）处置方案 ······ 288
10.3.3 成孔过程中突然漏浆、混凝土流失的处理措施 ······ 289
10.4 岩溶注浆法治理中复合水泥浆液可注性试验研究 ······ 290
10.4.1 复合水泥浆速凝剂的确定 ······ 290
10.4.2 复合水泥浆液最优配合比的确定 ······ 292
10.4.3 工程应用结论 ······ 304
10.5 本章小结 ······ 304
参考文献 ······ 306

第 1 章　绪　　论

1.1　岩溶地区相关问题

岩溶，又称喀斯特，是水对可溶性岩石，如碳酸盐岩、石膏、岩盐等进行以化学溶蚀作用为主，流水的冲蚀、潜蚀和崩塌等机械作用为辅的地质作用，以及由这些作用所产生的现象的总称。岩溶作用所造成的地貌，称为岩溶地貌或喀斯特地貌。

“喀斯特”一词是原南斯拉夫西北部伊斯特拉半岛上的石灰岩高原的地名，意思是岩石裸露的地方，那里是典型的岩溶地貌区。因此，“喀斯特”一词即为岩溶地貌的代称。我国是世界上对岩溶地貌记述和研究最早的国家，早在晋代便有记载，但以明朝徐弘祖（1587—1641）所著的《徐霞客游记》中的记述较为详尽。

岩溶地貌分布在可溶性岩石地区，可溶性岩石是岩溶地貌发育的基础。可溶性岩石可分为 3 类：碳酸盐类岩石（石灰岩、白云岩、泥灰岩等）、硫酸盐类岩石（石膏、硬石膏和芒硝）、卤盐类岩石（钾、钠、镁盐岩石等）。其分布总面积达 51×10^6km^2，约占地球总面积的 10%。从热带到寒带、由大陆到海岛都有岩溶地貌发育，其中较著名的区域包括我国广西、云南和贵州等省（自治区），越南北部，欧洲东南部的狄那里克阿尔卑斯山区，意大利和奥地利交界的阿尔卑斯山区，法国中央高原，俄罗斯乌拉尔山区，澳大利亚南部，美国肯塔基州和印第安纳州，古巴及牙买加等地。我国岩溶地貌分布广泛，类型较多，为世界所罕见，涉及湖南、湖北、广东、广西、江西、云南、贵州、河北、山东等省（自治区），其主要集中在云贵高原和四川西南部。作为岩溶地貌发育的物质基础——碳酸盐类岩石，如石灰石、白云岩、石膏和岩盐等，在我国分布很广。据不完全统计，碳酸盐类岩石总面积达 200 万 km^2，其中裸露的碳酸盐类岩石面积约 130 万 km^2，约占全国陆地总面积的 1/7，埋藏的碳酸盐岩面积约 70 万 km^2。埋藏的碳酸盐岩是隐伏型岩溶发育的基础，而隐伏型岩溶则多见于北方，如河北的唐山地区。

随着我国城镇化建设进程不断深入，对岩溶区水资源和土地资源的开发利用日益增强，导致岩溶塌陷地质灾害日趋频繁。由岩溶塌陷引发的建筑物地基与基础不均匀沉降、滑动和塌陷等失稳现象，不仅严重威胁着人们的生命安全，还给社会带来巨大的经济损失。例如，1988 年 6 月 6 日，唐山市体育中心第二田径训练馆发生地面塌陷，馆内两根混凝土柱陷入坑内，房顶坍塌，直接经济损失近千万元；1996 年 1 月 28 日，桂林市市中心的体育场发生塌陷，塌陷坑直径为 915m，深度为 5m，造成邻近整个商业街关闭 15d，营业额损失近千万元；2003 年 8 月 4 日，广东省阳春市移民安置区发生岩溶塌陷地质灾害，造成房屋毁坏和人员伤亡的严重事故；自 1981 年开始出现塌陷以来，山东省枣庄市累计塌陷点为 200 余处，涉及面积 $50km^2$，塌陷区内 30%以上房屋成为危房，致使 2 所学校搬迁，2 座桥梁报废，2 名少年丧生，多人受伤。

针对上述情况，岩土工程师越来越感到，在岩溶区，尤其是在隐伏型岩溶发育区关于岩溶作用，灾害地质，建筑地基与基础的勘察、治理、设计施工工艺等问题迫切需要相应的技术方法来解决，特别是亟须建立一套能够指导岩溶区工程建设的勘察、设计与施工的关键技术体系。

本书依托岩溶区已建、待建工程项目开展研究，旨在解决岩溶区建筑地基与基础的勘察、设计、施工及治理问题。在充分认识岩溶工程地质特点的前提下，以先进理论和方法作为指导展开研究，研究适合岩溶区工程建设的勘察、设计与施工新工艺、新方法，并突出隐伏型岩溶区建筑的岩溶勘察方法、病害分析及处理、稳定性影响评价、监测及检测等成套技术方面的研究，从而形成岩溶区建筑地基与基础的勘察、设计与施工的关键技术指南。

本书的研究所获得的隐伏型岩溶区建筑地基稳定性评价方法，以及勘察、设计与施工技术成果，将促使我国隐伏型岩溶区建筑技术迈向一个新台阶，达到节约工程投资，提高工程施工及运行质量的目的，并产生技术、经济效益和明显的社会环境效益。

1.2 岩溶地区的国内外研究现状

1.2.1 国外研究现状

岩溶区面积辽阔，主要分布在地中海沿岸、东欧、中东、中国南部、东南亚、美国东南部和中美洲等人口稠密的地区。这些地区人类工程活动强烈，岩溶灾害问题也非常突出，并已引起国际社会的普遍关注。特别是进入 20 世纪 70 年代以来，召开了多次与岩溶有关的国际会议，使世界各国的研究者有机会交流解决岩溶地质灾害问题的经验与方法。例如，1973 年国际工程地质协会在德国汉诺威首次举行了“岩溶塌陷与沉陷：与可溶岩有关的工程地质问题”国际讨论会，重点讨论了欧洲地区，特别是可溶岩地区的地面塌陷、分布规律、勘测技术和防治措施；1978 年美国在宾夕法尼亚州的赫尔锡市召开了岩溶区工程地质讨论会，重点讨论了岩溶地面塌陷发育的规律问题；1984～2003 年先后在美国佛罗里达州、密苏里州、肯塔基州和亚拉巴马州举行了 9 届岩溶塌陷、岩溶工程与环境影响多学科国际讨论会，这也是当前国际上举办历史最长、影响最大的岩溶塌陷与岩溶问题的国际会议。1996 年美国学者 Sowers 编写了《塌陷上的建筑物——岩溶区的基础设计与施工》，全面介绍了岩溶塌陷的机理和防治问题；2004 年英国学者 Waltham 等组织来自多国的 20 余位专家编写了《塌陷与沉陷——工程与建设中的岩溶与洞穴岩体问题》，系统介绍了工程活动中岩溶隐患的处置问题。国外的岩溶与工程问题研究主要注重如下几个方面。

（1）岩溶勘察技术

岩溶勘察一直被认为是极具挑战性的问题。钻探资料虽然可靠，但由于其成本高且布孔的随机性，可能会歪曲地下岩溶地貌，因而人们尝试使用地球物理勘探及遥感方法来勘测地下岩溶。发达国家利用仪器设备方面的优势，各种地球物理方法都曾运用到这一领域，目前使用较多的是地质雷达、高密度电阻率法、浅层地震及声波电磁孔间透视法、CT 层析法等。近年来，随着计算机技术的发展，岩溶勘察技术也在朝着集成化、多功能化方向发展，不断推出新的物探仪器。

（2）岩溶区地基稳定性评价研究

稳定性评价是岩溶研究面临的重大课题，岩溶洞穴失稳过程的特殊性使模型试验成为重要研究手段。国外许多学者先后采用物理模型试验、有限单元法和二维拉格朗日快速变换等数值分析的方法，系统研究了荷载、洞穴宽度、高度与顶板安全厚度问题。岩土工程离心机利用机体转动时产生的离心力加强模拟物的实际重力。通过岩土工程离心机，很多现场的试验都可在室内进行。离心机可用于模拟多种工程问题，如暴雨产生的滑坡、填海地盘的固结沉降、地面的地震反应、地震液化及地基变形、污染物在孔隙介质中的传播，以及许多在动静荷载下土与结构的相互作用问题等。因此，国外一些学者采用岩土工程离心机进行地面试验，研究了洞穴上覆黏土层的塌陷问题，但没有考虑黏土强度的影响。还有学者运用离心机研究塌陷破坏机理和导致塌陷的临界组合条件，重点研究了上覆在洞穴上方的弱固结砂层的塌陷破坏与洞穴开口大小、洞穴自身强度、弱固结砂层强度和厚度、上覆砂层的厚度及地表荷载的关系。离心机在模拟岩溶系统中地下水动态变化对上覆岩土的作用方面存在局限性；上述研究均未考虑地下水的作用问题，但地下水对岩溶塌陷的形成又是至关重要的。

（3）岩溶塌陷危险性预测与风险评估

运用以地理信息系统（geographic information system，GIS）为代表的计算机技术，结合灾害发生的危险性与社会经济易损性评估灾害风险，已成为近年来国外地质灾害研究工作的重要内容。例如，1986 年美国的 Crawford 对贝伦（Barren）河岩溶塌陷进行危险性评价，采用的是 1.25km×1.25km 网格，如果网格内塌陷个数占总数的 10%以上划为高危险区，1%～10%划为中危险区，小于 1%划为低危险区，下伏地层为非碳酸盐岩的为非塌陷危险区。美国的 Raghu（1984）采用泊松方程模拟新泽西州沃伦（Warren）县在给定时间内、给定面积区域发生塌陷的概率。1984 年，美国田纳西州交通局的 Moore 对在田纳西州诺克斯维尔市岩溶区高速公路建设中面临的沉陷、塌陷、隐伏溶洞、洪水及落水洞淤积进行了危险性评价。1996 年，美国科罗拉多大学 MarioMejia-Navarro 研制开发了基于 GIS 技术的计算机决策支持系统（decision support system，DSS），专门用于地质灾害的风险评价工作。南非的 Calitz（2001）运用 GIS 技术对南非勒博瓦科莫（Lebowakgomo）白云岩地区潜在地面塌陷风险进行了评估。意大利的 Salvati 和美国的 Tharp（2001）提出了岩溶水压力对塌陷影响的概念模型，并据此开展意大利中部拉丁姆（Latium）地区的岩溶塌陷评估工作。英国国家地质调查局的 Cooper（2001）用 ArcView 软件对英国岩溶地质灾害进行了评估。Gao（2003）运用 ArcView 软件对美国明尼苏达州东南部岩溶塌陷的空间分布规律和潜在风险进行了系统分析。

（4）岩溶塌陷监测预报

美国学者 Benson（1987）提出利用地质雷达进行监测预报的方法，在北卡罗来纳州威尔明顿（Wilmington）西南部的一条军用铁路进行试验，监测周期为半年，取得了良好的效果。近年来，以 FBG（fiber Bragg grating，光纤布拉格光栅）、BOTDR（Brillouin optical time-domain reflectometry，布里渊光学时域反射）与 TDR（time-domain reflectometry，时域反射法）为代表的光纤传感技术正在逐渐走向成熟。当光纤因受应力或温度改变而产生应变时，光纤传感中光束的特性产生变化，可利用此特性进行监测。光纤传感容易实现自动化与远程实时监测，更重要的是，其具备多种监测功能，可使用电子仪器及多任务器同时进行多点、分布式监测，可有效地建立高效率且经济的监测系统。目前，光纤传感技术在航空、航天领域中已显示了其有效性，在土木、交通、地质工程及地质灾害防治等领域的应用也已开始。可以预见，对于岩溶塌陷这种呈线状分布、位置又不确定的岩土变形，光纤传感技术将具有广阔的应用前景。

（5）岩溶塌陷地质灾害的治理研究

为了防止覆盖型岩溶区地面塌陷和不均匀沉降对建筑物造成危害，片筏基础和条形基础被认为是较为经济的基础类型，并且被广泛采用；桩基、灌浆加固等也是国外较为常用的处理岩溶病害的方法。1998 年，英国在白垩系地层分布区修筑公路时，发现白垩系地层发育直径达 20m、深 7m、被黏土砂砾石充填的管道。在施工时，人们主要采用几种方案进行处理：①对于直径小于 1m 且发育在桥基下的管道，彻底清除其充填物，换填混凝土；②对于直径 8m 以下的管道，采用钢筋混凝土盖板跨越，盖板跨度为 2 倍管道直径；③对于直径超过 8m 的管道，采用桥跨，桥采用桩基础，桩基到管道的间距不小于 2 倍桩径；④对于有中密度砂砾石充填的小型管道，上方铺设加强型土工格栅；⑤对于黏土充填的小型管道采用混凝土塞填，对大型管道则先采用振动法换填石头加强，然后用土工栅格加强。

1.2.2　国内研究现状

岩溶塌陷作为我国六大类型地质灾害之一，一直受到高度重视，特别是近20年来，国家有关部门和学者投入了大量人力、物力，开展岩溶塌陷防治研究工作，取得了大量成果。

（1）岩溶塌陷的机理研究

因地质环境不同，岩溶塌陷发育具有复杂性，但仍具有一定的规律性。岩溶塌陷产生的物质基础包括：①基岩具有溶洞、竖井、深裂隙、溶缝等开口岩溶形态，这是地下水和塌陷物质的存储场所或通道；②覆盖层为松散土层或软弱岩层，这是产生岩溶塌陷的基础；③岩溶系统渗流场中地下水动力条件发生改变，这是产生岩溶塌陷的主导因素。

岩溶塌陷多产生于浅部隐伏岩溶发育地段，特别是开口型岩溶发育地区。岩溶塌陷受地质构造控制，多分布于上覆盖层较薄部位。据湖南、广东、广西、浙江等地区岩溶塌陷的统计资料，湖南、广东、广西地区的临界土层厚度一般为30m，而浙江某地为35m。岩溶塌陷多发生在岩溶洼地及河谷低洼地段，该类地形有利于地表水的汇集及地下水的补给，使地下水的潜蚀作用增强。岩溶塌陷随地下水抽排水量的增加和地下水水位的降低而发展，多位于地下水的疏干漏斗内，并随漏斗的扩展而变大。降水入渗使土体强度降低，动水压力增大，加剧了地面岩溶塌陷的发育。

按岩溶塌陷成因机制分析，岩溶塌陷产生的根本原因是覆盖层的部分土体受力失稳破坏，塌陷体受到的致塌力超过抗塌力。不同致塌力可以形成各种力学效应，构成不同的塌陷模式，因此岩溶塌陷的形成是多机制的。一般条件下，致塌力包括覆盖层岩土体自重力、地下水的垂向渗透力、侧向渗透力、岩土体空隙中气体的正压力或负压力、振动力、大气压力；抗塌力包括岩土体的内聚力、塌陷体周边的摩阻力、地下水的浮托力等。岩溶塌陷不可能同时受到上述所有力的作用，但因受力状态不同，产生的力学效应不一样，会有不同的成因机制，形成不同的致塌模式，因此岩溶塌陷的形成是多机制的，单一成因论只能解释某些特定条件下所形成的岩溶塌陷。

岩溶塌陷的成因机制可分为以下8种，即重力致塌模式、潜蚀致塌模式、真空吸蚀致塌模式、冲爆致塌模式、振动致塌模式、荷载致塌模式、溶蚀致塌模式、根蚀致塌模式。

（2）岩溶塌陷的诱发原因分析

岩溶塌陷的诱发原因是岩溶塌陷产生过程中的触发因素，根据岩溶塌陷触发原因背景的不同，可将其分为 6 种类型：①采矿疏干排水；②水源地过量抽水；③地下暗河水位大幅上升，在相对封闭的岩溶网络地段引起的水击作用和高压冲爆作用；④强烈地震、爆破或其他震动作用；⑤在上覆土层抗蚀性弱、下伏地层岩溶发育的基岩面上，地下水水位上下大幅度波动；⑥地表水大量入渗，或特大暴雨的地面径流顺裂隙岩溶通道快速下渗。

（3）岩溶塌陷的勘察评价技术

岩溶塌陷的勘察研究方法主要包括地质测绘、地质钻探网密集钻探、地球物理勘探、遥感、物理力学试验、物理模型模拟、数值模拟。近年来，地球物理勘探技术在岩溶塌陷勘探中得到了长足的发展，浅层地震勘探、地面微重力法、声波检测、地质雷达、无线电波透视、综合测井、超声成像、频率测深、电阻率法、激发极化法、放射性测量等技术配合钻探及其他各种勘探方法，在岩溶塌陷场地勘察中取得了较好的效果。

（4）岩溶灾害的治理与防治研究

岩溶地质灾害的治理主要采取的方法包括疏导、跨越、加固和堵塞。疏导措施主要用于对岩溶水的处理，采用明沟、泄水洞等方法。跨越处理有桥跨越、涵洞跨越和填石路堤跨越，其中桥跨越用于流量大的暗河、大型冒水洞、消水洞、塌陷坑及岩溶极为复杂的路段；涵洞跨越用于一般岩溶泉；填石路堤跨越用于季节性或经常性内涝的岩溶洼地。加固方法主要有洞内支撑加固、盖板加固、爆破顶板后用片石回填或跨越加固、换填加固和打桩加固等。堵塞方法主要是采用片石充填，用于路堑边坡上的溶洞、溶沟、溶槽等。

对岩溶地面塌陷的防治，坚持以防为主的方针，主要措施有：将建筑物选在稳定的地区；做好抽排地下水井管的反滤层，防止泥沙流失；维持地下水动水位平衡，防止动水位低于可溶岩的岩面；对可能塌陷的地段采取帷幕灌浆处理等。

对岩溶地面塌陷的治理，主要采用防渗措施、地面下加固措施和结构物跨越措施。防渗措施包括回填、夯实、水泥抹面、隔水土工布封闭、氯丁橡胶板防水、建拦水坝隔离、改河工程等。地面下加固措施包括强夯法、填碎石法、固结灌浆法、帷幕灌浆法、桩基、锚杆加固等。结构物跨越措施包括桥跨越、梁跨越、板跨越、拱跨越等。

对岩溶水的防治，主要有堵、截、铺、灌、隔离和导（排）的处置方法。堵的方法是采用不同材料对竖井、落水洞等进行堵塞，但位于暗河附近、雨季时又排泄暗河洪水的天窗、溶洞、落水洞、反复泉等不宜堵死。截的方法是用截水墙，截断渗水通道。铺的方法是用水泥砂浆抹面，用于防止水渗漏；灌的方法主要是灌浆帷幕防渗漏。隔离的方法是修筑隔水堤，防止水渗透破坏。导（排）的方法主要是设排水钻孔、减压井、导管及排水沟等，将承压地下水引导排泄至建筑物外，防止其对建筑物的破坏作用。

1.3 覆盖型岩溶建筑地基勘察与治理中的关键问题

综上所述，在覆盖型岩溶建筑地基勘察与治理中有以下关键问题。

1）在岩溶勘察技术上，国内水平与国外相比有一定的差距。主要是因为，目前国内使用的仪器设备不是进口的就是仿制的，缺少原创性的研究工作。在岩溶勘察相关标准（指南）制定方面，国内只重视各种勘探方法的操作规范的编写，缺乏综合的、针对不同岩溶问题的探测方法比较和推荐。关于地理信息系统在岩溶勘察中的应用鲜有文献报道。

2）在评价方法和处置技术上，国内外采用的技术基本相似。受项目支持的侧重点与来源的影响，国外以结合实际工程的研究为主，国内则开展了大量的区域性基础研究和试验研究工作，结合工程的专门研究存在局限性。

3）尽管已经进行了多年的岩溶灾害治理工作，但在研究治理的技术思路及效果上仍存在很大的局限性，没有结合工程实际探讨岩溶塌陷的真正原因，其治理技术及治理效果也无从谈起；针对岩溶区广泛分布的红黏土地基，尚缺少对其在动力荷载作用下工程特性的深入研究。

因此，有必要研究、建立隐伏型岩溶区建筑地基勘察、设计与施工的关键技术体系，特别是建立隐伏型岩溶地基稳定性评价方法，以便更好地指导工程实践，达到节约工程投资、提高工程施工及运行质量的目的。

第 2 章　隐伏型岩溶地面塌陷成因机制与影响要素分析

2.1　引　　言

国内外学者采用理论分析、模型试验和数值计算等方法开展岩溶塌陷机理研究工作，取得了较为丰硕的成果。然而，岩溶发育具有一定的地域特征，难以用同一种成因机制分析所有的岩溶塌陷，因此有必要结合地质资料和具体经验对当地岩溶塌陷的分布规律和形成机制进行更深入的研究。

唐山市处于岩溶裂隙发育浅埋区，在自然和人为因素影响下，曾发生了多次岩溶塌陷，使城市建设、交通、农田受到破坏，仅 1976 年以来发生岩溶塌陷近 20 处，范围近 20km^2。其中典型的塌陷案例是唐山市体育中心塌陷，该中心位于唐山市中心地带，1988～2001 年曾发生严重的地面塌陷或沉陷。

本章在广泛收集整理唐山市岩溶勘察、治理相关资料的基础上，总结提出了唐山市岩溶塌陷分布规律，并结合具体塌陷案例开展岩溶地面塌陷形成机制研究。进而确定影响岩溶地面塌陷的主要因素，为后续岩溶地基稳定性评价方法研究奠定基础。

2.2　唐山市岩溶地面塌陷分布规律

2.2.1　唐山市岩溶地面塌陷空间分布规律

经统计，唐山市岩溶发育区内有详细记录的岩溶地面塌陷共 22 处，具体详见表 2.1。从空间分布情况来看，研究区岩溶地面塌陷主要分布在大城山公园西南与东北两个区域，其中西南侧分布有 18 个塌陷点，占塌陷点总数的 82%，东北部分布有 3 个点，研究区北端的龙华小区分布 1 个点。大城山公园的塌陷点按分布位置与密集程度，可分为两个塌陷群，即热力总公司岩溶塌陷群、凤凰山公园岩溶塌陷群。热力总公司岩溶塌陷群包括 T5、T6、T11、T12、T16、T17、T18（2 处）、

T21 共 9 个岩溶塌陷点；凤凰山公园岩溶塌陷群包括 T1、T2、T4、T7、T10、T13、T14、T19、T20、T22～T25 共 13 个岩溶塌陷点。由表 2.1 可知，塌陷点的覆盖层厚度多为 15～55m。结合构造地质图，可知两大塌陷群附近断裂带比较密集。

表 2.1　唐山市部分岩溶地面塌陷点一览表

塌陷群	位置及编号	发生时间	平面形状	直径/m	深度/m	上覆第四系土体厚度/m
热力总公司岩溶塌陷群	热力总公司院内（T5）	1980～1983 年	—	—	—	47
	建陶城子庄河西楼（T6）	1984～1985 年	—	—	—	15～20
	北新道与华岩路交叉口（T11）	1987 年 9 月 10 日	椭圆形	6	6	50
	卫国路富强楼 106 楼房旁（T12）	1987 年 7 月 10 日	圆形	20	4	50
	啤酒厂北侧路口东北角（T16）	1988 年 8 月	圆形	1	2	65
	华岩路房管所门前（T17）	1988 年 10 月	圆形	5.4	—	50
	热力总公司西路旁（2 处）（T18）	1988 年 10 月	圆形	45	2	58
	龙华小区 9 号楼处（T21）	—	—	—	—	50
凤凰山公园岩溶塌陷群	凤凰山西北划船坑（T1）	—	—	—	—	6.1
	西北井永久积水坑（T2）	1920 年 2 月 6 日	圆形	50	2.0	6.1
	唐山市第十中学院内（T4）	1979 年 10 月 6 日	圆形	55	—	28.3
	建设路与新华道交叉口（T7）	1984～1985 年	—	—	—	37
	建设路与西山道交叉口（T10）	1986 年	—	—	2	40
	体育中心田径训练馆（T13）	1988 年 6 月 6 日	圆形	8	6	41
	地震陈列馆北侧路旁（T14）	1988 年 9 月	圆形	5	2	37
	京剧团门前（T19）	1988 年 10 月	圆形	4.5	2	58
	原唐山饭店南角（T20）	—	圆形	—	—	37
	工人医院门诊大楼（T22）	1988 年左右	—	—	—	24.2
	体育中心体育馆（T23）	2011 年 9 月 1 日	圆形	3.5	0.1	45
	凤凰山公园莲鱼池（T24）	1991 年 9 月 6 日	圆形	10	6	25.2
	唐山钢铁集团有限责任公司某铁厂（T25）	1983 年	圆形	5	1	22.3

2.2.2　唐山市岩溶地面塌陷时间分布规律

从唐山市岩溶地面塌陷发生的时间特征来看，研究区内的岩溶塌陷可分为始发期、停滞期、高峰期、复发期 4 个时期，如图 2.1 所示。

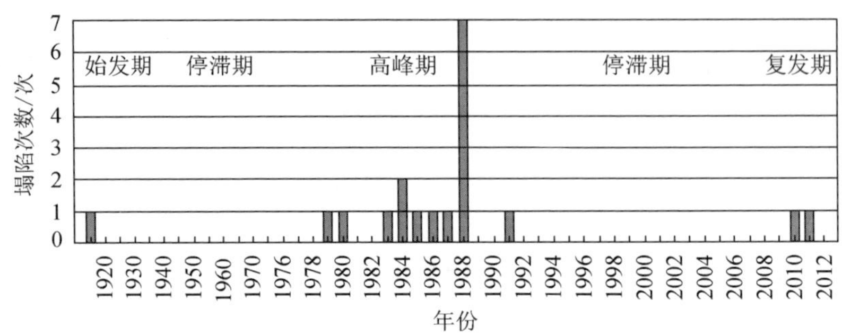

图 2.1　1920～2012 年研究区岩溶塌陷分布图

1）始发期：研究区内最早岩溶塌陷始于 1920 年，是由于煤矿突水引发的，即西北井塌陷（T2），将这一年定为本区岩溶地面塌陷始发期。

2）停滞期：可分为两个时段，即 1920～1978 年与 1992～2009 年，这两个时段内未发生岩溶塌陷。

3）高峰期：即 1979～1991 年，有近 90%的塌陷发生在这一时期，其中仅 1988 年就发生 8 次，约占全部岩溶塌陷总数的 36%。原因分析如下：一是 1976 年地震后恢复建设，地下水开采量剧增，形成双层水位有利于渗透潜蚀作用的发生；二是受地震影响，第四系土体受到极大扰动，形成第四系裂隙甚至大范围的扰动土体，这些区域加剧了土体渗透潜蚀作用的速度。

4）复发期：即 2010～2012 年，发生 2 起岩溶塌陷灾害，分别为 2010 年 7 月发生的陡河塌陷和 2011 年 9 月发生的体育中心体育馆塌陷。

通过岩溶塌陷发生时间统计，有近 90%的塌陷发生在 7～10 月，分析原因如下：一是这一时期为雨季，地表雨水向下渗漏，对受扰动的土体产生了浸泡、软化作用，土体强度降低；二是随着雨季的来临，工农业用水量减少，岩溶水得到补充，水位迅速回升，水位动荡，渗透潜蚀作用加剧。

表 2.2 给出了 1962～2015 年唐山市地下水观测孔 03 孔的岩溶水水位变化，结合相应年份岩溶塌陷统计情况可知：从塌陷发生时间来看，1984～1985 年和 1988 年雨季地面塌陷发生得较多，这两个阶段正处于岩溶水年均水位变化上升和下降的交替年份，1984 年水位下降了 1.3m，1985 年回升了 1.65m，1987 年回升了 0.61m，1988 年下降了 1.16m。2002～2009 年为水位稳定期，塌陷较少发生；2009～2012 年，水位又急剧升高，相应的塌陷也有所增加。水位来回变化打破了原来的水均衡状态，从而加强了各种致塌因素的作用，使潜在的塌陷不断发生。

表 2.2　1962～2015 年唐山市地下水观测孔 03 孔的岩溶水水位变化

时间*	年均水位变差值/m	升/降（+/−）	变化速率/（m/a）	备注
1962～1971 年	—	−	0.14	稳定阶段
1971～1976 年	11	−	2.20	下降阶段
1976～1978 年	3.94	+	1.97	震后回升
1978～1982 年	23.87	−	5.97	加速下降
1982～1984 年	4.25	−	2.12	加速下降
1984～1987 年	5.01	+	1.67	回升阶段
1987～1991 年	5.27	−	1.31	下降阶段
1991～1992 年	2.42	+	2.42	回升阶段
1992～1994 年	1.90	+	0.95	回升阶段
1994～1999 年	3.2	+	0.77	回升阶段
1999～2002 年	12.4	−	4.13	加速下降
2002～2009 年	0.4	−	0.05	稳定阶段
2009～2012 年	23.25	+	7.75	加速回升
2012～2015 年	3.15	+	1.05	回升阶段

*各时间段年份代表观测水位的时间点。

由以上唐山市岩溶地面塌陷分布的空间和时间规律可知，岩溶地面塌陷受控于第四系覆盖层厚度、距断裂带距离和地下水情况。

2.3　基于典型案例的岩溶塌陷形成机制分析

本节将以唐山市体育中心岩溶地面塌陷为典型实例，深入分析其形成机制。

唐山市体育中心位于市中心地带，田径训练馆地面曾在 1988 年 6 月 6 日发生塌陷（图 2.2），坑深为 6.5m，面积约为 35m^2。用 200m^3 碎石将坑填满后，体育中心于 6 月 15 日再次塌陷，馆内两根混凝土柱陷入坑内，房顶塌落。与此同时，位于田径训练馆东南方 60m 处的体育场主席台西北部墙体出现裂缝，地基及外围地面下沉，表现为地面积水，至 1995 年累计下沉 0.4m，至 1999 年累计下沉 0.47m，沉陷面积达 496m^2。2001 年河北建设勘察研究院有限公司承担了唐山市体育中心岩溶塌陷地质灾害的治理与补充勘察工作，获得了良好的治理效果。

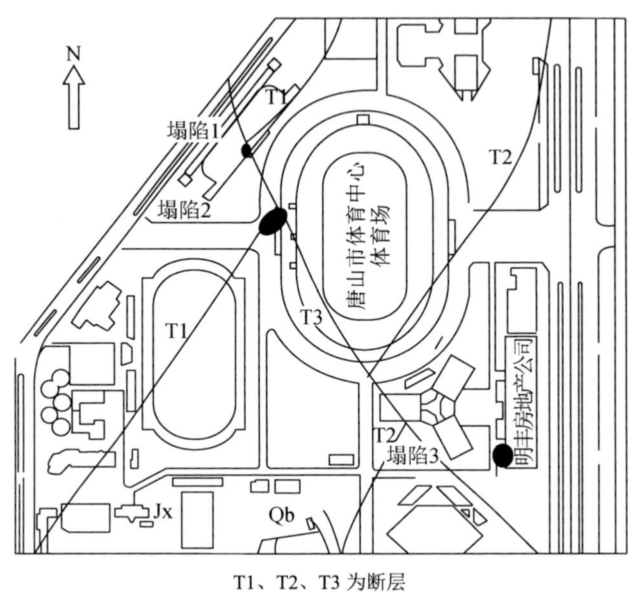

T1、T2、T3 为断层

图 2.2　唐山市体育中心岩溶塌陷分布图

2.3.1　岩溶发育程度综合分析

（1）古地理背景分析

从燕山期开始，开平向斜两翼长期暴露地表，经风化剥蚀，浅部岩溶十分发育，表现在风山、大城山、凤凰山一带，以溶隙为主，溶洞次之，展布方向以北东向和北西向为主，溶洞高一般为 0.5～3m，个别为 10m 以上，长度小于 10m。充填物以含砾石的红黏土为主，其他为较新的水流搬运砂卵石及黏土。岩溶发育深度一般不足 100m，随深度加大岩溶发育程度减弱。体育中心经钻探勘察，岩溶发育深度一般在基岩面下 30m，即地表埋深为 60～70m，岩洞洞高在断层带近旁为 8～10m。

（2）构造分布分析

唐山市岩溶分布大体沿构造断裂破碎带呈带状分布，陡河断裂次一级构造体——体 1、体 2、体 3 断层带既是岩溶发育带，也是岩溶水径流通道，断层复合部位更有利于岩溶发育。通过本次勘察治理得知，沿构造线方向的岩溶水量、水力联系、岩溶渗透性、岩溶发育强度在北东方向均强于北西方向，同时断层两侧破碎带为 5～10m，上覆第四系松散层形成的潜蚀扰动较严重，这也表明沿断层带岩溶发育强度大。

（3）岩体结构岩性分析

大量历史资料早已证明，SiO_2 • MgO 含量高的岩石溶解速度慢，而 SiO_2 • CaO

含量高的岩石溶解速度快，质纯的方解石溶解的速度极快。因此，石灰岩中 MgO 含量高的岩石岩溶发育程度就差，反之则强，从而可认为灰岩比白云岩岩溶发育程度高。但本项目中，处于断层带及断层交汇处的蓟县系白云岩地层中岩溶较为发育。

从岩石结构与岩溶作用关系来看，岩溶发育程度的差异性也是很明显的，如寒武系豹皮灰岩与竹叶状灰岩对照，岩溶发育极不相同，豹皮灰岩一般岩溶相当发育，而竹叶状灰岩经钻探证实干孔居多。

综上，岩溶发育程度与灰岩或白云岩的纯度、岩石结构以及附近是否有断层有关。

（4）地下水动力条件分析

地下水活动的动力因素强弱变化取决于地下水水位的波动变幅、水力坡度、水流速度等。地下水活动强烈地段，多为岩溶水径流通道，这个径流通道应位于水位降落漏斗范围内。事实证明大多数地面塌陷发生在岩溶水径流通道上。

唐山市区过去由于长期过量开采地下水，使地下水水位不断下降，已经在市中心区形成第四系孔隙水和岩溶水双层水位漏斗。

1990 年资料表明：

1）孔隙水降落漏斗面积已达 40km×8km，平均水力坡度为 5%，平均水位标高为+1m。而奥陶系灰岩岩溶水降落漏斗面积达 5km×9km，平均水力坡度为 4%，平均水位标高为-26m。二者水位差达 20～30m，在这种情况下降落漏斗范围内发生了大量地面塌陷。

2）在体育中心发生地面塌陷时，岩溶水水位标高正位于基岩面上下处。这种现象告诉我们不仅要关注双层水头差值大小，还要注意岩溶水位所在标高位置的重要性。

2.3.2　体育中心地质构造特征

体育中心位于唐山市中心，坐落在开平向斜西北翼断块隆起上，该处为燕山褶皱带东南部与华北平原黄骅坳陷的交汇部位，基底构造复杂，褶皱断裂发育，新构造活动强烈。研究区内主要地层有蓟县系、青白口系、寒武系、奥陶系、石炭系、二叠系和第四系，基岩大部分被第四系覆盖，仅在残丘有所出露。

1. 地层条件

（1）蓟县系

蓟县系地层主要发育灰色燧石条带白云岩、夹白云质泥灰岩及石英岩状砂岩（本次勘察及治理钻孔中 J3、J16 实见石英岩状砂岩及燧石条带白云岩），岩石较坚硬，且溶隙发育普遍。呈条带状分布，走向 NE，倾向 NW，倾角大于 45°，分布在体育中心主席台一带。

（2）青白口系

青白口系地层主要为景儿峪组，上部为紫灰、青灰色，薄-中厚层含白云质和黏土质灰岩及泥灰岩，常呈薄板状；下部为杂色页岩，含海绿石粉-细砂岩、石英砂岩及含砾粗砂岩，底部为燧石角砾岩。本次治理钻孔中实见白云岩、黏土质灰岩和泥灰岩等，分布特征与产状同蓟县系组。研究区的体育中心南门和东门有分布。

（3）寒武系

寒武系下统为紫红色、砖红色钙质泥岩间夹不稳定的灰黄色厚层灰岩，顶部为薄层白云质灰岩，下部为紫色含砾泥灰岩、厚层豹皮灰岩，底部为不稳定的角砾状灰岩（本次钻孔结果与上述基本相符）。分布在工作区的明丰房地产公司一带。

（4）奥陶系

奥陶系的地层为中统、下统（上统缺失），在工作区的东部——凤凰山、大城山、贾家山、弯道山基岩裸露残丘区出露，溶隙、溶孔、溶洞较发育。

需要指出的是，第四系底存在一层残积棕红色黏土夹碎石，裂隙发育，室内测试当渗透压力达一定值时，土体结构即破坏，裂隙宽度为 0.1～0.5cm。在新构造运动作用下，揉搓产生的破碎裂隙，必会成为地下水渗流通道，易造成其上砂砾石层与基岩直接接触，形成渗水天窗。

（5）第四系

本区第四系下伏基岩顶面起伏不平，致使松散沉积物厚度不稳定，由中心部位向东、南、西部 3 个方向厚度逐渐加大，在体育中心覆盖层厚度一般为 30～40m。第四系由上而下分别为以下土层。

1）杂填土：杂色，以灰渣、石子为主，大部分为人工铺筑路面，厚度为 0.5～4.4m。

2）粉土：褐黄-浅褐黄色，稍湿，密实，局部夹薄层粉砂，具中-低压缩性，厚度为 1.8～6.5m。

3）细砂：黄白色，稍湿，中密-密实，由石英、长石颗粒组成，分选性一般，含土粒，上部为粉砂，厚度为 2.2～8.0m。

4）黏土：黄褐色，一般可塑，夹粉土及粉质黏土薄层，具有中压缩性。

5）细砂：黄白色，一般为很湿-饱和密实，由石英、长石颗粒组成，分选性好，砂质纯净，厚度为 1～3.7m。

6）粉质黏土：黄褐色，一般可塑，含氧化铁及微云母，夹粉土透镜体，具有低-中压缩性，厚度为 2.1～8.6m。

7）中粗砂：黄白-灰白色，一般为饱和，密实，分选性差，级配较好，含 30%左右的卵砾石，局部为圆砾状，一般厚度为 1～9.6m（局部缺失）。

8）粉质黏土：黄褐色，可塑-硬塑，含氧化铁，具有低压缩性，厚度为 1.3m（个别孔见）。

9）黏土：棕红色-紫红色，硬塑，含氧化铁，具有低压缩，厚度一般为 0.6～8.56m。

2. 地质构造

（1）褶皱构造

市区褶皱构造由西向东依次为车轴山向斜、碑子院背斜、开平向斜。开平向斜规模最大，两翼不对称，西北翼构造复杂，岩层倾角一般大于 45°，局部直立或倒转，并发育次一级构造。唐山市体育中心正坐落在开平向斜西北翼块断隆起之上，岩层倾角实测为 40°～42°。

（2）断裂构造

本区断裂构造走向分为东西向、北东向和北西向。东西向断裂指大八里庄断层，位于市区以北。北东向断裂构造主要有陡河断层、唐山断层和唐山矿断层。体育中心位于陡河断层以东，唐山断层以西的狭长隆起带上。唐山市 7.8 级地震构造性地裂分布图如图 2.3 所示。

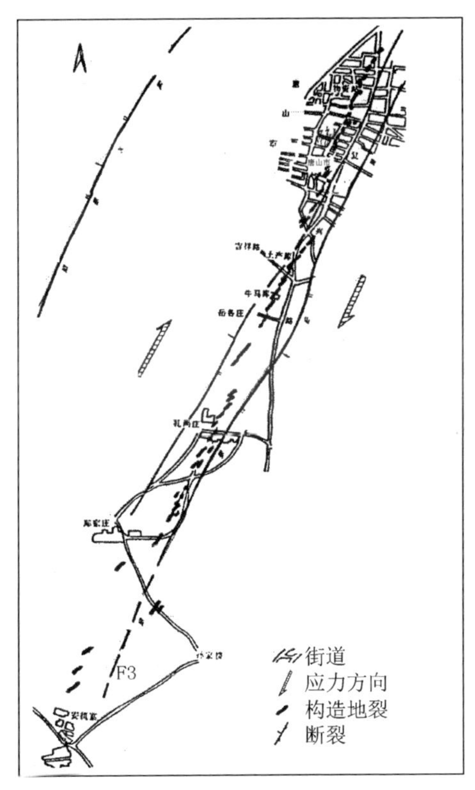

图 2.3　唐山市 7.8 级地震构造性地裂分布图

陡河断层北起陡河水库，南至丰南，走向北东 25°～35°，倾向北西，为一高角度正断层。陡河断层由平行排列的两条断层组成，在团结里一带被大八里庄断层切断。

唐山断层位于工作区的东南边缘，北起赵各庄，南至安机寨，走向北东 25°～35°，倾向南东，为一高角度正断层。

体育中心位于陡河断层东侧，通过过去钻探资料证实，场区北东向次一级构造发育，且北西向体 3 断层错断了北北东向的体 1 和体 2 断层。

1）体 1 断层：北起唐山市体育中心体育场北部，经第二田径训练馆一带，南到唐山市第八中学，为正断层，长度为 1.4km，走向北东 30°～35°，倾向北西，被后期北西向体 3 断层错开，该断层的北段在第二田训馆塌陷坑与体 3 断层交汇，向南在田径运动场主席台西北角与体 3 断层交汇。

2）体 2 断层：北起市供电局，经体育中心田径比赛场东门前，南到市第一干休所北部一带，为正断层，长度约 1.5km，走向北东 15°～20°，倾向北西，被后期体 3 断层错开。

3）体 3 断层：呈略弯弧状，为正断层，走向北西，倾向南东，长约 1.2km。

3. 新构造活动历史见证

燕山运动末期，在燕山南麓形成一系列隆升断块。唐山—滦县断块为华北基底断块差异运动的产物，在新生代以来，表现出继承性复活特征。最显著的是在断块平原内古近系和新近系沉积不厚甚至缺失，然而第四纪后却形成了互有差异的沉降中心，其中唐山—滦县断块为现唐山市所属区域，其第四系总厚为 100～800m。这种断块沉陷形式，反映第四纪仍然继承了断块倾斜差异活动的特点，如从唐山、玉田、宝坻、顺义或与其平行的黄骅到武清，均为北西西向断块隆起（最大沉降中心在武清，第四系厚度达 1000m）。历史地震资料表明，自 18 世纪至今，在河北平原地震活动期发生的 6 级以上强震，不但与新隆起带分布方向一致，而且从南向北，逐次发生的强震，如磁县 7.5 级、隆尧 6.8 级、宁晋 7.3 级、河间 6.3 级、大城 4.4 级、唐山 7.8 级、野鸡坨 7.1 级，震中都靠近其东部边界排列分布。这些现代强震活动，不仅有力地证明了这一新隆起带的存在，并且证明它的确“新”且“活”。尚需指出，它的活动是由南西向北东传递的，这一特点对唐山市更有现实意义。唐山市开平煤田位于燕山南麓前，北西西向最新活动带与河北平原北北东向最新活动带的东北端交汇点，地震历史证明这两个最新活动构造带确实存在。唐山市 1976 年 7.8 级大地震（图 2.4）是发生在北东向第四系地震活动带与北西西向活动带的交汇处。这些新构造活动对本书研究体育中心活断层的作用有重要意义。

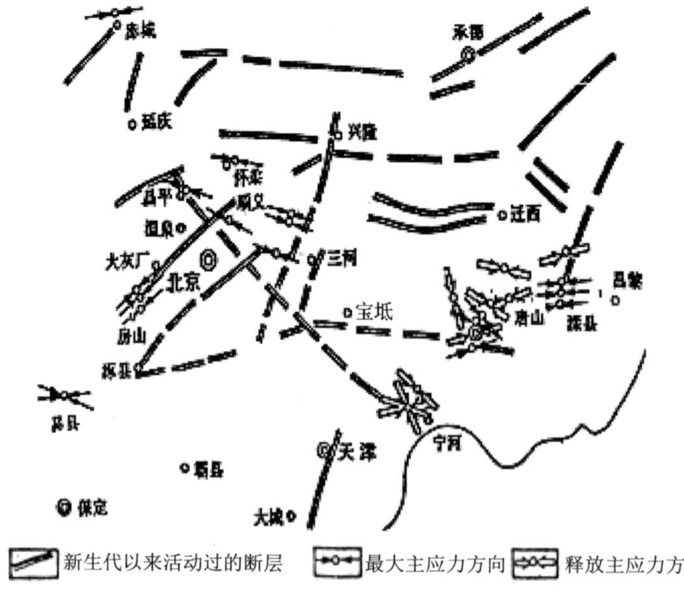

图 2.4　唐山市 7.8 级地震后主应力方向图

4. 地下水分布与相互水力联系

研究区内分布有第四系孔隙水、蓟县系岩溶裂隙水，以及奥陶、寒武系裂隙水，它们之间存在不同程度的水力联系。

（1）地下水分布

1）第四系孔隙水。由于第四系下伏基岩顶面起伏不平，致使松散沉积物厚度不稳定，土层结构为上黏下砂的双层结构，即上部为弱透水的土层，下部为强透水的砂砾层，底部大部分有渗透系数比砂砾层小数十倍的残积红黏土层。在上述结构下，潜水基本处于疏干状态，中部（第 5 层）细砂层局部含水，下部砂砾层（第 7 层）含水层厚度仅几米到十几米，富水性比较差。

与市区相比，在陡河断裂以西有以含砾粗砂、中砂为主的含水层，厚度也较大，可达 10～40m，富水性较好，是唐山农业、工业、生活用水的主要开采层。1997 年低水位期，水位埋藏深度为 18.2～24.5m，漏斗中心最低水位曾达 46.55m。

2）碳酸盐岩溶含水层。可分为奥陶系、寒武系和蓟县系 3 个部分，研究区内明丰房地产公司涉及寒武系底部地层，主席台涉及蓟县系顶部地层。

① 奥陶系岩溶水含水层水量丰富，是唐山市主要地下水开采层。20 世纪 70 年代以前，地下水开采量小，地下水处于高承压状态，随着开采量增加，地下水水位逐年下降，到 1974 年地下水水位降落漏斗逐年扩大，水位加深，已由承压状态转为无压状态。自 1992 年后，引滦入唐工程实施以来，地下水开采量得到控制，下降幅度减小，水位回升，到 1997 年最低水位埋深为 46.32m。奥陶系灰岩总厚一般为 600m，实践表明 600m 厚的岩溶水为一个统一水体，水力联系非常好。

② 寒武系地层在开平煤田和唐山市富水性极差，正常情况下，由于其主要岩性以泥灰岩和燧石条带白云岩为主，一般可作为相对隔水层来处理。

③ 蓟县系岩溶水主要分布在市区西部。在体育中心田径训练馆和主席台工作区为蓟县系顶部岩层，即雾迷山组上部，为灰色燧石条带白云岩间夹白云质泥灰岩和石英岩状粉砂岩，岩溶裂隙较发育，富水性中等，但不均一，水位埋深为 53～58m（而在 1999 年水位埋深仅为 40～45m）。

（2）水力联系

1）第四系。从第四系地层的剖面来看，砂砾石层一般赋存于黏土和粉质黏土之间，在基岩与砂砾石含水层之间有透水性较弱的粉质黏土相隔，从而削弱了两个含水层之间的水力联系。但砂砾石层底部粉质黏土层存在不稳定性，在局部黏土缺失地段，形成了砂砾石层和基岩直接接触的天窗，因此下部基岩含水层在局部地段受到了上层水的补给。

第四系孔隙水的补给来源主要包括大气降水、灌溉及河流补给，排泄途径主要是工农业开采。

第四系孔隙水在体育中心局部汇流为自南东流向北（与基岩水流向相反）。唐山市中心区由于人工开采，形成了局部降落漏斗，改变了地下水流向，在漏斗区内形成局部汇流。体育中心主席台区第四系水流以田径训练馆为漏斗中心形成由南东向北西的外围汇流，水力坡度较大。而在明丰房地产公司则由南东向西北形成局部汇流，水力坡度为跌水状态（5/9=0.56=56%）。

由于人工开采，唐山市区内地下水已形成多层漏斗。各含水层地下水在水平方向上沿层面向漏斗中心汇流，在垂直方向上第四系孔隙水向下补给基岩，从而各含水层间的水力联系、交替作用非常复杂、强烈。

2）基岩水。研究区内基岩多为坚硬的白云岩，其次为石灰岩、泥灰岩和砂岩等，在构造破碎带及裂隙岩溶发育地段，赋存有裂隙岩溶水，直接接受大气降水的补给，但富水性不强，无供水意义。区内相关资料少，出露的和隐伏基岩裂隙水均未见开采利用，故不再论述。

需要强调的是，在断裂构造条件影响下，特别是在高角度正断层情况下，不同年代岩体、第四系含水体与基岩含水体的联系更加复杂化，因此在岩溶塌陷治理方案确定时，对水文地质条件的分析显得十分重要。

2.3.3　体育中心工程地质条件特征

唐山市区处于地震频繁、构造活动强烈的地壳不稳定区，大量工民建地基多在第四系地层。第四系地层土体均匀，属黏砂双层结构。上更新统（Q_3）黏性土一般为坚硬-硬塑状，低压缩性，容许承载力为200～300kPa。其上为全新统（Q_4）黏性土，可塑，中压缩性，容许承载力为100～140kPa。双层结构中下部的粗砂、中砂为一般密实，低压缩性，容许承载力为150～350kPa；粉细砂在适宜条件下可产生液化，局部存在软土及不均匀地基。

自1988年后，第二田径训练馆、田径场主席台西北部和明丰房地产公司西侧相继发生地面塌陷，在塌陷范围内第四系松动层大部分已被潜蚀破坏，形成疏松带，标贯击数明显低于邻近地层的正常值，土体强度明显降低。例如，明丰房地产公司的S2钻孔做标贯试验14次，标贯击数最大6击（有的地层甚至测不出击数来），而正常地层黏性土的标贯击数最低为6击，砂性土最低为25击。

体育中心3个岩溶塌陷中心的地质结构具有以下3个共同特点。

1）浅部岩溶强烈发育，并能直接与第四系地层底部连通（如第三含水砂砾层底板黄褐色粉土层缺失，且上下部残积棕红色黏土很薄或缺失时）。

2）基岩地下水位降落漏斗扩散半径以内，在地下水位频繁急剧升降变动季节易发生塌陷。

3）位于构造断裂带附近或断层交汇处，应力释放地段塌陷形成的可能性最大。

第二田径训练馆、主席台西北角、明丰房地产公司地质结构具体如下。

（1）第二田径训练馆地质结构

第二田径训练馆典型地质剖面如图 2.5 所示。

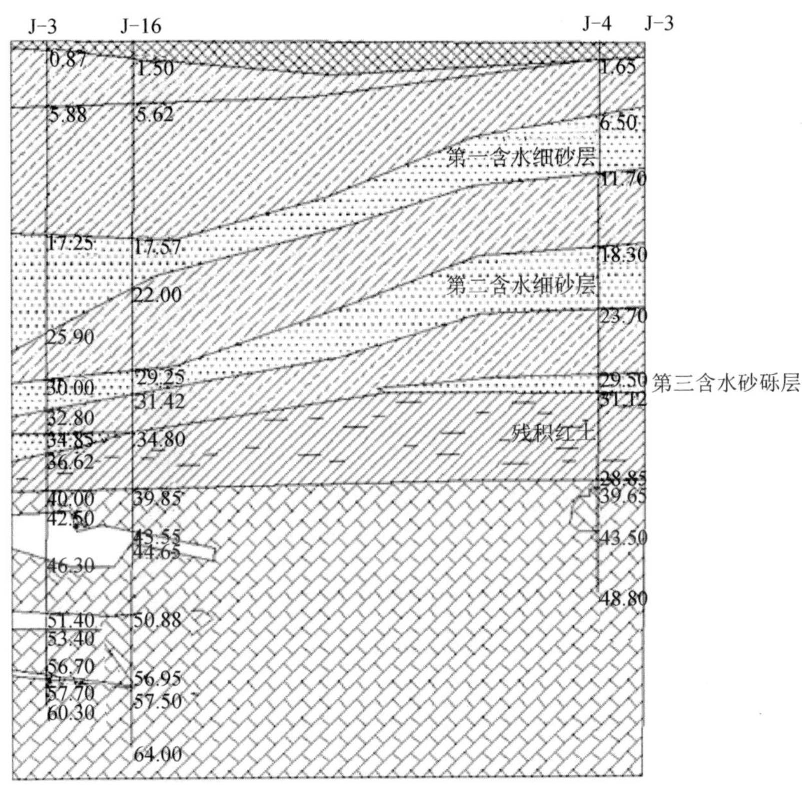

图 2.5　第二田径训练馆典型地质剖面（单位：m）

1）第四系厚度为 40m（基岩面深度 40m），为上黏下砂双层土体结构。在埋深 35～37.2m 处为第三含水砂砾层，埋深 37.2～40m 处为残积棕红色黏土，埋深 42.5～46.3m、51.4～53.4m、56.7～57.7m 处均为岩溶洞穴。

2）在埋深 42.5～46.3m 处洞穴中有人工碎石屑充填，反映洞穴与其上部土体沟通良好，联系畅通。

3）基岩水位标高为-25m（埋深为 53.46m）。

（2）主席台西北角地质结构

主席台西北角典型地质剖面如图 2.6 所示。

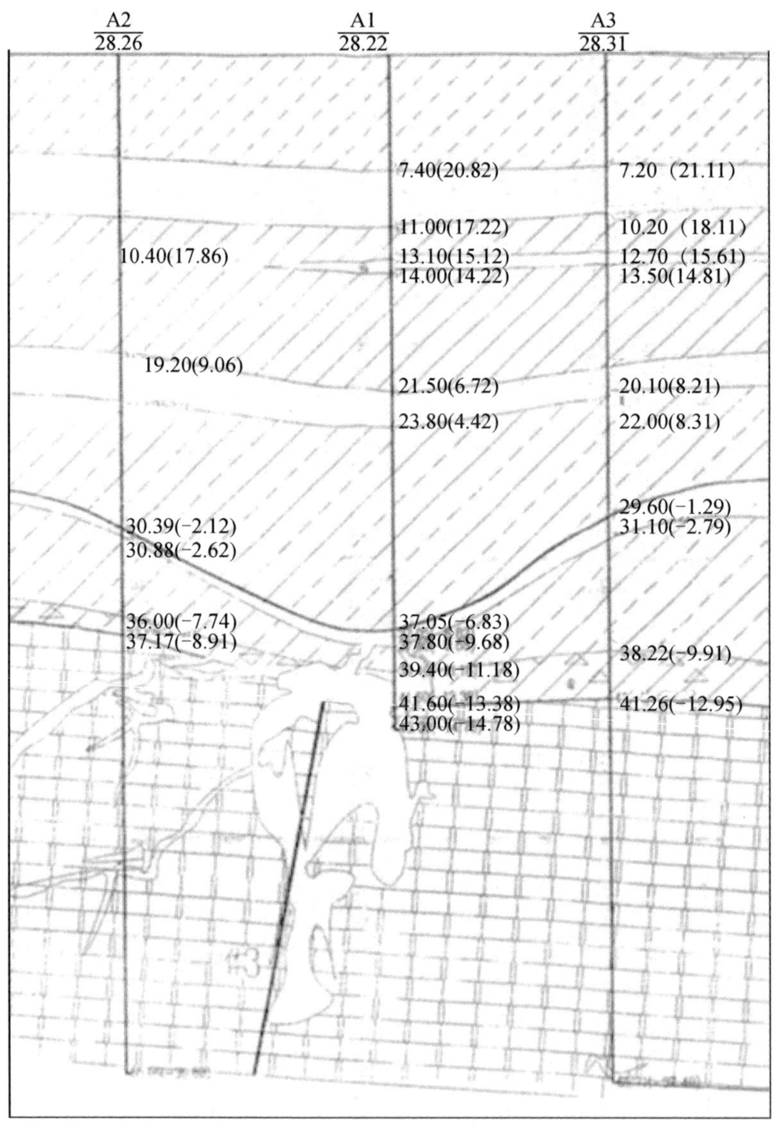

图 2.6　主席台西北角典型地质剖面（单位：m）

主席台西北角地质结构：基岩面埋深为 41.6m，其中 39.4～41.6m 处为高度 2.2m 的土洞；41.73～41.78m 处为溶洞；42.35～42.70m 处为溶洞；43m 以下为溶洞，被砂、卵砾所充填。

在土层中第一含水细砂层比正常层位深度低 0.7m；第二含水细砂层比正常层

位深度低 1.7m；第三含水砂砾层厚度为 1.5～6.6m，受地下水潜蚀作用厚度仅剩 0.8m，底板比正常层位低 5.3m。此含水层下黄褐色粉土受地下水潜蚀已缺失，其下残积红黏土已被地下水潜蚀成高 2.2m 的土洞，造成砂砾含水层与基岩直接接触，形成地质天窗。

（3）明丰房地产公司地质结构

明丰房地产公司地质结构特点如下：1997 年明丰房地产公司西侧路面发生塌陷，塌陷坑直径为 3～4m，深度为 3～4m，当时用垃圾回填，于 1998 年陶瓷博览会前修路整平。通过本次工程勘察及治理表明，以裙房西墙外 D58 孔和 JD59 孔为中心，向南至南墙为岩溶发育带，且向东延展。勘察表明，本处土体受塌陷影响，在基岩面以上土体已全部受扰动，结构破坏，25m 以上标贯击数为 0～6 击，底部为寒武系石灰岩，裂隙发育。注浆时，JD59 孔的注入量为 398m^3，D58 孔的注入量为 211m^3，有力地证明了这一点。同时，通过地面 24 个孔注浆时串浆及地面跑浆情况（图 2.7）也可看出第四系土层以下土体已全部扰动破坏。

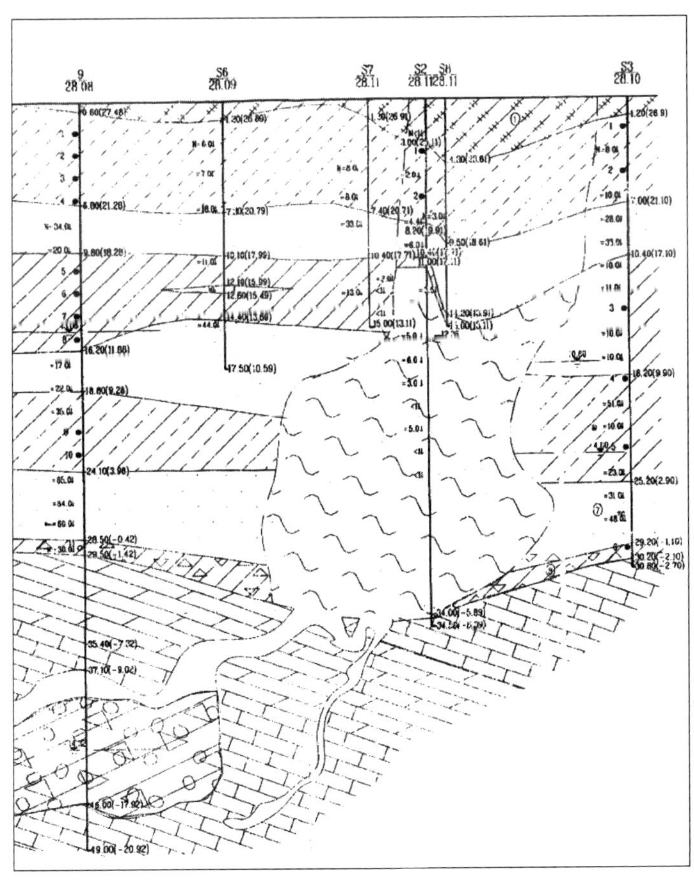

图 2.7　明丰房地产公司典型地质剖面（单位：m）

2.3.4　体育中心特殊岩溶水文地质条件分析

1. 径流特征

岩溶地下水的条带状分布是非常突出的特征，虽然是构造形态，但并没有形成完整统一的地下水盆地，而在向斜处往往形成顺层走向的含水层，类似于地下水盆地的径流条带，称为承压径流通道。承压径流通道与地表水系的径流总方向一致，即使在井下和丘陵露头区遇到了很多的横向断裂和溶隙，但径流总方向仍然沿着岩层走向方向扩展，地下水自此而去，逐步下降，平均水力坡度比较小，具有一致的动态变化特征，并且从直接水力联系的角度看有时是不连续的。在供排水时，承压径流带将形成供排水的第一受影响条带，且影响范围自这第一条带向外不断扩展。在影响范围的延展上，径流带两端通常存在两个特殊情况：其一，当供排水影响范围已经扩展到很远的地段时，距排水中心很近的非径流带附近钻孔的水位，可以保持天然状态，不受排水影响；其二，当排水加剧之后，在影响范围内扩展，在远处是自远而近，而近处是自近而远，即相对排水中心来说，影响范围不仅是由近及远，还会是由远及近。径流发生的这些现象，不但是面状径流无法解释的，也是多向异性所不能描绘的。

岩溶地下水径流带具有如下主要特征，其中平缓的水力坡度和较小的水位变化幅度为其主要特征。

1）承压径流带自北部向南，水位落差不大，沿径流带水力坡度十分平缓，这一特点，进一步证明了对岩溶地下水不能仅用水位资料确定地下水径流方向。另一方面，如果相邻两测点间水位差较大，计算的水力坡度很陡，则在该两点间往往没有直接的水力联系，因为它们不可能位于水量丰富的同一径流带上。

2）大流速与可变的过水能力时有出现，随着供排水作用，水位升降不断变化，岩溶充填物被冲刷，承压径流通道的过水能力增大，并沟通相邻地段的地下水，扩大了连通范围，整个径流通道过水能力逐步扩大。而上部已流失的岩溶成了后备的储水场所和过水通道，一旦补给加剧水位上涨，地下径流量就能迅速增大。

3）具有较低的化学指标是其固有特性。与围岩接触有关的化学指标（如氡含量），在径流带地下水中含量较低，而且整个径流带比较短，因此不存在水质逐渐变化现象。

从上述集中径流带的特殊规律性可知，岩溶地下水是一种条带状径流，而不是面状径流。但这些条带状径流在一定条件下，通过一定途径可相互沟通，形成的影响范围又呈面状扩展，给人们造成一种面状径流或多向异性的假象。

2. 补给特征

南北两端是承压径流带，是地下水与外围水体发生水力联系的主要地段，按照一般水文地质概念可以得出这样的结论：一方面，岩溶地下水补给河水，即相对陡河两侧的岩溶水，地下水是补给河水的；另一方面，相对承压区的岩溶水来说，河谷潜水又是地下水的补给来源，这在承压区地下水的天然动态特征中可以得到证实。而尤其明显的是，在供排水过程中，地面极易发生的岩溶地面塌陷现象，是一个很现实的例证。

可见，因为径流条带具有条带展布的特点，且地表水与地下水相互补给，所以关系是复杂的。同一区段，对于同一含水层，径流可以既有地下水对地表水的补给作用，又有地表水对地下水的反补给作用，单纯按局部地段的钻孔水位分析，会导致对补给关系的错误或片面的认识。而且，即使有面状水位资料，如不顾岩溶水的特殊性，不加分析地绘制等水压线图，就会造成认识的模糊。因为体育中心东北部露头区的地下水水位均高于承压区的地下水水位，如果只把灰岩含水层看成同一含水体，地下水按水力坡度最大值方向流动，就不可能认识到顺岩层走向的径流带的存在，更不可能认识到东北部河谷段承压水的主要补给区的存在。

另外，人为抽取地下水导致通过岩溶通道的地下水补给作用加剧，且情况比较特殊，具体表现为：地下水水位下降过程中，岩溶填充物被冲刷和带离，进而形成土洞和地面塌陷，与此同时，上述过程也逐步沟通了与北部露头区的水力联系（似有带状特点），使地表水能通过微弱露头区补给地下水，当发生直接水流注入现象时，补给量便显著增大了。

条带状径流和岩溶的通道性质使排水影响范围按一方向可以延伸到很远的地段。

3. 局部天窗越流潜蚀作用的客观条件

从研究区第四系土体结构及岩性分层特征来分析，岩溶塌陷与土体的双层结构或多层结构有关。更进一步地，应看到地面岩溶塌陷与第四系地层中的第⑧层，即黄褐色粉质黏土层（后文简称其为黏土层）的联系极为重要，这一层在研究地面岩溶塌陷处是否有天窗存在时，可视为一个起指示作用的层位。天窗的存在可以用此层是否缺失为基础来判断。工作区内是否有天窗关系到岩溶地面塌陷能否发生。在正常情况下有第⑧层存在，即意味着其上部接触的第⑦含水砂砾层中的地下水不能向下渗流，而阻止其上部土体发生潜蚀作用；如果缺失第⑧土层（部分钻孔揭露地层已初步证实第⑧地层缺失），而其下部基岩顶板的残坡积红土含砾层（$⑧_1$层）厚度极不稳定，则造成第⑦含水层直接与基岩面接触，产生第四系土体中水的渗流，致使上部土体潜蚀，导致地面塌陷的发生（图 2.8）。

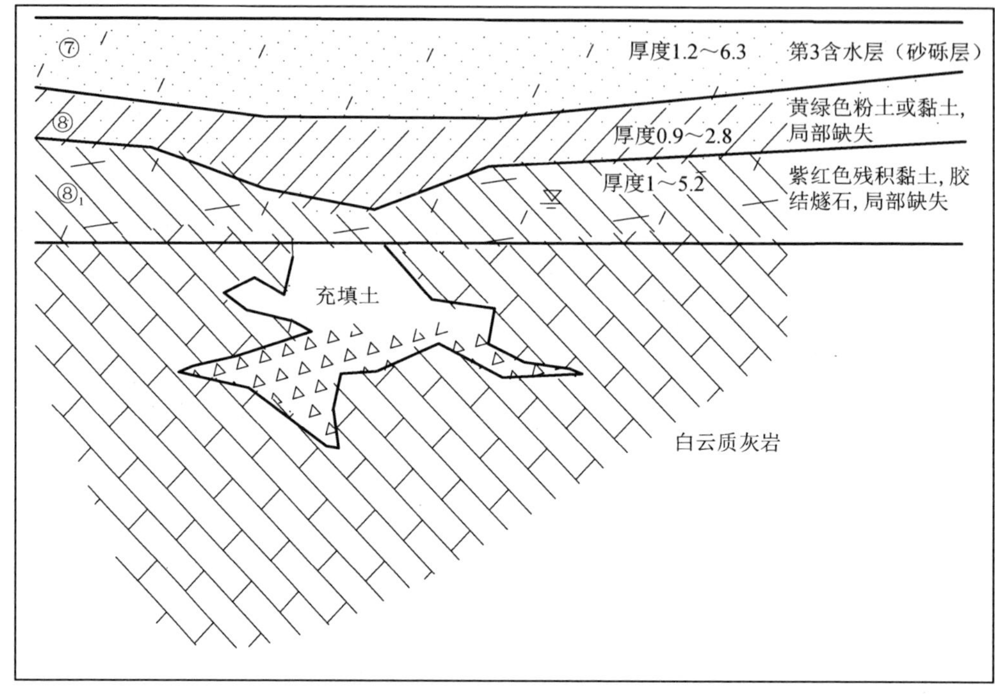

图 2.8　第四系地层底部岩性分层结构剖面（单位：m）

（1）主席台及田径训练馆第四系土层结构

1）剖面 1：ZK1—ZK2—4（J2）。本剖面第 3 含水层与基岩直接接触，3 个孔岩溶发育，特别是 J2 孔 45.1～55.7m 处为溶洞，ZK2 距体 1 断层较近（缺失⑧、$⑧_1$层）。

2）剖面 2：A5—ZK5—A1—ZK4—A4。A1 下有体 1 断层，ZK5、A1、ZK4 均有溶洞。特别是 ZK5、A1 孔第 3 含水层很薄，因此 ZK1、A1 虽有溶洞，但条件略好一些。

3）剖面 3：ZK1—ZK3—A1—A1—ZK6。本剖面除 ZK6 无溶洞外，其他几个孔溶洞发育，ZK1—ZK3 间松散带直通地表，下有大溶洞（层位齐全），但第 3 含水层较薄，体 2、体 3 位于 A1 和 A1 下部，红土层极薄。

4）剖面 4：4 号（J2）—A2—A1—A3—6 号。4 号孔无⑧、$⑧_1$层且第 3 含水层极厚，其他孔层位齐全但第 3 含水层极薄。

（2）明丰房地产公司第四系土层结构

1）剖面 6：S4—9 号—S6—S7—S2—S8—S3。层位齐全，只有 S2—S8—S3 第四系松散层连通地面，深度较大。S2 孔进入基岩穿过红土层（红土层已塌陷到基岩内部）。9 号孔基岩内部见溶洞，内有充填物，上有薄红土层。

2）剖面 7：7 号—8 号—10 号。第 3 含水层较厚，且直接与基岩接触，并在 8 号孔附近有断层，但岩性决定此处无岩溶。

3）剖面 9：6 号—Y28—Y25。层位齐全并有红土层，岩性为侏罗系，6 号有小岩洞。

2.3.5　体育中心岩溶地面塌陷过程的数值模拟

为进一步揭示唐山体育中心坍塌的形成过程机制，选取代表性剖面开展了塌陷过程的数值计算分析。

1. 数值模型与计算参数

图 2.9 为具代表性的唐山市体育中心典型地质剖面。由图 2.9 和《唐山市体育场岩溶勘察报告》可知，地下水水位埋深为 14m，第四系土层总厚度为 37m，由上到下土层依次为黏土、中砂、黏土、红黏土和灰岩。为便于建模，将灰岩中的溶洞 1 简化成跨度为 25m、高度为 10m 的长方形溶洞（平面），而溶洞 2（开口型溶洞）的初始状态则简化成跨度为 5m、高度为 4m 的长方形溶洞。基于以上原则建立的数值模型，如图 2.10 所示。模型底部为位移全约束，侧面为法向位移约束。本次模拟采用二维有限元软件——PHASE2 软件完成。

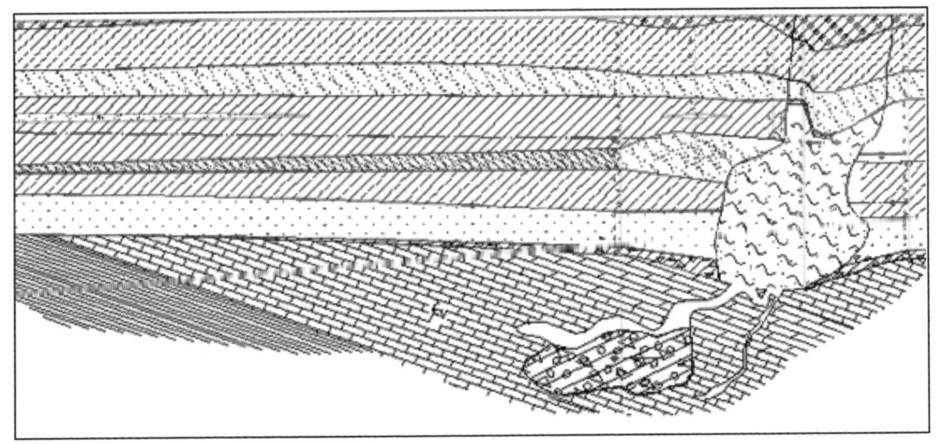

图 2.9　唐山市体育中心典型地质剖面

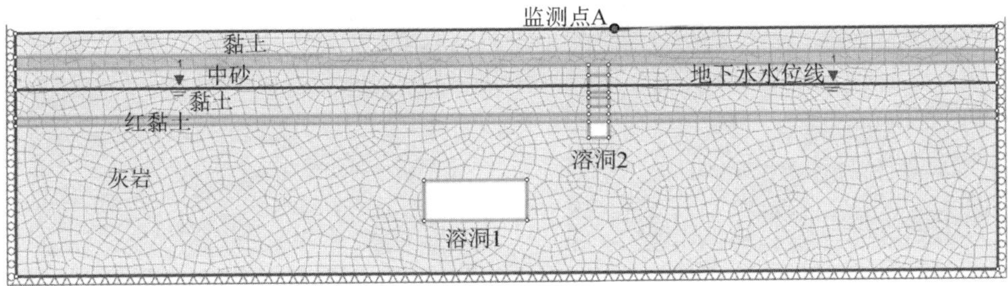

图 2.10　唐山市体育中心典型地质剖面数值模型

根据唐山市体育中心勘察报告，确定了溶洞围岩的计算参数见表 2.3。

表 2.3　溶洞围岩计算参数表

围岩类别	重度/（kN/m^3）	弹性模量/MPa	泊松比	黏聚力/kPa	内摩擦角/（°）
灰岩	27	8000	0.15	2500	30
红黏土	18	20	0.2	40	15
黏土	18	20	0.2	40	15
中砂	20	40	0.3	0	38
坍落土体	16	8	0.3	10	8

采用分步开挖的方法来模拟溶洞和土洞的形成过程，在开口型溶洞发育过程中，在当前荷载步挖除土体的同时，用塌落土体材料填充已形成的空洞，如此循环直至洞顶失稳。

2. 计算结果分析

结合屈服区随荷载步变化情况和唐山市体育中心水文地质及工程地质情况，可以分析岩溶塌陷的主要形成机制。

1）唐山体育中心所在区域基底构造复杂、褶皱断裂发育、新构造活动强烈。区内三条主要的断层，即图 2.2 中显示的 T1、T2、T3，其中 T1、T2 被 T3 错断。因此，在灰岩层中极易形成岩溶水排泄通道，进而在灰岩中形成图 2.11 所示的溶洞。

2）岩溶水的侵蚀使溶洞逐渐扩大，直至造成其上覆的红黏土顶板中部出现屈服区。另外，勘察成果显示此处的红黏土层较薄，较难成拱，因而很快垮落，同时在黏土层中形成屈服区（图 2.11）。

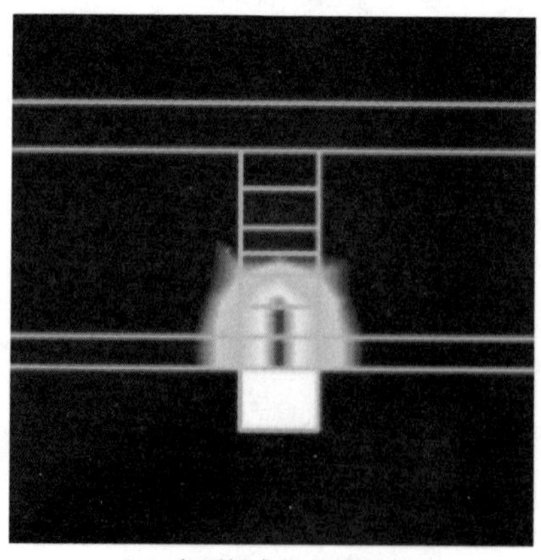

（a）在顶板中部出现屈服区

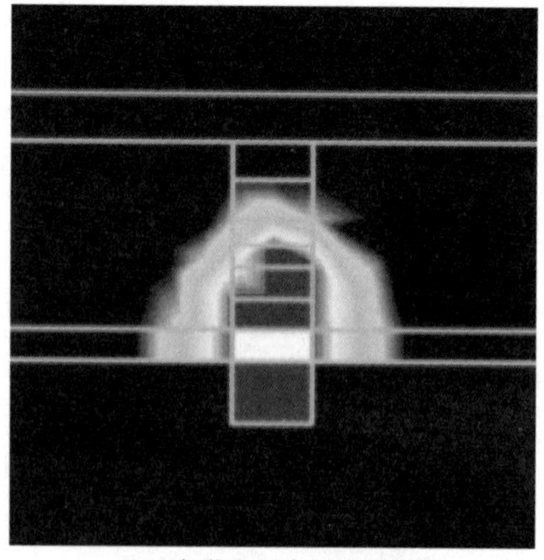

（b）在黏土层中形成屈服区

图 2.11　天窗形成过程中屈服区分布情况

3）由于渗透系数很小，红黏土是天然的隔水层，缺少隔水层后开口溶洞处形成天窗，第四系水越流补给岩溶水，为渗透潜蚀创造了条件。此后，在渗透潜蚀、真空吸蚀、地下水水位降低引起失托加荷等效应影响下，第四系中的土洞快速扩大，直至上覆土厚剩余 11.5m（图 2.12 中的荷载步）。土洞继续扩大时，计算不能收敛，因此，可以认为此时土洞顶板达到临界失稳值。这个阶段塑性区发展速度较快，致塌因素主要与水有关。由图 2.12 可知，屈服区影响范围也可认为是松动区，横向约为 19m，与实际的第四纪土层松动带范围直径（15～20m）相差不大，证明数值计算结果可信。

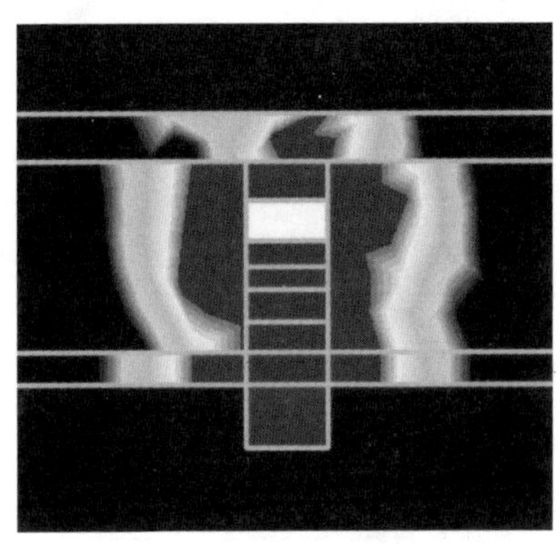

图 2.12　计算不收敛前一步的屈服区分布情况

随着土洞顶板不断变薄，土洞顶板逐渐超过地下水水位，与水相关的渗透潜蚀、真空吸蚀、失托加荷等作用对土洞顶板危险性的影响减弱，此后土洞顶板稳定性主要受顶板土体的自重作用及顶板所受的荷载控制，土洞随时都有坍塌的可能。

由以上分析结果可知，唐山市体育中心坍塌是渗透潜蚀、真空吸蚀多种机制共同作用的结果，但也应该看到，起主要作用的机制会随着溶洞、土洞的发展而变化：初期主要由岩溶水侵蚀控制；中期由渗透潜蚀、真空吸蚀等与水相关的作用控制；后期由土洞顶板的强度控制。

2.3.6　体育中心岩溶塌陷的形成机制

综合上述分析不难判断体育中心岩溶塌陷的形成机制如下。

1）通过对体育中心内钻孔水位标高、岩溶溶洞发育的空间位置、洞内有无充填物、充填物的性质、溶洞上部基岩面有无残积棕红色黏土、第四系有无松散体及其范围大小等因素的综合分析，结合在这些钻孔附近有无张性断裂、施工中这些钻孔有无漏水现象，可以判断出，在体育中心内存在一条集中径流通道。它的方向如以下钻孔所示：J1 号，即 ZK2 号—J3 号—J16 号—J4 号—J5 号—A5 号—A1 号；J2 号，即沿体 1 断层到 J3 号—沿体 3 断层到 A1 号。

基岩内溶洞统计如表 2.4～表 2.6 所示。

表 2.4　基岩内溶洞统计表（一）　　（单位：m）

孔号	孔深	覆盖层厚	始见溶洞基岩厚度	岩溶位置		累计溶洞长度	溶洞充填物	沟通性
				起止深度	厚度			
ZK1	143.30	43.19	0.11	43.30～44.95	1.65	3.68	含砾粗砂，红色黏土	
				46.79～46.97	0.18		白云岩碎屑	
				56.52～57.62	1.10		无充填物	沟通
				57.82～58.32	0.50		无充填物	
				58.92～59.17	0.25		无充填物	
ZK2	100.66	42.22	7.42	49.64～50.54	0.90	5.93	无充填物	
				59.14～60.09	0.95		白云岩碎屑	
				61.89～64.32	2.43		灰色含砾粗砂	
				65.68～66.43	0.75		具多种岩石碎屑	
				82.07～82.67	0.60		无充填物	沟通
				83.83～84.13	0.30		无充填物	
ZK3	90.08	41.14	0.55	41.69～45.29	3.60	9.52	白云岩碎屑	
				45.84～46.34	0.50		人工石屑	沟通
				48.39～50.04	1.65		人工石屑	
				53.19～53.27	0.08		白云岩碎屑	
				67.99～68.79	0.80		无充填物	
				69.76～70.25	0.49		白云岩碎屑	
				71.81～72.37	0.56		白云岩碎屑	
				72.68～73.55	087		白云岩碎屑	
				75.14～75.29	0.15		白云岩碎屑	
				75.93～76.75	0.82		灰黄色中粗砂	沟通
ZK4	104.77	39.01	13.21	52.22～52.42	0.20	0.60	白云岩碎屑	
				53.91～54.31	0.40		无充填物	沟通
ZK5	101.28	42.67	10.14	52.81～54.37	1.56	2.66	砂夹白云岩碎屑	
				58.40～59.50	1.10		无充填物	沟通
ZK6	102.40	41.88		62.00～62.20	0.20	0.2	无充填物	

注：本表为河北省地矿局第四水工大队 1994 年 5 月资料。

表 2.5　基岩内溶洞统计表（二）　　（单位：m）

孔号	孔深	覆盖层厚	始见溶洞基岩厚度	岩溶位置		累计溶洞长度	溶洞充填物
				起止深度	厚度		
A1	43.00	41.60	0.13	41.73～41.78	0.05	0.4	无充填物
				42.35～42.70	0.35		无充填物
				43.0 以下			砂、卵石（未揭穿）
A2	65.06	37.17	2.83	40.00～40.50	0.50	0.50	无充填物
A5′	50.10	41.40	1.80	43.2～44.4	1.2	1.2	无充填物

续表

孔号	孔深	覆盖层厚	始见溶洞基岩厚度	岩溶位置		累计溶洞长度	溶洞充填物
				起止深度	厚度		
A1′	65.75	40.01	11.04	51.05～52.5	1.45	1.45	裂隙发育
A4′	65.6	38.6	1.5	40.1～40.8	0.7	1.2	裂隙发育
				53.7～54.2	0.5		裂隙发育
A5	65.5	41.35	1.32	42.67～44.75	2.08	3.93	裂隙发育
				52.0～53.0	1.0		裂隙发育
				63.45～64.3	0.85		裂隙发育

注：本表为河北省环境勘察院 1999 年 3 月资料。

表 2.6　基岩内溶洞统计表（三）　（单位：m）

孔号	孔深	覆盖层厚	始见溶洞基岩厚度	岩溶位置		累计溶洞长度	溶洞充填物
				起止深度	厚度		
4	55.90	40.20	4.90	45.10～55.70	10.60	10.60	无充填物
6	67.00	44.30	3.60	47.90～48.20	0.30	0.40	无充填物
				48.80～48.90	0.10		无充填物
9	49.00	35.40	1.70	37.10～46.00	8.90	8.90	砂、卵石、泥灰岩和石灰岩碎屑
J3	60.2	40.0	5.24	45.24～46.30	1.06	3.86	无充填物
				51.40～53.40	2.0		无充填物
				54.30～54.90	0.6		无充填物
				56.70～56.90	0.2		无充填物
J5	70.8	40.7	8.3	49.0～51.2	2.2	7.26	无充填物
				64.3～64.9	0.6		无充填物
				66.04～70.5	4.46		无充填物
J16	62.4	39.4	18.6	58.0～59.2	1.2	1.2	无充填物
J10	46.5	28.9	4.9	33.8～35.8	2.0	2.5	无充填物
				39.38～39.68	0.3		无充填物
				44.2～44.4	0.2		一期施工时充填的碎石
J12	55.0	34.1	4.6	38.7～39.0	0.3	0.3	无充填物
J6	47.0	41.0	4.0	36.0～37.0	1.0	1.0	砂、卵石、黏土等
J18	63.76	41.2	15.3	56.5～63.76	7.26	7，26	净空 0.7m，下部被粉土、粗砂等充填

注：本表为河北省建设勘察研究院 2001 年资料。

2）通过钻探资料证实，场区北东向次一级构造发育，图 2.13 中的 FB 和 FC 这两条断层均属于这一类。为了在唐山市体育中心小区域内叙述断层上的方便，将 FB 命名为 T1，将 FC 命名为 T2，将一组北西向的小断层定名为 T3，且北西向 T3 断层错断了北北东向的 T1 和 T2 断层。

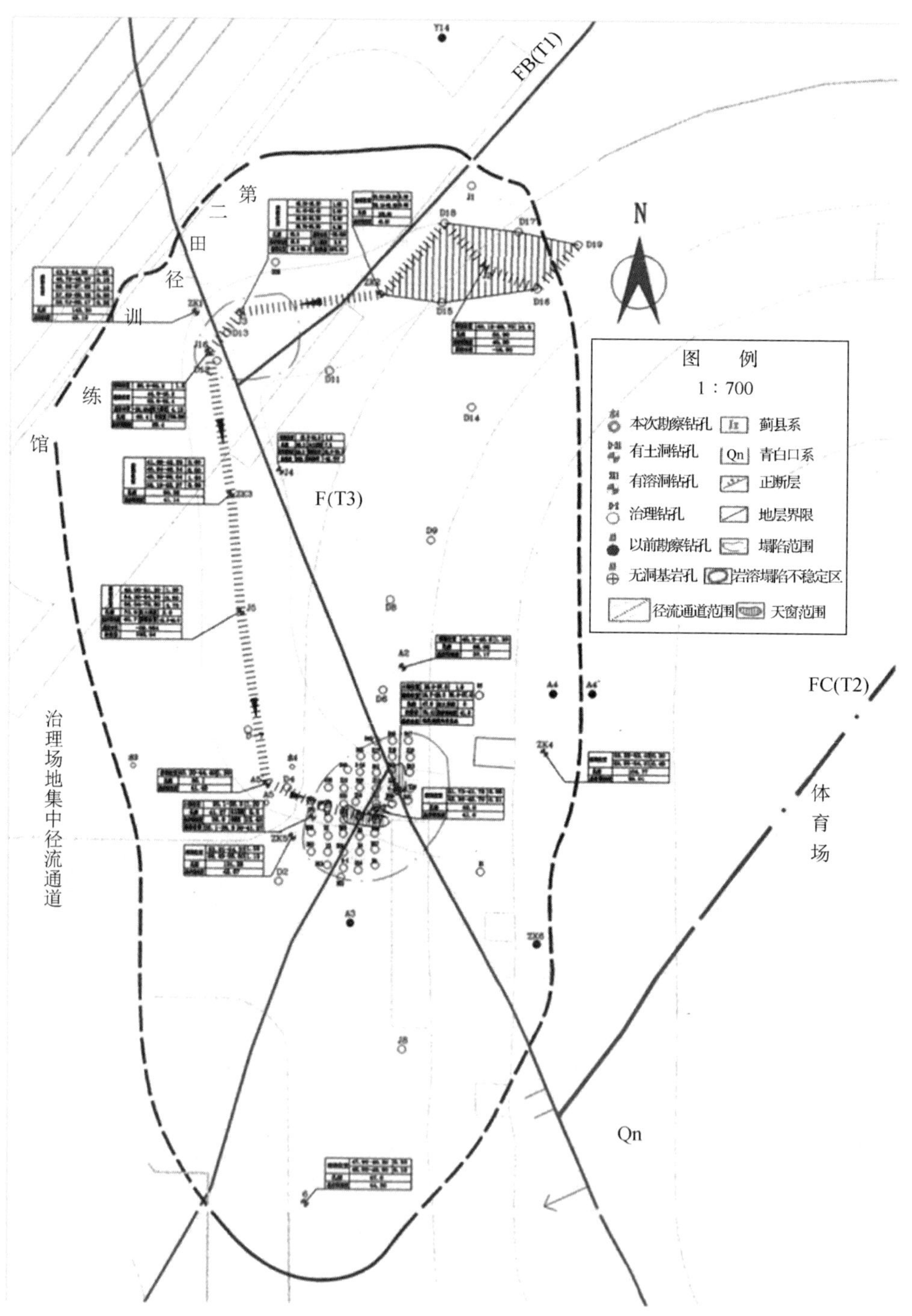

图 2.13　治理场地集中径流图

① T1 断层：北起体育中心北部，经第二田径训练馆一带，南到市八中，为正断层，长 1.4km，走向北东 30°～35°，倾向北西，被后期北西向 T3 断层错开，该断层的北段在第二田径训练馆塌陷坑与 T3 交汇，向南在田径运动场主席台西北角与 T3 交汇。

② T2 断层：北起市供电局，经体育场东门前，南到市第一干休所北部一带，为正断层。长度约 1.5km，走向北东 15°～20°，倾向北西，亦被后期 T3 断层错开。

③ T3 断层：呈略弯弧状，为正断层，长约 1.2km。

1988 年 6 月曾发生地面塌陷的唐山市体育中心第二田径训练馆和出现地面沉陷的体育场主席台分别位于 T1 和 T3 断层相切错位的两个交汇处（图 2.2）。

3）第四系底部存在的 1～2m 棕红色黏土夹砾残积层缺失，使第四系孔隙水失去了阻挡，当向岩溶区渗透时，其使第四系土发生了潜蚀作用，形成地面塌陷。这从体育中心的地质结构特征中可以得到证实。同时由于径流通道的存在，岩溶水形成的管道流又产生了真空吸蚀作用。因此，可以认为，体育中心的岩溶塌陷具有潜蚀与真空吸蚀的双重成因机理。

4）地下水动力条件为上层砂砾含水层和下部岩溶水，即双层水，且两者的水头差为 20～30m，为潜蚀与真空吸蚀提供了水动力条件。目前，主席台岩溶水位平均值为-21.36m，第四系砂砾层水位为+1.5m，二者水头差为 22.86m；明丰房地产公司岩溶水位平均值为-17.52m，第四系砂砾层水位+4.87m，二者水头差为 22.39m。

岩溶地面塌陷的形成受多种因素影响、多种力的作用，但往往是一种机制起主导作用、多种机制综合作用的结果。研究区岩溶塌陷演化示意图如图 2.14 所示。

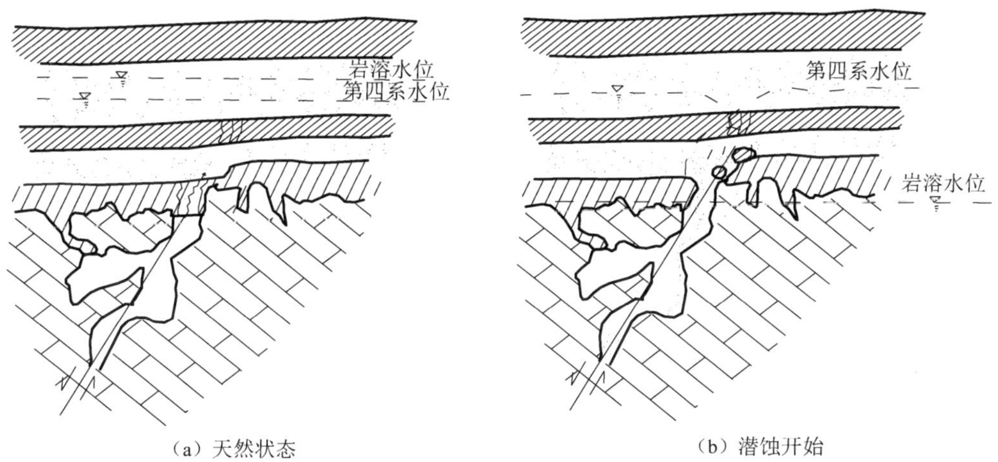

（a）天然状态　　（b）潜蚀开始

图 2.14　研究区岩溶塌陷演化示意图

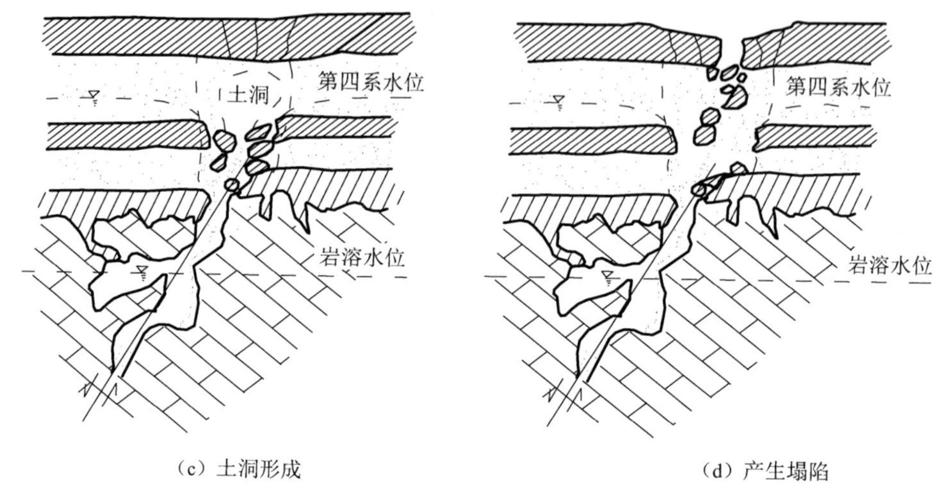

（c）土洞形成　　（d）产生塌陷

图 2.14（续）

体育中心为双层含水层分布区，历史上超采地下水导致地下岩溶水水位不断下降，使其对覆盖层的浮托力消减。同时由于岩溶水坡降和流速扩大可冲刷带走溶洞裂隙中的松散充填物，并对覆盖层底部（红黏土隔水层）产生潜蚀作用。尤其是岩溶水位在基岩面上下波动时最为强烈，可使覆盖层底部反复吸水、脱水、膨胀、剥落，在下伏溶洞开口处产生土洞的雏形。覆盖层中产生渗透潜蚀作用，这种作用随着岩溶水位下降、水头差增大而加强。当岩溶水位降低时，覆盖层中形成集中渗漏点，集中渗漏点上形成许多小的漏斗，这些小漏斗成为孔隙水向下补给的汇集中心。

围绕这些中心，水流收束集中，流速增大，渗透压力增加，在岩土接触面地带可产生水土流失或接触冲刷现象，有利于土洞的形成。上述作用不断加强，土洞不断向上扩展，当洞顶上部覆盖层的自重力超过土体抗剪强度时，洞顶垮落，地面塌陷形成。

总之，渗透潜蚀效应在研究区的岩溶塌陷中起主导作用；真空吸蚀也起一定作用；失托加荷、软化增荷等效应在塌陷形成的相应阶段起一定作用，但处于从属地位。此外，历史上的多次地震对覆盖层结构的破坏作用是不容忽视的。这种构造地质作用，有利于多层土体渗透潜蚀作用的发生与加强。

2.4　岩溶地面塌陷的主要影响因素

通过对唐山市岩溶地面塌陷分布规律的总结和唐山市体育中心岩溶地面塌陷

案例形成机制的深入分析，结合其他学者的研究成果，本章得出一个基本观点，即岩溶塌陷的形成可以归结为两个主要因素——水和通道。具体而言，水在土岩交界面附近的上下波动是岩溶塌陷的外在动力条件；可溶岩被溶蚀形成溶洞及溶隙，断裂附近基岩破碎使溶洞及其裂隙容易连通成排泄通道，第四系底部隔水层隔水能力下降甚至失效导致土岩交界面处易形成天窗，这些因素构成的径流通道是岩溶塌陷的内在因素；水借助径流通道不断将第四系覆盖层中的土颗粒带走，进而形成了土洞和岩溶地面塌陷。因此，影响岩溶地面塌陷的主要因素包括地下水特别是基岩裂隙水水位、覆盖层厚度、第四系底部隔水层隔水能力、距断层构造距离、基岩岩溶发育程度等。

2.5 本 章 小 结

本章在广泛收集整理唐山市岩溶勘察、治理相关资料的基础上，总结出了唐山市岩溶塌陷分布规律，并结合具体塌陷案例，开展了岩溶地面塌陷形成机制研究，进而确定了影响岩溶地面塌陷的主要因素，即地下水特别是基岩裂隙水水位、覆盖层厚度、第四系底部隔水层隔水能力、距断层构造距离、基岩岩溶发育程度等。

第 3 章　基于 WebGIS 的城市岩溶勘察信息系统

3.1　引　　言

改革开放以来，唐山的城市建设日新月异，同时也积累了大量岩溶勘察成果资料。这些宝贵资料经整合集成后可用于对岩溶地面塌陷风险的定性分析与预测，然而目前大多数资料以文字、图表形式零散地分布于各单位的勘察报告中，难以实现统一存储与集成利用，更难以使用互联网便捷地查询、管理。若能有效地存储、管理进而充分利用这些历史勘察成果，显然对城市规划或新建工程具有重要意义。

本章拟以唐山市为例，收集整理大量包括岩溶地面塌陷案例在内的岩溶勘察成果，并根据最新的钻孔与物探数据，绘制岩溶区基岩埋深等深线图、构造地质图、地下水等水位线图等岩溶勘察关键信息专题图。利用 GIS 技术平台 MapScope 进行二次开发，建立城市岩溶勘察信息系统，实现岩溶勘察信息的统一存储、集成利用与在线查询、管理，该系统中的岩溶塌陷关键信息可与经验打分法相结合对岩溶区地面塌陷危险性进行分区，也可为某一场区的岩溶塌陷危险性评价提供基础信息。

3.2　岩溶勘察关键信息的收集与整理

在河北建设勘察研究院有限公司、河北省地矿局第四水文地质工程地质大队、唐山中冶地岩土工程有限公司、中冶地勘岩土工程有限责任公司及唐山市住房与城乡建设局等单位的大力支持与协助下，本书收集到了大量唐山市岩溶勘察项目的成果资料。为了实现岩溶勘察信息的集成利用，将原始资料中的关键信息加工整理成了唐山岩溶发育关键信息专题图。这些专题图是依据北方岩溶发育规律确定的，主要包括基岩埋深等深线图、构造地质图、地下水（包括第四系水和基岩水）等水位线图及岩溶塌陷危险性分区图。

3.2.1　原始勘察成果资料

为保证数据库总体结构和数据内容的一致性，方便数据库管理，制定了格式统一的岩溶勘察信息收集模板，如图 3.1 所示。现共收集唐山市岩溶勘察相关项目 100 余个，将收集到的项目成果资料按照图 3.1 所示的模板整理归总，以便后期将资料录入系统。图 3.2 给出了部分项目录入完成后的项目视图界面。点击项目所在区域后可方便地获得翔实的岩溶勘察信息。

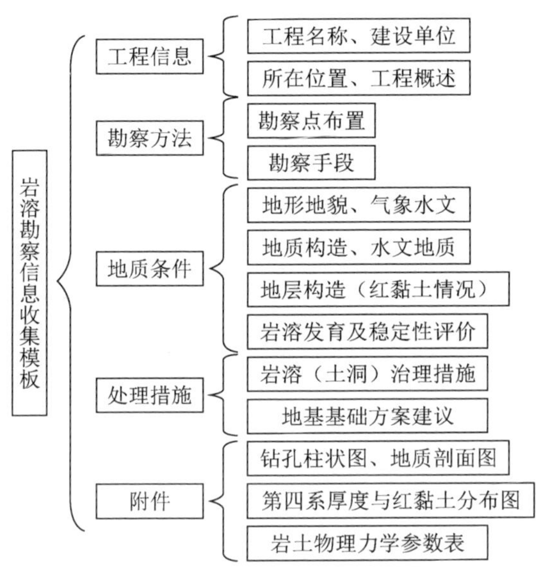

图 3.1　岩溶勘察信息收集模板

图 3.2　录入完成后的项目视图界面

3.2.2　岩溶勘察关键信息专题图

（1）唐山市岩溶区基岩埋深等深线

本节以河北省地矿局第四水文工程地质大队 1994 年完成的《唐山市岩溶地面塌陷地质灾害防治前期勘查》成果中的 1∶10000 比例尺第四系厚度图为基础，通过近期收集到的大量的钻探与物探解释的第四系厚度成果，对原图进行适当的补充、修改、完善，从而得到了唐山市岩溶区基岩埋深等深线图，如图 3.3 所示。

图 3.3　唐山市岩溶区基岩埋深等深线图

（2）唐山市岩溶区构造地质图

以 1∶50000 比例尺开平煤田地质图为基础，将《唐山市岩溶地面塌陷地质灾害防治前期勘查》成果中的 1∶10000 比例尺的基岩地质图，补充到开平煤田地质图中，从而得到唐山市岩溶区构造地质图，如图 3.4 所示。

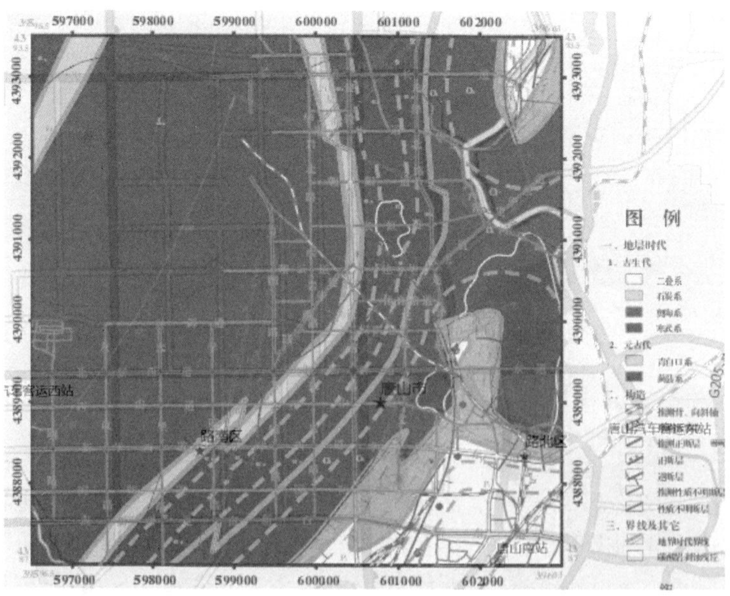

图 3.4　唐山市岩溶区构造地质图

（3）唐山市岩溶区地下水等水位线

首先对工作区内的第四系与基岩井进行水位测量（2011 年完成），得到各井点的水位埋深与水位标高；然后将各井点及取得的水位数据成果绘于纸质的工作手图上；最后通过内插的方法并同时考虑地形起伏、地表水系、水源地开采、可溶岩与非可溶岩分布等特征，分别绘制唐山市岩溶发育区第四系水与岩溶基岩水的等水位图，如图 3.5 和图 3.6 所示。

将唐山市岩溶发育区划分为若干大小相等的评价区。本节基于唐山市岩溶勘察信息系统中岩溶塌陷危险性分区所需的关键信息分布图，采用经验打分法（表 3.1，岩溶发育程度是依据基岩岩性给出的，即非可溶岩取 1，寒武系碳酸盐岩取 2，蓟县系和奥陶系灰岩取 3）对每个小区域的岩溶塌陷危险性给出综合评价，再将评价结果相同的区块合并，即可得到唐山市岩溶塌陷危险性分区图，如图 3.7 所示。

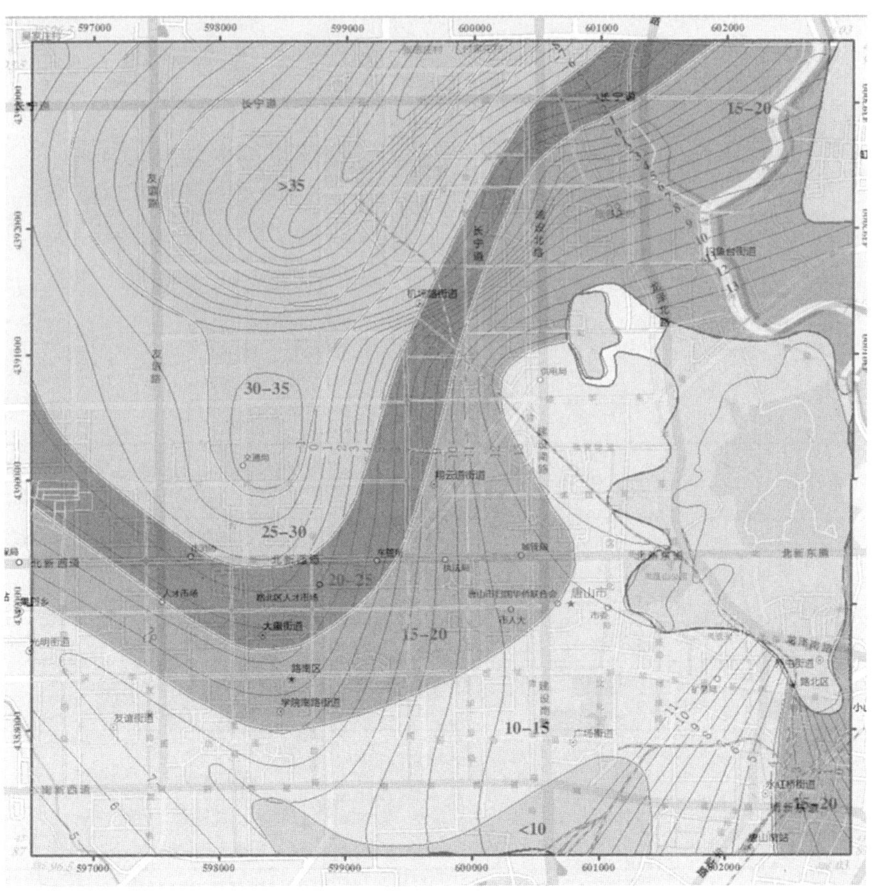

图 3.5　唐山市岩溶发育区第四系水等水位线

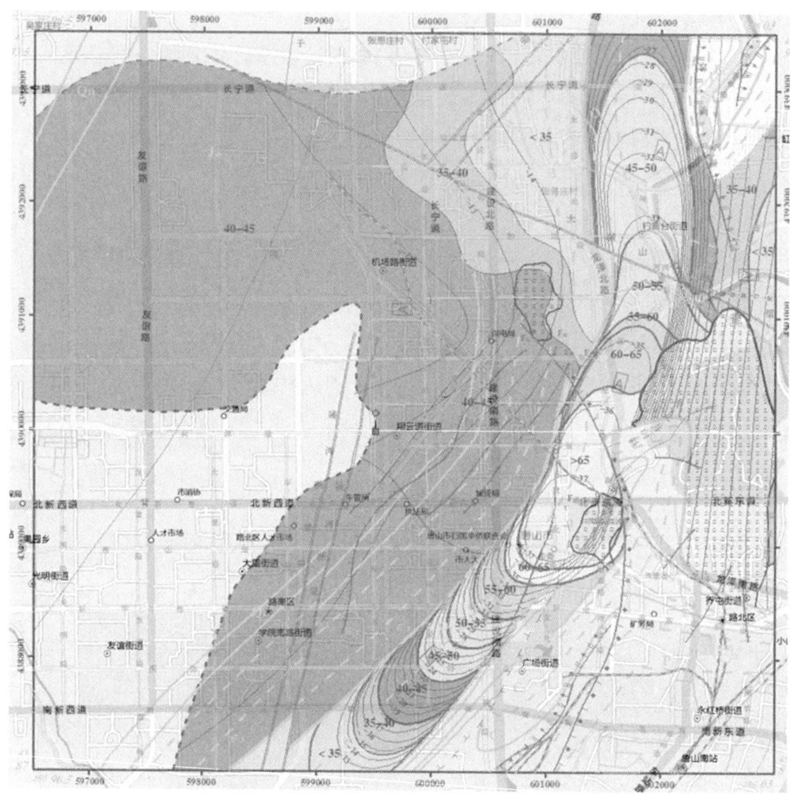

图 3.6　唐山市岩溶发育区岩溶基岩水等水位线

表 3.1　预测因子及经验指标

预测因子	指标			
	4	3	2	1
岩溶发育程度	—	强烈	中等	微弱
覆盖层岩性、结构	—	均一砂土，双层或多层，底为砾石	双层或多层状黏性土-砂砾石	均一黏性土
覆盖层厚度/m	<5	5～10	10～30	>30
岩溶水位埋深/m	<5，在基岩面附近波动	5～10，在基岩面波动或土层中	>10，在土层中；5～10，在基岩中	>10，在基岩中
岩溶水径流条件	—	主径流带，排泄带	潜水和岩溶水双层含水层分布	径流区
地貌	—	岩溶洼地、谷地、盆地、平原、低阶地	丘陵或山前缓坡，岩溶台地，高阶地	谷坡

注：预测指标判别值为表中 6 个因子指标之和，判别值为 17～20 时，极易塌陷，可产生大量塌陷；为 13～16 时，易塌陷，可产生较多塌陷；为 9～12 时，较不易塌陷，可产生少量或零星塌陷；≤8 时，不易塌陷，属稳定区。

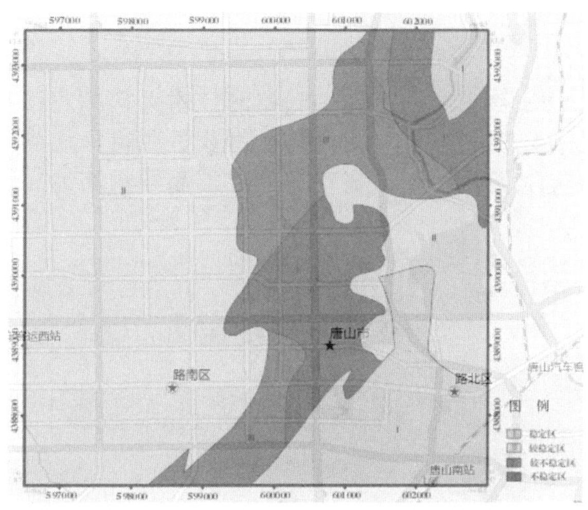

图 3.7　唐山市岩溶塌陷危险性分区

利用 MapGIS 软件对以上步骤获得的专题图进行矢量化，通过坐标变换、误差校正、切图等过程将矢量化文件转换成瓦片底图。随后，采用 MapScope 的 WebGIS 技术将以上专题图发布，从而实现底层数据和业务数据的叠加。

3.3　系统的设计与实现

3.3.1　系统架构设计

1. 功能架构

MapGIS 软件包含三大功能域，即存量信息管理功能域、地图展示功能域、系统管理功能域，如图 3.8 所示。

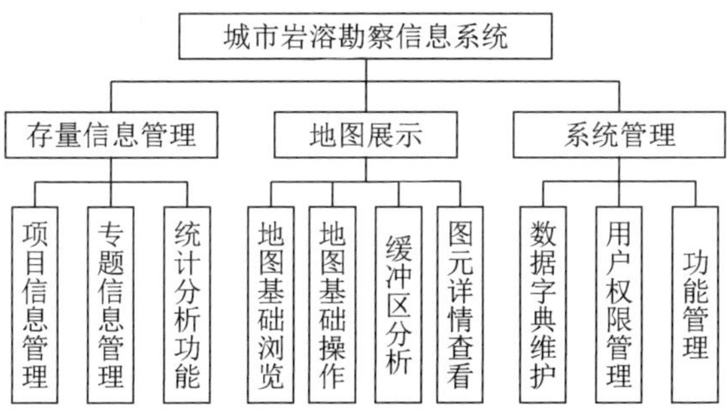

图 3.8　MapGIS 软件的功能域

2. 技术架构

图 3.9 所示为 GIS 技术平台 MapScope 的技术架构图。该平台采用将业务逻辑、数据、界面显示分离的方式组织代码，将业务逻辑聚集到一个部件里面，在改进功能、个性化定制界面和用户交互时，就不需要重新编写业务逻辑，从而具备高扩展性。

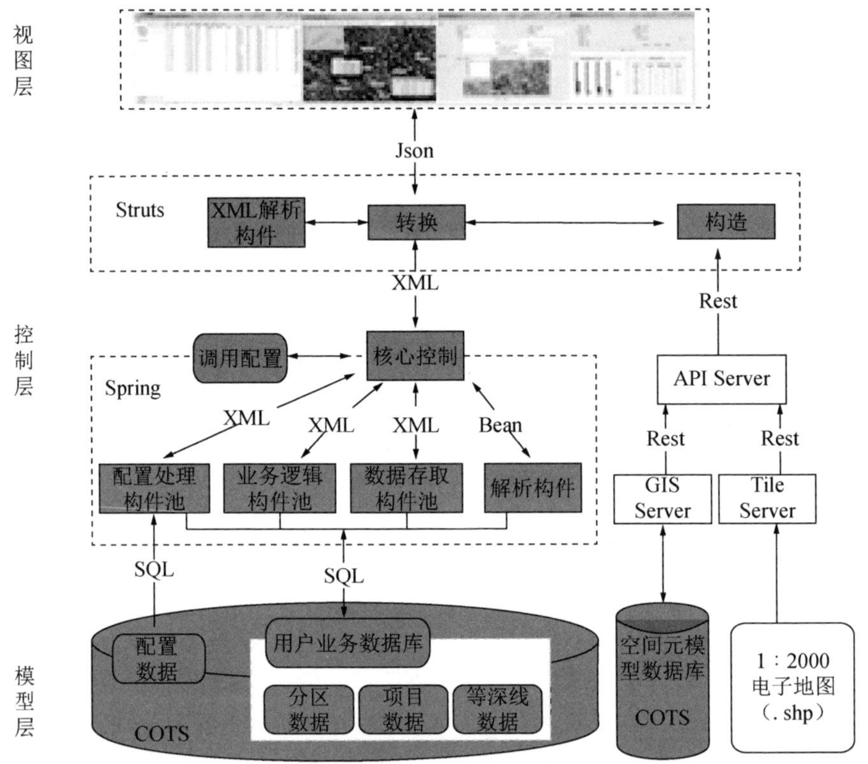

Json—一种轻量级的数据交换格式；Struts—开源框架；XML—可扩展标记语言；Bean—一个由 Spring IoC 容器实例化、组装和管理的对象；Spring—轻量级控制反转和面向切面的容器框架；SQL—结构化查询语言；Shp—一种空间数据开放格式；Rest—一种前后台通信方式；COTS—商用现成品或技术；API Server—应用程序接口服务器；GIS Server—地理信息系统服务器；Tile Server—矢量切片服务器。

图 3.9　GIS 技术平台 MapScope 技术架构图

（1）模型层

模型层由用户业务数据库、空间元模型数据库和电子地图组成。其中，用户业务数据库和空间元模型数据库的所有对象均基于配置方式进行建模，为将来业务模型扩展奠定基础。电子地图采用比例尺为 1∶2000 的标准.shp 文件。

（2）控制层

基于 Spring 框架构建核心控制部分，以构件池的方式管理各种业务处理构件，基于这种方式，可以扩展更多的构件而不引起整体架构的变化。核心控制模块主要包括配置处理构件池（完成元数据处理功能）、业务逻辑构件池（完成业务逻辑处理功能）、数据存取构件池（完成与数据库交互功能）、解析构件（完成构件之间传递的 XML 信息的解析）及调用配置模块（依据配置完成信息的派发）。

独立搭建用来空间建模、服务发布、分析处理的地理信息系统服务器 GIS Server 和处理大数据量的矢量切片服务器 Tile Server，数据服务基于 Rest 规范。在上层统一封装基于 JS（JavaScript）的 API Server。通过 Struts 框架对接核心控制和 API Server 两部分。

（3）视图层

系统以 Web 模式进行展示，系统封装了包括列表、属性、树形、地图等各种展现组件，根据需要可以进行任意的组合，构建各种复杂的展现。

3. 部署架构

GIS 技术平台采用存储服务器、应用服务器、客户端 3 层部署架构（图 3.10），在保证用户体验的前提下，尽量采用开源软件进行支撑，以降低本项目开销。

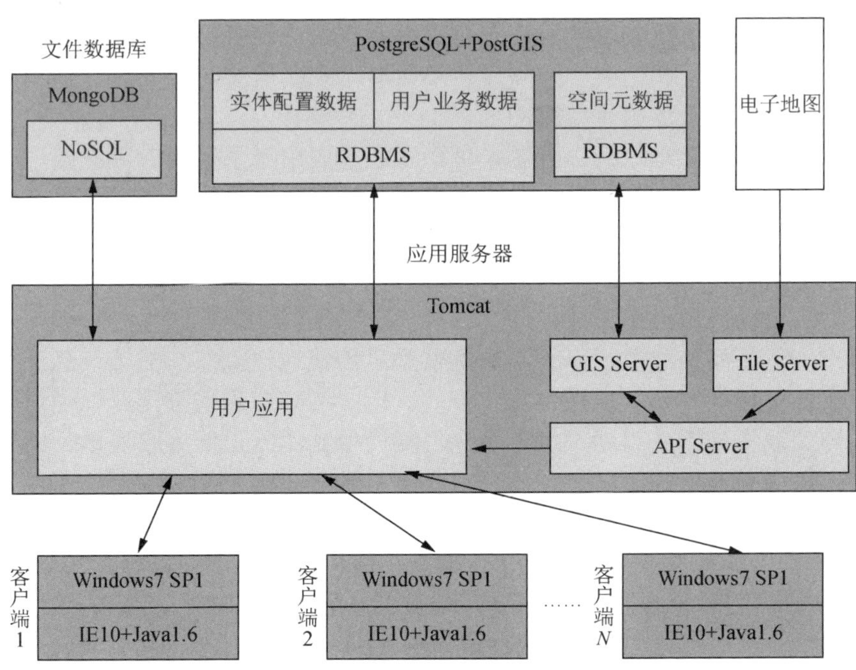

图 3.10　GIS 技术平台部署架构图

（1）存储服务器

平台业务关系型数据采用开源数据库 PostgreSQL 和 PostGIS 进行存储，业务附件采用文件数据库 MongoDB 进行存储，电子地图采用文件方式进行存储。

（2）应用服务器

平台相关 Web 应用采用 Tomcat 作为应用服务器，支持用户应用、GIS Server、Tile Server、API Server 等模块以分布和聚合两种方式部署。

（3）客户端

客户端采用浏览器方式进行访问，建议浏览器选用 Internet Exlorer10。

3.3.2 系统主要功能

城市岩溶勘察信息系统在拥有授权的前提下，可以在任何与互联网连接的电子终端设备上实现快速访问或者系统维护与管理。系统主要功能可分为主体功能和支撑功能。

1. 主体功能

城市岩溶勘察信息系统的主体功能是岩溶勘察信息在线实时查询与统计分析功能。

岩溶勘察信息在线实时查询功能的目标是帮助用户掌握唐山市岩溶发育的整体概况和新建项目所在位置的岩溶发育关键要素信息。该目标是通过系统的岩溶发育关键信息专题图和历史勘察项目信息数据库两个模块来实现的。

（1）岩溶发育关键信息专题图

城市岩溶勘察信息系统以分区分色形式展示唐山市基岩埋深等深线图、岩溶区构造地质图、地下水等水位线图和岩溶塌陷危险性分区图（图 3.3～图 3.7）。以上各图均位于不同图层，图层控制功能可以帮助用户根据需要关闭或显示其中的几项或全部项。

（2）历史勘察项目信息数据库

城市岩溶勘察信息数据库将历史勘察项目的地理位置与其成果信息链接，从而实现了历史勘察资料的地图可视化查询。历史勘察信息的查询可以通过指定地理范围或关键字搜索获得用户预期信息。搜索得到的结果用列表显示，同时在地理底图上以高亮显示项目的位置图标，以便于用户选择。图 3.11 给出了城市岩溶勘察信息系统搜索查询功能的一个使用样例（搜索唐山市政府周围半径 1km 内的项目）。用户若选择某个项目，城市岩溶勘察信息系统会弹出岩溶信息查询界面，该界面包含勘察报告翔实查询区域（可以查询完整的勘察报告及其附件）和概要信息查询区域（仅显示与岩溶有关的关键信息），如图 3.12 所示。

此外，城市岩溶勘察信息系统具备岩溶勘察信息的统计分析模块。该模块以图表显示用户指定要素信息项目分布情况的统计结果，如历史项目中不同地基基础形式占比情况、某一指定区域内岩溶治理方法统计等，从而在岩溶治理、基础选型等方面为用户提供参考。

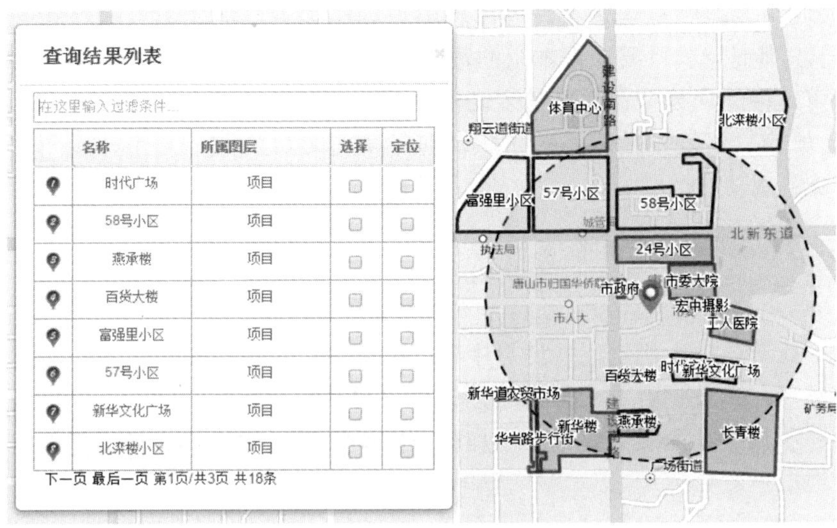

图 3.11　系统搜索功能示例

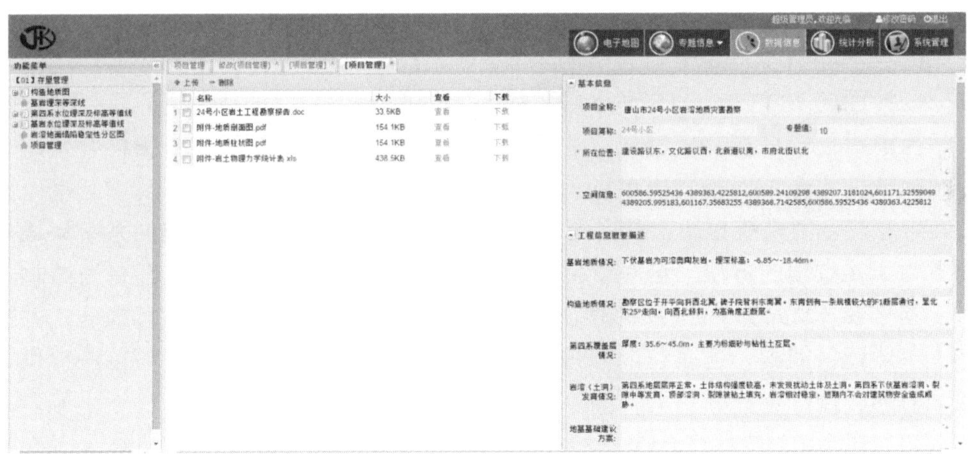

图 3.12　系统查询界面示例

2. 支撑功能

城市岩溶勘察信息系统支撑功能保证了其主体功能的实现，包括数据信息的录入和维护、底图切换和常规功能。

1）数据信息的录入和维护。该功能主要涉及点、线、面绘制与编辑。点的输入方式可以有 3 种方式，即单击、输入大地 2000 坐标、输入经纬度。线为由点自动连成的直线段；线的输入具备快速接口，即可将大量点依次连点成线并附加标注功能。面为多边形，面域属性可以由用户自定义。

2）城市岩溶勘察信息系统虽以唐山市为例构建，但预留了地理底图切换功能。对于其他地区，只要依据本章的数据收集与处理方法准备基础数据与专题图，系统即可方便地切换成该地区的岩溶勘察信息系统。

3）城市岩溶勘察信息系统可实现包括实时缩放浏览、测距、测面、定位等 GIS 系统常规功能。

3.3.3　系统实现的关键技术

（1）WebGIS 技术的引入

据行业统计，人们生活的世界中 80%的事务与空间位置有关系，随着硬件与网络的发展，GIS 已经与人们的生活工作息息相关。城市岩溶勘察信息系统管理的分区、项目、等深线等业务对象均带有空间属性，通过 GIS 技术能够更直观、更真实地展示对象信息。

WebGIS 是 Internet 技术应用于 GIS 开发的产物。GIS 通过 Web 功能得以扩展，真正成为一种大众使用的工具。从 Web 的任意一个节点，Internet 用户可以浏览 WebGIS 站点中的空间数据、制作专题图，以及进行各种空间检索和空间分析，使 GIS 技术不再仅仅是专业人员的工具。

（2）面向实体的 COTS 理念引入

当前对于应用在某一特定行业的软件系统，人们已很少像过去那样开发研制专用的软件界面，而是利用市场上的各类产品和技术去集成所需的功能。毫无疑问，与开发专用系统相比，采用商业化的产品和技术（COTS）组建的系统集成是既省力、又省钱的方法，这对于批量少、专用于某一场合的系统而言更为如此。

本平台（MapScope）在此理念的基础上，封装了面向对象的实体概念，并提供了实体建模能力，使系统能够快速搭建业务平台，为系统扩展业务范围提供了强有力的支撑。

（3）HTML5 技术的引入

本平台（MapScope）采用了 HTML5 作为前台页面展示的手段。HTML5 是超文本标记语言（hyper text markup language，HTML）的第 5 次重大修改，被称为是开放的 Web 网络平台的奠基石。HTML5 的优势主要体现在终端跨平台、跨分辨率、版本控制简单、自适应网页设计、缩减了 HTML 文档体积等方面。

3.4　应用实例

城市岩溶勘察信息数据库不仅可用于岩溶勘察信息的统一存储、管理和查询，还可为某一场区岩溶地面塌陷危险性评价提供关键信息。本节以唐山市某住宅区为例，基于岩溶勘察信息系统，获取岩溶塌陷评价所需的关键信息。

受甲方委托，需对唐山市某拟建住宅区的岩溶地面塌陷危险性进行分析预测，并以此为依据对该小区的勘察项目给出报价。首先，可在系统的地图界面中找到该住宅区位置并勾画出来。其次，在岩溶区构造地质图、基岩埋深等深线图、地下水等水位线图、地面塌陷危险性分区图等岩溶勘察关键信息图中找到相关信息，城市岩溶勘察信息系统中具体的操作界面如图 3.13 和图 3.14 所示。由图可知该小区基岩岩性为寒武系灰岩，第四系厚度平均约为 100m，第四系地下水水位标高平均为 7m，埋深为 10～15m，基岩裂隙水埋深为 40～45m，小区位于开平向斜的西北翼，碑子院背斜东南翼，陡河断裂由场区西部穿过。

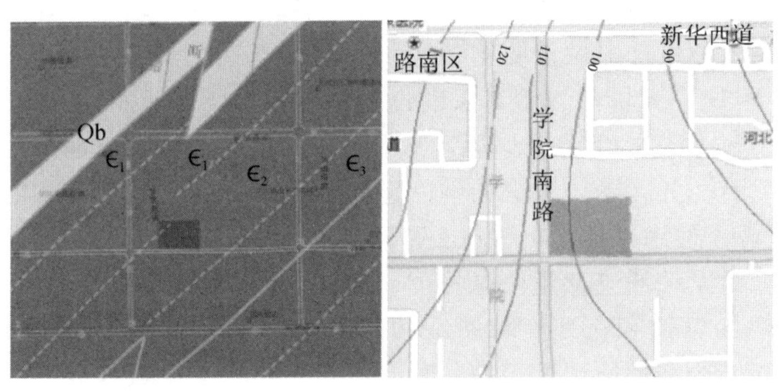

（a）构造地质查询　　（b）第四系厚度查询

图 3.13　构造地质查询与第四系厚度查询

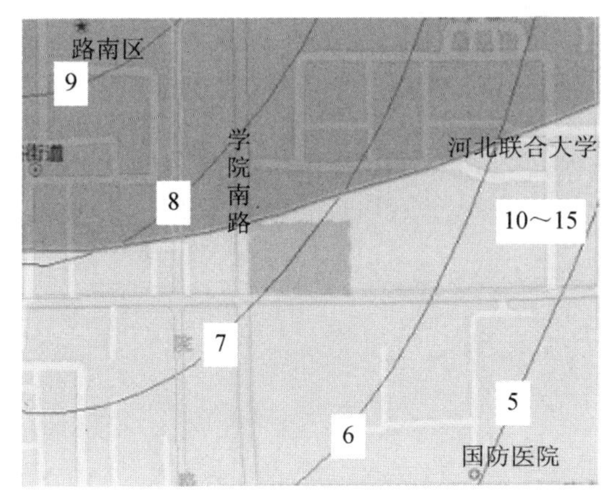

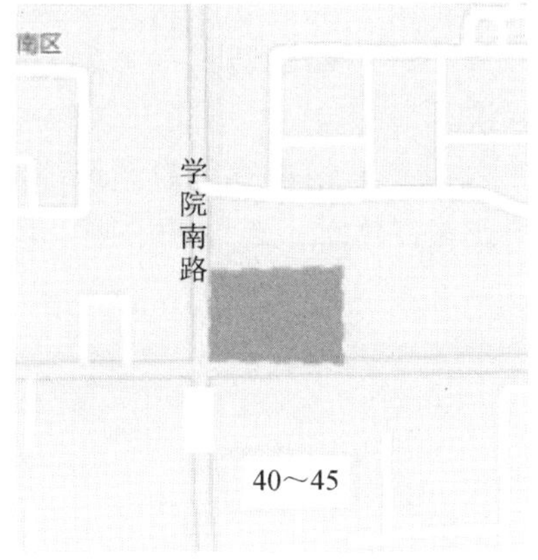

（a）第四系地下水水位查询　　（b）基岩裂隙水埋深查询

图 3.14　第四系地下水水位与基岩裂隙水埋深查询（单位：m）

3.5　本 章 小 结

为了实现城市岩溶勘察信息的统一存储、集成利用与在线实时查询、管理与分析，并为大区域岩溶地面塌陷危险性分区和某一场区岩溶塌陷危险性提供基础信息，本章建立了基于网络存储和访问的唐山市岩溶勘察信息系统，获得的主要结论如下。

1）将已经积累的大量与岩溶有关的勘察成果集成利用，并建立可实现岩溶勘察信息在线实时查询与管理、岩溶塌陷危险性分析与预测的岩溶勘察信息系统，不但可以实现岩溶勘察信息的电子化存储与管理，而且可以为新建工程项目的选址、勘察、施工与设计提供重要的参考和咨询。

2）收集整理了大量与岩溶有关的勘察成果资料，并根据最新的钻孔与物探数据，绘制了唐山市岩溶区基岩埋深等深线图、构造地质图、地下水等水位线图和岩溶塌陷危险性分区图等岩溶勘察信息的专题图。

3）利用 GIS 技术平台 MapScope 进行二次开发，建立了唐山市岩溶勘察信息数据库系统。该系统通过存量信息管理、地图展示和系统管理三大模块，实现对岩溶勘察信息的存储和在线实时展示功能；该系统可实现目标区域的地下水水位、基岩埋深、构造地质、岩溶塌陷危险性级别和历史勘察成果的在线查询和分析，对城市建设规划和新建项目的勘察、设计与施工具有重要的指导意义。

4）城市岩溶勘察信息系统具有良好的扩展性能，虽以唐山市为例构建系统平台，但预留了地理底图切换功能。对于其他地区，只要依据本章的数据收集与处理方法准备基础数据与专题图，系统即可方便地切换成该地区的岩溶勘察信息系统。

5）城市岩溶勘察信息系统能提供大区域趋势性岩溶塌陷关键信息，弥补了单个钻孔获得信息不连续的缺陷，可为岩溶塌陷危险性评价提供重要的基础信息。

第 4 章 隐伏型岩溶区建筑地基勘察技术

4.1 引 言

岩溶区勘察应以资料收集、工程地质测绘、物探、钻探、原位测试、土工试验、水位观测等综合勘察手段来查明勘察区的岩溶发育程度，这也是最经济、最有效、事半功倍的勘察方法，单靠一种勘察手段难以获得好的勘察成果。

课题组相关单位从 20 世纪 70 年代开始，几十年来，相继进行了大量的城市岩溶区水文地质、工程地质、构造地质及地质环境监测工作，对城市隐伏型岩溶发育特点及规律有了较好掌握，在工程中对各种勘察手段进行了有益的尝试，积累了大量的工程经验。本章拟对其进行整理总结，以更好地指导实践。

4.2 岩溶勘察技术原理与方法

4.2.1 地球物理勘探

1. 常用岩溶勘察物探方法简述

（1）浅层地震勘探

1）原理：第四系与围岩之间、岩溶与灰岩之间、构造破碎带与围岩之间存在明显的波阻抗差异，为良好的反射波界面，可获取较强的反射波信号，因此浅层地震勘探是一种常用的岩溶、土洞及地质构造勘察物探方法，其探测深度较大。该方法依据地震勘探剖面的反射波组特征，结合地质资料的对比分析，以确定地震波组及其与地质层位的关系，对反射波组的分叉、合并、中断、尖灭等现象和上下地层反射波组的相互依赖关系进行细致分析，能够判断这些变化与地层或岩性变化的关系，从而获得地层的纵、横向变化及构造情况，进而确定岩溶、土洞、采空区及地质构造的位置、产状、分布。

2）优点。

① 地震反射波法可以直观地反映出地层界面的起伏变化，对于探测地下隐伏断层、空洞及非均匀异常体十分有效。

② 探测深度较大，在唐山市用 50～80kg 的落重为震源，探测深度可达 200m。

3）缺点。

① 受环境震源影响大，当震源不远处存在较强的突发干扰波时，会掩盖初至波，无法分辨有效波。

② 地质体内低速带的弹性性质很不均匀，地震波在低速带就发生折射会导致分层时的误判。

③ 当勘察区的地形起伏较大时，目标的异常信息变得模糊不清，即使采用某些校正措施，仍会在不同程度上影响勘探效果。

④ 探测大规模溶洞及土洞效果较好，而唐山市岩溶以裂隙型岩溶为主，溶洞规模较小，浅层地震勘探分辨率不足。

⑤ 由于反射波的有效窗口问题，浅层地震勘探时要求有较大的炮检距（在唐山市一般炮检距为20～30m），对场地开阔性有一定的要求。

（2）高密度地震映像勘探

1）原理：高密度地震映像勘探是20世纪90年代中期发展的一种新方法。它是以固定偏移距激发宽频带弹性波，以共偏移距观察近炮点宽频，快速、高密度采集多波列弹性波映像，其中含有直达波、面波，以及来自不均匀地质体的绕射波、反射波等，用以探查浅部构造、隐伏岩溶、土洞等不均匀地质体。

2）优点。

① 简便、快速、经济、直观。

② 数据采集速度快，在资料处理过程中不需要进行校正处理，节省了资料处理时间，避开了动校正对浅层反射波的拉伸、畸变影响，可以使反射波的动力学特征全部被保留，地震记录的分辨率不会受影响。

③ 由于是高密度采集多波列弹性波映像，分辨率高，对小规模的溶洞、土洞均可有所显示。

3）缺点。

① 抗干扰能力弱，特别是在有固定震源的电厂、工厂等附近，高密度地震映像勘探工作很难开展。

② 探测深度有限。由于是高密度探测，用8kg左右大锤做震源勘探速度最快，在唐山市一般探测深度为50m左右。选用50kg左右的落重做震源，勘探速度就会大大降低，一般探测深度为100m左右。

（3）瑞雷波勘探

1）原理：根据瑞雷面波传播的频散特性，利用人工震源激发产生多种频率成分的瑞雷面波，寻找波速随频率的变化关系，从而最终确定岩土中的瑞雷波速度随场点坐标的变化关系，以解决浅层工程地质和地基岩土的地震工程等问题。当瑞雷波的勘探深度与地下空洞及掩埋物的深度相当时，频散曲线会出现异常跳跃，据此可以确定其埋深及范围，这是瑞雷波勘探的独特优点之一。

在岩溶工作中，瑞雷波勘探主要用于调查土洞、地下隐伏岩溶，确定基岩埋深等。

2）优点。

① 和已有的浅层折射波法和反射波法相比，瑞雷波法的独特之处是它不受在地层中传播速度差异的影响。折射波法和反射波法对于波阻抗差异较小的地质体界面反映较弱、不易分辨，尤其是折射波法要求下覆层速度大于上覆层速度，否则为其勘探中的盲层；瑞雷波法则不存在这类问题。

② 瑞雷波衰减慢，能量强，抗干扰性强。在有固定震源的情况下，只要垂直于固定震源方向布置检波器，就可以避开固定震源的干扰，甚至还可以直接利用固定震源。

③ 定量分析，成果直观、准确。可以利用等速度彩色剖面功能，准确判断出第四系松动带及地下岩溶在平面和垂直方向的位置。

④ 工作效率高，为工程争取时间。由于瑞雷波衰减慢、信号强、受其他波的干扰小，可在白天作业，现场通过计算机即可得出测试结果。

⑤ 节省资金。因瑞雷波勘探中无须钻孔，且省时省力，较常规方法勘探费用低。

3）缺点。

① 瑞雷波法的勘探深度受方法本身的限制，勘探深度浅。在唐山市，选用 8kg 左右大锤做震源，探测深度一般为 20m；选用 50～80kg 的落重为震源，探测深度为 50～70m。

② 当有多个不同方向的固定震源时，就会无法分辨有效波。

（4）高密度电阻率法勘探

1）原理：高密度电阻率法是以岩土导电性差异为物性基础，在人工施加稳定电流场的作用下探测地层中传导电流分布规律的一种电探方法。它与常规电阻率法原理相同，所不同之处在于采用的技术。高密度电阻率法实际上是一种阵列勘探方法，野外测量时只需将全部电极置于观测剖面的各测点上，然后利用程控电极转换器或者微机工程电测仪器便可实现数据的快速和自动采集，将测量结果送入微机后，可对数据进行处理并给出关于地电断面分布的各种图示结果。

2）优点。

① 电极布设是一次完成的，这不仅减少了因电极设置而引起的故障和干扰，还为野外快速和自动测量奠定了基础。

② 能有效地进行多种电极排列方式的扫描测量，因而可以获得较丰富的关于地电断面结构特征的地质信息。

③ 野外数据采集实现了自动化或半自动化，不仅采集速度快（大约每测点需 2～5s），而且避免了手工操作所导致的错误。

④ 可以对资料进行预处理并显示剖面曲线形态，脱机处理后还可自动绘制和

打印各种成果图件。

⑤ 与传统的电阻率法相比，成本低，效率高，信息丰富，解释方便。

3）缺点。

① 在城市中，各种非探测目标形成的干扰性电磁场，其强度及在时间和空间分布的复杂性，均将影响勘探效果，特别是在高压线附近，其干扰性更大。

② 探测目标周围岩石的各种电磁学性质的均匀程度和方向性，尤其探测目标上、下或两侧岩层在物性参数上构成对人工场、天然场或探测目标的反应有屏蔽作用时，均将明显地影响勘探效果。

③ 市区地面、路面硬化率高，电极布设困难，需用电钻等打孔，除破坏路面、地面外，工作效率也低。

（5）其他物探方法

1）瞬变电磁勘探：瞬变电磁勘探的基本原理就是电磁感应定律，它是利用不接地回线或接地线源向地下发射一次脉冲磁场，在地下导电岩体中产生感应电流；断电后，感应电流由于热损耗而随时间衰减，通过测量断电后各个时间段的二次场随时间变化规律，可得到不同深度的地电特征。瞬变电磁法是在高电阻围岩中寻找低电阻地质体（如充水溶洞）最灵敏的方法，且不受地形影响。但当周边有大的金属结构及地下浅层有大量的低电阻层时，瞬变电磁法不能可靠地测量；而当瞬变电磁法探测深度较大时，其费用也较高，对唐山市以裂隙型为主的岩溶效果一般。

2）井间 CT 勘探：井间 CT 又分为声波井间 CT（又称声波透视）及电磁波井间 CT（又称无线电波透视）。声波井间 CT 穿透性较差，探测距离较短（一般探测距离不大于 30m，距离大时需用爆炸震源），适用性较差。电磁波井间 CT（电磁波层析成像勘探）是利用电磁波穿透钻孔间的地质体，根据接收到的场强大小变化，来确定地下不同介质分布状况的一种地球物理勘察方法。当电磁波穿越不同的地下介质（如各种不同的岩石、矿体及溶洞、破碎带等）时，由于不同介质对电磁波的吸收系数（β）存在差异，如溶洞、破碎带等的吸收系数（β_s）比其围岩的吸收系数（β_o）要大得多，在溶洞、破碎带的场强也就小得多，从而呈现负异常，本章就是利用这一差异推断目标地质体的结构和形状的。根据实测数据，依照电磁波在地下有耗介质中传播规律及一定的物理和数学关系反演透视剖面上的物理参数分布，最后以图像的形式表现出来。由于它与医学上的 CT 在理论、方法及成像上都十分相似，故又称为井间 CT。电磁波井间 CT 勘探可详细地探明两钻孔间的岩溶发育情况；但其缺点也很明显，两钻孔间距不宜大于 70m，钻孔第四系地层需用套管护壁以保证测试仪器的安全，另外钻孔为干孔时也很难进行测试。

3）其他：早期各种电测深勘探、声波及电磁波测井等方法也常用来查明岩溶发育情况，但已被快速发展的高密度电阻率法、瞬变电磁法及电磁波井间 CT 法所取代；另外，为研究溶洞的连通性还可以进行放射性同位素测试。

2. 地球物理勘探方法的选用

在对地球物理勘探方法选用前，应充分了解、分析以往地质和物探资料；了解拟勘察场地涉及岩溶、土洞方面的物性差异；了解地层情况，特别是基岩埋深情况；应进行现场踏勘，详细了解勘察场地实际情况，重点察看场地开阔与否、有无高压线、有无埋地高压电缆、有无固定震动源、地面硬化情况、有无地下室及地下管线，这些情况是否为对物探方法选择及物探线布置影响较大的因素，据此合理选择分辨能力强的岩溶物探方法。由于单种物探方法得到的成果往往有多解性，宜采用两种以上的有效物探方法，获得岩溶物探综合异常情况。通过分析而总结出岩溶发育的规模、特点。

对于覆盖型岩溶发育区，以裂隙型岩溶为主，大规模溶洞较为少见，常用的物探方法很难发现小型的溶洞。另外，真正对岩溶塌陷影响大的是土洞及导水性断层破碎带，应将物探重点放在浅层的土洞及导水性断层破碎带的探查上。因此，一般情况下可以首选快速、经济的高密度地震映像及瑞雷波法进行勘探，查清浅部土洞、溶洞及构造的发育情况；当基岩埋深较大时，先用上述两种方法查清浅部土洞发育情况，再选用浅层地震勘探查清深部岩溶及构造情况。高密度地震映像勘探、瑞雷波勘探及浅层地震勘探均属震法勘探。市区一般的勘察场区地形平坦，适宜震法勘探；虽然在繁华的城市中心部位存在车辆振动、人文活动，但可选择在夜间工作，大部分情况下均适用于震法勘探。市区地面硬化普遍，电磁干扰较大，电法勘探难度较大，只有当场地附近有大的固定震源，震法无法勘探时，才选用高密度电阻率法进行勘探。

对于重要的已有建筑物，可在建筑物两侧布置钻孔，在钻孔内进行井间 CT 勘探以查明建筑物下的岩溶发育情况。

物探方法选择好后，为了获得适合的物探工作参数，应选择代表性的地段进行现场试验。

需要说明的是，必须用与时俱进的观念看待物探方法的选择。随着时代的发展，物探方法也在快速发展，有些现在不适用于岩溶勘察的物探方法，以后可能会随着技术的改进而适用。同时，新的物探方法不断涌现，应该积极探索新方法在岩溶勘察方面的适用性。

3. 物探布置原则

物探线应垂直于地质构造线，物探线间距应根据勘察目的、勘察阶段及勘察等级来确定。对于普查及可行性研究阶段，物探线间距可选择 70～150m；对于初步勘察阶段，物探线间距可选择 50～100m；对于详细勘察阶段，物探线间距可选择 15～30m。

4.2.2 钻探

工程地质野外钻探是岩土工程勘察中最常用的勘探手段，也是极为重要一环。它通过工程钻机对地层的直接揭露来查明场地地层的分布，分析、判别地层岩土性质。它是采取原状土试样及进行原位测试必不可少的手段，同时也是对物探异常区验证的最直接方法。

在岩溶区对新建建（构）筑物进行详细勘察时，应进行专项岩溶地基勘察，或结合详细勘察进行岩溶地基勘察。进行岩溶地基勘察时，所有第四系钻孔均应钻至基岩面；根据唐山市岩溶的发育特点，基岩钻孔深度以控制在基岩面以下 20m 为准。

为确保基岩取芯率，钻探宜采用非车装钻机，回转钻进，采用双管单动或绳索取芯钻具取芯。第四系钻进孔径不小于 110mm。干法钻进每回次进尺不得大于 1.0m，泥浆护壁钻进每回次进尺不得大于岩芯管长度。在钻孔中对第四系覆盖层进行取样和标准贯入试验，以查明其物理力学性质。

基岩钻进遇岩溶发育带泥浆漏失严重时，应在基岩面以上下套管护壁。基岩钻进孔径不小于 75mm。基岩确保其取芯率不低于 85%，回次进尺不得超过岩芯管长度。在软质岩层中回次进尺不得超过 2.0m。基岩钻进，当发现大规模溶洞时，可利用井下电视录像设备查明溶洞规模、走向等特征。

钻探时要详细记录见软、见洞、漏浆及掉钻情况，有序排放岩芯并拍照。钻探结束后应计算岩石质量指标（rock quality designation，RQD），统计单孔线溶洞率及钻孔见洞率。

第四系土层底部普遍存在一层棕红色的黏性土层，其渗透系数低。该层土对第四系松散层中的孔隙水有较好的隔水作用，但在局部区域该地层缺失或已被冲刷侵蚀，使其上部的中砂层直接与基岩接触，形成第四系松散层中的孔隙水向岩溶水渗漏的通道（即漏水天窗）。钻探中要详细记录该黏性土层的情况。

在岩溶区钻探后，钻孔要严格用黏性土或水泥封孔，避免钻孔成为沟通第四系地下水与岩溶水的通道，人为加速岩溶地质灾害的发展速度，进而形成岩溶地面塌陷。

应积极开展钻探新工艺的研究，提高岩芯采取率，从而为准确判断岩溶发育程度打下坚实的基础。

4.2.3 原位测试与土工试验

1．原位测试

1）标准贯入试验：开口型溶洞在地下水潜蚀和真空吸蚀的共同作用下，使第四系部分土体形成松动带（土洞），而土体松动后其标贯击数会大大降低，因此在钻孔中对第四系覆盖层进行标准贯入试验，是查明是否存在松动带的重要手段。标准贯入试验间距一般为 2m 左右，当钻探时见软、漏浆或发生掉钻情况时应加密进行试验。对溶洞内的黏性土也可用标准贯入试验查明其状态。

2）单孔检层法波速测试：用波速测试也可发现土层的松动带，但前提条件是不塌孔，且不能有护壁套管。测试间距宜取 1.0m。

3）钎探（轻型动力触探）：当地表发现地面塌陷时，可用钎探探明地表塌陷范围。唐山市区表层大部分为第四系更新统（Q_p）地层，未受扰动时力学性质良好，因此用钎探查明塌陷范围比静力触探更灵活、更有效。

4）地下水观测及试验：地下水动力条件是产生土洞及岩溶地面塌陷的重要条件，当勘察区存在地下水漏斗时，极大可能是存在漏水天窗或断层导水通道，覆盖区第四系松散岩类孔隙水通过天窗或断层导水通道直接补给基岩地下水。因此查明勘察区的地下水埋藏条件是岩溶勘察的重点之一。但由于唐山市区水文地质条件复杂，第四系含水组一般有多个含水层，岩溶水水位埋深较大，勘察时准确量测各层地下水难度不小。从 1970 年，唐山开始了地下水动态观测工作，勘察前应充分搜集现有水文地质资料，并适当布置现场工作量，从而查明地下水埋藏条件。

对水位观测钻孔，需准确量测各层地下水。对存在多层地下水的钻孔，应采取套管隔封、变径钻进等施工措施，并按《建筑工程地质勘探与取样技术规程》（JGJ/T 87—2012）中有关条款要求进行水位观测。

另外，摸清岩溶区断层导水与否也是勘察的重点，在物探查明的断层部位钻探时要重点关注泥浆等冲洗液的漏失情况，必要时可进行注水试验或示踪试验来验证断层的导水性。

2. 土工试验

对第四系覆盖层的土样进行土工试验时，应查明其是否松动或受到潜蚀，一般进行常规物理力学性能试验即可，即主要是通过常规固结或剪切试验看其是否受到扰动，必要时再进行其他试验。

4.3 一种基于反射波法的桩底岩溶探测技术

桩底岩溶探测是采用直接（钻探法）或非直接方法（物探法）探测桩底基岩持力层一定范围内岩溶分布特征的勘察技术。桩底岩溶探测的目的是通过探测发现可能存在的桩底岩溶，进而采取措施避免岩溶对桩基础造成的危害（承载力和稳定性降低），是岩溶发育区域灌注桩成孔的必要环节。以往常用的桩底岩溶探测方法主要有钻芯法和多断面 CT 技术，两种方法均需对桩底岩层进行破坏性钻孔：①钻芯法一般钻取桩底以下一定范围内芯样进行岩溶判断。桩底岩溶的分布具有随机性，钻芯法只能发现正对钻孔的岩溶分布情况，对岩溶的规模无法准确判断，且漏报岩溶的可能性也很大，因此钻芯法进行岩溶探测有一定的局限性，同时成本较高，工期较长。②多断面 CT 技术能够对桩底岩溶进行准确定位，但该方法需要同时在桩侧施工多对钻孔才能测试，因此成本昂贵，工期也较长，桩数量大时通常较难实施。

为了解决上述难题，本节提供了一种桩底岩溶无损探测方法，用于对桩底岩层进行全断面扫描，预报桩底岩溶分布情况，综合判定桩底岩层的完整程度，为工程施工进行超前预报，可以避免采用直接钻探法无法全面了解桩底岩溶的弊病。

4.3.1　基本原理

桩底岩溶无损探测技术的技术构思：基于球面波反射原理，在桩底岩层表面布置十字剖面，探测一定深度内岩溶的反射信息，通过时域、频域识别技术，并运用量化经验公式判别桩底岩溶性质。技术路线图如图 4.1 所示。

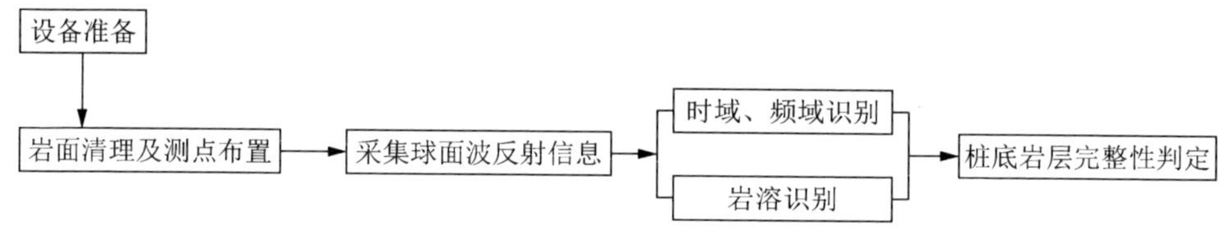

图 4.1　技术路线图

具体地说，该探测方法包括以下步骤。

（1）设备准备

桩底岩溶探测的仪器设备包括带信号存储功能和分析功能的工程振动测试仪、不同材质的锤头或力棒、速度传感器、传感器耦合剂（可用润滑用黄油代替），钢卷尺。

（2）岩面清理及测点布置

清理桩底岩面，应露出新鲜基岩，使其规则、平整、无明显的裂隙存在，岩性应基本单一，按正交方向布置 4 个测点并逆时针编号，桩底中心设置击振点。

（3）采集球面波反射信息

在桩底中心击振，分别在正交的两个方向的 4 个测点位置安装传感器接收球面波反射信息，采集信号，记录存盘。

（4）信号分析

1）时域识别：分别调取同一桩不同测点的信号记录，按照直达波初至时刻及相位，比照后续反射波产生的相位畸变及其位置，记录其与初至波的幅值比和时差；调取同一测点的其他信号记录，重复以上过程。

2）频域识别：分别调取同一桩不同测点的信号记录，进行频域转换，并将转换结果填入记录表。

当主峰与旁瓣的频差呈现等距的倍数关系时，可视为同一频率成分，仅分析与主峰不成倍频关系的旁瓣峰；当幅值比小于 0.2 时，对旁瓣可不做分析。

3）岩溶识别（频域时域关联度分析）。确定时域和频域发现的异常特征参数，判定方法如下：①确定时域反演深度小于 $5d$（d 为基准测点时差）且时域幅值比 $a_i/a_0 \geqslant 0.2$ 的反射界面，以及对应的频域第一旁瓣峰幅值比 $a_i/a_0 \geqslant 0.2$ 的点；②时域频域关联度系数 $\beta=[v_0/(4\times\Delta f_i)]$/时域反演深度。其中：$a_0$ 为基准测点平均幅值；a_i 为测点 i 对应的幅值；v_0 为基准测点平均波速；Δf_i 为测点 i 对应的频域主峰频率。

当 $\beta=0.8 \sim 1.2$ 时，说明时域和频域关联度明显，时域与频域有较好的一致性，可判定为岩溶存在，岩溶埋藏深度为时域反演深度。

4）岩溶发育程度分析。对于判定为岩溶存在的桩，其岩溶的发育程度按下式判定：

$$\lambda = \frac{v_0}{v_{\mathrm{m}}} \cdot \frac{f_0}{f_{\mathrm{m}}} \cdot \delta$$

式中：λ——岩溶发育程度系数；

δ——影响因子，对于群桩基础取 1，其他取 1.2；

v_{m}——该工区完整基岩平均波速，m/s；

f_0——测点频域主峰频率，Hz；

f_{m}——该工区完整基岩平均主峰频率，Hz。

当 $\lambda=0.8 \sim 1.2$ 时，可判定为岩溶不发育；当 $\lambda \leqslant 0.5$ 及 $\lambda > 1.5$ 时，可判定为岩溶发育；其余可判定为岩溶中等程度发育。

4.3.2　实现方法

基于反射波的桩端岩溶无损探测方法施工过程详细描述如下。

（1）设备投入要求

1）击振设备：力棒，力锤，锤垫。

2）接收设备：加速度/速度传感器，地震仪或具有信号保存、回放和时频分析功能的振动测试仪，使用多通道基桩动测仪最佳。仪器最小采样间隔 10μs 并分挡可调。分析软件可对信号进行时域、频域常规分析。

3）辅助设备：岩面清理用的凿子、磨具，耦合剂（可采用黄油），钢卷尺。

（2）桩底岩面清理及测点布置要求

桩底岩面应规则、平整、无明显的裂隙存在；应露出新鲜基岩，岩性应基本单一。

测点布置方法：过桩底面圆心做相互垂直的两条直线，将十字线分别做 6 等分，在距离桩底边缘第一等分处设置传感器安装点并按逆时针编号，桩底中心设置击振点。

（3）采集球面波反射信息

在中心击振，分别在 1～4 号点安装传感器接收球面波反射信息。测试时，仪器采样间隔宜采用 20μs，传感器安装应与桩底面垂直，应将耦合剂均匀涂在 1～4 号点，轻轻用力将传感器与岩面紧密粘贴。通过敲击试验，选择合适质量的激振力锤，宜选用硬质锤头和质量小的锤。每个采样点信号的一致性应较好。信号不应失真和产生零漂，信号幅值不应超过测量系统的量程。每个采集点应重复采集 3 次以上的有效信号，记录存盘。

（4）信号分析

1）时域识别：分别调取同一桩不同测点的信号记录，按照直达波相位比照后续反射波产生相位畸变的位置，记录与初至波的幅值比和时差。调取同一测点的其他信号记录，重复以上过程。将同一测点的各时域识别结果填入表 4.1 中。

表 4.1　时域识别记录计算表

反射序列参数	初至波（t_0）	第一反射波（t_1）	第二反射波（t_2）	第三反射波（t_3）
幅值 a_i/mV				
时间 t_i/ms				
幅值比 a_i/a_0				
时差 dt_i/ms				
直达波速 v_0/（m/s）				
反演深度 h_i/m				
$v_0=d/(3\times dt_0)$，$h_i=v_0\times dt_i/2$				

2）频域识别：分别调取同一桩不同测点的信号记录，进行频域转换，并将转换结果的各特征点填入计算表 4.2 中。

表 4.2　频域识别记录计算表

频峰序列参数	主峰（f_0）	第一旁瓣（f_1）	第二旁瓣（f_2）	第三旁瓣（f_3）
频率/Hz				
幅值 a_i/mV				
幅值比 a_i/a_0				
频差 df_i/Hz				

4.3.3　应用实例

分别以一根岩溶发育桩（桩号 25）和岩溶不发育桩（桩号 332）示例说明。

某电厂工程采用人工挖孔桩基础，按设计要求桩底需进入 1m 完整灰岩，桩底以下 5*D*（*D*=1.2m）范围内不能存在岩溶空洞。为此采用桩底岩溶无损探测技术探测桩底岩溶发育程度，每根桩现场探测时间约需 5min，连续探测时每天可完成 40 根桩。

（1）设备准备（设备投入）

1）该工程投入一台掌上型振动测试仪器 FDP204，配速度型地震传感器，耦合剂采用润滑用黏性油脂，击振锤为多用途尼龙锤。

仪器自带分析软件一套，能进行常规的时域、频域分析。

2）辅助设备。包括铁凿子、铁锤、电磨具、黄油、钢卷尺。

3）人员投入。熟悉测试流程和训练有素的仪器操作者 1 人，辅助工人 3 人。

（2）桩底岩面清理及测点布置

根据该测试方法的工艺要求，桩底岩面清理达到规则、平整、无明显的裂隙存在，露出新鲜基岩，岩性基本单一。

测点布置方法如图 4.2 所示，即过桩底面圆心做相互垂直的两条直线，将十字线分别做 6 等分，在距离桩底边缘第一等分处设置传感器安装点并按逆时针编号，桩底中心设置击振点，将测点和击振点清扫干净。

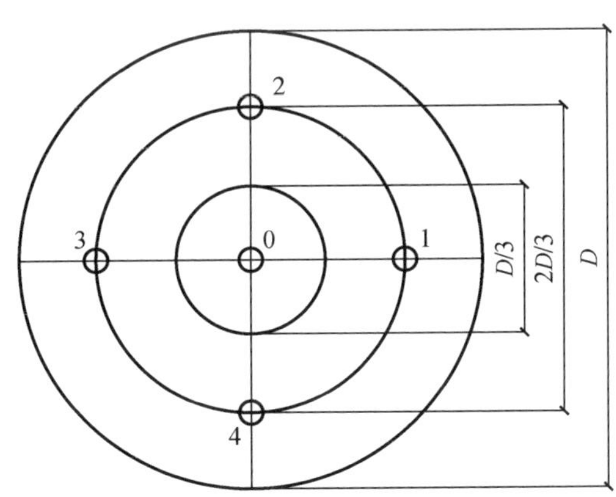

1、2、3、4—采样点号及采样点位置；0—击振点位置；*D*—桩孔直径，圆周线为孔底分区边界。

图 4.2　测点布置方法

（3）采集球面波反射信息

将耦合剂均匀涂在测点位置的桩面上，用力将传感器与岩面紧密粘贴，传感器安装应与桩底面垂直，调整仪器采样间隔至 20～100μs（坚硬岩石取低值，软岩取高值）。本工程基岩岩性为灰岩，采样间隔取 50μs，在中心击振，按顺序分别接收 4 个点的球面波反射信息。通过敲击试验，选择合适质量的激振力锤。每个采样点信号的一致性应较好。信号不应失真和产生零漂，信号幅值不应超过测量系统的量程。每个采集点应重复采集 3 次以上的有效信号，记录存盘。25 号桩和 332 号桩采集的时域波形如图 4.3 所示。

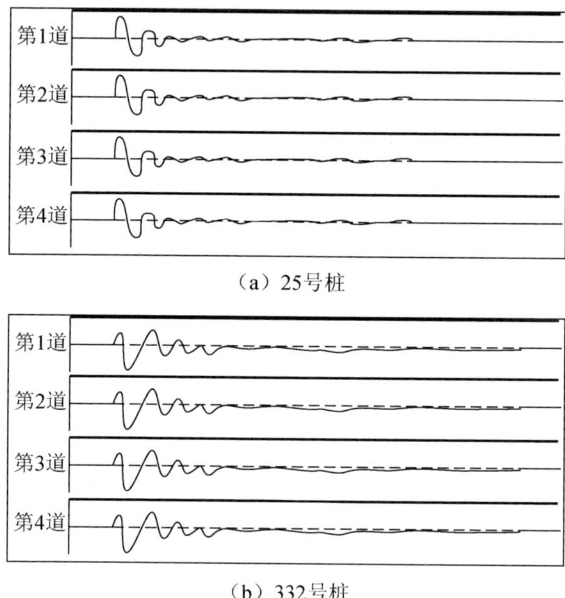

（a）25号桩

（b）332号桩

图 4.3　25 号桩和 332 号桩采集的时域波形

（4）信号分析

1）时域识别：分别调取 25 号桩、332 号桩不同测点的信号记录，按照直达波相位比照后续反射波产生相位畸变的位置，记录与初至波的幅值比和时差。调取同一测点的其他信号记录，重复以上过程。将同一测点的各时域识别结果填入表 4.3 和表 4.4 中。

表 4.3　25 号桩时域识别记录计算表

参数	初至波（t_0）	第一反射波（t_1）	第二反射波（t_2）	第三反射波（t_3）
幅值 a_i/mV	168.5	258.8	—	—
时间 t_i/ms	0.08	3.78	—	—
幅值比 a_i/a_0	—	1.5	—	—
时差 dt_i/ms	—	3.7	—	—
直达波速 v_0/（m/s）	2450			
反演深度 h_i/m	—	4.5	—	—
$v_0=d/(3\times dt_0)$，$h_i=v_0\times dt_i/2$				

表 4.4　332 号桩时域识别记录计算表

参数	初至波（t_0）	第一反射波（t_1）	第二反射波（t_2）	第三反射波（t_3）
幅值 a_i/mV	210.5	—	—	—
时间 t_i/ms	0.08	—	—	—
幅值比 a_i/a_0	—	—	—	—
时差 dt_i/ms	0.08	—	—	—
直达波速 v_0/（m/s）	2450			
反演深度 h_i/m	≥6	—	—	—
$v_0=d/(3\times dt_0)$，$h_i=v_0\times dt_i/2$				

显然，332 号桩不存在后续反射波，而 25 号桩在 4.5m 存在反射界面。

2）频域识别：分别调取 25 号、332 号频域转换，并将转换结果各特征点填入表 4.5 和表 4.6 中。

表 4.5　25 号桩频域识别记录计算表

参数	主峰（f_0）	第一旁瓣（f_1）	第二旁瓣（f_2）	第三旁瓣（f_3）
频率/Hz	290	527	627	—
幅值 a_i/mV	120	45	20	—
幅值比 a_i/a_0	—	0.375	0.17	—
频差 df_i/Hz	—	237	100	—

表 4.6　332 号桩频域识别记录计算表

参数	主峰（f_0）	第一旁瓣（f_1）	第二旁瓣（f_2）	第三旁瓣（f_3）
频率/Hz	384	645	—	—
幅值 a_i/mV	150	15	—	—
幅值比 a_i/a_0	—	0.1	—	—
频差 df_i/Hz	—	261	—	—

根据工艺要求，当主峰与旁瓣的频差呈现等距的倍数关系时，可视为同一频率成分，当旁瓣与主峰不成倍频关系时方做频率分析。当幅值比小于 0.2 时，对旁瓣可不做分析。因此，对于 25 号桩存在可分析的第一旁瓣峰，其频率为 527Hz；332 号桩无可分析的旁瓣峰存在。

3）频域时域关联度分析（岩溶识别）。首先确定时域和频域发现的异常特征参数，判定方法如下。

① 对于 25 号桩：(a）时域反演深度小于 $5d$（d=1.2m）并且满足 $a_i/a_0\geqslant0.2$ 时存在一个反射界面，对应的频域旁瓣峰幅值比 $a_i/a_0\geqslant0.2$ 的点也有一个。(b）时域频域关联度 β=1.16，故属于时域频域关联度明显，判定为岩溶存在，岩溶埋藏深度为 4.5m。

② 对于 332 号桩：时域反演深度小于 5*d*（*d*=1.2m）且满足 $a_i/a_0 \geqslant 0.2$ 的反射界面不存在，频域旁瓣峰幅值 $a_i/a_0 \geqslant 0.2$ 的点也不存在，故判定该桩桩底 5*d* 深度范围内不存在岩溶。

4）岩溶发育程度分析。332 号桩桩底 5*d* 深度范围内不存在岩溶。

对于判定为岩溶存在的 25 号桩，其岩溶的发育程度系数按下式判定，即

$$\lambda = \frac{v_0}{v_{\mathrm{m}}}\frac{f_0}{f_{\mathrm{m}}}\delta = \frac{2450\mathrm{m/s}}{2650\mathrm{m/s}} \times \frac{290\mathrm{Hz}}{280\mathrm{Hz}} \times 1.2 = 1.15$$

式中：本例 δ——1.2；

本例 v_{m}——2650m/s；

本例 v_0——2450m/s；

本例 f_0——290Hz；

本例 f_{m}——280Hz。

根据判定标准即当λ=0.8～1.2 时，可判定为岩溶不发育，本例符合判据，综合判定为 25 号桩底岩溶不发育，深度在 4.5m 以下。

操作实施情况：该工程施工工期约两个月，共完成桩孔岩溶探测 1738 孔，发现桩端存在软弱夹层、溶洞等不良地质情况 327 孔，经开挖验证，准确率 98%。期间测试工作配合施工进行，由于现场测试时间很短，测试工作几乎不占用施工工期。

4.4 隐伏型岩溶区建筑地基勘察程序与方法

结合课题组近 30 多年来对唐山市区水文地质、工程地质、构造地质及环境地质的研究成果，以及 10 多年来对岩溶区岩溶勘察及岩溶治理成果的深入研究，本书得出了城市岩溶区勘察手段选用的程序与方法如下。

1）由于岩溶区地质条件复杂，在岩溶区勘察时必须采用综合勘察手段才能查明岩溶发育程度及发育规律。综合勘察手段以资料收集、物探、钻探、原位测试、土工试验、水位观测为主。应广泛收集和利用前人的工作资料，在认真分析研究的基础上，有针对性地确定勘察的内容。按照由面到点、点面结合并着重突出拟建（或既有）重要建筑物的原则，以有效物探为先导、钻探进行验证为技术思路，即首先用多种适宜的物探方法对整个勘察区进行普查，并对拟建（或既有）重要建筑物处做重点探查，对物探异常区再进行钻探验证，并根据物探成果来调整钻孔的位置、数量及深度。当钻探发现大体积溶洞及溶蚀异常时，采用井下电视录像等方法，进一步查明溶洞的发育程度、规模和形态。做到有的放矢、讲究实效，以最少的工作量和资金投入达到最佳的勘察效果。

2）物探：在地面探查，当基岩埋深小于 50m 时，物探方法优选高密度地震映像勘探及瑞雷波勘探；当基岩埋深超过 50m 时，可选用浅层地震勘探结合高密度地震映像勘探及瑞雷波勘探；当受场地环境影响震法勘探效果差时，再选用高密度电阻率法勘探。在钻孔内跨孔探查，优选电磁波井间 CT 勘探；当钻探发现大体积溶洞及溶蚀异常时，可用井下电视录像拍摄钻孔内溶洞情况。

3）钻探：优选非车装落地台式钻机，回转钻进，采用双管单动或绳索取芯钻具取芯。

4）原位测试：钻探时为查明是否存在土洞，以标准贯入试验为主，当钻探时见软、漏浆或发生掉钻情况时应加密进行标准贯入试验。对溶洞内的黏性土也可用标准贯入试验查明其状态。可用钎探查明地表岩溶塌陷范围。

5）水位观测：钻探时应准确量测各层地下水水位，必要时布置专门的水位观测孔。

6）土工试验：以常规固结及直接剪切试验为主。

7）勘察的工作量应根据工程的重要性、工程的勘察阶段及工程要求确定。勘察前应编制详细的勘察大纲或专项岩溶勘察大纲。

8）积极探索、开拓新的物探方法、钻探设备及工艺、原位测试方法等在岩溶勘察方面的适用性。

4.5　本章小结

基于工程经验总结出了隐伏型岩溶区建筑地基勘察技术实施要点，概括如下。

1）城市区岩溶地面塌陷多为覆盖型岩溶地质灾害，由于地表已有建筑物众多，工程地质测绘对岩溶勘察的帮助不大，因此在制定勘察方案前应充分收集、分析、研究已有区域的构造地质、水文地质、工程地质及地球物理勘探资料，掌握勘察场地地质及构造概况，从而有针对性地选择勘察手段，经济合理地布置勘察工作量。

2）首先用有效物探手段确定岩溶或土洞发育区；然后在物探异常区布置钻孔，验证异常区内岩溶发育情况。由于引起物探异常的因素较多，单种物探方法得到的成果往往有多解性，宜采用两种以上的有效物探方法，以相互验证，提高物探解译的准确性。

3）对物探异常区采用钻探取样、土工试验和原位测试的办法，查明第四系覆盖层的物理力学性质，从而判定其是否受到扰动。若勘察区以往研究程度较低，也可在物探正常区域布置钻孔，以查明正常地层情况。

4）搜集现有水文地质资料，并适当布置现场工作量，以查明地下水埋藏条件，从而弄清是否存在因岩溶而形成的地下水降落漏斗。

通过以上综合方法及手段查明勘察区内的岩溶发育程度、发育规律，从而综合评价勘察区内岩溶地质灾害的危害程度，并进一步提出防治对策与实施方案建议。

第 5 章　物探技术在岩溶勘察中的应用

5.1　引　　言

岩溶作用可形成溶洞、地表塌陷、落水洞、地下暗河、涌泉等岩溶区特有现象。

采空区是人工采矿形成的不稳定区域，其地球物理特征与岩溶形成的空洞和塌陷有相似性。

岩溶和采空区都是潜在的地质灾害，它们降低了岩土体的强度，会危及建筑、库坝、隧道等的安全，因此在岩溶和采空区地区进行工程建设，需要有针对性地开展勘察工作，查清岩溶和采空区分布，评价其对工程的影响，以便采取治理措施。

传统的工程勘察钻探方法是查明岩溶和采空区分布最直接的方法，但对于复杂多变、分布无常的岩溶和采空区来说，仅采用这种直接的方法是远远不够的，无法得到满意的结果；在适当的时机投入必要的物探方法，对于岩溶和采空区勘察能起到事半功倍的效果。

可用于岩溶和采空区勘探的物探方法有很多，考虑到工程建设中勘探深度往往并不是很大（寻找隐伏断裂构造的除外），而要求的分辨率通常较高，因此，除了勘探目标与围岩之间要有必要的物性差异这一客观条件外，选择物探方法时也体现了高密度和高精度、三维可视等更高的要求。

在岩溶勘探中可采用的物探方法包括地面电法、地震法、测井法等。其中用于浅层勘察的地面电法中的高密度电阻率法，地震法中的高密度地震映像法，测井法中的跨孔井间 CT、深层的大地电磁测深成像法等被广泛应用于岩溶和采空区勘探。

5.2　高密度电阻率法

5.2.1　高密度电阻率法理论基础

高密度电阻率法就其原理而言，与常规电法完全相同，是电剖面法和电测深法的集成。它仍然以岩、矿石的电性差异为基础，通过观测和研究人工建立的地层中稳定电流分布规律，解决环境、水文地质与工程地质问题。

高密度电阻率法在一条剖面上布置一系列电极，其供电和测量方式可组合出十多种排列方式，常用的排列方式包括温纳（Wenner）（温纳 α、温纳 β、温纳 γ）装置、偶极-偶极（dipole-dipole）装置、三极（pole-dipole、dipole-pole）装置、温纳-施伦伯格（Wenner-Schlumberger）装置等，如图 5.1 所示。

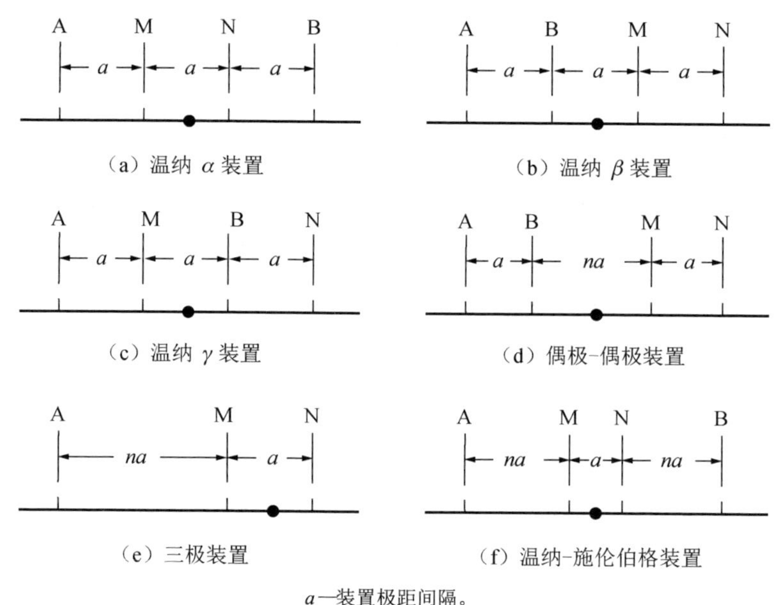

a—装置极距间隔。

图 5.1　常用的排列方式

在高密度电阻率法中，温纳装置与异常信息对应关系好，是常用的装置之一。温纳装置对视电阻率的垂向变化比较敏感，一般用来探测水平目标体。温纳装置的装置系数是 $2\pi a$，相比其他装置是最小的，因而在同样情况下，可观测到较强的信号，可以在地质噪声较大的地方使用。另外，由于它的装置系数小，在同样电极布置情况下探测深度也小。

（1）温纳装置

温纳 α 装置、温纳 β 装置和温纳 γ 装置三种排列形式［图 5.1（a）～（c）］，视电阻率参数及计算公式为

$$\rho_s^\alpha = k^\alpha \frac{\Delta U^\alpha}{I}, \qquad k^\alpha = 2\pi a$$

$$\rho_s^\beta = k^\beta \frac{\Delta U^\beta}{I}, \qquad k^\beta = 6\pi a$$

$$\rho_s^\gamma = k^\gamma \frac{\Delta U^\gamma}{I}, \qquad k^\gamma = 3\pi a$$

式中：ρ_s^α、ρ_s^β、ρ_s^γ——α、β、γ装置的视电阻率；

k^α、k^β、k^γ——α、β、γ装置系数；

ΔU^α、ΔU^β、ΔU^γ——α、β、γ装置供电电压；

a——电极系的电极距。

根据三种电极排列的电场分布，三者之间的视电阻率关系为

$$\rho_s^\alpha = \frac{1}{3}\rho_s^\beta + \frac{2}{3}\rho_s^\gamma$$

对高密度电阻率法而言，由于一条剖面地表电极总数是固定的，当极距扩大时，反映不同勘探深度的测点数将依次减少。图 5.2 显示了温纳α装置测点分布。

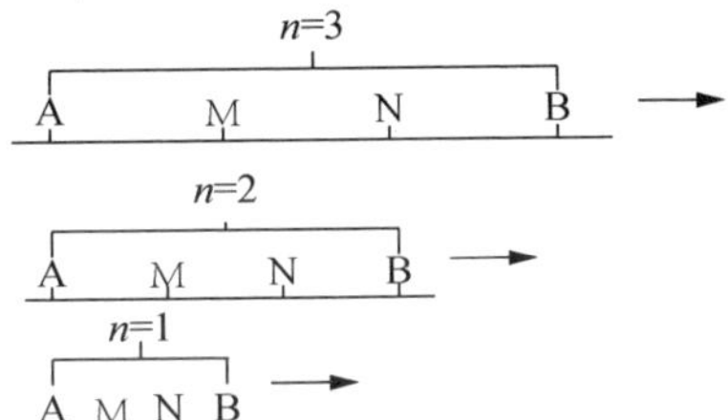

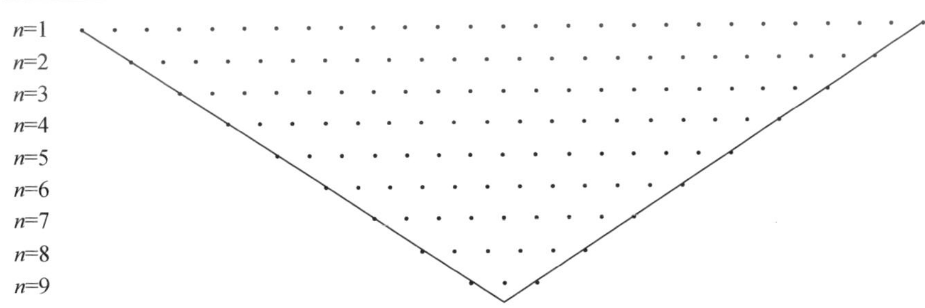

Δx —最小电极距；n—间隔系数。

图 5.2　温纳α装置测点分布示意图

由图 5.2 可见，断面上测点呈倒梯形分布。确定任意剖面上的测点数为

$$D_n = P_{\text{sum}} - (P_a - 1)n \tag{5.1}$$

式中：D_n——剖面上测点数；

P_{sum}——实接电极数；

n——间隔系数；

P_a——装置电极数，三电位装置 P_a=4，三极装置 P_a=3。

对于温纳装置而言，设有 30 根电极，则 $D_n = 30 - 3n$。当 $n = 1$时，第一条剖面上的测点数 $D_1 = 27$。令 $D_n \geqslant 1$，可求出最大间隔系数为 $n_{\max} = 9$。总测点数

N 为

$$N=\sum_{n=1}^{9}(30-3n) \tag{5.2}$$

（2）偶极-偶极装置

偶极-偶极装置水平分辨率比较好，一般用来探测向下有一定延伸的目标体。相对于温纳装置，偶极-偶极装置观测的信号要小一些，有

$$\rho_{\mathrm{s}}=k\frac{\Delta U_{\mathrm{MN}}}{I},\qquad k=2\pi n(n+1)(n+2)a \tag{5.3}$$

式中：ρ_{s}——视电阻率；

k——电极排列系数；

ΔU_{MN}——任意 MN 点间的电位差；

a——电极距；

I——电流。

（3）三极装置

三极装置有更高的灵敏度和分辨率，与偶极-偶极装置相比，三极装置所测信号要强一些。另外，三极装置可以进行正向（单极-偶极）和反向（偶极-单极）测量，因此边界损失小，有

$$\rho_{\mathrm{s}}=k\frac{\Delta U_{\mathrm{MN}}}{I},\qquad k=2\pi n(n+1)a \tag{5.4}$$

（4）温纳-施贝装置

温纳-施贝装置有适当的水平和纵向分辨率，但探测深度小，有

$$\rho_{\mathrm{s}}=k\frac{\Delta U_{\mathrm{MN}}}{I},\qquad k=\pi n(n+1)a \tag{5.5}$$

可以联合使用以上装置，有软件可进行联合反演。

（5）高密度电阻率法的数据反演

高密度电阻率法的数据反演是利用地表面上采用某种电极装置观测到的视电阻率来推测地下介质的变化及物性结构。

在高密度电阻率法中，对视电阻率等值线断面图的传统反演方法是采用非线性最优化迭代法，即假定二维视电阻率反演所使用的模型由大量视电阻率为常数的矩形单元组成（图 5.3），然后反演确定每一矩形单元的视电阻率。

反演过程主要分为以下 3 步：

1）计算当前模型下的视电阻率值，一般用有限元法或有限差分法。

2）计算偏导数雅可比矩阵 $\boldsymbol{J}$。

3）求解线性方程组。

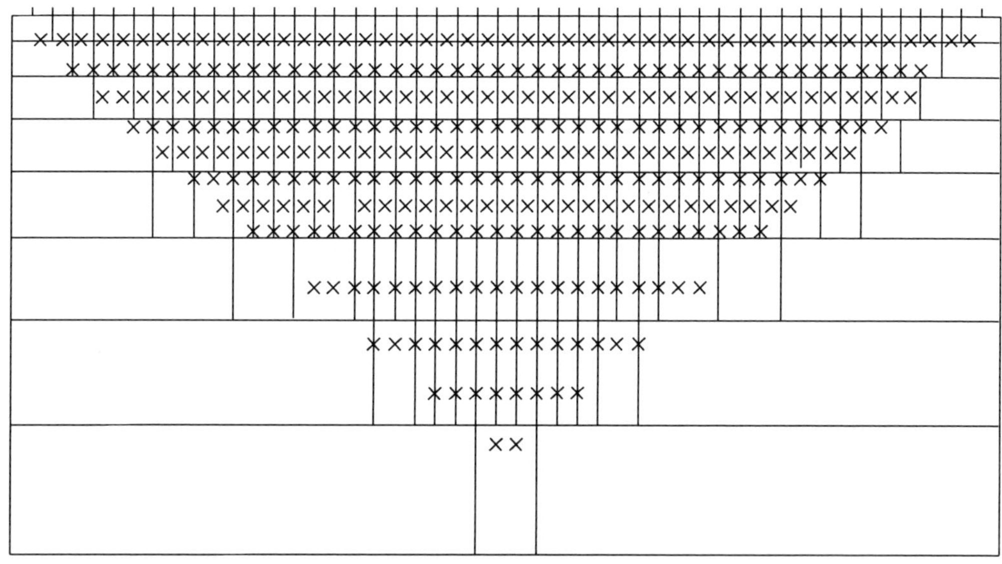

×—待反演单元。

图 5.3　非线性最优化迭代法计算模型

5.2.2　高密度电阻率法的仪器设备

1. 高密度电阻率法仪器设备的分类

高密度电阻率法的仪器系统中的硬件部分根据电极的连接方式不同而分为两种仪器类型：传统式（又称集中式）高密度电阻率法仪和分布式智能化高密度电阻率法仪。

传统式高密度电阻率法仪由电极转换器和主机组成，通常配置的电极数为30～120 根。用计算机控制电极转换开关进行高密度电阻率测量。此类高密度电阻率法仪的优点如下：一次布置好电极排列，由单片机控制，进行多种排列装置的变换，自动改变极距连续扫描测量，测量速度大大提高。其主要缺点如下：电阻率法仪主机与电极转换开关相分离，采用的电缆多且加长线重叠；采集系统按固定程序供电和测试，通常不能现场实时处理资料。目前，国内多数高密度电阻率仪基本上属于这种传统类型的仪器。传统式高密度电阻率法仪结构示意图和现场布置图如图 5.4 和图 5.5 所示。

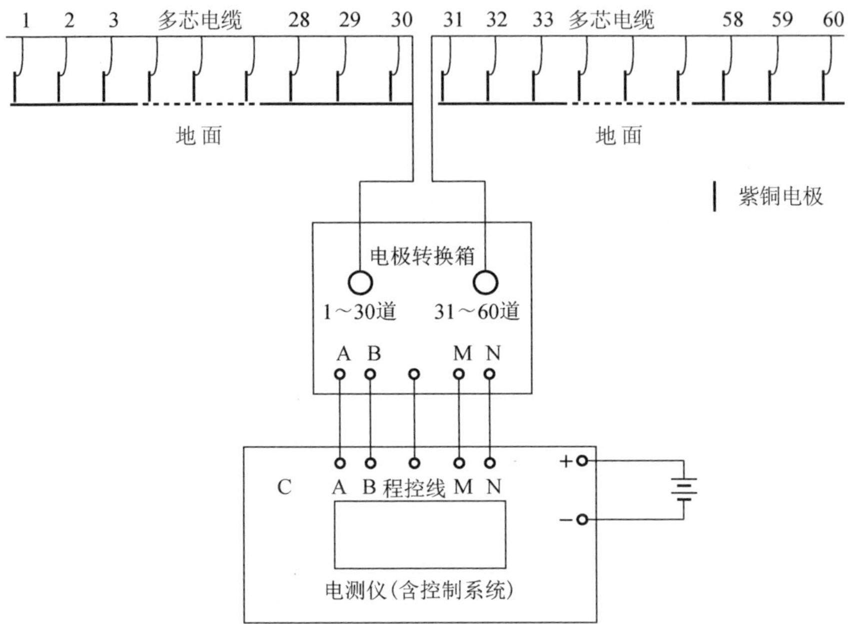

图 5.4　传统式高密度电阻率法仪结构示意图

图 5.5　传统式高密度电阻率法仪现场布置图

分布式智能化高密度电阻率法仪将分布式智能采集器串联在一根细电缆上，采用寻址方式通过测量主机的控制接口，对串接在测量电缆上的智能电极采集器发送控制指令，开关盒内的微型控制芯片接收主机指令并反馈信息给主机进而实现供电和测量。分布式智能化高密度电阻率法仪可实现实时测量和纠错，仪器结构简单，现场操作方便，可根据需要随意串接而无编号顺序限制，连续探测剖面可以多达上千道。分布式智能化高密度电阻率法仪结构示意图和现场布置图如图 5.6 和图 5.7 所示。

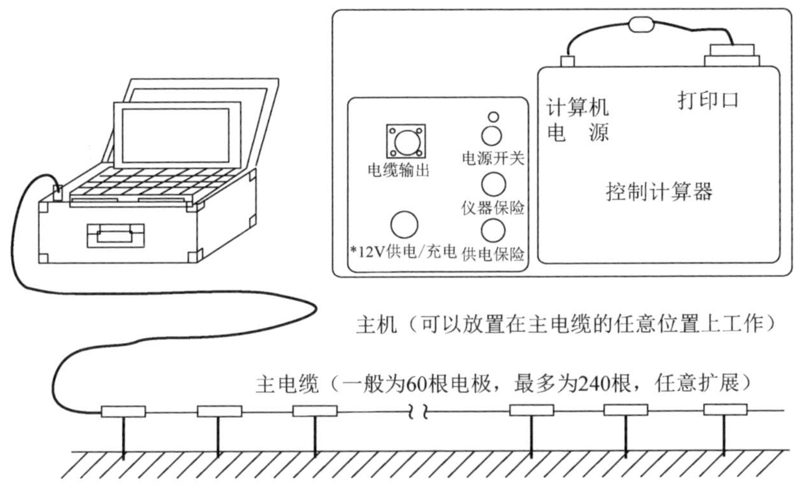

图 5.6　分布式智能化高密度电阻率法仪结构示意图

图 5.7　分布式智能化高密度电阻率法仪现场布置图

2. 对高密度电阻率法仪器的性能要求

高密度电阻率法仪需要有较高的技术性能和使用性能，主要包括以下方面。

1）仪器发送机与接收机尽量体积小、质量轻、结构紧凑、美观大方、坚固耐用。

2）操作方法灵活、方便、快速；采用全数字化自动测量，可对自然电位漂移及电极极化进行自动补偿；测量、计算、显示、存储整个过程自动化；采用大屏幕液晶汉字显示，可直接选择多种模式操作；键盘可直接输入所需的参数等。

3）采用模拟与数字二重滤波技术、多次信号叠加增强技术及超程显示等措施，提高系统的抗干扰能力和数据的准确性。

4）可直接检查电池电压高低、电极接地电阻大小、机内存储单元是否损坏。

5）设有串行通信口，可与计算机通信口接通用于数据传输。

6）整机采用高品质器件，功耗低，寿命长，可靠性高。

7）仪器设有故障诊断程序，可实时显示常见故障。

8）仪器采用薄膜全密封触摸多层面板，仪器内部供电部分设有多重过压、过流自动保护。

3. 国内常用高密度电阻率法仪

目前在国内使用较多的高密度电阻率法仪主要有 DUK 系列高密度电阻率法处理系统（重庆地质仪器厂生产）、WGMD 系列高密度电阻率测量系统（重庆奔腾数控技术研究所生产）。

5.2.3 高密度电阻率法工作特点及适用范围

1. 工作特点

高密度电阻率法是一种阵列勘探方法，野外测量时只需将全部电极（几十至上百根）置于测点上，利用程控电极转换开关和电测仪便可实现数据的快速和自动采集。将测量结果传送至计算机，对数据进行处理并给出关于地电断面分布的各种物理解释结果。相对于常规电阻率法而言，它具有以下特点。

1）电极布设是一次完成的，这不仅减少了因电极设置而引起的故障和干扰，而且为野外数据的快速和自动测量奠定了基础。

2）能有效地进行多种电极排列方式的扫描测量，因而可以获得较丰富的关于地电断面结构特征的地质信息。

3）野外数据采集实现了自动化或半自动化，不仅采集速度快（大约每测点需 2～5s），而且避免了手工操作所导致的错误。

4）可以对资料进行预处理并显示剖面曲线形态，脱机处理后还可以自动绘制和打印各种成果图件。

5）与传统的电阻率法相比，成本低、效率高、信息丰富、解释方便、勘探能力显著提高。

2. 适用范围

高密度电阻率法适用范围如下。

1）工程和地基精细勘探。

2）构造、断层和基底勘探。

3）矿产资源勘探。

4）地下水和地下水污染范围探测。

5）垃圾填埋场及其渗漏范围勘探。

6）油库污染范围探测。

7）煤矿老窑和地下岩溶洞穴探测。

8）堤、坝病害检测和稳定性监测。

9）观测地下视电阻率随时间和距离的变化以监测地震前兆和堤坝渗漏。

近年来，高密度电阻率法先后在场地的工程地质、水文地质和环境地质调查，坝基及桥墩选址，采空区及地裂缝探测，灰岩岩溶探测，构造破碎带探测等众多工程勘察领域取得了显著的成果。

5.2.4 高密度电阻率法在岩溶及采空区勘察中的应用

1. 高密度电阻率法在采空区勘察中的应用

（1）高密度电阻率法用于采空区勘察实例 1

某工区场地地貌属于峁状黄土丘陵地貌，第四系上更新统及石炭系地层，由素填土、粉土、卵石、白云质灰岩组成。勘探区近似矩形展布，长轴为近东西方向。表层粉土、粉质黏土的视电阻率一般为 30～50Ω·m；碎石层视电阻率一般大于 80Ω·m；干燥含铝土矿地层中的视电阻率一般为 100～300Ω·m，现场实验含水铝土矿视电阻率为 30～60Ω·m；底板较完整灰岩的视电阻率大于 600Ω·m。勘探区内地层基本呈层状分布，各地质分层在垂向存在明显的电性差异。勘探区内可通过探测层状展布地层中的低阻（低视电阻率）或高阻（高视电阻率）异常来分析采空区的分布，因此可采用高密度电阻率法进行勘探。通过分析铝土矿采空区两种不同的地球物理场的变化特征来圈定采空区的实际范围及发育规模。经过野外数据采集及室内资料处理，其勘探异常识别解释如下。

1）GM-1 剖面视电阻率等值线图整体分布特征：经反演计算，该剖面视电阻率背景值为 30～50Ω·m；浅层自西向东共发现 4 处高阻异常，分别位于剖面方向 35～60m、95～120m、145～155m 和 190～230m 处，异常区顶板深度约为 20m，深层高阻异常区位于剖面 180m 处，异常区顶板深度为 65m，高阻异常视电阻率为 100～300Ω·m；GM-1 剖面发现 2 处低阻异常，分别位于剖面 80～130m 和 130～210m 处，异常区顶板深度为 20m，低阻异常视电阻率为 0～20Ω·m。根据本剖面推测异常区位置，建议布置钻探验证孔 ZK1 和 ZK2，其分别位于沿剖面方向由西向东 105m 和 151m 处（图 5.8）。

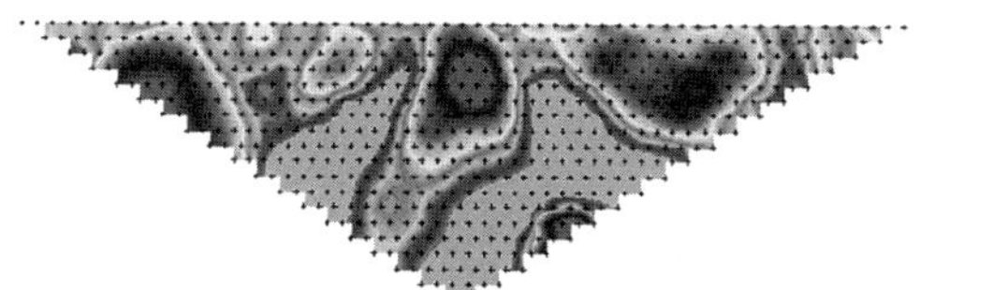

剖面方向
西 → 东

（a）GM-1剖面视电阻率等值线图

图 5.8　高密度电阻率法 GM-1 剖面采空区异常解释及钻孔可视电视视频图

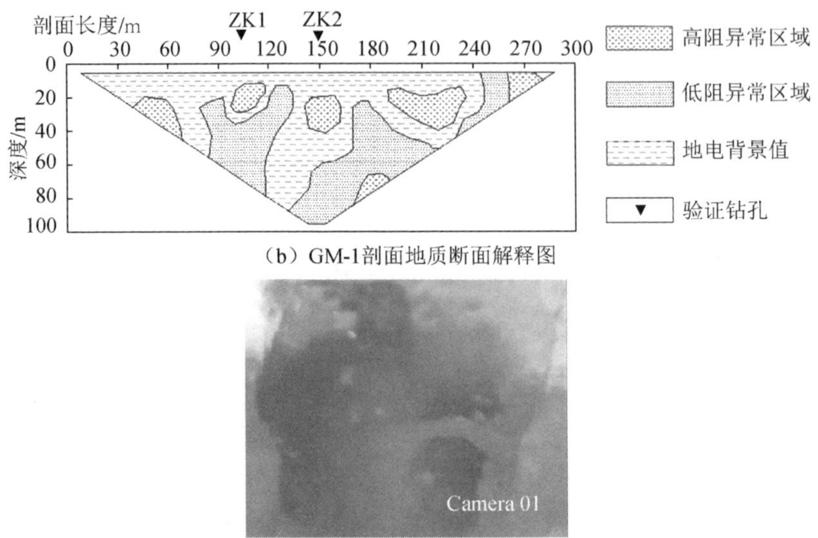

（b）GM-1剖面地质断面解释图

（c）钻孔可视电视视频图

图 5.8（续）

2）GM-2 剖面视电阻率等值线图整体分布特征：经反演计算该剖面视电阻率背景值为 30～50Ω·m；浅层自西向东共发现 1 处高阻异常，位于剖面 140～160m 处，异常区顶板深度约为 18m，深层高阻异常区位于剖面 165～185m 处，异常区顶板深度为 65m，高阻异常视电阻率为 100～300Ω·m；本剖面发现 3 处低阻异常，分别位于剖面 60～80m、90～140m 和 140～210m 处，异常区顶板深度为 20m，低阻异常视电阻率为 0～20Ω·m。根据本剖面推测异常区位置，建议布置钻探验证孔 ZK3，其位于沿剖面方向由西向东 180m 处（图 5.9）。

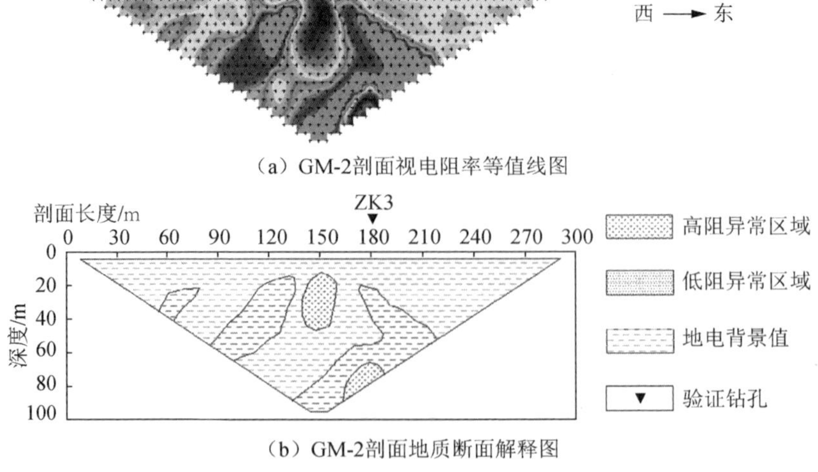

（a）GM-2剖面视电阻率等值线图

（b）GM-2剖面地质断面解释图

图 5.9　高密度电阻率法 GM-2 剖面采空区异常解释及钻孔可视电视视频图

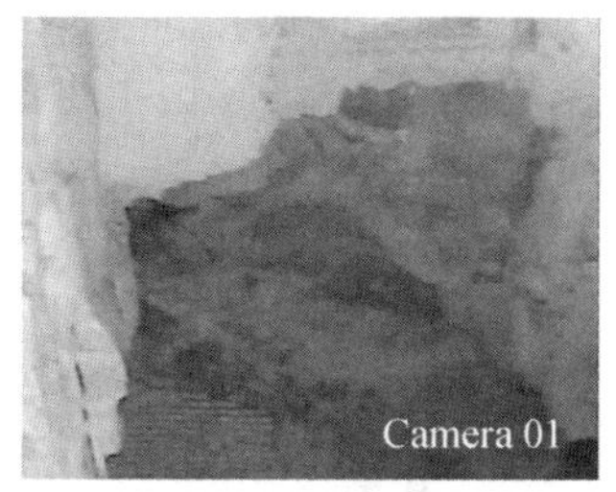

（c）钻孔可视电视视频图

图 5.9（续）

3）GM-3 剖面视电阻率等值线图整体分布特征：经反演计算该剖面视电阻率背景值为 30～50Ω·m；浅层自西向东共发现 2 处高阻异常，分别位于剖面 75～105m 和 150～160m 处，异常区顶板深度约为 10m，深层高阻异常区位于剖面 160～190m 处，异常区顶板深度为 30m，高阻异常视电阻率为 100～300Ω·m；本剖面发现 3 处低阻异常，分别位于剖面 30～65m、80～130m 和 130～220m 处，异常区顶板深度为 10m，低阻异常视电阻率为 0～20Ω·m。根据本剖面推测异常区位置，建议布置钻探验证孔 ZK4 和 ZK5，其分别位于沿剖面方向由西向东 123m 和 153m 处(图 5.10)。

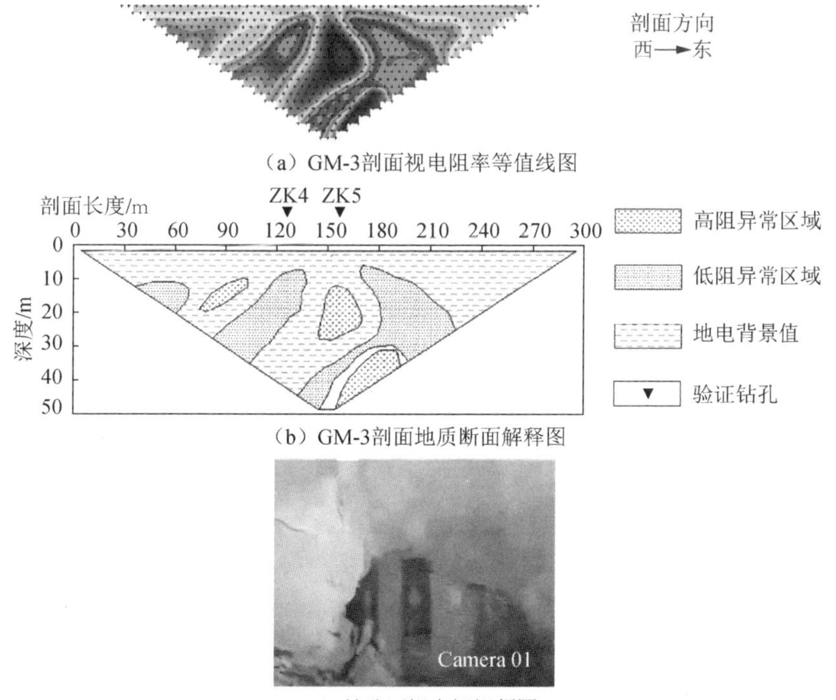

（a）GM-3剖面视电阻率等值线图

（b）GM-3剖面地质断面解释图

（c）钻孔可视电视视频图

图 5.10　高密度电阻率法 GM-3 剖面采空区异常解释及钻孔可视电视视频图

4）GM-4 剖面视电阻率等值线图整体分布特征：经反演计算该剖面视电阻率背景值为30～50Ω·m；浅层自西向东共发现2处高阻异常，分别位于剖面85～95m 和 140～170m 处，异常区顶板深度约为 12m，深层高阻异常区位于剖面160～180m 处，异常区顶板深度为 32m，高阻异常视电阻率为 100～300Ω·m；本剖面发现 3 处低阻异常，分别位于剖面 55～65m、110～130m 和 175～210m 处，异常区顶板深度为 10m，低阻异常视电阻率为 0～20Ω·m 。根据本剖面推测异常区位置，建议布置钻探验证孔 ZK6，其位于沿剖面方向由西向东 190m 处（图 5.11）。

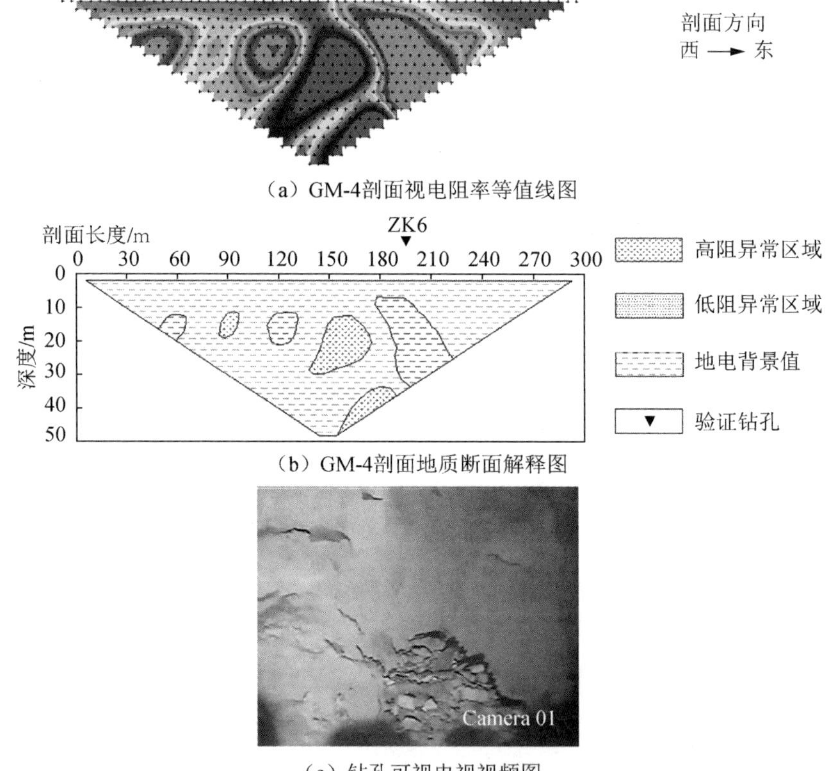

（a）GM-4剖面视电阻率等值线图

（b）GM-4剖面地质断面解释图

（c）钻孔可视电视视频图

图 5.11　高密度电阻率法 GM-4 剖面采空区异常解释及钻孔可视电视视频图

综合 4 个剖面视电阻率异常分析结果，推测本勘探区存在 3 处高阻异常和 3 处低阻异常，均近南北向展布，横穿既有柏油路（图 5.12）。3 处高阻异常区分别位于剖面 90m、150m 和 170m 处，异常区顶板埋深距柏油路面分别为 20m、20m 和 65m。3 处低阻异常区分别位于剖面 60m、120m 和 190m 处，异常区顶板埋深距柏油路面约为 20m。根据推测异常区位置布置钻孔验证异常性质。经过后期施工、钻探、开挖，对以上提出的各异常区位置经过钻孔验证，钻孔可视电视图像清晰显示：高阻异常部位多为由空气介质填充的采空区内部空腔；低阻异常部位多为矿洞坍塌破碎松散含水区。

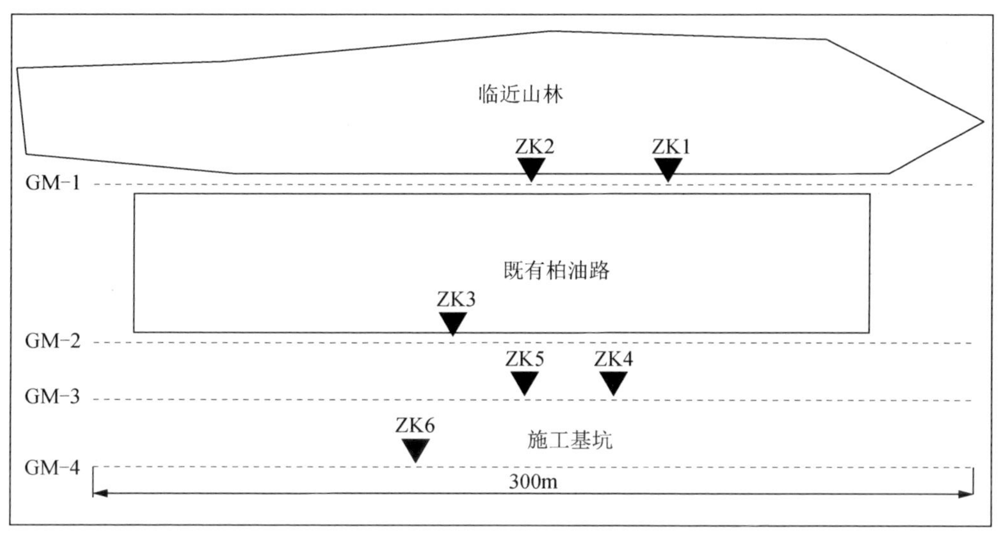

图 5.12 验证钻孔布置示意图

（2）高密度电阻率法用于采空区勘察实例 2

某矿区采用物探法对拟规划区进行勘察，规划区位于老煤矿采空区。勘察区属近山丘陵地貌，西侧紧邻太行山脉，勘察区近似矩形展布，长轴为近东西方向。采用综合物探方法，布置 4 条高密度电阻率法剖面，每条剖面长度为 2.1km，剖面线总长为 8.4km；施测时，采用 120 道温纳装置，点距为 5m，每个排列探测剖面长度为 600m，相邻排列之间搭接 50%以减小盲区范围并提高勘探深度，高密度勘探点共计 2880 点。为减少地形剧烈变化引起的假异常，降低解释难度，剖面线走向按照实地地势变化最缓方向进行调整。

解释过程中采用了视电阻率标志层追踪法（老采空区覆盖层疏松，裂隙发育，细颗粒土流失严重，导致土壤视电阻率偏大，普遍高于 40Ω·m，而无采空区的区域则覆盖层视电阻率偏低）：利用 40Ω·m 标志层在剖面圈定采空区范围。例如，G1-1′.2 剖面（图 5.13），40Ω·m 标志层在 440～580m 处较完整；在 580～640m 处明显变陡，在 640～700m 处标志层错位，疑为断层影响；700～900m 处，浅层较完整。由此看出，通过标志层追踪发现的异常点与视电阻率断面等值线异常是一致的。

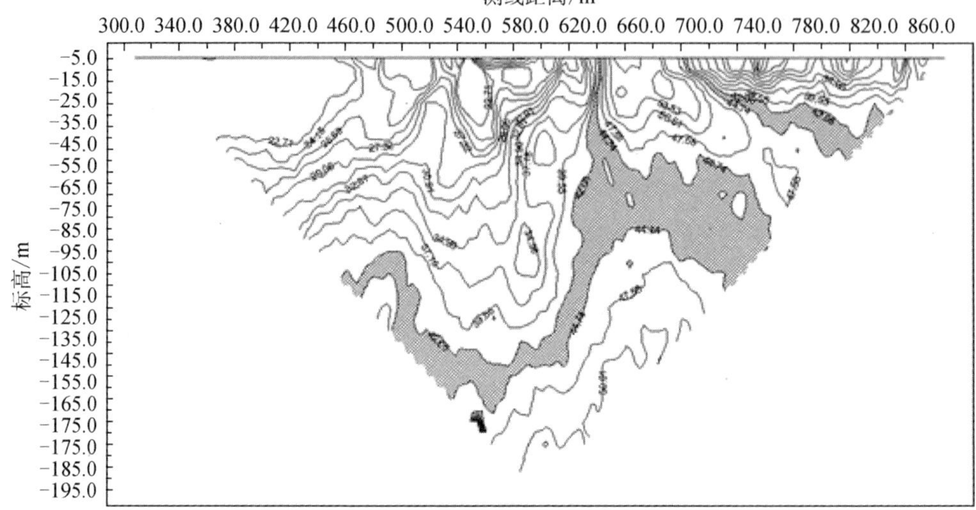

图 5.13　G1-1′.2 剖面视电阻率标志层特征

将各独立剖面的解释结果拼接，可划分出采空区异常区（图 5.14）。根据拼接图 G1-4 划分出 3 个异常区，即 I 异常区、II 异常区、III异常区，其中 I 异常区、II 异常区为主异常区，是采用高密度电阻率法划定的采空区范围。

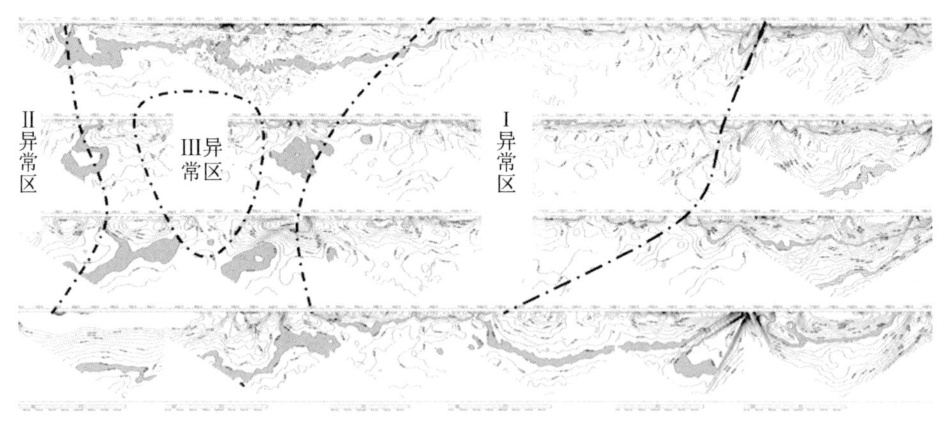

图 5.14　高密度电阻率法采用标志层追踪划分的异常区

高密度电阻率法勘探工作进行前要对勘探区基本的地层情况进行细致分析，结合当地适宜的地球物理参数选择物探方法，开展物探工作。适时总结与场地地质条件特性相对应的物探异常规律，提高物探对异常解释的可靠性。

2. 高密度电阻率法在浅层铝土矿采空区注浆加固治理效果评价中的应用

某工区场地地貌属于黄土丘陵地貌，第四系上更新统及石炭系地层，由素填土、粉土、卵石、白云质灰岩组成。表层粉土、粉质黏土的视电阻率一般为 30～50Ω·m；碎石层视电阻率一般大于 80Ω·m；干燥含铝土矿地层中的视电阻率一般为 100～300Ω·m，现场实验含水铝土矿视电阻率为 30～60Ω·m；底板较完整灰岩的视电阻率大于 600Ω·m。勘探区内地层基本呈层状分布，各地质分层在垂向上存在明显的电性差异，高密度电阻率法适用于该区。本节通过探测层状展布地层中的低阻或高阻异常变化值来分析采空区注浆处理的视电阻率值变化情况，通过分析铝土矿采空区治理后引起两种不同的地球物理场的变化特征来分析采空区加固注浆处理的实际效果。经过野外数据采集及室内资料处理，两个勘探剖面分析如下。

1）由采空区治理前期勘探资料可知（图 5.15 和表 5.1 所示），高阻 G1、G2、G4、G5、G6 号异常：经过验证未见空洞，基岩强风化较破碎。高阻 G3 号异常：空洞起止深度为 20.9～22.0m、31.5～33.5m，钻孔芯样无法提取，异常区经视频观察为空洞，内部无填充物，为采空区巷道。低阻 D1、D2、D3 号异常：经过验证未见空洞，基岩较破碎。上述采空区空洞采用水泥粉煤灰浆进行注浆填充。注浆处理后高密度电阻率法视电阻率等值线图显示高阻 G3 号采空区异常存在以下变化：断面异常范围扩大达 37.9%，异常位置向深部转移，异常区域与周边围岩界面分界较为锐利，视电阻率值变化范围由治理前的 300～600Ω·m 变为处理后的 200～250Ω·m，内部填充物视电阻率值较为均一。对比该剖面处理前异常情况可知，注浆处理后异常的范围和视电阻率值发生了明显的变化，均与水泥砂浆充填空洞后可能产生的理论变化特征相符，证明注浆处理后空洞基本得到较好充填，异常特征显示处理效果明显。

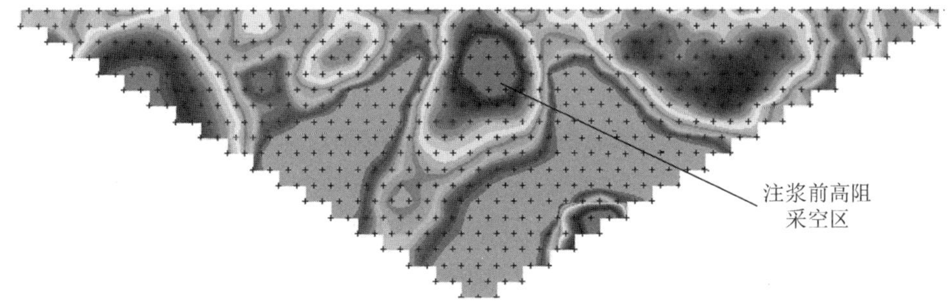

（a）GM-1剖面注浆加固前采空区视电阻率等值线图

图 5.15　高密度电阻率法 GM-1 剖面采空区注浆前后异常情况变化图

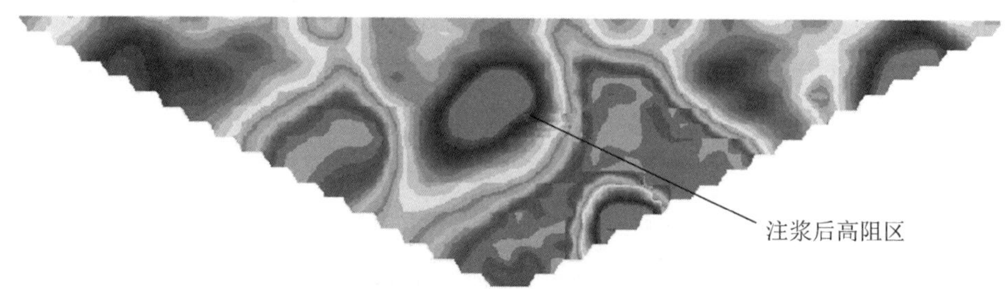

（b）GM-1剖面注浆加固前采空区视电阻率等值线图

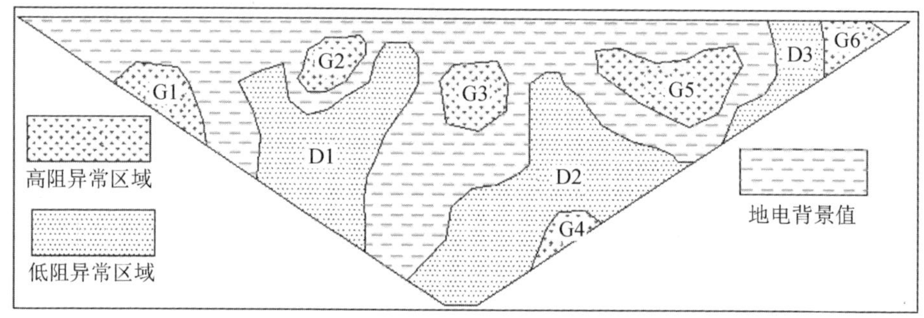

（c）GM-1剖面采空区注浆前地质异常解释图

图 5.15（续）

表 5.1　GM-1 剖面高密度电阻率法视电阻率值变化表　（单位：Ω·m）

异常属性	治理前视电阻率值范围	治理后视电阻率值范围	视电阻率值变化范围
G3 高阻异常采空区	300～600	200～250	100～350

2）由采空区治理前期勘探资料可知（图 5.16 和表 5.2）高阻 G2 号异常：经过验证未见空洞，基岩强风化较破碎。高阻 G1 号异常：空洞起止深度为 11.0～15.4m，经视频观察空洞内部为空气及铝土岩碎石块充填，为高阻采空区巷道。低阻 D1、D3 号异常：经过验证未见空洞，基岩强风化较破碎。低阻 D2 号异常：空洞起止深度分别为 18.5～21.3m，经钻孔芯样观察，空洞为黄褐色黏性土及少量含水碎石填充，为低阻采空区。上述采空区空洞均采用水泥粉煤灰浆进行注浆填充。注浆处理后高密度电阻率法解释成果显示，高阻、低阻异常空洞区域常存在以下变化：高阻 G1 号异常，断面异常范围缩小达 186.9%，异常位置向浅部转移，异常区域规模变小；视电阻率变化范围由治理前的 280～800Ω·m 变为处理后的 250～350Ω·m，视电阻率值极差较小，内部填充物视电阻率值降低。低阻 D3 号异常，断面异常范围增大达 239.2%，异常位置向浅部转移，异常区域规模变小；视电阻率变化范围由治理前的 35～50Ω·m 变为处理后的 150～300Ω·m，视电阻率值升高较大。对比该剖面处理前异常形态情况可知，注浆处理后低阻 D2 号异常、高阻 G1 号异常的规模形态和视电阻率值均变化明显，与水泥砂浆充填空洞

后可能产生的理论变化特征相符，证明注浆处理后空洞得到较好充填，异常特征显示处理效果明显。

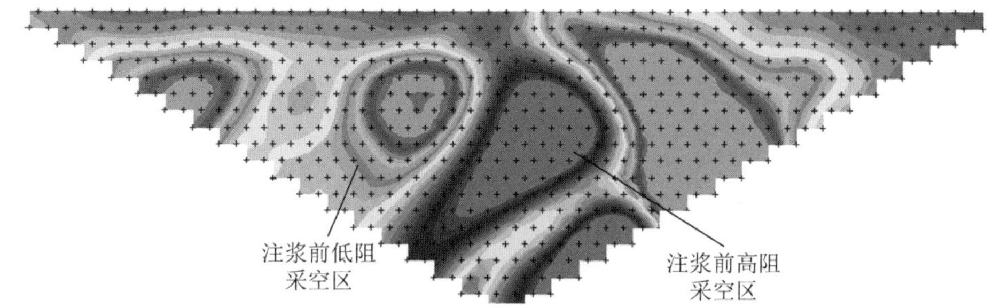

（a）GM-2剖面注浆加固前采空区视电阻率等值线图

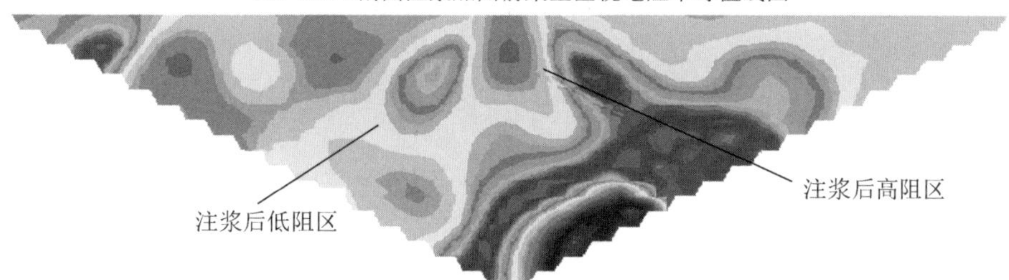

（b）GM-2剖面注浆加固前采空区视电阻率等值线图

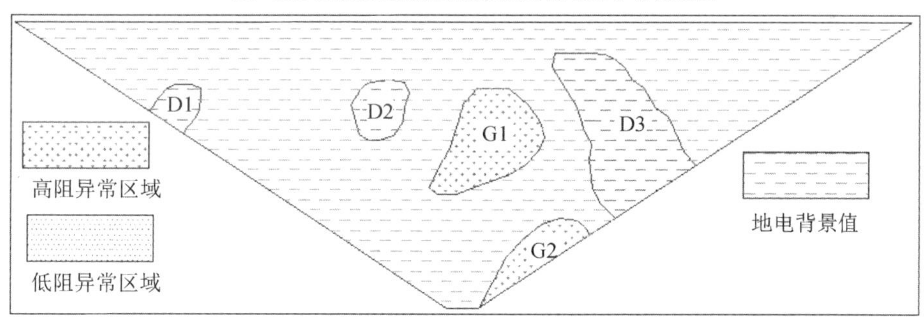

（c）GM-2剖面采空区注浆前地质异常解释图

图 5.16　高密度电阻率法 GM-2 剖面采空区注浆前后异常情况变化图

表 5.2　GM-2 剖面高密度电阻率法视电阻率值变化表　　（单位：Ω·m）

异常属性	治理前视电阻率值范围	治理后视电阻率值范围	视电阻率值变化范围
D2 低阻异常采空区	35～50	150～300	115～250
G1 高阻异常采空区	280～800	250～350	30～450

应用高密度电阻率法对浅层铝土矿采空区注浆处理加固区域进行勘探，对比注浆加固处理前后电阻率断面图异常形态的变化可知，该勘探方法是可行的，其可较直观地评价加固前后采空区的变化，是采空区治理及检测的可选方法。实施

中，应对采空区处理前后异常特征做成因分析，以便为加固效果的评价提供依据。采空区处理前应对主要异常进行验证，以便制订准确的加固方案。

5.3　高密度地震映像法

5.3.1　高密度地震映像法的理论基础

1. 原理简介

地震映像是利用反射波、折射波、面波、绕射波等做固定偏移距的单道或多道地震记录，应用地震记录实现勘探目的的方法，又称为高密度地震勘探和地震多波勘探。该方法是从反射波法勘探中的最佳偏移距技术发展起来的一种浅地层勘探方法。

该方法具体采用哪种有效波做映像法观测，需要预先做场地排列试验（图 5.17），确定适宜的偏移距。

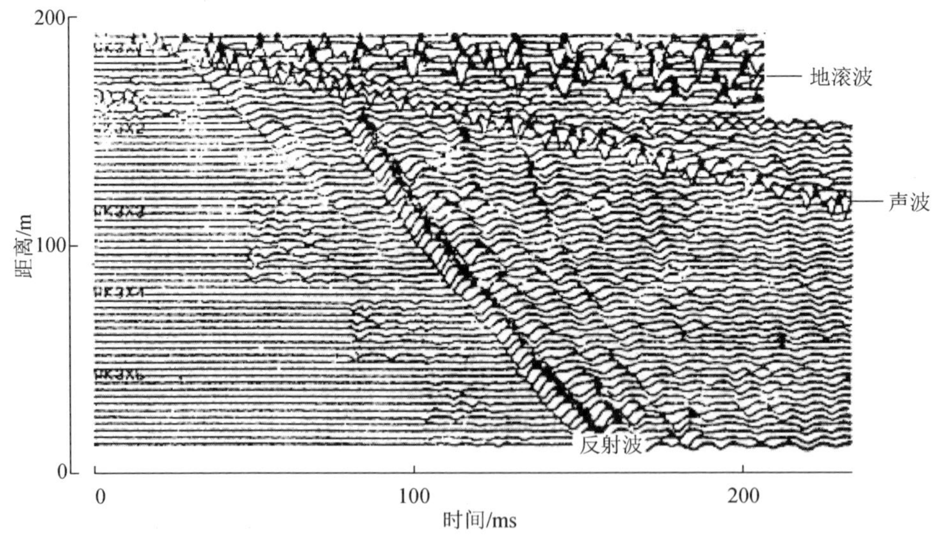

图 5.17　单边排列地震试验记录

在排列试验记录上直达波、反射波、折射波的相对位置表现为如下规律：直达波同相轴是反射波同相轴的渐近线；直达波同相轴与折射波同相轴相交；折射波同相轴与反射波同相轴相切。可据此对有效波进行识别。

工程上应用较多的是单道等偏移距的地震波映像法，有效波多为反射波、折射波和绕射波。

反射波法的应用条件是存在波阻抗界面，波在该界面产生反射和透射，其反射系数和透射系数计算公式如下：

$$\begin{cases} R = \dfrac{\rho_2 v_2 - \rho_1 v_1}{\rho_2 v_2 + \rho_1 v_1} = \dfrac{z_2 - z_1}{z_2 + z_1} \\ T = \dfrac{2\rho_1 v_1}{\rho_2 v_2 + \rho_1 v_1} = \dfrac{2z_1}{z_2 + z_1} = 1 - R \end{cases} \tag{5.6}$$

式中：R——反射系数；

T——透射系数；

ρ_2、ρ_1——界面两侧介质密度；

v_2、v_1——界面两侧介质波速；

z_2、z_1——界面两侧介质波阻抗。

在入射波能量不变的情况下，反射波与入射波初始相位关系由反射系数决定，阻抗增大时表现为同向反射，阻抗变小时则相反。反射波振幅越强，则透射波振幅越弱。透射系数 T 总是正值，故透射波的相位与入射波的相位总是保持一致。

反射波法地层界面深度（时深转换）计算公式如下：

$$h = \frac{1}{2}\sqrt{v^2 t^2 - x^2} \tag{5.7}$$

式中：h——反射波法地层界面深度；

v——反射界面以上的平均波速；

t——反射时间；

x——偏移距。

若为多层界面，将所研究的界面等效为单一界面，这个单一界面的上方是以均方根速度传播的均匀介质。均方根速度计算公式如下：

$$v = \sqrt{\frac{\sum_{i=1}^{n} t_i v_i^2}{\sum_{i=1}^{n} t_i}} \tag{5.8}$$

式中：v——研究界面以上的介质速度；

t_i、v_i——研究界面以上某界面波的反射时间和速度。

折射波法的应用条件是存在速度界面且 $v_2>v_1$。根据斯奈尔定律，当入射波的入射角大于临界角时，透射波将转化成沿 v_2、v_1 界面的滑行波，依据惠更斯原理，滑行波产生的子波即为折射波，故反射波与折射波之间存在临界点，临界点之前为反射波，临界点之后为折射波，由此可知，折射波存在盲区，反射波偏移距小于折射波偏移距。折射波法地层界面深度（时深转换）计算公式如下：

$$h=\frac{1}{2}\frac{(v_2t-x)v_1}{\sqrt{v_2^2-v_1^2}} \tag{5.9}$$

若反射界面同时是折射界面，在临界点附近，反射波将受到折射波的干扰，故偏移距的选择应避免形成不同波的相互干扰。

通过以上原理对比可知，折射波的适用条件较反射波苛刻，能形成折射的界面少于形成反射的界面。

2. 参数解释

映像法资料解释分为定性解释和定量解释。

1）定性解释主要根据已知的地质情况和曲线同相轴特征，判别地下反射或折射界面的数量及其大致的产状、是否有断层或其他局部性地质体的存在等，为选择定量解释方法提供依据。

2）定量解释则是根据定性解释的结果选用相应的数学方法求取各界面的埋深和形态参数（如倾角）。

对地震映像记录解释之前，若有的地震记录中干扰波较强，需在预处理中通过滤波、切除等方法压制干扰波，以保证对有效波的识别。

原始地震映像剖面为时间剖面。它虽然可以定性地反映出界面的轮廓，但界面的深度和产状信息还和速度参数密切相关。为此需要逐次计算出各界面的深度，将时间剖面转换为深度剖面。

通过时间剖面上波的对比，可以确定反射层的构造形态、接触关系及断层分布等情况。但地质解释的准确程度受多种因素影响。另外，地震剖面的解释还受其分辨率的限制，如对于较小的地质体或薄层在地震时间剖面上是难以区分的。

记录到的振动图形可采用变面积显示法来突出同相轴的分布规律。

（1）不同波的识别

由于地质界面总有一定的稳定延续范围，来自同一界面的波在时间剖面中形成延续一定长度的清晰同相轴。可以根据同相轴的变化，定性地了解岩层起伏及地质构造等概况。

在时间剖面上，一般界面的反射或折射表现为同相轴的形式，因此在时间剖面上波的追踪实际上就变为同相轴的对比。

1）波的对比。来自同一地质界面的反射或折射波，直接受该界面的埋藏深度、岩性、产状及覆盖层等因素的影响，在相邻接收点上会反映出相似的特点，这就是通过波的对比来追踪的依据。

同一界面波的同相轴具有如下特征。

① 强振幅。经过处理后，地震剖面上各界面的反射或折射波一般都有较强的能量。

② 波形相似性和同相性。同一界面相邻接收点的波形是相似的，即相位相同、记录时间相近，且同一反射波不同相位的同相轴应彼此平行。

一般来说，地震波在激发和接收过程中受浅层地质条件影响时，会使全部地震波同相轴从浅到深发生相似的变化；而深部地质条件发生变化时，则往往只使一道或几道地震波同相轴发生变化。

2）多次波和特殊波的识别。特殊波是指地震剖面上的绕射波、断面波等。多次波和特殊波是在特定的地质条件下产生的波动，识别与分析这些波的特点，有助于对剖面进行地质解释。

① 多次波。如果在产状比较平稳的浅层产生多次反射，则在剖面的中、深部会出现二次波、三次波等。

② 绕射波。反射波在断点或者有限的地质体（如空洞）上会发生绕射，在时间剖面上形成近似双曲线的反射形态。

③ 断面波。当断层面两侧的岩石有明显的波阻抗差异且断面比较规则时，断层面本身就成为一个良好的反射界面。断面波的主要特征是同相轴较陡，且出现能量时强时弱的现象。

因此，在时间剖面的识别中，除了规则界面的反射波外，对其他各种波的特征也必须有足够的认识，才能进行正确的地质解释。

（2）时间剖面的地质解择

1）地层标准层的确定和追踪。结合已知地质情况和钻孔资料，在时间剖面上找出特征明显、易于连续追踪且具有地质意义的有效波同相轴，作为全区解解中进行对比的标准层。

2）断层的识别。

① 反射波同相轴错位，根据断层规模不同可表现为反射层的错断和波组波系的错位，但在断层两侧波组关系稳定，波组特征清楚，这一般是中、小型断层的反映，其特点是断距不大、延伸较短、破碎带较窄。

② 反射波同相轴突然增减或消失，波组间隔突然变化。这往往是基底大断层的反映。这种断层多为长期活动，上升盘的基底长期大幅度地抬起，遭受侵蚀，其上部沉积很少，甚至未接受沉积，造成地层变薄或缺失，表现为上升盘的同相轴减少、变浅甚至缺失。相反，下降盘由于不断地大幅度下降，往往形成沉降中心，沉积了较厚较全的地层，因而在时间剖面上反射同相轴明显增多，反射波齐全。

③ 反射波同相轴产状突变，反射零乱或出现空白带。这是由于断层错动引起两侧地层产状突变，相应在时间剖面上使反射同相轴形状发生突变。另外，由于断层的屏蔽作用，可引起断面下反射波的形态畸变和能量减弱，造成断面下反射波层次不清、产状紊乱、出现空白带。

④ 标准反射波同相轴发生分叉（图 5.18）、合并、扭曲、强相位转换等现象。

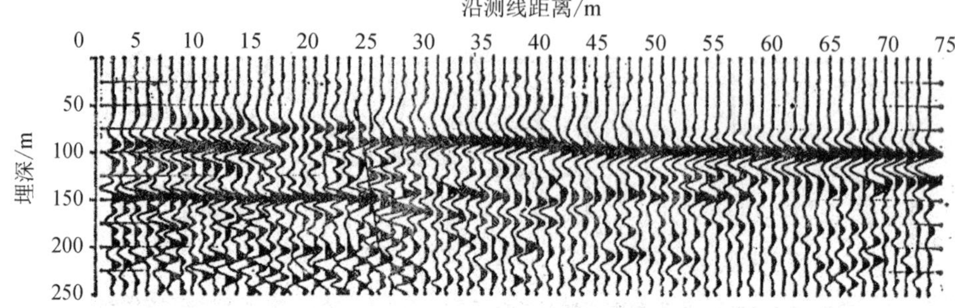

图 5.18　断层或岩性变化引起的同相轴分叉现象

断层或岩性的变化常伴随有绕射波、断面波等出现。在断层特征明显和绕射波、断面波清晰时，还可以从时间剖面上确定出断层的产状要素。

3）绕射波的识别和解释。在反射波映像中，有一种特有的双曲线型同相轴，这是由于波的绕射形成的现象，对应的地质异常往往是空洞、陡立岩性分界面等有明显介质变化的情形。

（3）解释成果图件

时间剖面经过对比识别和地质解释之后，可构制深度剖面图和构造图等图件作为解释的成果图件。

1）深度剖面图。构制深度剖面是通过计算处理把在时间剖面 x-t 坐标中反射波同相轴变成 X-H 坐标中的地质构造形态，这是资料处理的时深转换。

其原理是设时间剖面上有一波同相轴，且已知其平均速度为 v，各点相应的界面深度可按式（5.7）和式（5.9）求得。

2）真深度的换算。由于地震剖面线在地面上可布成不同的方位，而反射界面的产状是一定的，因此反演求得的地层深度也有所不同。

在计算界面深度时，常有法向深度、视深度和真深度之分。

① 射线平面内从 O 点到界面法向点 M 点的距离，称为法向深度，以 h 表示。

② 从 O 点沿射线平面至界面的垂直距离 ON，称为视深度，以 h_x 表示。

③ 从 O 点至界面的垂直深度 OP（在射线平面以外），称为真深度，以 h_z 表示。

从图 5.19 可看出，各种深度之间有如下关系

$$h_z = \frac{h}{\cos\psi} \tag{5.10}$$

$$h_x = \frac{h}{\cos\varphi} \tag{5.11}$$

式中：φ——视倾角；

ψ——真倾角；

α——x 剖面和倾向间的夹角。

当界面为水平时有

$$h_x = h_z = h \tag{5.12}$$

当界面倾斜、x 为任意方位时有

$$h_z > h_x > h \tag{5.13}$$

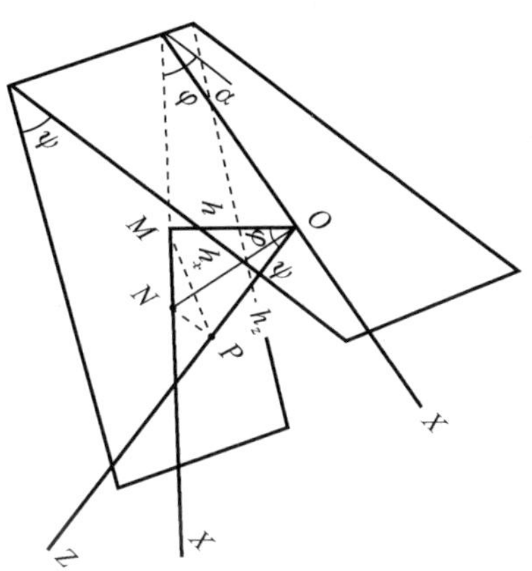

图 5.19　法向深度视深度和真深度几何关系图

在利用地震资料制作构造图时，必须统一换算到真深度上来成图。它可以反映勘探区内一定地层的构造形态特征，是地震勘探的最终成果图件之一。

5.3.2　地震映像法仪器设备

地震映像法仪器系统中硬件部分的震源和检波器根据勘探条件不同分为陆地和水域两种类型。陆地勘探时，可选震源主要为锤击或其他类似的机械震源，检波器为速度检波器。水域勘探除可选锤击震源外，还可选择电火花震源，但检波器需采用压电型检波器。地震映像法工作原理和仪器组成如图 5.20 所示。陆地地震映像法仪器现场工作布置图如图 5.21 所示，水域地震映像法仪器组成及工作布置图如图 5.22 所示。

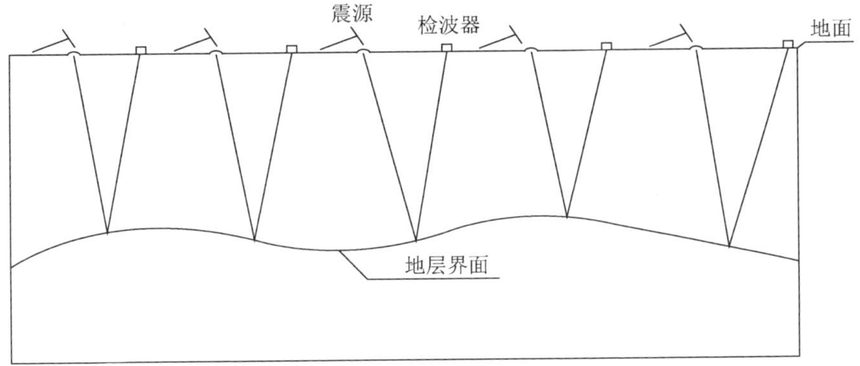

图 5.20　地震映像法工作原理和仪器组成

图 5.21　陆地地震映像法仪器现场工作布置图

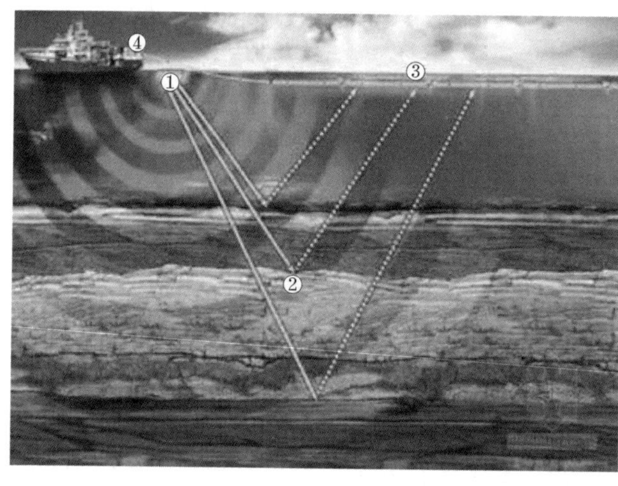

图 5.22　水域地震映像法仪器组成及工作布置图

1. 对地震仪的性能要求

做地震映像的地震仪与普通地震仪基本相同，对其技术性能和使用性能要求主要包括以下几点。

1）功耗低，采用低功耗操作平台，仪器内置可充电电池，支持连续独立工作，也可一直外接蓄电池供电，充分满足面波现场测试需要。

2）性能稳定，数据采集速度快，整机密封，信噪比高，抗干扰能力强，适应恶劣环境。

3）主机小巧方便，质量轻便，便于携带，可适用于复杂的物探测试现场，具有良好的抗振、防潮、防尘性能。

4）操作界面美观大方、一目了然，上手较快。

2. 地震映像法设备组成

（1）震源

高密度映像法探测深度不大、要求分辨率较高，因此除要求震源有适当的能量、安全可靠及便于使用外，还往往采用能产生较高频率的震源。常用震源如下。

1）锤击震源。这种震源由大锤（或落重锤）、金属垫板、锤击开关等组成，成本低廉且能产生较高频率的地震波，在要求能量不是很大的情况下，可取得较好的效果。

2）雷管和炸药震源。采用单雷管激发、用雷管引爆炸药激发的震源能量可调范围大，频带也较宽；但随着炸药量增大，能量也增大，高频成分相应减少。因此在浅震中，应尽可能使用小炸药量。

3）地震枪震源。这是一种类似猎枪的装置，配有专用子弹，是浅震中很好的高频震源。使用时可先在地面打一深 40～80cm 的小孔，并向孔中注水以改善耦合性能，然后向孔中射击，激发地震波。这种震源尤其适合于在软土地区应用。

4）电火花震源。电火花震源是利用电容中储存的高压电能通过在水中电极间隙进行瞬时放电而激发地震波的装置。这种激发方式波形的重现性较好，能量大小可以调节，激发方式灵活，使用安全，适合在江、河、湖、海等水中和井中使用。

此外，还有密尼索西系统的可控震源（一种振动频率范围和振动持续时间可以调控的震源），以及用于产生横波或面波的各种专用震源等。

（2）检波器

检波器是把地震波到达地面引起的微弱振动转换成电讯号的换能装置。

当地震波传播到地面时，检波器随之发生振动，由于惯性作用，其线圈和磁钢将发生相对运动而产生和振动周期相对应的感应电流信号。通过专门的仪器可将这种信号放大并记录下来。这类检波器输出的电压信号和其振动时的位移速度有关，因此又称为速度检波器。

此外，还有利用晶体压电效应特性制成的晶体检波器，这类检波器固有频率高（可达 1000Hz），可用来测量物体振动的加速度，又称为加速度检波器。

（3）地震仪

地震仪是将检波器输出的电信号进行放大、显示并记录下来的专门仪器，一般具有滤波、放大、信号叠加、高精度计时、数字记录和微机处理等功能。

3. 观测系统

为了压制干扰波和确保采集有效波，并对有效波进行追踪，激发点和接收点之间的距离应通过排列试验获得。

（1）测线类型

当激发点和接收点在一条直线上时，该测线称为纵测线；当激发点和接收点不在一条直线上时则称为非纵测线。在工作中，纵测线是主要测线，而非纵测线一般只作为辅助测线来布置，以解决一些特殊问题。

（2）地震映像法观测系统

地震映像方法观测系统需确定以下内容：测线的选择和测量方法、记录点位置、最佳偏移距等。

1）测线的选择和测量方法。通常采用单击单收模式，震源可采用锤击震源，采用固定偏移距和单个检波器接收。完成一测点的记录后，激发点和接收点同时向前移动一定的距离（或称为点距）。重复上述过程可获得测线上的一条或多条地震映像时间剖面。

2）记录点的位置。映像法记录点位于激发和接收的中点，反映中点两侧射线传播范围内地下的岩层、岩性变化。

3）最佳偏移距。在地震映像数据采集中，最佳偏移距取决于所用的有效波类型，为了获得具有高信噪比和分辨率的地震映像记录，需要做试验剖面进行干扰波调查，分析各种波的传播规律，确定能够最好地反映探测目标的有效波，以及该有效波在时间域和空间域的最佳时空段。在最佳偏移距处，有效波在空间距离和时间上与其他干扰波分离，信号清晰。

4. 国内地震映像的常用设备及软件

地震映像法属于工程地震方法之一，一般的多功能工程地震仪多数可完成该方法的测试。国内工程勘察领域可做地震映像的地震仪种类很多，常见的包括Geopen 地震仪（Miniseis24\SE2404EI\SE2404Plus\SE2404NT）、DZQ24 工程地震仪、SWS 地震仪等。

常用的商业化地震映像处理软件有 Geogiga SF Imager 8.1 地震映像数据处理软件等。

5.3.3 主要应用条件及应用领域

1. 主要应用条件

1）勘察对象与周围介质应满足有效波的应用条件，如反射波的波阻抗条件和折射波的波速条件等。

2）勘察目标体尺寸，相对于埋藏深度应具有一定的规模。

3）目标体的物性异常能从干扰背景中清晰分辨出来。

4）场地条件满足开展地震勘探的要求。

5）地震映像方法满足任务的目的要求。

2. 主要应用领域

1）探查覆盖层厚度，划分松散地层沉积层序。
2）探查基岩埋深和基岩面起伏形态，探测隐伏型岩溶分布。
3）探测构造破碎带。
4）探测地下隐埋物体、古墓遗址、岩溶土洞和采空区。
5）探测地下非金属管道。
6）探测滑坡体的滑坡带和滑坡面起伏形态。
7）地基动力测试，地基加固效果检验、评价等。

5.3.4 高密度地震映像法的应用

1. 高密度地震映像法在采空区勘察中的应用

某矿区拟对采空区治理开发，其采空区多由 20 世纪的乡村煤矿形成，缺少采矿生产资料，需对采空区现状进行了解，因此采用综合物探方法进行初勘。勘探区域地势西高东低，地形起伏剧烈，陡坎、沟壑遍布，地表高差约为 30m。勘探区共布置地震映像测线 5 条，主要布置在勘探区西南部，基本覆盖全勘探区。图 5.23 为其中 3 号剖面的地震映像图。该剖面位于场区的中部偏北，呈左西右东向展布。由图 5.23 可知，除东部边缘同相轴较清晰且连续完整外，其余部位同相轴不连续，个别部位出现空洞绕射弧，说明勘探区内采空区较发育。剖面线所经地表有大量的南北向裂缝也印证了该区域采空区的发育程度。

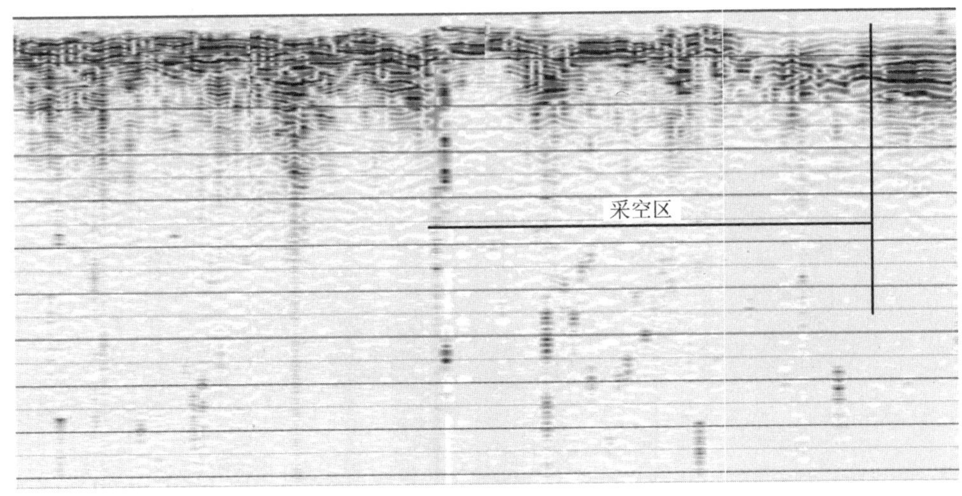

图 5.23　某矿区 3 号剖面地震映像图

图 5.24 为该勘探区 1 号剖面的地震映像图。该剖面位于勘探区的南端，同样呈左西右东向展布。该剖面中部同相轴出现了下凹状的倾斜，同相轴错断，绕射弧均

间断出现，剖面所经地表局部有水洼。证明勘探区南部受采空区影响地表陷落严重。

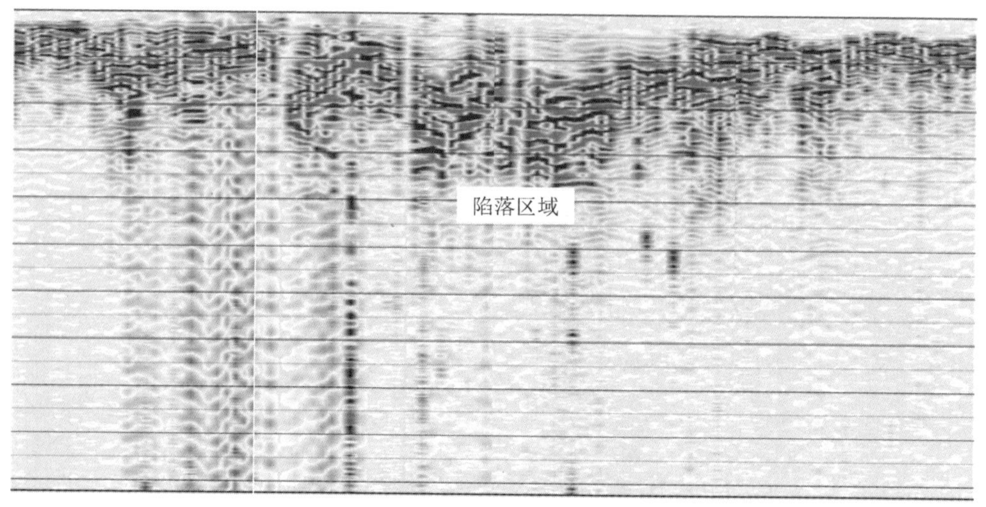

图 5.24　某矿区 1 号剖面地震映像图

该项目通过地震映像法等综合物探方法，对勘探区的现状进行了分区，即无采空区的稳定区、位于采空区及其边缘的裂缝发育区、采空区陷落区。图 5.25 所示为勘探区内采空区现状分区图。通过对采空区现状的初勘，初步了解了勘探区内采空区的分布特征，为进一步完成采空区详细勘察提供了依据。

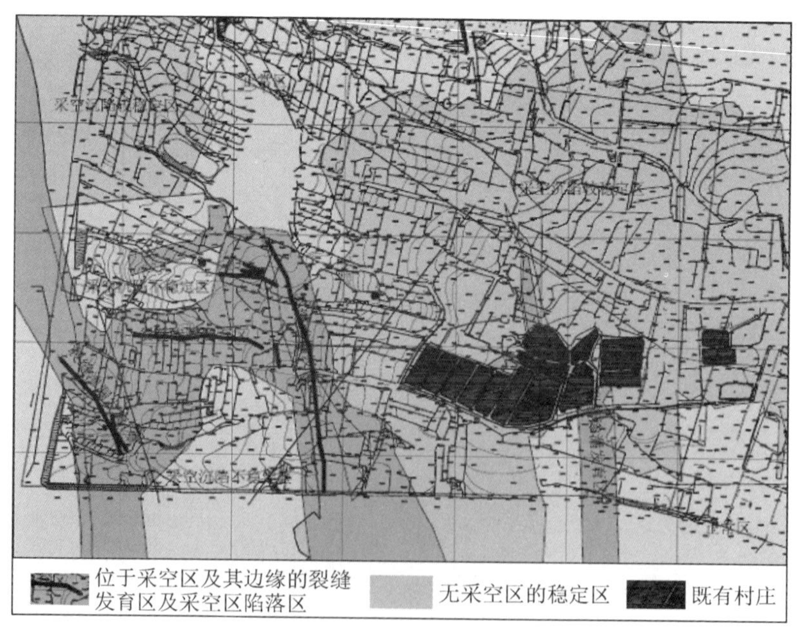

图 5.25　勘探区内采空区现状分区图

2. 高密度地震映像法在岩溶和构造勘察中的应用

岩溶产生的空洞及断层在映像法波列图中的典型特征就是在洞顶及断层端点产生的双曲线型反射或绕射弧。

图 5.26 为岩溶土洞的实测地震反射波映像图。反射波在土洞产生明显的双曲线型反射。土洞未被充填，且阻隔了波向下传播，因此对洞底地层的了解形成障碍。

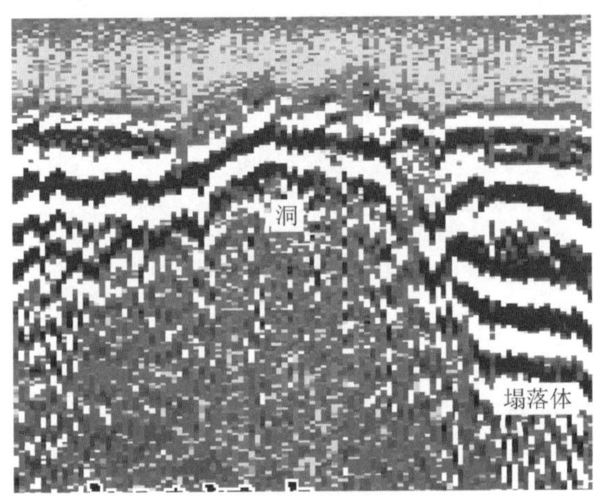

图 5.26　岩溶土洞地震反射波映像图

图 5.27 为桂林某项目地震映像法实测剖面波图。在剖面中部面波到达时间约 20ms 部位同相轴出现明显的向下弯曲，解释为岩溶塌陷。

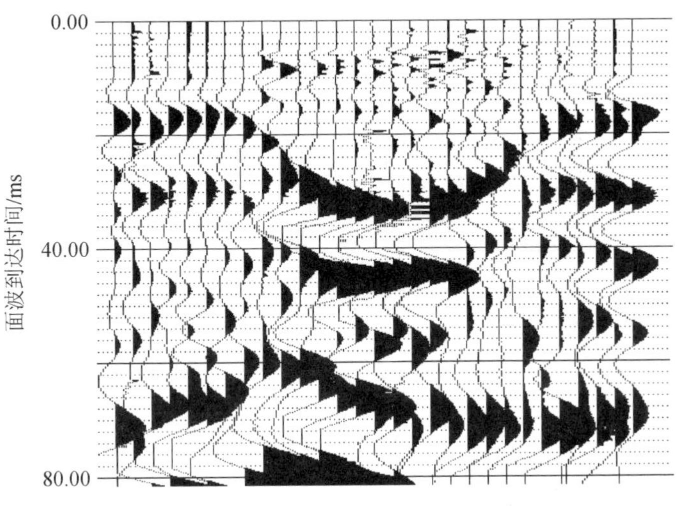

图 5.27　桂林某项目地震映像法实测剖面波图

图 5.28 为某办公楼的基岩面探测的地震映像色谱图，通过映像图强反射面同相轴追踪可看出，该办公楼所处场地基岩面起伏较大，剖面左侧基岩埋深浅，右侧埋深大，且从形态上看，不排除在基岩面起伏较大处存在断层的可能性。

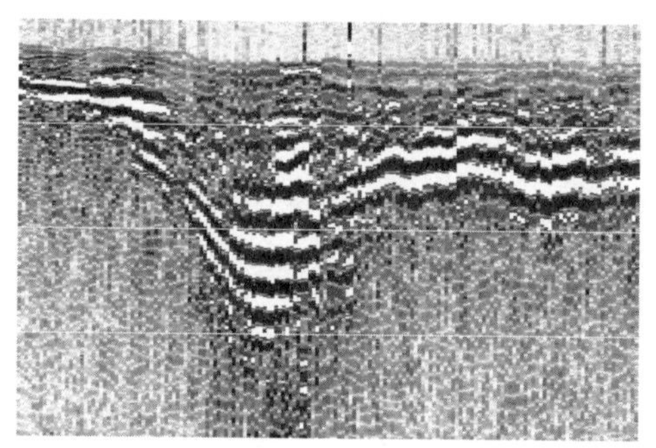

图 5.28　某办公楼的基岩面探测的地震映像色谱图

图 5.29 为某地的断层地震映像法勘探剖面图。在剖面图中部面波到达时间约 120ms 部位可以看到明显的绕射波，可解释为断层的反映，绕射波双曲线的顶点即为断层在剖面上的端点；在断层端点两侧的地震波形特征有明显的差异，断层端点左侧有多组反射波，为泥岩地层中多个泥岩薄层或含煤层的反映；右侧为较厚的砂岩地层的反映。

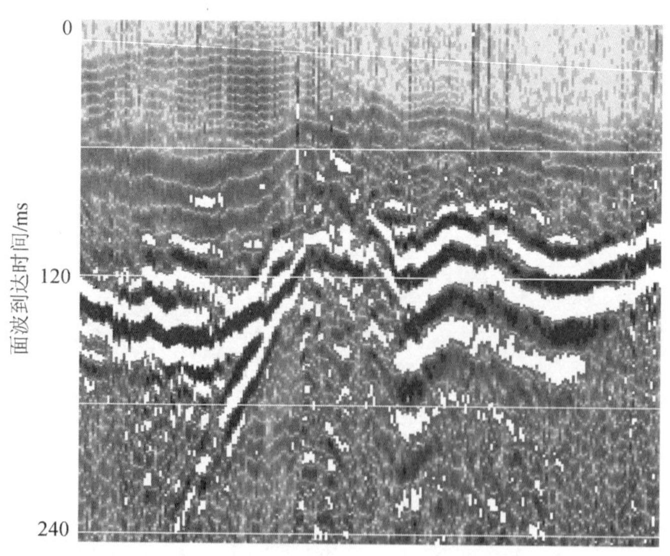

图 5.29　某地的断层地震映像法勘探剖面图

3. 高密度地震映像法在水域勘察中的应用

图 5.30 为湘江某大桥地震映象波列图。从该波列图可以看出震源到水听器的

直达波时间约为 3.5ms；由此计算出地震波在水中传播的速度为 1600m/s。水底反射波到达时间随江底起伏变化，最深处反射波到达时间约为 7.5ms，最浅处反映岸边的位置；基岩的反射波到达时间为 6～8ms，基本反映了基岩面的变化。在 9ms 之后出现的波为前述反射波的多次反射波，多次反射波干扰了基岩中的反射信息。可见地震映像法对于水底地形勘察有直观、精度高的特点。

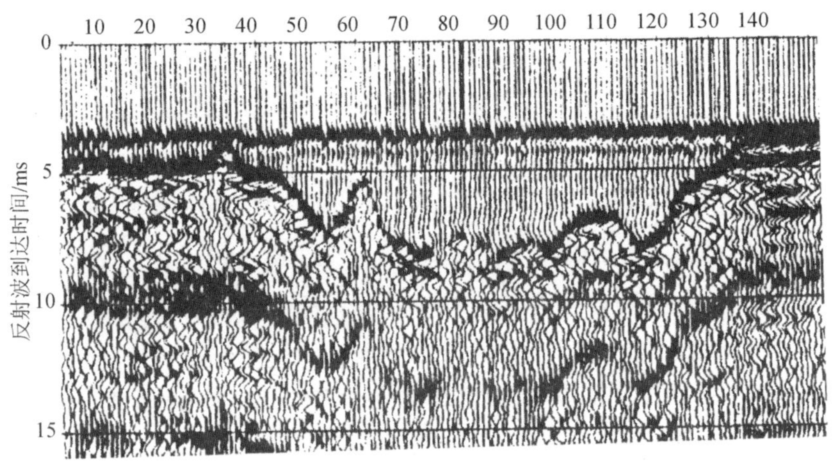

图 5.30　湘江某大桥地震映象波列图

图 5.31 为福建平潭某大桥选址勘察的地震映象图。该剖面很好地反映了水底地形的起伏情况。通过同相轴跟踪和对比，对水底地层的组成也有了大致了解：从浅到深依次为淤泥层、砂砾石层、基岩。为准确把握地层的实际分布，可在地震映像图反映的特征点布置适当的验证性或控制性钻孔，以提高地震映像解决地质问题的能力。

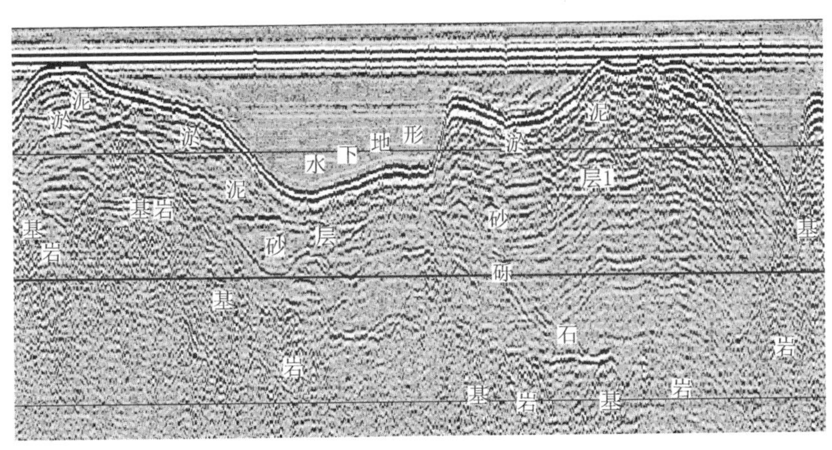

图 5.31　福建平潭某地地震映像图

5.4 地 质 雷 达

5.4.1 地质雷达理论基础

地质雷达应用脉冲电磁波来探测地下介质的目标物分布。当发射天线向地下发射高频宽带短脉冲电磁波时，遇到具有不同介电特性的介质就会有部分电磁波能量被返回，接收天线接收反射回波并记录反射时间。电磁波在介质中的传播速度为$v \approx c/\sqrt{\varepsilon_\gamma}$，式中，$c$为电磁波在真空中的传播速度（约为0.3m/ns），ε_γ为相对介电常数。根据电磁波在介质中的波速和旅行时间（即双程走时）可以计算界面深度（$h=v\times t/2$），其中h为界面深度，v为电磁波波速，t为电磁波第一次反射回来所需时间。当发射天线沿预探测物表面移动时就能得到其内部介质剖面图像。其工作原理如图5.32～图5.34所示。依据电磁波场理论，人工发射高频宽频带电脉冲波。利用物质介电性、导磁性，并且根据接收到波的运动学和动力学特征，推断隐蔽介质的空间展开特征。电磁波在介质中传播时，其路径-波形将随所通过的介质的电性质及几何形态而变化，根据接收到的波的旅行时间、幅度、频率与波形变化资料，可以推断介质的内部结构及目标的深度、形状等。

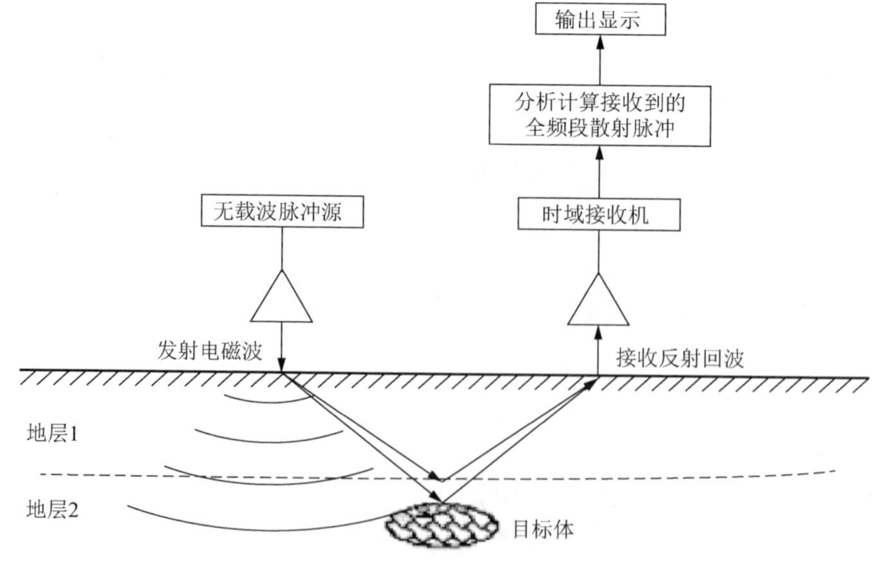

图5.32 地质雷达原理示意图

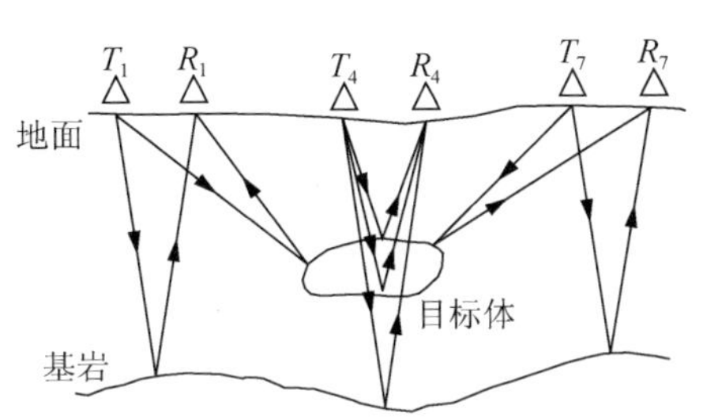

图 5.33　电磁波遇到地下异常体后的反射示意图

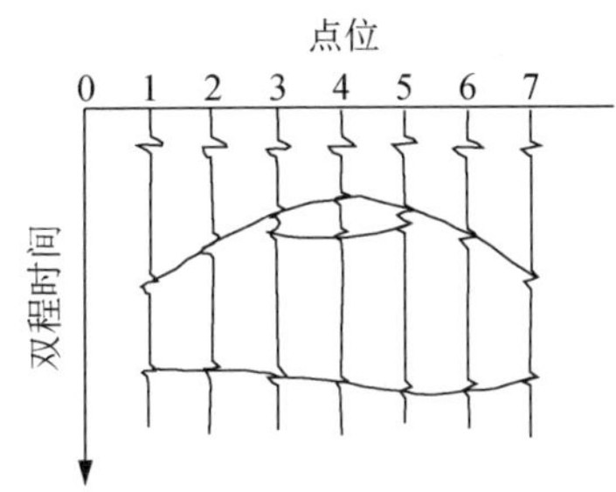

图 5.34　地质雷达记录的回波曲线

根据波动理论，电磁波的波动方程式为

$$P = |P| \mathrm{e}^{-j\omega(t-r/v)} \tag{5.14}$$

式中：P——电磁波磁场强度；

v——电磁波波速；

ω——角频率；

r——电场强度；

t——传播时间；

$\mathrm{e}^{-j\omega(t-r/v)}$——基本波函数，其中 j 为电流密度。

电磁波的角频率 ω 与电磁波波速 v 的关系为

$$v = \omega/\alpha \tag{5.15}$$

当电磁波的频率极高时，式（5.15）可简略为

$$v = c/\sqrt{\varepsilon} \tag{5.16}$$

式中：α——相位系数；

c——光在真空中的传播速度；

ε——介质介电常数。

地质雷达使用的是高频电磁波，其频率一般为 10MHz～2.5GHz。因此，地质雷达在物体介质中的传播主要与介电常数有关，其传播速度主要由介质介电常数的大小来决定。电磁波在向某一介质发射并传播过程中，根据波动理论，波遇到不同的波阻抗界面（如风化面和基岩面）将会产生反射和透射，反射能量取决于反射系数 R，其公式为

$$R = \left(\sqrt{\varepsilon_{\gamma1}} - \sqrt{\varepsilon_{\gamma2}}\right) \Big/ \left(\sqrt{\varepsilon_{\gamma1}} + \sqrt{\varepsilon_{\gamma2}}\right) \tag{5.17}$$

式中，$\varepsilon_{\gamma1}$、$\varepsilon_{\gamma2}$——反射界面两侧的相对介电常数。

由式（5.17）可知，如探测目标之间存在很明显的介电差异，则可为采用地质雷达进行工程地质分层提供良好的地球物理前提条件。

5.4.2　地质雷达仪器设备

市场上占有率较高的地质雷达设备主要有以下几种型号：加拿大 Sensor & Software Inc.、EKKO（Noggin）系列；美国 GSSI、SIR 系列，瑞典 Mala Geoscience Inc.、RAMAC 系列；意大利 IDS、RIS 系列，中国电磁波传播研究所 CRIRP、LTD 系列，拉脱维亚雷达系统公司 ZOND 系列。

5.4.3　应用领域及应用条件

1. 地质雷达应用条件

地质雷达能否有效应用取决于以下几方面。

1）所探测目标与周围介质的介电常数和电导率差异明显。

2）探测目标的覆盖层为低电导率和低介电常数的介质，有利于电磁波的传播。

3）探测用雷达天线主频与勘探目标的深度相适应。

2. 地质雷达应用领域

地质雷达的实际应用领域很广，既可在工程勘察中探测浅埋岩溶裂隙、岩溶土洞、基岩起伏、构造破碎带，以及用于隧道地质超前预报等，也可用于探测建筑结构的内部构造和缺陷，例如探测大体积混凝土内部缺陷、隧道衬砌的质量等。具体可用于以下勘探目的。

1）灰岩地区岩溶的探测。

2）冰川和冰山的厚度探测。

3）工程地质探测。

4）管线探测。

5）煤矿井探测，泥炭调查。

6）放射性废弃物处理调查。

7）水文地质调查。

8）地基和道路下空洞、裂缝等建筑质量探测。

9）地下埋设物、古墓遗迹等探测。

10）隧道、堤岸、水坝等探测。

5.4.4　地质雷达在岩溶勘察中的应用

1. 在岩溶隧道施工地质预报中的应用

某岩溶隧道为承赤高速公路的主要工程。隧道区内地层由上至下为第四系更新统亚黏土、碎石土、角砾土等，石炭系的白云质灰岩、灰岩等，泥盆系的砂质板岩、细粒石英砂岩、灰岩等。地下水主要包括松散层类孔隙水、基岩类节理裂隙溶洞水两大类。

采用 Latvia Zond-12e Advanced GPR system 地质雷达进行探测。主要设备参数：屏蔽天线的频率为 100MHz，天线间距为 0.5m；记录时间、叠加次数和采样率根据天线中心频率选取，并根据隧道工程实际地质条件做动态调整；主要采用点测方式探测，条件允许时辅以连续扫描模式进行对比检验。探测由掌子面从左向右进行，水平测线布置在隧道底部上方 1.5m 处。

下面以该工程部分隧道不同施工段的雷达数据为例，从雷达图像的波形特征、频率、振幅、相位及电磁波能量吸收情况等方面来分析、总结和利用几种典型不良地质体的雷达图像特征。

（1）掌子面前方存在溶洞的雷达波特征图像

由图 5.35 可以看出，其地质雷达探测异常特征较符合岩溶溶蚀发育区的地质雷达波异常曲线特征。大体来看，图中地质雷达原始波列图显示由于地质雷达波穿透矿层基岩岩溶区域岩溶发育体时，高频地质雷达电磁波被吸收较多，反射波的能量明显减弱。实际上从图中纵向深度反映，8～10m 位置的地质雷达反射波的振幅及能量随岩溶溶蚀形态不同在横向发育上出现明显变化，岩溶溶蚀腔体侧壁的反射波出现类弧形强反射现象，反射界面清晰锐利，从该特征可以看出该部位地质雷达岩溶异常属于以空气为充填介质的岩溶空腔。15～20m 位置的地质雷达反射波幅值随岩溶溶蚀形态在横向发育上也出现明显变化，从图中可以看出该深度范围内溶蚀腔体内部地质雷达反射波变强且杂乱，其电磁波能量衰减迅速，高频部分被吸收，地质雷达反射波多为低频波，从该特征可以看出该部位岩溶异常是以坍塌物填充介质为主的岩溶空腔。通过以上不同深度地质雷达反射曲线的各种异常反映可以看出，当地质雷达波穿透较完整基岩区域时，内部完整程度较好的基岩的电导率很小，地质雷达电磁波衰减系数与电导率成正比，与介电常数成反比，基岩对地质雷达电磁波吸收程度较小，地质雷达反射波谱能量较弱；当地质雷达电磁波穿透基岩岩溶溶蚀地段时，通过电磁波速计算结果知道岩溶发育介质中电导率和介电常数的比值远大于 1，随着频率不断升高其衰减系数变大趋势也较明显，破碎岩溶发育基岩对电磁波吸收程度较大，地质雷达反射波谱也较强。该掌子面经开挖后验证其溶蚀异常与推断结果一致，如图 5.36 所示。

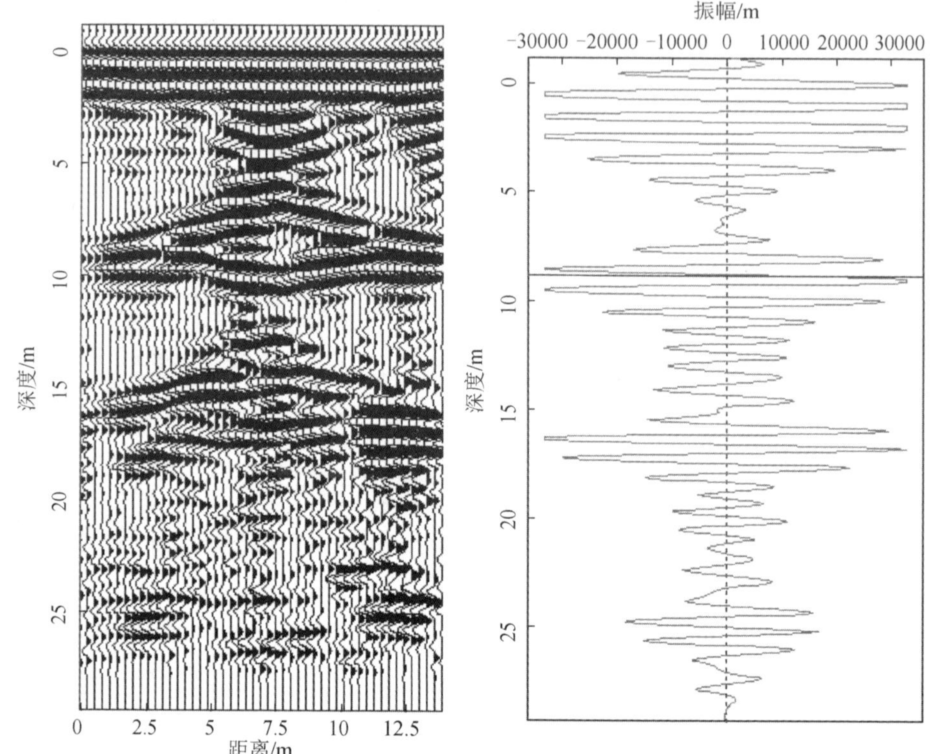

图 5.35　掌子面富水区地质雷达图像

图 5.36　溶蚀异常区掌子面开挖图

（2）基岩节理裂隙的雷达波特征图像

由图 5.37 可以看出，其符合雷达波异常特征：雷达波对节理裂隙带破碎程度高的介质的反射强烈，反射波强度大。节理裂隙带通常存在于断层影响带及软弱夹层内，裂隙内通常存在各种不同的非均匀充填物，其介电常数差异较大，且有较明显的强反射界面。节理裂隙带的地质雷达图像和波形特征通常表现在反射面附近，波幅显著增强且变化较大，能量分布不均匀。节理面上雷达波为连续无杂波，破碎带和裂隙带内则常产生绕射、散射，波形杂乱，同相轴错断，在深部甚至模糊不清。电磁波能量高频部分衰减较快，而反射波同相轴的连线则为节理裂隙带或破碎带的位置。该掌子面经过开挖后验证其节理裂隙和推断异常一致，如图 5.38 所示。

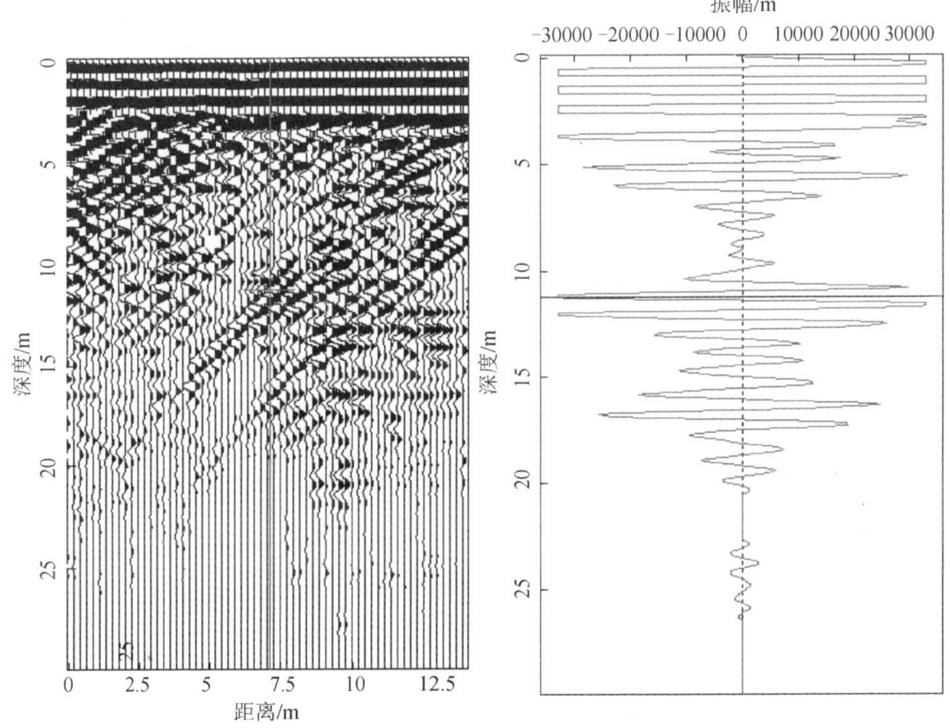

图 5.37　掌子面含水裂隙带地质雷达图像

图 5.38　裂隙带异常区掌子面开挖图

（3）掌子面富水区的雷达波特征图像

由图 5.39 可以看出，其符合矿井隧道掌子面前方含水构造层地质雷达反射波与入射波的相位极性反转特征。大体来看，图中矿井隧道掌子面前方含水构造反射的地质雷达波，相对于入射的雷达波，其相位会出现极性反转现象。从探测结果看出由于矿井掌子面前方富水区介电常数大于周围完整围岩介电常数，富水区电导率也大于周围完整围岩的电导率，这就使得雷达电磁波在不同围岩之间穿透时其反射系数转变为负值。当地质雷达电磁波从高阻抗向低阻抗入射时，由于反射系数的存在，反射波电场与入射波电场正负相反，反射波与入射波间有一个波长的相位差。实际上由于地下富水带常存在于岩溶发育带及节理裂隙的密集带之中，围岩的含水程度主要受不良地质体构造的控制，地质雷达波在含水层表面发生强振幅反射，电磁波穿透含水构造时也会产生幅值较强的多次反射，就会出现电性的极性反转现象。特别是雷达电磁波在高含水区的强反射和快速衰减，电磁波频率由高频向低频迅速变化，波长及周期明显变大，波幅幅值宽度也逐渐增大，电磁波存在明显的幅值增大现象。图 5.40 显示后期开挖结果，在施工开挖到解释的异常部位时，掌子面冒水情况严重，水压力差很大且出现富集水喷射现象，不良地质体形态较为明显。

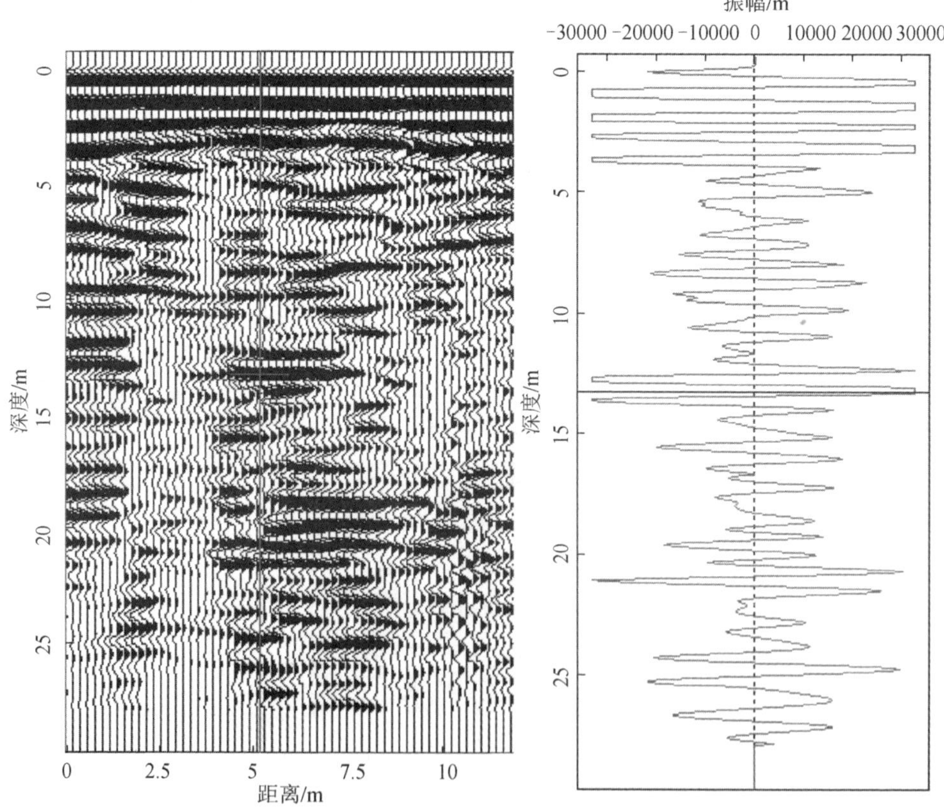

图 5.39　掌子面富水区地质雷达异常图像

图 5.40　富水异常区掌子面开挖图

在隧道施工过程中，运用地质雷达探测技术来指导施工是很重要也是很必要的，它在很大程度上消除了施工的盲目性，确保了施工的安全进行。实时归纳总结不同种类介质异常形态的雷达波特征，从理论反演参数上计算分析各个异常特征的规模及形态，可以得到可靠的地质预报参数，可以为今后类似地质环境的隧道地质超前预报工作起到很好的参考和预判作用。针对隧道探测较差的环境条件，在排除干扰、提高信噪比、识别判断地质雷达反射波图像中的干扰异常、提高探测分辨率等方面尚有进一步研究的空间，其异常研究可为新一代的地质超前预报设备研发提供参考依据。通过异常分析及开挖验证可知，在外界干扰较小时，地质雷达能够非常有效地探明不良地质体的分布、规模，进而实现围岩类别的动态划分，为施工方案的调整提供依据。若地质雷达探测方法能较好地结合区域地质情况，则预报的准确度可以得到极大提高。

2. 地质雷达在河道地质断面勘察中的应用

针对不同河道地段的实际情况，地质雷达物探测线沿垂直河道方向布置 2 条。图 5.41 所示为地质雷达物探测线布置示意图。

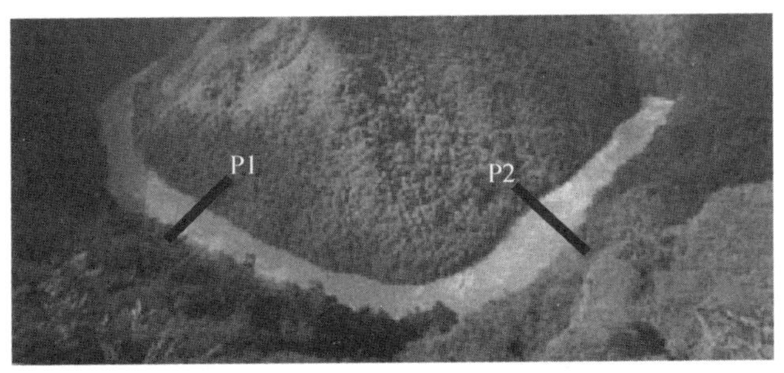

图 5.41　地质雷达物探测线布置示意图

测量设备采用拉脱维亚雷达系统公司生产的 ZOND-12E 型多功能主机、300MHz 测量天线的地质雷达系统，测量时采用时间触发采样。

（1）P1 剖面异常特征分析

图 5.42 显示，地质雷达对于水面以下地质分层界面识别程度较高，地质分层效果较好，水体深度较为一致变化不大，水下地层界面变化一般，水、淤泥层和卵砾石层界面一目了然，且淤泥层中的漂石和粗颗粒沉积核出现规则反射。

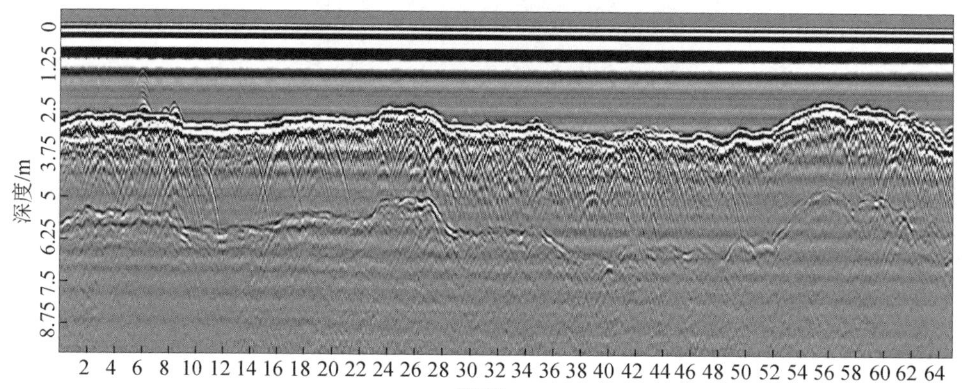

图 5.42　P1 剖面地质雷达实测剖面图

从图 5.43 和表 5.3 可以看出，地质雷达和声呐探测结果基本一致。统计计算显示，地质雷达水底深度探测结果与声呐探测结果误差小于 9%，淤泥层厚度探测结果与声呐探测结果误差小于 14%，卵砾层上界面深度探测结果与声呐探测结果误差小于 9%。

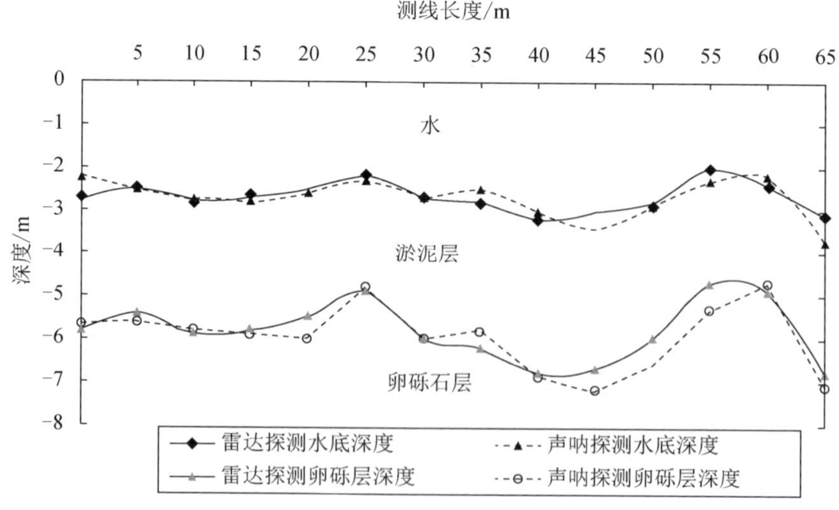

图 5.43　P1 剖面地质雷达与声呐实测地层分界面对比图

表 5.3　P1 剖面地质雷达与声呐探测深度测量值对比表　（单位：m）

测线长度	地质雷达探测水底深度	声呐探测水底深度	地质雷达探测淤泥层厚度	声呐探测淤泥层厚度	地质雷达探测卵砾层上界面深度	声呐探测卵砾层上界面深度
0	−2.7	−2.5	−3.1	−3.5	−5.8	−6.0
10	−2.8	−2.7	−3.1	−3.1	−5.9	−5.8
20	−2.5	−2.6	−30	−3.4	−5.5	−6.0
30	−2.7	−2.7	−3.3	−3.3	−6.0	−6.0
40	−3.2	−3.0	−3.6	−3.9	−6.8	−6.9
50	−2.8	−2.9	−3.2	−3.7	−6.0	−6.6
60	−2.4	−2.2	−2.5	−2.5	−4.9	−4.7

（2）P2 剖面异常特征分析

图 5.44 显示，地质雷达对于水面以下地质分层界面识别程度较高，地层分层效果较好，水体深度为 1.5～3.0m，水下地层界面变化明显，水、淤泥层和卵砾石层界面一目了然，且淤泥层中的漂石和粗颗粒沉积核出现规则反射。

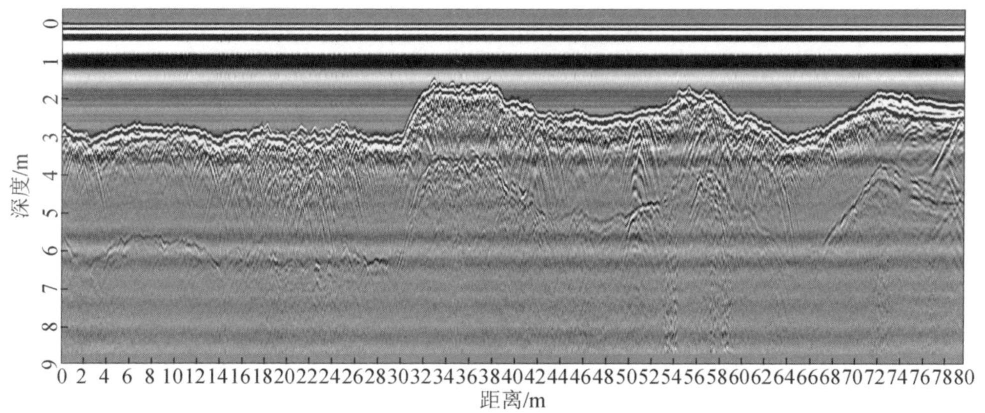

图 5.44　P2 剖面地质雷达实测剖面图

从图 5.45 和表 5.4 可以看出，地质雷达和声呐探测结果基本一致。统计计算显示，地质雷达水底深度探测结果与声呐探测结果误差小于 13%，淤泥层厚度探测结果与声呐探测结果误差小于 9%，卵砾层上界面深度探测结果与声呐探测结果误差小于 8%。

应用地质雷达对河道断面地层深度进行测量和分层是可行的，可快速准确地定位河道内水层深度和地质分层厚度，尤其是可以直观地反映河道内部沉积面的形态变化趋势，是河道断面测量的一种有效、可行方法。通过该方法的测量结果和声呐探测结果对比可知，两者存在误差，尤其在淤泥层分层厚度误差较大，因此使用地质雷达开展水域探测的同时一定要结合其他勘探方法进行。

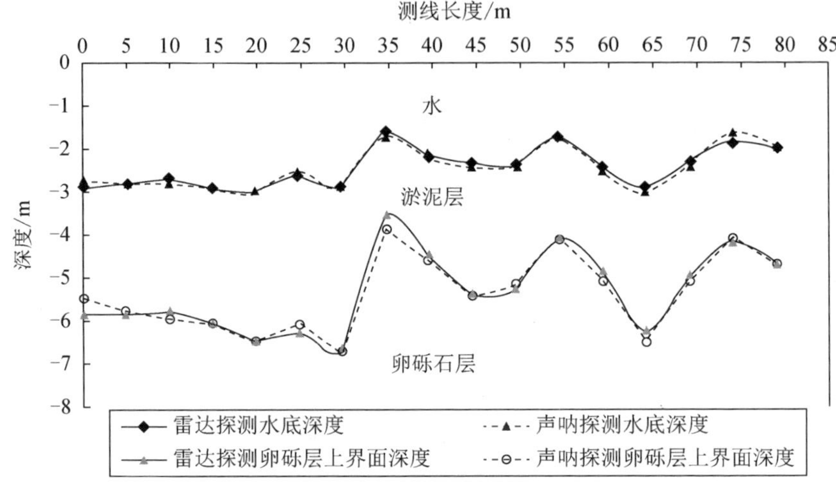

图 5.45　P2 剖面地质雷达地层分界面与声呐实测界面对比图

表 5.4　P2 剖面地质雷达与声呐探测深度测量值对比表　　（单位：m）

测线长度	雷达探测水底深度	声呐探测水底深度	雷达探测淤泥层厚度	声呐探测淤泥层厚度	雷达探测卵砾层上界面深度	声呐探测卵砾层上界面深度
0	−2.9	−2.7	−30	−2.8	−5.9	−5.5
10	−2.7	−2.8	−3.1	−3.2	−5.8	−6.0
20	−3.0	−3.0	−3.5	−3.5	−6.5	−6.5
30	−2.9	−2.9	−3.8	−3.9	−6.7	−6.8
40	−2.1	−2.2	−2.4	−2.4	−4.5	−4.6
50	−2.4	−2.4	−2.9	−2.8	−5.3	−5.2
60	−2.4	−2.5	−2.5	−2.6	−4.9	−5.1
70	−2.3	−2.4	−2.7	−2.7	−5.0	−5.1
80	−2.0	−1.9	−2.7	−2.8	−4.7	−4.7

3. 地质雷达在岩溶区溶蚀异常调查中的应用

（1）溶蚀基岩面调查

图 5.46 为某工程溶蚀基岩面地质雷达探测图。从该剖面形态可知，第四系地层分布与地势变化基本相同，处于一个地势不平稳地段，剖面大致分为 3 层，局部地段存在 4 层：表层黏土层雷达反射波连续、单一，黏土层厚度不小于 14m；第二层主要为灰岩风化破碎层，厚度为 17～27m，雷达反射波基本不连续，很多地段雷达波同相轴错断；底层反射波反射层明显，层厚在 25m 以上。地势高差整体变化不大。小区域地势高差变化差距较大，出现了很多小沟壑带。

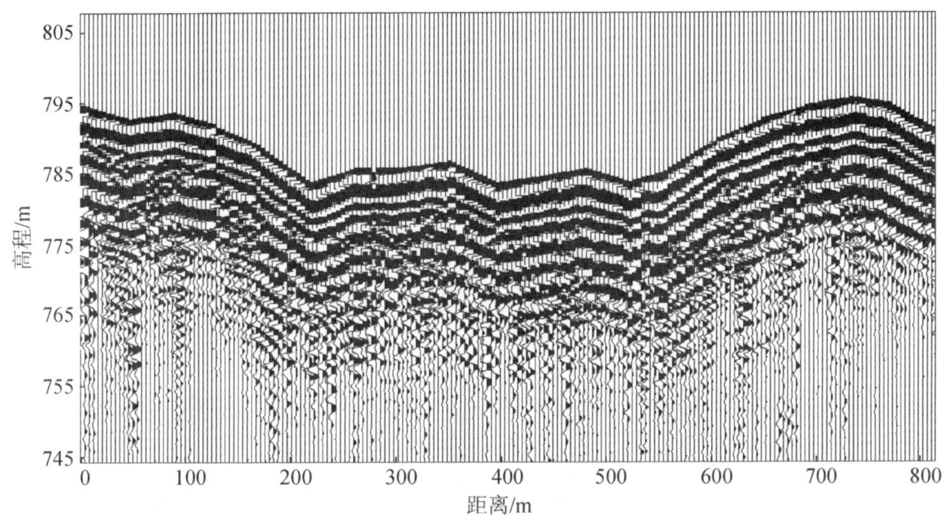

图 5.46　溶蚀基岩面地质雷达探测图（一）

图 5.47 为某项目采用地质雷达图像调查基岩分布情况。从该雷达测线剖面形态可知，该剖面地势相对平稳，剖面大致分为 3 层：表层黏土层雷达反射波连续、单一，黏土层厚度不小于 14m；第二层主要为灰岩风化破碎层，厚度为 13～18m，雷达反射波基本连续，只有个别地段雷达波同相轴错断；底层反射波反射层明显，层厚在 22m 以上。地势整体高差变化不大，地质构造比较单一。

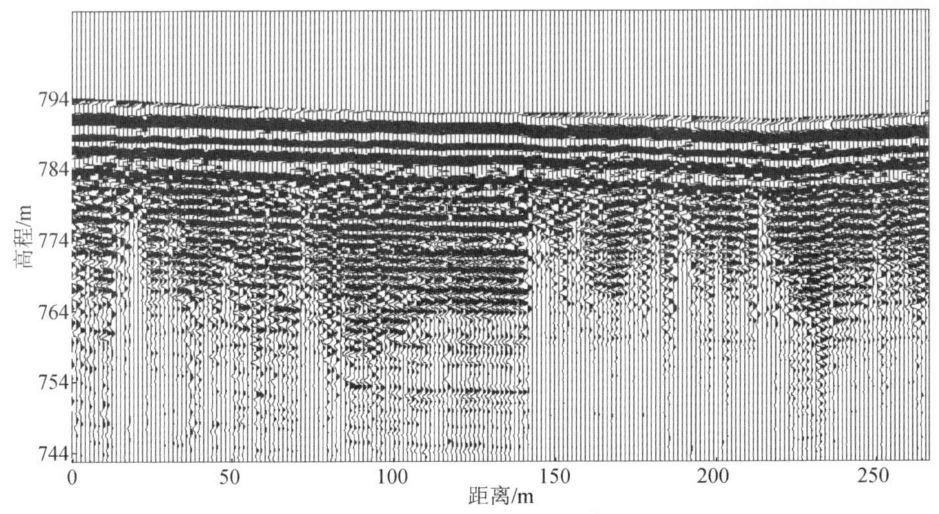

图 5.47　溶蚀基岩面地质雷达探测图（二）

综上可知，当基岩面埋深不是很大时，采用地质雷达图像可直观地了解基岩的埋深起伏和完整性。

（2）岩溶裂隙带调查

图 5.48 为地质雷达探测岩溶裂隙的实例图像。从实测地质雷达图像可知：当灰岩中发育节理、裂隙或破碎带时，其反射波特征较复杂。地层变化和岩溶裂隙均导致雷达波产生强反射，从该雷达图像可以准确判定岩溶裂隙的产状。雷达波与地震映像法的原理类似，岩层节理的边缘和溶洞也会产生双曲线反射或绕射弧，这些特征在图 5.48 中可以清晰地显现出来。

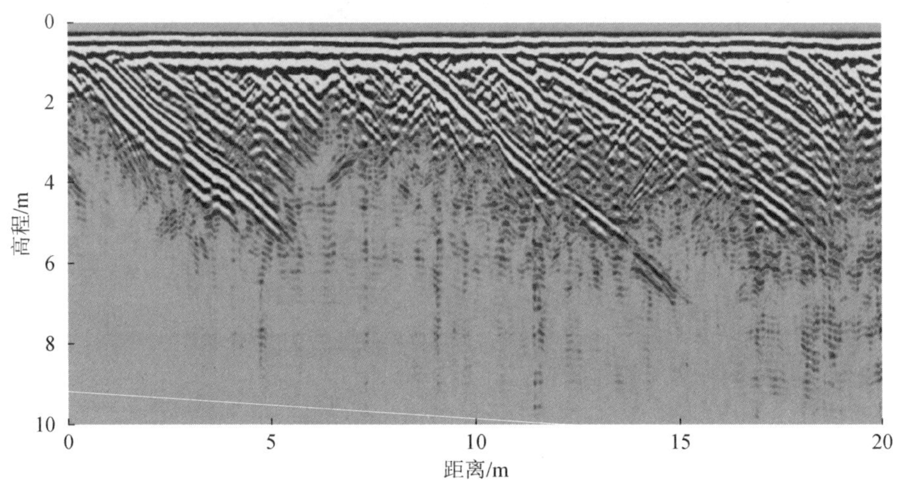

图 5.48　岩溶裂隙地质雷达探测图

（3）溶洞及破碎带调查

图 5.49 为石太铁路某段岩溶溶洞地质雷达探测图。该区域灰岩岩溶发育，已开挖的山体见多处巨大溶洞。该剖面标线 2 处为有填充物的灰岩溶洞露头，标线 1 处为正在施工的钻孔，岩芯显示溶蚀严重。该地质雷达探测图像与已知岩溶溶洞对应较好，还详细显示了其他部位的岩溶溶洞和裂隙的存在特征。

图 5.50 为灰岩岩溶地基勘察中一系列溶洞的地质雷达图像特征，分别显示了岩溶中单一溶洞和串珠状溶洞的雷达图像特征。

图 5.51 为国外某项目采用地质雷达进行水底地形勘探的实例。从地质雷达探测图像上可看出深部坚硬基岩面的起伏，以及埋藏在水底地层中的金属电缆、管道等（绕射弧特征）。从效果上看，地质雷达与高密度地震映像法有一定的相似性。但两种方法依据的地球物理条件是有明显差异的，二者可互补，但无法互相取代。

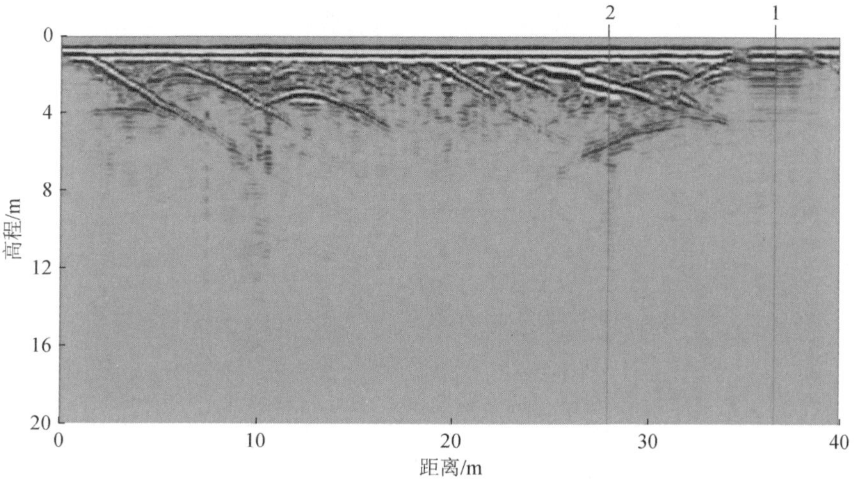

图 5.49　岩溶溶洞地质雷达探测图

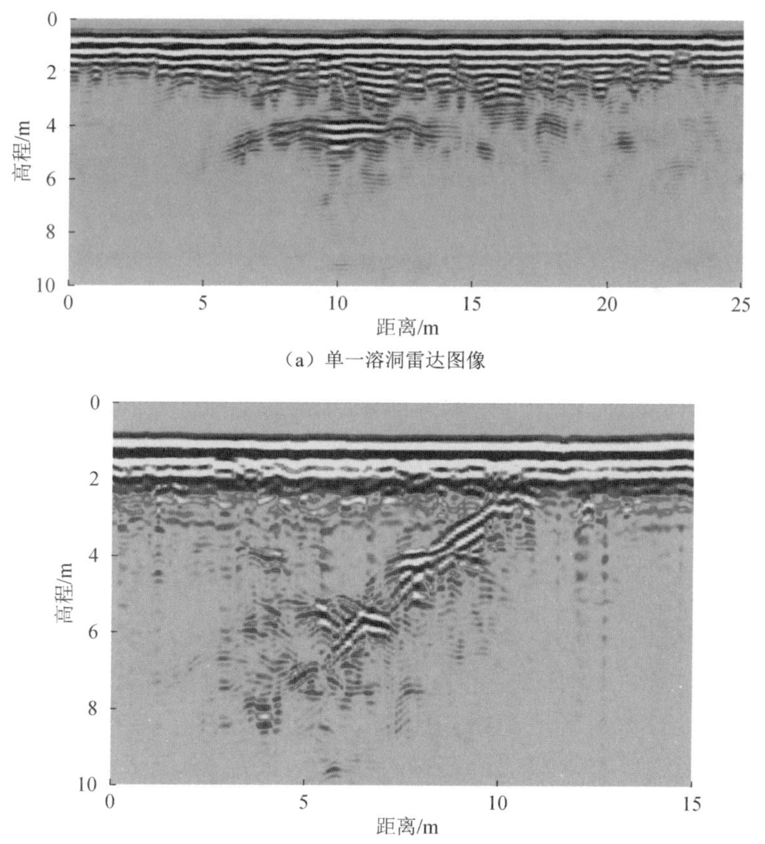

图 5.50　岩溶溶洞系列雷达图像特征

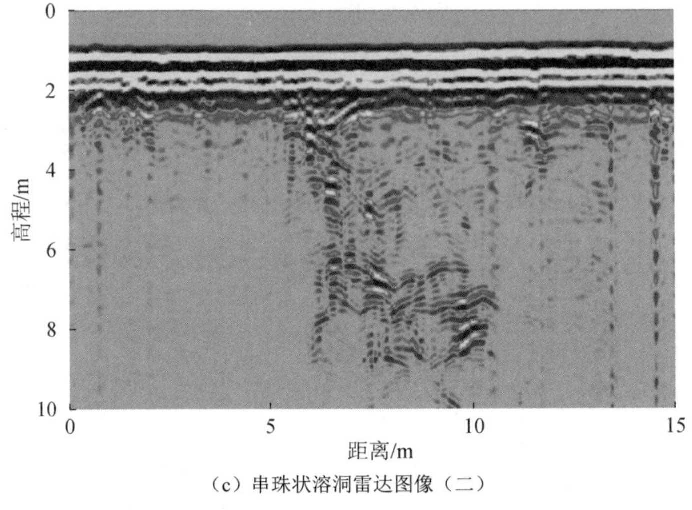

（c）串珠状溶洞雷达图像（二）

图 5.50（续）

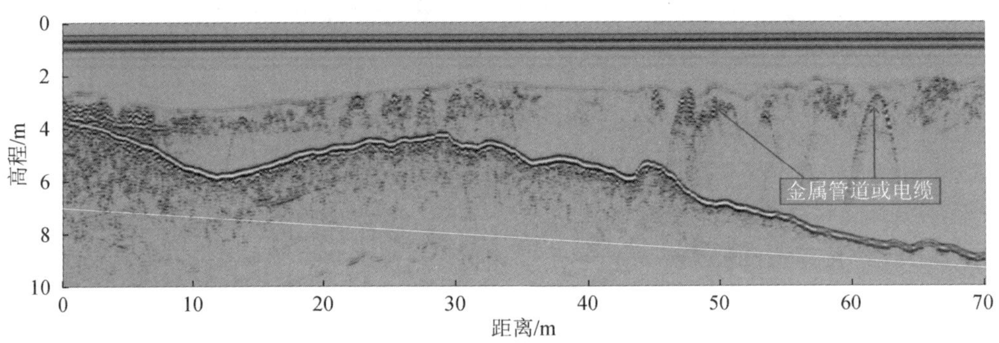

图 5.51　地质雷达探测水底地形

从上述实测地质雷达探测图像可知：

1）溶洞在雷达图像上［图 5.48、图 5.49、图 5.50（a）］基本都有绕射波形成的明显的双曲线特征（又称绕射弧），溶洞和岩溶裂隙可以伴生也可以孤立存在。溶洞填充高电导率介质时，会对雷达波形成屏蔽，雷达图像对于溶洞的形态无法完整显示。

2）在垂直方向上沿裂隙带溶蚀发育的隐伏岩溶，形态上呈串珠状分布，称为串珠状隐伏岩溶［图 5.50（b）、图 5.50（c）］，图中浅部隐伏岩溶仍然呈双曲线形态，深部岩溶异常双曲线形态特征逐渐不明显，强反射形态逐渐占据主导地位。

3）由裂隙溶蚀或隐伏岩溶塌陷形成 V 形溶斗［图 5.49、图 5.50（b）］。在地质雷达探测剖面上，强反射波范围从上到下由宽变窄，甚至尖灭。

4）大型落水洞和岩溶通道是岩溶发育的重要部位，岩溶一般随裂隙或层面发育，规模大，深度深［图 5.50（b）、图 5.50（c）］。

5）岩溶的形成原因是复杂多样的，有时多种岩溶发育形态伴生叠加在一起，形成复杂的溶蚀形态。如何准确分辨这些复杂岩溶形态是地质雷达探测的技术难点。

5.5 跨孔层析成像

5.5.1 跨孔层析成像理论基础

1. CT 起源

CT（Computed Tomography，电子计算机断层扫描）技术的形成和发展始于 1917 年奥地利数学家拉东（Radon）的图像重建方程（又称为 Radon 变换）。

CT 成像包括投影和重建两个过程。投影为 Radon 变换［式（5.18）］，重建为 Radon 逆变换［式（5.19）］。

$$\varphi(y',\theta)=R[f(x,y)]=\int_{-\infty}^{+\infty}\int_{-\infty}^{+\infty}f(r,\psi)\delta[y'-r\sin(\psi-\theta)]\mathrm{d}r\mathrm{d}\psi \tag{5.18}$$

$$f(x,y)=R^{-1}[\varphi(y',\theta)]=\frac{1}{2\pi^2}\int_{-\pi/2}^{+\pi/2}\mathrm{d}\theta\int_{-\infty}^{+\infty}\frac{[\partial\varphi(y',\theta)/\partial y']\mathrm{d}y'}{r\sin(\psi-\theta)-y'} \tag{5.19}$$

CT 技术可以在不损伤被测对象内部结构的情况下，通过检测设备获得被测对象的“投影”数据，并选用适当的数学模型成像，以重现被测对象的内部特征。

工程勘察领域的 CT 技术主要采用跨孔透射法对岩土目标测试评价。依采用的成像场源种类的不同分为多种 CT 方法，其中常用的是弹性波（超声波、声波、地震波）CT、电磁波 CT、电阻率 CT 等。

2. 弹性波 CT

弹性波 CT 是通过分别在两个孔中发射和接收弹性波，依据弹性波在不同介质中的传播速度不同，且弹性波速与介质的强度、密度等有一定的相关性，利用 CT 原理进行成像处理，从而了解孔间介质的几何形态和特性。

弹性波 CT 归结为求解线性方程组 $\boldsymbol{AX}=\boldsymbol{Y}$ 中的未知量 $\boldsymbol{X}$，其中，$\boldsymbol{A}$ 为距离矩阵，$\boldsymbol{X}$ 为慢度（速度的倒数）向量，$\boldsymbol{Y}$ 为旅行时间向量。地震波路径 $\boldsymbol{A}$ 与慢度 $\boldsymbol{X}$ 是关联的，求解 $\boldsymbol{X}$ 的过程需要用迭代法完成。

迭代的具体实现过程需要给定初始的速度模型，其中可选的方案之一是采用反投影技术（back projection technique，BPT）求各单元的慢度。BPT 计算原理如

下：按每个单元内射线长度占射线总长度之比作为权重，将波射线走时分配并作为每个单元的波走时，以此求得慢度，计算公式为

$$x_j = \frac{\sum_i \left[\frac{a_{ij} t_i}{\sum_j a_{ij}} \right]}{\sum_i a_{ij}} \tag{5.20}$$

式中：a_{ij}——第 i 条射线的第 j 个单元的射线长度；

t_i——第 i 条射线的波走时；

x_j——第 j 个单元的慢度。

给定反演的初始模型后，需要采用正演的射线追踪求模型结果，然后将模型结果与实测结果（投影结果）进行比较，不满足要求时，修正模型参数重复射线追踪和模型结果计算，直至满足要求。这种迭代类的重建算法包括代数重建算法（algebratic reconstruction technique，ART）和联合迭代重建算法（simultaneous iterative reconstruction technique，SIRT）等。其中 ART 算法虽然速度快，但有时不收敛；SIRT 算法稳定性较好。

3. 电磁波 CT

孔间电磁波CT是利用0.5～32MHz的电磁波，分别在两个钻孔中发射和接收，测量透过两钻孔的电磁波能量的吸收衰减量，通过计算机对观测数据进行层析成像处理，重建两孔间介质电磁波吸收系数图像，根据介质电磁特性与地下介质的地层、构造的相关关系，重构地下结构与构造的地质剖面图，可用于探测矿体、溶洞、破碎带等各种地质体的分布，圈定其边界，确定其产状和延伸。

电磁波 CT 技术涉及电磁波在地下耗散介质中的辐射、传播和接收，其正反演问题的理论基础是电磁场理论和天线理论。电磁波 CT 中的场强观测值计算公式如下：

$$E = E_0 \mathrm{e}^{-\beta_x} f(\theta) X^{-1} \tag{5.21}$$

式中：E——接收点场强值；

E_0——发射点场强值；

β_x——电磁波吸收系数；

X——收发点间距离；

$f(\theta)$——收发天线方向因子函数。

地质体的变化表现为对电磁波吸收系数的影响，利用 β_x 的变化特征反演分析地质体的变化特征，实现勘探目的。

4. 电阻率 CT

电阻率 CT 的本质是二维或三维电法的反演，即通过边界处的电压和电流值推定内部的电阻率分布。

稳定电流场中任一点的电流密度 j 满足微观欧姆定律：

$$j = E / \rho \tag{5.22}$$

式中：E——电场强度；

ρ——电阻率。

对式（5.22）两端取散度得到电位的解：

$$U = \frac{1}{4\pi}\int_{v}\frac{\rho[\nabla j + \nabla U \cdot \nabla(1/\rho)]}{r}\mathrm{d}v \tag{5.23}$$

式中：U——电压；

ρ——电阻率；

r——电流密度；

∇——哈密顿算符；

v——积分区域边界。

式（5.23）将已知的电压 U 与未知的电阻率ρ 联系起来，可由区域边界上的电压和电流值来确定区域内部电阻率的分布，实现稳定电流场的电阻率层析成像。

电阻率层析成像反演方法包括奇异值分解（singular value pecomposition，SVD）、联合迭代重建（simultaneous iterative reconstruction technique，SIRT）、共轭梯度（conjugate gradient，CG）、阻尼最小二乘（least square QR-factorization，LSQR）、比较重构（来源于医学上的电阻抗层析成像）、等位线追踪（类似地震波射线追踪）、电流密度成像、奥可姆反演等方法。

5.5.2 跨孔层析成像的仪器设备

跨孔层析成像的仪器设备因场源不同而有所不同，其中以波（弹性波、电磁波）为场源的设备组成较类似，均由发射源、接收系统及采集仪器组成，而电阻率 CT 则与地面的高密度电阻率法电极布置类似。

跨孔弹性波 CT 层析成像系统设备布置如图 5.52 所示。跨孔弹性波 CT 层析成像系统仪器设备主要包含以下几个部分：

1）数据采集设备。国内跨孔弹性波 CT 种类繁多，常用于勘察领域的地震波 CT 设备主要是德国 Geotomographie 公司生产的 IPG 跨孔地震成像系统等。

2）震源系统。通常为 P 波震源。

3）检波器。通常为 12～24 道 P 波传感器。

4）处理软件。通常使用骄佳（加拿大）的 Geogiga 系列软件。

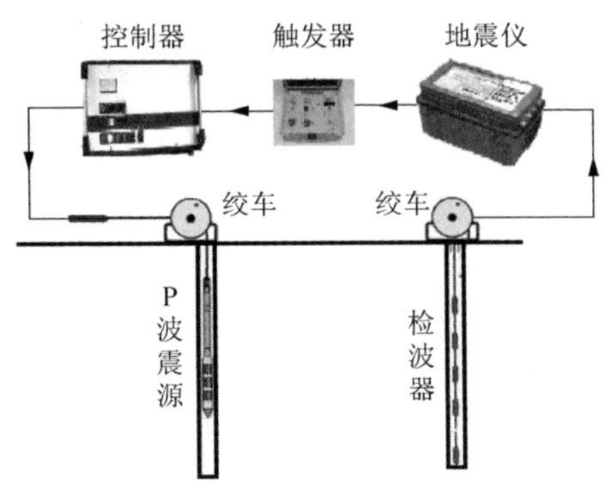

图 5.52　跨孔弹性波 CT 层析成像系统仪器设备

1. 跨孔电磁波 CT 层析成像系统仪器设备

跨孔电磁波 CT 层析成像系统设备布置如图 5.53 所示。

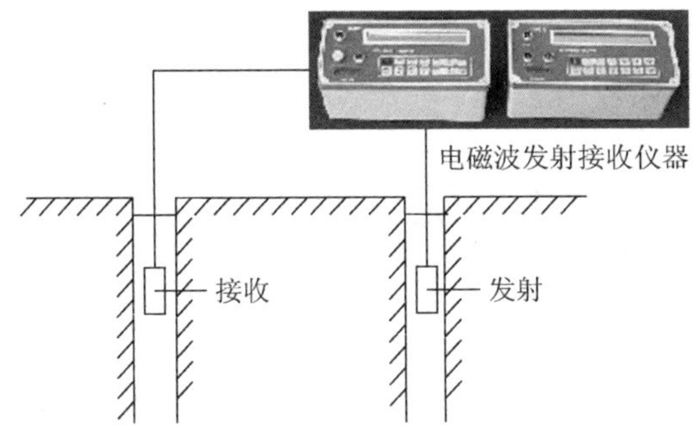

图 5.53　跨孔电磁波 CT 层析成像系统设备布置示意图

跨孔电磁波 CT 层析成像系统仪器设备主要包含以下几个部分：

1）数据采集设备。国内跨孔电磁波 CT 层析成像系统主要有中国地质科学院地球物理地球化学勘察研究所研制的 JW-6 型地下电磁波系统，中国水电顾问集团贵阳勘测设计研究院研制的 EWCT-1 孔间电磁波层析成像仪等。

2）发射系统。发射系统的功能是向周围介质辐射电磁波。发射机装在一个密封的无缝钢管之内，钢管的两端分别接发射天线。

3）接收系统。接收系统的功能是接收介质中传播过来的电磁波。接收机也装在一个密封的无缝钢管之内，它的下端接接收天线，上端接电缆，经电缆与数据采集器相连。

4）处理软件。通常由仪器厂商配套研制。

2. 跨孔电阻率 CT 层析成像系统仪器设备

跨孔电阻率 CT 层析成像系统设备布置如图 5.54 所示。跨孔电阻率 CT 层析成像系统仪器设备主要包含以下几个部分：

1）数据采集设备。用于跨孔电阻率 CT 层析成像的设备相对较少，目前有 FlashRES64 多通道直流电法勘探反演系统，可完成跨孔电阻率 CT 层析成像。

2）电极系统。电极等间隔布置在电缆上，测试时分别在两个钻孔中（钻孔中应充满水）一次性布置所需电极，由采集仪器完成供电和测量。

3）处理软件。处理软件有 Flash-RES 电法仪软件和电法反演软件等。

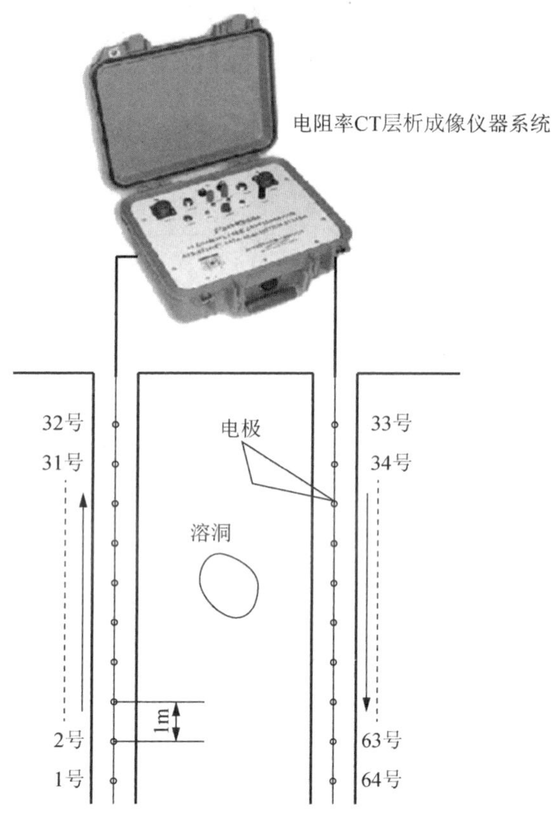

图 5.54　跨孔电阻率 CT 层析成像设备布置示意图

5.5.3　跨孔层析成像的应用范围和条件

1. 主要应用条件

1）被探测目的体与周边介质之间存在电性或弹性波速度差异，具有电性差异的应选用电磁波 CT 或电阻率 CT，具有弹性波速度差异的应选择弹性波 CT；同时存在电性和弹性波速度差异的可根据条件选择其中一种，当条件复杂时可选用多种 CT 方法。

2）成像区域周边至少两侧应具备钻孔探测条件，被探测目的体宜相对位于扫描剖面中间，其规模大小与成像单元具有可比性。

3）CT 剖面宜垂直于地层或探测目的体的走向，扫描剖面的钻孔和平洞应共面且相对规则。

4）钻孔间距应根据探测任务要求、物性条件、仪器设备性能和探测方法的特点合理布置，其中，弹性波 CT 探测点孔距宜小于 30m，电磁波 CT 探测点孔距宜小于 60m。探测孔深度应大于设计勘探深度，地球物理条件较复杂、探测精度要求较高的区域，探测点孔距应缩小，个别区域应进行加密探测。

5）点距应根据探测精度和探测方法要求选择：弹性波 CT 不宜大于 3m，电阻率和电磁波 CT 宜为 1m。

6）弹性波 CT 和电磁波 CT 观测宜以定点扇形扫描方式为主，水平同步和斜同步观测为辅。定点扫描观测的最大角度以不产生明显剖面外绕射为原则。当发射点间距大于接收点间距时，宜采用两孔互换的观测方式，并保持一定数量的发射点与接收点互换。

7）在同一剖面上进行多个孔间 CT 观测时，应进行钻孔井斜测量并宜保持观测系统一致。

8）进行弹性波 CT 时，宜选择孔壁相对完整的孔作为接收孔。采用爆炸震源进行孔间地震波 CT 时，自下而上边提升套管边在管脚下放炮，防止孔壁坍塌。

9）电磁波 CT 应通过现场试验选择仪器的工作频率和对应天线。可选择单频或多频观测方式，当同一剖面进行多组电磁波 CT 时，应使用相同的频率，并在地球物理条件相对简单的孔段进行三孔法同步观测，以确定初始场强和背景值。

10）当孔壁条件较差时，弹性波 CT 宜下塑料套管或金属套管，测试时孔内应有耦合井液；电磁波 CT 应用非金属套管；电阻率 CT 不能有套管且必须有井液，故井壁不稳定时不宜用电阻率 CT。

2. 应用范围

跨孔层析成像主要用于岩土工程勘察评价、岩溶勘察、地下洞室探测、工程隐患探测、岩土工程评价等领域，具体包括隐伏构造破碎带探测、岩体风化探测、卸荷带探测、岩溶探测、防渗线探测、岩体质量检测、洞室松弛圈探测、灌浆效果检测、防渗墙质量检测。

5.5.4 跨孔层析成像的应用

图 5.55 为香港某图书馆所做的地震波 CT 勘察成果图。该项目在前期钻孔勘察中发现有空洞，考虑到场地孔间的局限和城市里干扰因素多，采用了跨孔地震波成像的方案。由跨孔地震剖面，可以直观地看出较为明显的黏土、花岗岩、大理岩等的地层界限，也可明显地看出空洞异常的位置。

图 5.56 为广州白云区某中学跨孔地震波 CT 成像剖面。位于 ZK3 号孔深度为 −37m 处附近，有明显的低速带，为岩溶发育区。

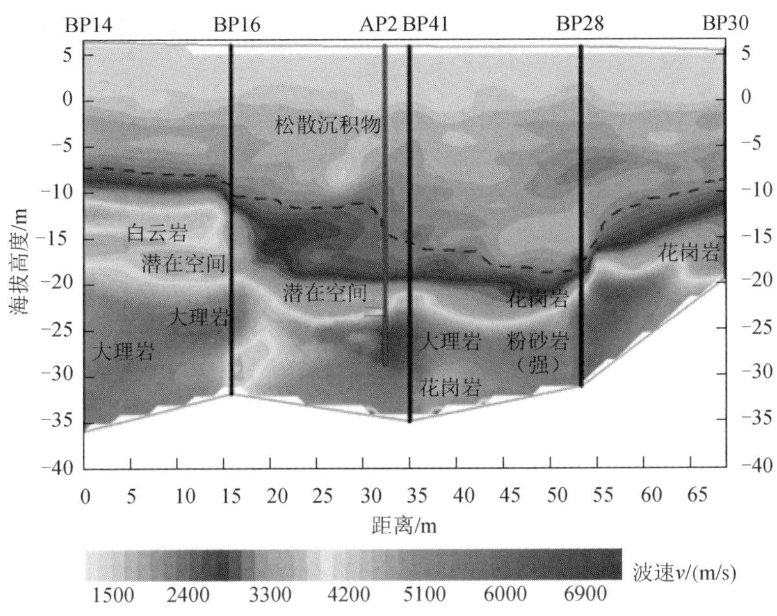

图 5.55　香港某图书馆地震波 CT 勘察成果图

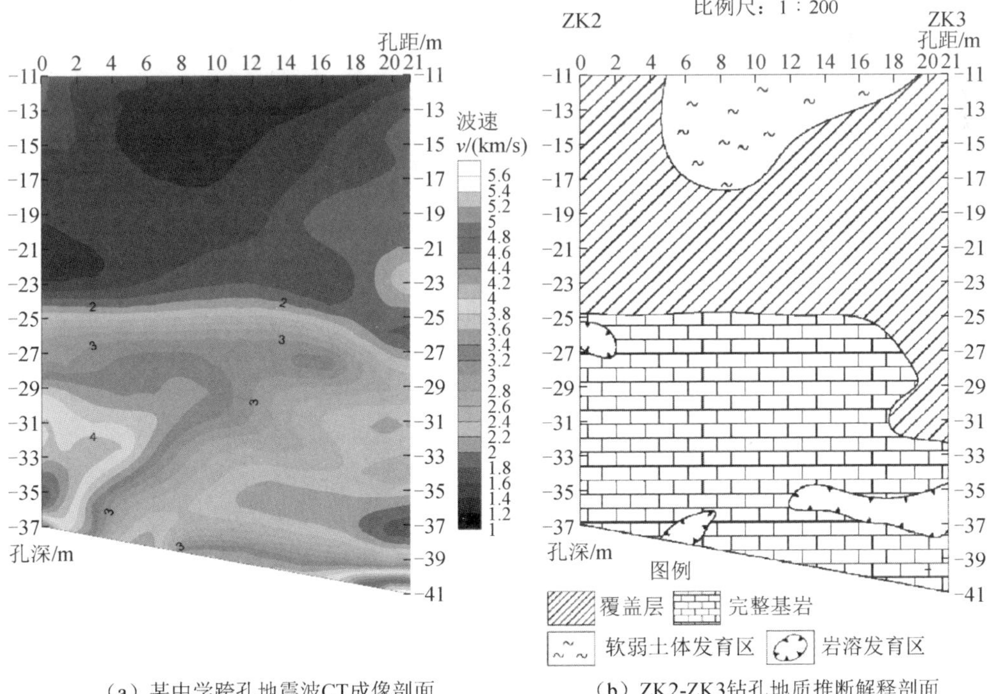

（a）某中学跨孔地震波CT成像剖面　　（b）ZK2-ZK3钻孔地质推断解释剖面

图 5.56　跨孔地震波 CT 用于岩溶勘察（一）

图 5.57 和图 5.58 为广东四会某工程跨孔地震波 CT 成像剖面，采用的是波速色阶图形式。从色阶图可看出基岩面溶蚀强烈，基岩内分布不等的低速带，解释为岩溶溶洞。

图 5.59 为跨孔电阻率 CT 的视电阻率成像结果和地质解释结果，在断面中部高阻体内部有明显的低阻异常，解释为基岩表面的溶沟，后经钻探证实存在溶沟。

图 5.60 为跨孔电磁波 CT 用于岩溶勘察结果，在该剖面深部岩体内有明显的高吸收系数异常区域，解释为岩溶发育区。

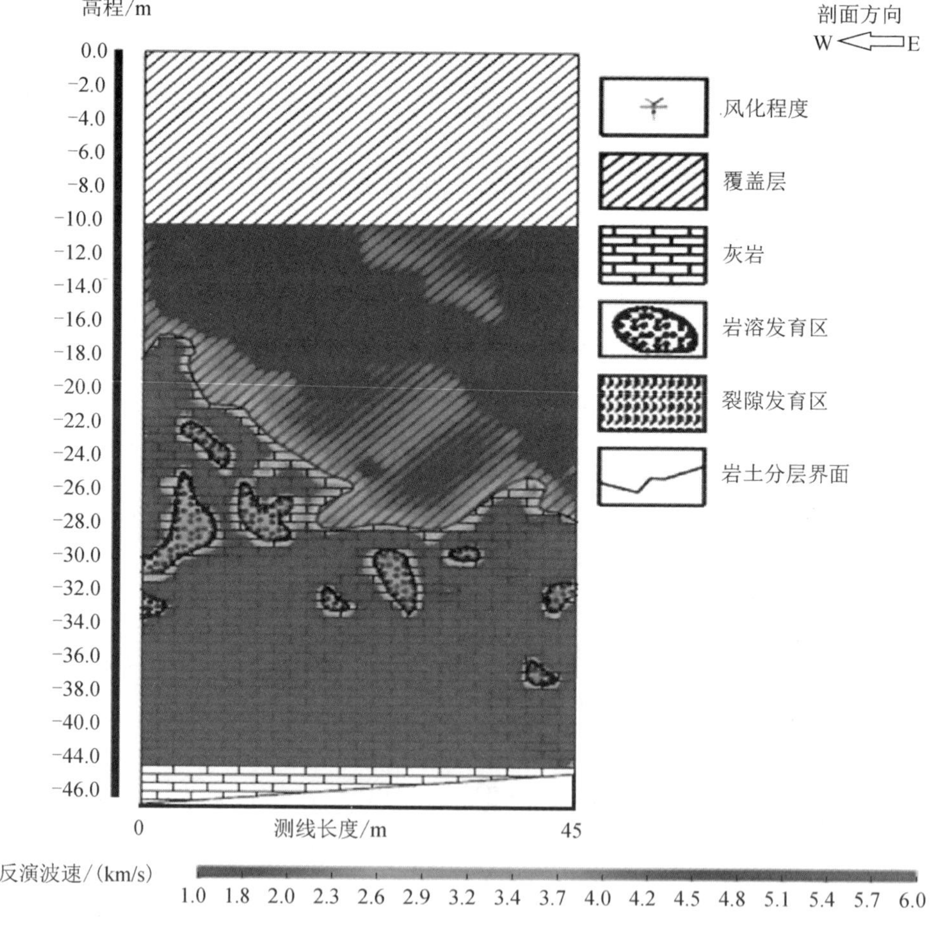

图 5.57　跨孔地震波 CT 用于岩溶勘察（二）

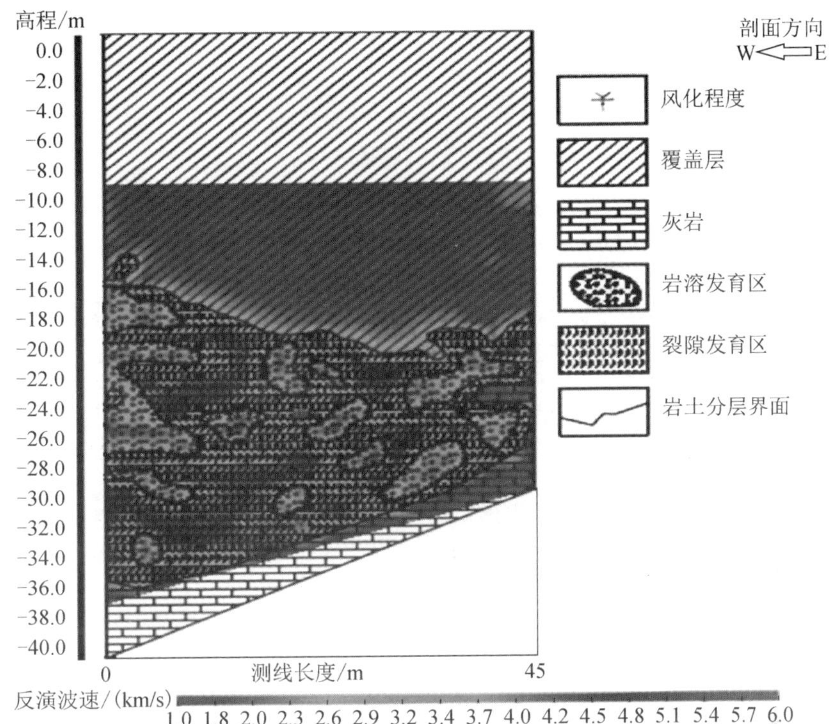

图 5.58　跨孔地震波 CT 用于岩溶勘察（三）

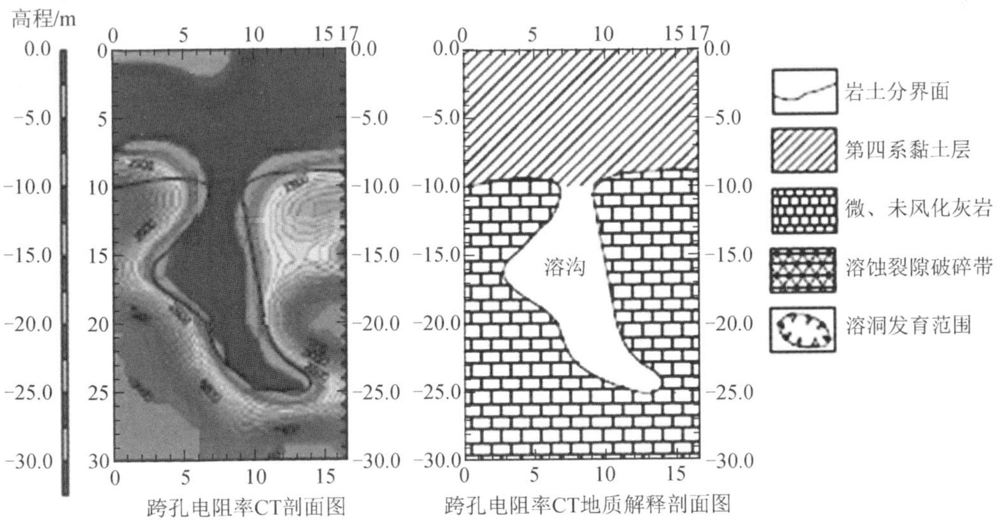

图 5.59　跨孔电阻率 CT 用于岩溶勘察

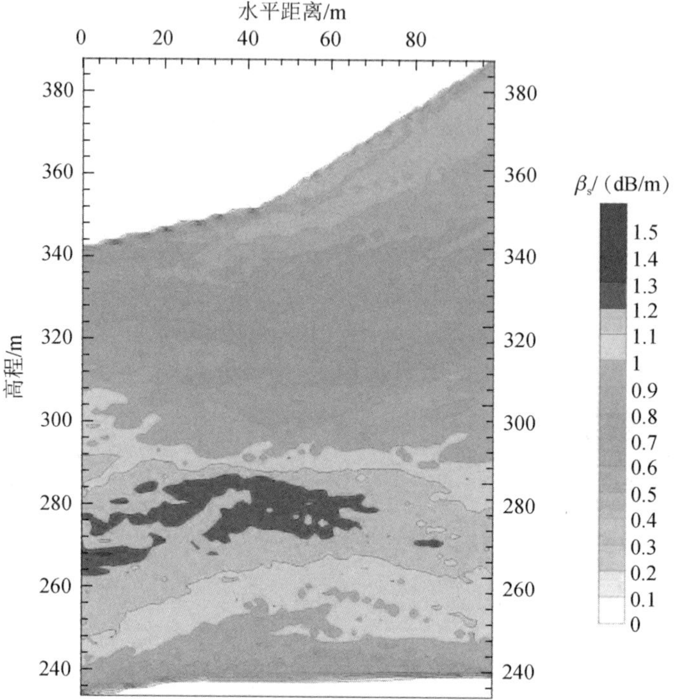

图 5.60　跨孔电磁波 CT 用于岩溶勘察

5.6　大地电磁测深成像法

5.6.1　大地电磁测深成像法理论基础

大地电磁测深成像方法很多，主要分为频率域方法和时间域方法。频率域方法包括天然源的大地电磁法（magneto telluric，MT）、人工源的可控音频大地电磁法（controlled source audio magnetotelluric，CSAMT），时间域方法包括瞬变电磁法（transient electromagnetic methods，TEM）。

频率域电磁法的原理是根据电磁信号的传播深度与介质的导电性和电磁波的频率之间的关系。电磁波在介质中的传播遵循麦克斯韦（Maxwell）方程，根据麦克斯韦方程可导出如下方程：

$$\nabla^2 H + k^2 H = 0 \tag{5.24}$$

$$\nabla^2 E + k^2 E = 0 \tag{5.25}$$

式中：∇ ——哈密顿算符，它是矢量微分算符；

H——磁场强度；

E——电场强度。

式（5.24）和式（5.25）称为赫姆霍兹方程（也可称为波动方程）。

$$k^2 = \omega^2 \varepsilon\mu - \mathrm{i}\varepsilon\mu\sigma \tag{5.26}$$

式中：k——电磁波的传播常数或波数；

i——$\mathrm{i}=\sqrt{-1}$，为虚数符号；

ω——电磁波角频率 $2\pi f$ (电磁波频率);

ε——介质的介电常数；

μ——介质的磁导率；

σ——介质的电导率，即电阻率 ρ 的倒数。

$\omega^2\varepsilon\mu$ 与介质中的位移电流有关，称为位移项；$-\mathrm{i}\varepsilon\mu\sigma$ 与介质中的传导电流有关，称作传导项。在地球物理常见的地下介质中，以传导电流为主，位移电流可以忽略，这时 k 简化为

$$k^2 = -\mathrm{i}\varepsilon\mu\sigma \tag{5.27}$$

设 k=a+ib，解得

$$a = b = \sqrt{\frac{\omega\mu\sigma}{2}} \tag{5.28}$$

其倒数就是电磁波的趋肤深度 δ，即

$$\delta = \frac{1}{b} = \sqrt{\frac{2\rho}{\omega\mu}} \tag{5.29}$$

可用趋肤深度大致估计电磁法的探测深度 h。如果取 $\mu = 4\pi \times 10 - 7H/m$，则探测深度可估计为

$$h = 356\sqrt{\frac{\rho}{f}} \tag{5.30}$$

式中：ρ——电阻率；

f——电磁波频率。

显然，大地电磁测深成像法的勘探深度与介质视电阻率和电磁波频率是有关的。同一电磁波频率，高阻介质较低阻介质的勘探深度大；同一种介质，低频电磁波较高频电磁波勘探深度大。

天然源大地电磁测深相当于远场源观测，电磁波为平面波，近似垂直向地下传播。如果把大地视作电性均匀，电磁波垂直入射时，依据平面电磁波的赫姆霍兹方程，计算公式如下：

$$\frac{\partial^2 E_x}{\partial z} + k^2 E_x = 0 \tag{5.31}$$

其解为

$$E_x = E_{x0}\mathrm{e}^{-\mathrm{i}kz} \tag{5.32}$$

式中：E_x——电场强度 x 轴分量；

E_{x0}——初始电场强度 x 轴分量。

根据法拉第电磁感应定律：

$$\nabla \times E = -\frac{\partial B}{\partial t} \tag{5.33}$$

可得到

$$H_y = \frac{k}{\omega\mu}E_{x0}\mathrm{e}^{-\mathrm{i}kz} \tag{5.34}$$

为消去式（5.32）和式（5.34）中的 E_{x0}，取二式的比值，定义为均匀介质的平面波阻抗 Z_{xy}，即

$$Z_{xy} = \frac{E_x}{H_y} = \frac{\omega\mu}{k} \tag{5.35}$$

由此可求视电阻率，

$$\rho_{\mathrm{s}} = \frac{1}{\omega\mu}\frac{|E_x|^2}{|H_y|^2} \tag{5.36}$$

式（5.36）即为卡尼亚视电阻率计算公式。对于 MT 法，该式是严格而精确的。对于 CSAMT 法，电偶源的远场视电阻率公式采用卡尼亚法得到的视电阻率公式为

$$\rho_{\mathrm{s}} = \frac{1}{\omega\mu}\frac{|E_\varphi|^2}{|H_r|^2} \tag{5.37}$$

式中：E_φ——远场电偶源电场强度分量（极坐标系）；

H_r——远场电偶源磁场强度分量（极坐标系）。

由于 CSAMT 法的场源为已知，因此既可以采用上述卡尼亚法消去初始场源强度后再用式（5.37）求视电阻率，也可直接提取视电阻率。

根据式（5.29）可以算出趋肤深度 δ（表 5.5）。δ 有双重意义：首先，δ 可定义为电磁波在地下介质中传播时，其振幅衰减到原来的 1/e 倍时所达到的深度；其次，可用在 CSAMT 法发射源到接收点之间合适距离的估计。通常根据接收点离开场源的距离 r，将电磁波场分为

$$\begin{cases} r \gg \delta, & \text{远源场} \\ r \ll \delta, & \text{近源场} \\ r \approx \delta, & \text{过渡场} \end{cases} \tag{5.38}$$

一般要求在接近过渡场附近的远源场状态下工作，距离 $r=\delta \sim 3\delta$，为 300～500m。

表 5.5　不同频率电磁波趋肤深度δ　　（单位：m）

f/Hz	$\rho/(\Omega\cdot m)$					
	0.1	1	10	100	1000	10000
1000	5.03	15.9	50.3	159	503	1591
100	15.9	50.3	159	503	1591	5030
10	50.3	159	503	1591	5030	15910
1	159	503	1591	5030	15910	50300
0.1	503	1591	5030	15910	50300	159100
0.01	1591	5030	15910	50300	159100	503300
0.001	5030	15910	50300	159100	503300	1591000

时间域瞬变电磁法（TEM）测量断电后的二次磁场，其大小取决于介质的导电程度，在地表接收线圈把磁场的变化转化为感应电压的变化。

TEM 测深原理来源于烟圈效应理论，如图 5.61 所示。地表接收的二次电磁场是地下感应涡流产生的，其涡流以等效电流环向下并向外扩散，形如烟圈。随着时间的推移，烟圈的传播与分布将受到地下介质的影响，早期电磁场是近地表感应电流产生的，反映浅部的电性分布；晚期电磁场主要是由深部感应电流产生的，反映深部的电性分布。因此，观测和研究大地瞬变电磁场随时间的变化规律，可以探测大地电性的垂向变化，这是 TEM 测深的原理。

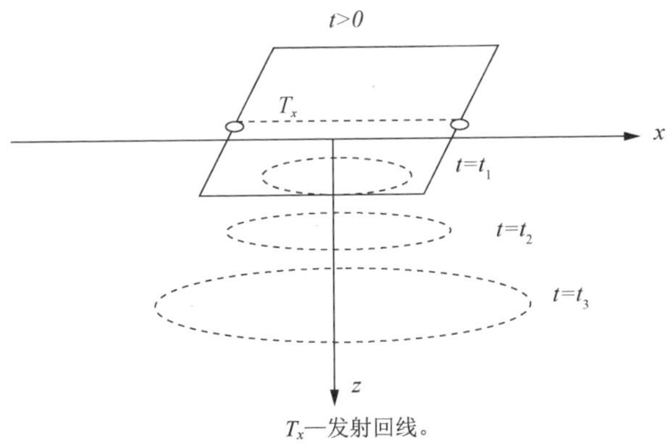

图 5.61　烟圈效应示意图

发射回线断电后，在接收回线产生的感应电动势为

$$\varepsilon(t)=\frac{\mu^{5/2}MS_{R}}{20\pi^{3/2}\rho^{3/2}t^{5/2}} \tag{5.39}$$

式中：M——发射磁矩（发射回线面积与发射电流强度乘积）；

S_R——接收线圈面积；

t——延时。

等效涡流向下传播的速度为

$$v=\left(\frac{2\mu t}{\rho}\right)^{-1/2} \tag{5.40}$$

涡流激起的电磁场返回地面被接收线圈感应接收，则该涡流的深度为

$$h=\frac{1}{2}\int_0^t\left(\frac{2\mu t}{\rho}\right)^{-1/2}\mathrm{d}t \tag{5.41}$$

由此可得到 TEM 法视电阻率 ρ_s 和勘探深度 h 的表达式为

$$\rho_s=\frac{\mu^{5/3}M^{2/3}}{20^{5/3}\pi\varepsilon^{2/3}t^{5/3}} \tag{5.42}$$

$$h=\left(\frac{\rho_s t}{2\mu}\right)^{1/2} \tag{5.43}$$

显然，时间域的勘探深度也与介质的视电阻率有关，视电阻率越高，勘探深度越大，反之越小。

5.6.2 大地电磁测深成像法的设备

大地电磁测深成像法设备中进口设备较多，主要有美国 ZONGE 公司的 GDP-32 Ⅱ 多功能电法仪，加拿大凤凰公司（phoenix）的 V-8 电磁系统，德国 Metronix 公司的 GMS-07（ADU-07）综合电磁法仪，美国 Geometrics 公司和 EMI 公司联合生产的 EH4 连续电导率成像系统（图 5.62）等。其中，GDP-32 和 V-8 可完成时间域 TEM、频率域的 CSAMT（图 5.63）和 MT 测试，EH4 则是一种混合源频率域电磁测深系统。

国产大地电测测深成像设备有继善高科的 JSGY 广域电磁仪、重庆地质仪器厂的 ATEM 型瞬变电磁系统等。

大地电磁测深成像设备一般由发射系统、接收系统和控制系统 3 部分组成。其中，发射系统主要由发射天线、发射机和控制开关组成；接收系统主要由前置放大器、电磁传感器（频率域）和线圈（时间域）及附属设备组成；控制系统主要由主机及系统软件组成，系统软件有数据采集控制和资料处理两大功能。

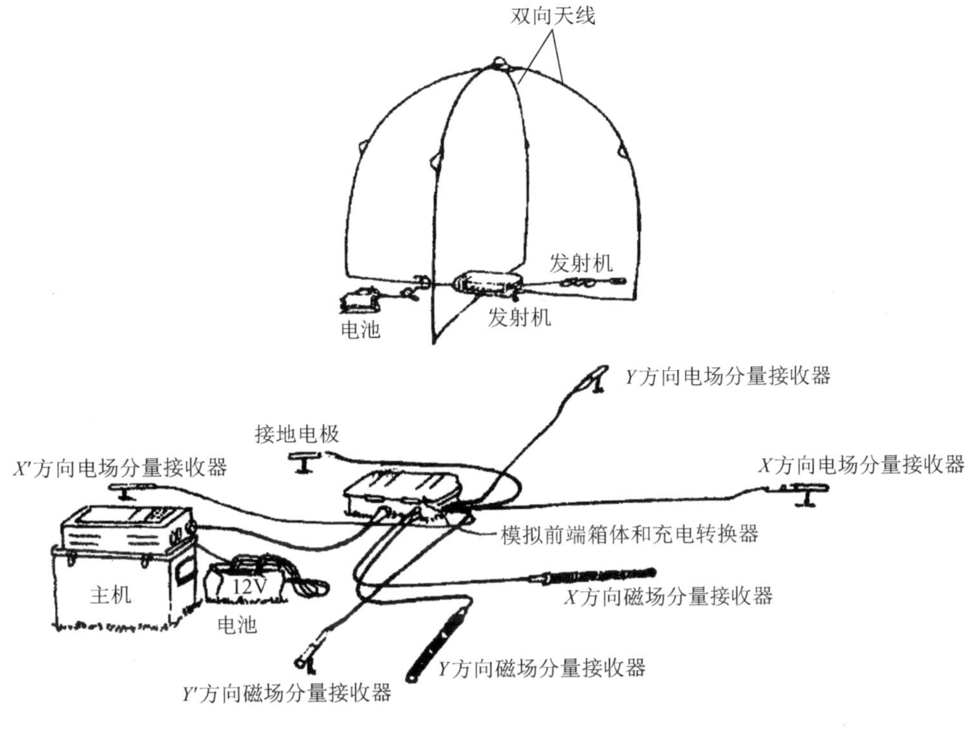

图 5.62　EH4 野外数据采集装置示意图

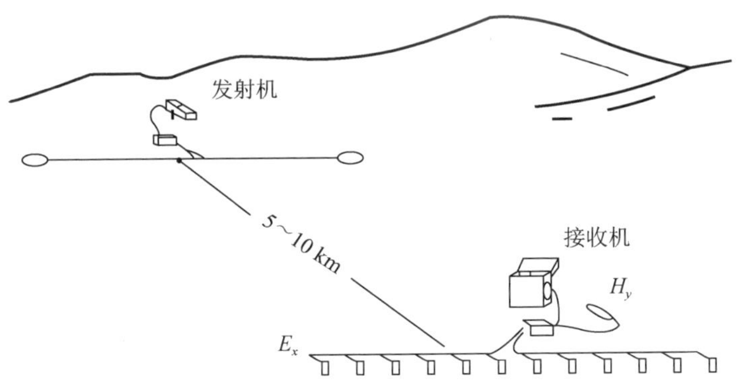

图 5.63　CSAMT 现场工作布置图

5.6.3　大地电磁测深成像法的应用条件和范围

1. 应用条件

1）被探测目的层相对于埋深和装置长度应具有一定规模并近水平延伸，被探测目的体相对于埋深和装置长度应有一定的规模。被探测目的层与相邻地层之间、目的体与周边介质之间应有电性差异，且电性界面与地质界面相关。

2）地形起伏不大、接地良好。

3）被探测目的层或目的体上方没有极低电阻屏蔽层。

4）各地层或地质体电性稳定，异常范围和幅值等特征可以被测量和追踪。

5）测区内没有较强的工业游散电流、大地电流或电磁干扰。

6）测区现场应符合所选用的场源要求，被探测目的层或目的体应位于探测盲区以下；电磁噪声比较平静，各种干扰较小。

2. 应用范围

大地电磁测深成像法的应用范围包括覆盖层探测、隐伏构造破碎带探测、岩体风化探测、卸荷带探测、滑坡体探测、岩溶探测、防渗线探测、防渗墙质量检测等。

5.6.4 大地电磁测深成像法的工程应用

1. 时间域 TEM 法在采空区勘探中的应用

（1）TEM 法应用实例 1

某改建工程为查明工程场地附近的断层分布状况，以及附近小煤窑开采的采空区分布情况，采用 TEM 法进行了探测，仪器采用 GDP-32 多功能电法仪。共完成 2 条剖面，剖面总长 445m，测点 83 个。

1）L1 线分析。

L1 线（图 5.64）东西向布置。图 5.64 中的等值线为反演后的视电阻率等值线。从该剖面的视电阻率等值线的展布特征进行分析，在剖面 190m、垂深约 30m 处，视电阻率等值线发生扭曲变化，形成半封闭的低视电阻率异常，推断为断层反映，该断层倾向东，较陡，断层宽度在垂深 60m 处约为 30m，向下宽度逐渐增大，下延深度达到 110m 时，该断层电性反映特征明显。在剖面 50～65m、垂深约 100m 附近出现了低视电阻率值封闭圈，推断为采空区异常反映，从视电阻率值的绝对值分析富水性比较强。在剖面 100～140m、垂深约 110m 附近也出现了低视电阻率值封闭圈，推断为采空区异常反映，此采空区宽度比前一个大，从视电阻率值的绝对值分析富水性比较强。

2）L2 线分析。

L2 线（图 5.65）东西向布置。图 5.65 中的等值线为反演后的视电阻率等值线。从该剖面的视电阻率等值线的展布特征进行分析，在剖面 170m、垂深约 30m 处，视电阻率等值线发生扭曲变化，形成低视电阻率异常条带，推断为断层反映，该断层倾向东，较陡，宽度大约为 30m，下延深度可以达到 100m，从视电阻率的绝对值分析该断层电性反映特征明显。在剖面 80～100m、垂深 90～110m 处，出现了低视电阻率值封闭圈，推断为采空区异常反映，此采空区宽度不大，深度比较深，从视电阻率值的绝对值分析富水性一般或无水。在剖面 195～210m、垂深 80～110m 处，出现了低视电阻率值封闭圈，推断为采空区异常反映，从视电阻率值的绝对值分析富水性较强。

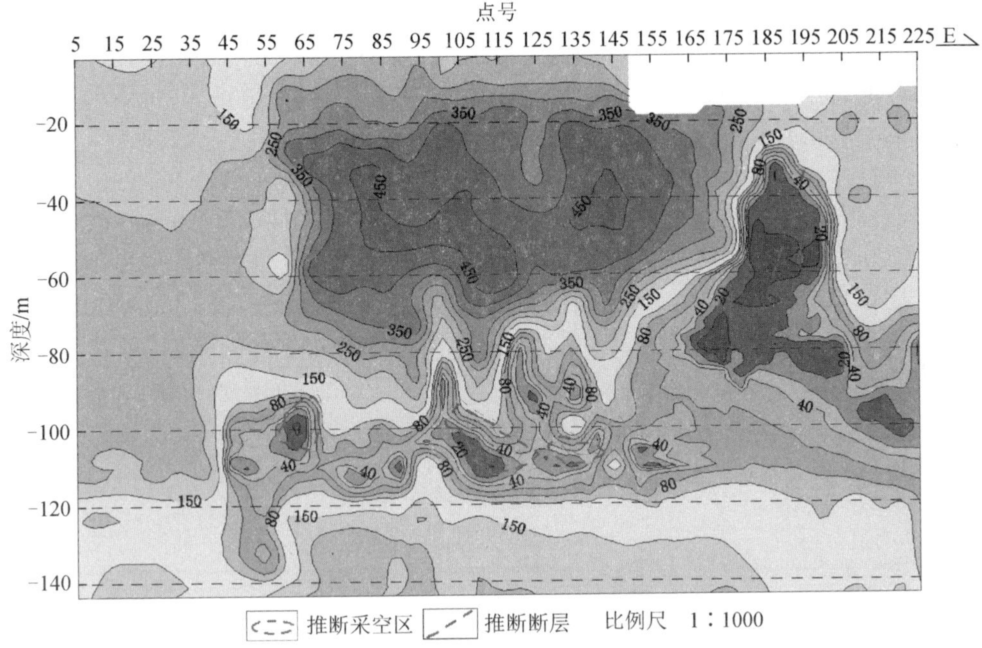

图 5.64　某改建工程 TEM 法 L1 线测试成果图

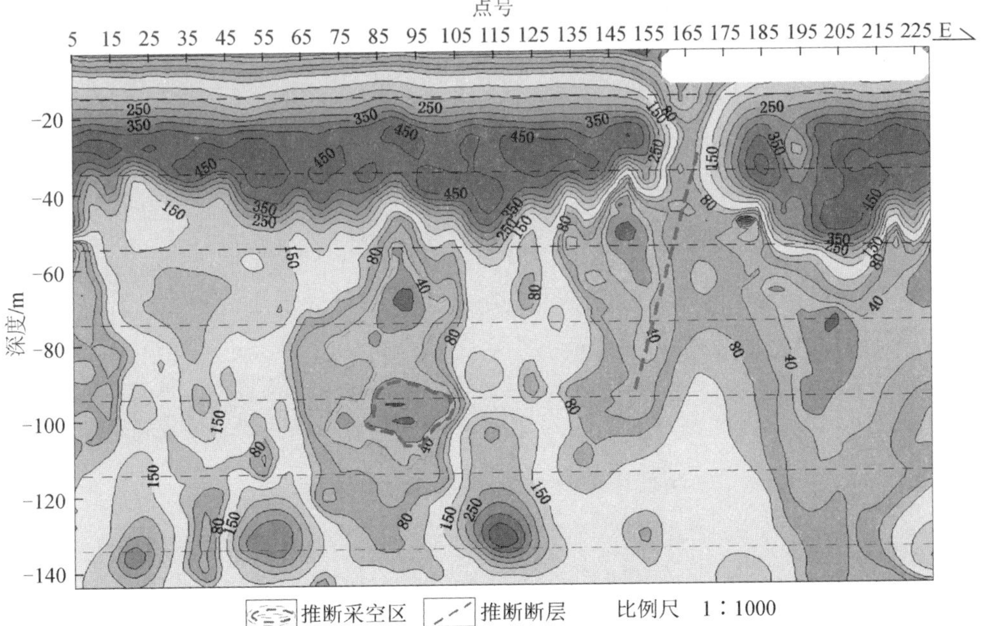

图 5.65　某改建工程 TEM 法 L2 线测试成果图

（2）TEM 法应用实例 2

某矿区采用物探法对拟规划区进行勘察，规划区位于老煤矿采空区。勘探区属近山丘陵地貌，西侧紧邻太行山脉，勘探区近似矩形展布，长轴为近东西方向。采用综合物探方法，布置 4 条 TEM 法剖面，线框尺寸为 100m×100m，点距为 30～50m，共完成勘探点 151 个。仪器为国产 ATEM-III型瞬变电磁系统。

图 5.66 为其中 4 线剖面的测试成果图。剖面等值线图的浅部（100m 以上）基本平缓变化，剖面上有两个明显的变化区域，即 0～1000m 和 1000～1300m 区域，其中 0～1000m 区域、视深度 200m 以下存在多个等值线较稀疏的高阻圈，高阻与低阻区域呈间隔排列，可推断低阻区域对应于沉陷填充区；1000～1300m 区域高阻圈密集、视电阻率变化剧烈，这种异常可能与构造异常有关，或者位于采空区的边缘，也可能是由地面干扰所引起。从与煤层的对应关系可知，0～1000m 区域变化平缓、范围广泛的高阻圈可能与采空区对应，而视电阻率密集变化的西部区域可能是采空区的边缘。

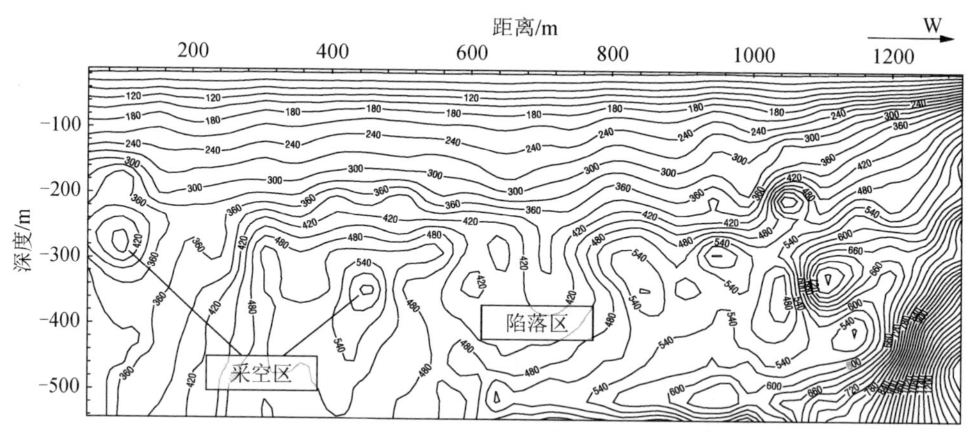

图 5.66　某规划勘察项目 TEM 法 4 线剖面测试成果图

将 TEM 法视电阻率各独立剖面的解释结果拼接成平面剖面图，确定采空区异常的大致分区。划分出 2 个异常区（图 5.67），即 I 异常区、II 异常区，其中 I 区为主异常区，I 区的边界由各独立剖面中的视电阻率密集变化区域划定，推定为采空区范围，采空区深度方向范围为 0～400m，基本为该区煤系地层的埋深底界。

2. 频率域 CSAMT 法在采空区和构造勘探中的应用

实际应用时，CSAMT 法可以采用磁性源或电性源两种人工场源，目前主要应用电性源做人工源大地电磁测深。人工源大地电磁测深是以有限长接地导线为场源，在距场源中心一定距离处同时观测电、磁场参数的一种电磁测深方法。目前，应用大多采用赤道偶极装置进行标量测量，同时观测与场源平行的电场强度

水平分量 E_x 和与场源正交的磁场强度水平分量 H_y。利用 E_x 和 H_y 计算卡尼亚阻抗视电阻率 ρ_s，利用电场相位 E_p 和磁场相位 H_p 计算卡尼亚阻抗相位 ϕ_s。阻抗视电阻率和阻抗相位联合反演计算反演视电阻率参数，利用反演视电阻率参数进行地质推断解释。

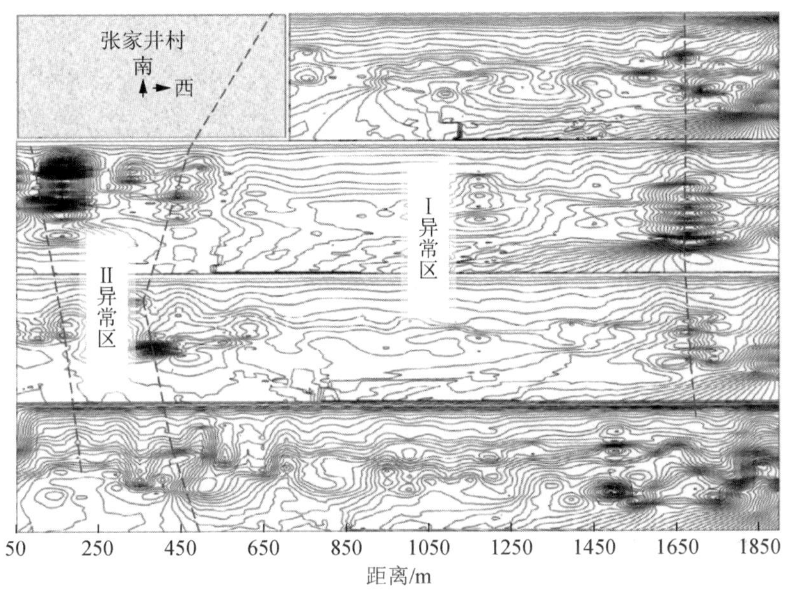

图 5.67　某规划勘察项目 TEM 法异常分区图

（1）CSAMT 法应用实例 1

图 5.68 为 CSAMT 法在内蒙古东部某煤矿采空区勘察中 L01 剖面的实测结果，从剖面图上可识别出采空区及塌陷区 2 处，分别位于 14 号点与 42 号点之间、50 号点与 72 号点之间，均为高阻异常特征。

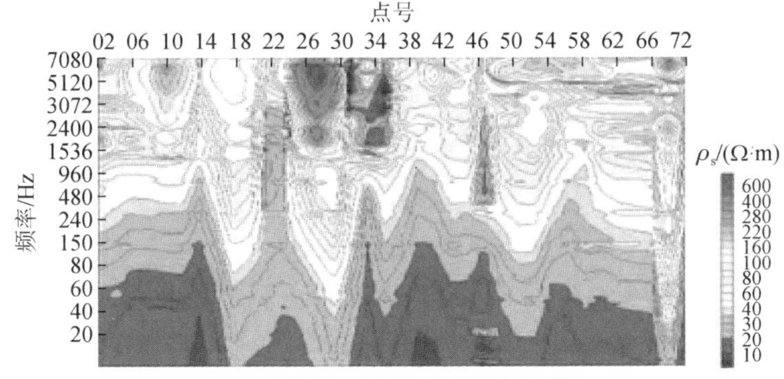

（a）频率-视电阻率等直线断面图

图 5.68　CSAMT 法 L01 剖面图

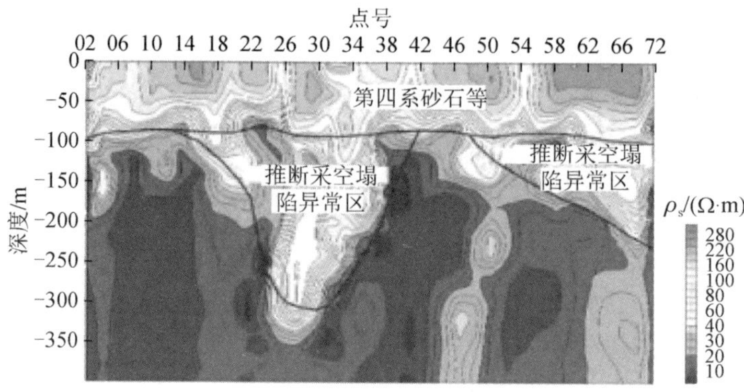

（b）反演深度-电阻率等直线断面图

图 5.68（续）

（2）CSAMT 法应用实例 2

黑龙江某地应用 CSAMT 寻找储热构造，根据研究资料，该工作区范围位于依舒断裂带，形成了地堑式断陷盆地，沉积的古近系砂岩地层，岩石中放射性元素衰变释放的热能构成了热能来源，具有储热特征。图 5.69 为 3 条剖面的成果图。3 条剖面上均有 F1 和 F2 断层，由于有两条断层的切割，断层间的基底地层形成隆起，成为有利开采的储热构造。图 5.70 为两条断层的平面分布。

（3）CSAMT 与 MT 法应用实例 3

图 5.71 为黑龙江某地地热资源调查项目中，采用 CSAMT 法与 MT 法解释结果的对比，大的断裂和隆起凹陷位置基本对应。

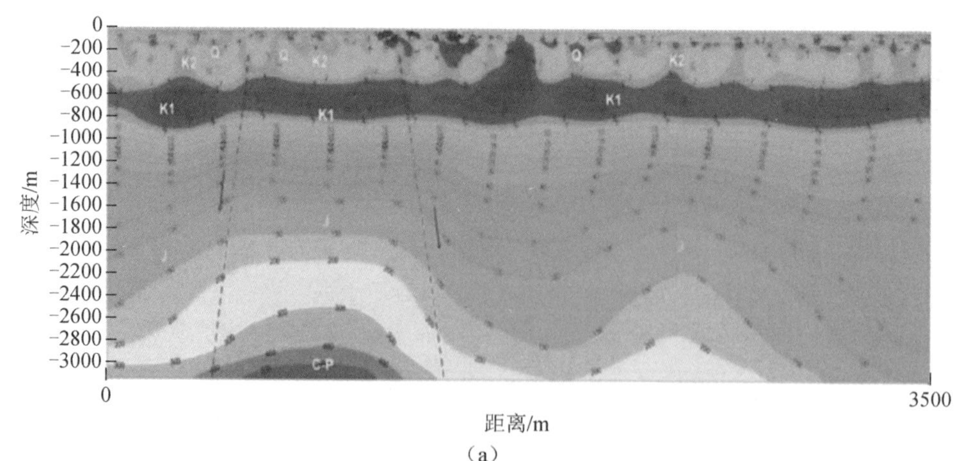

（a）

图 5.69　K1、K2 剖面成果图

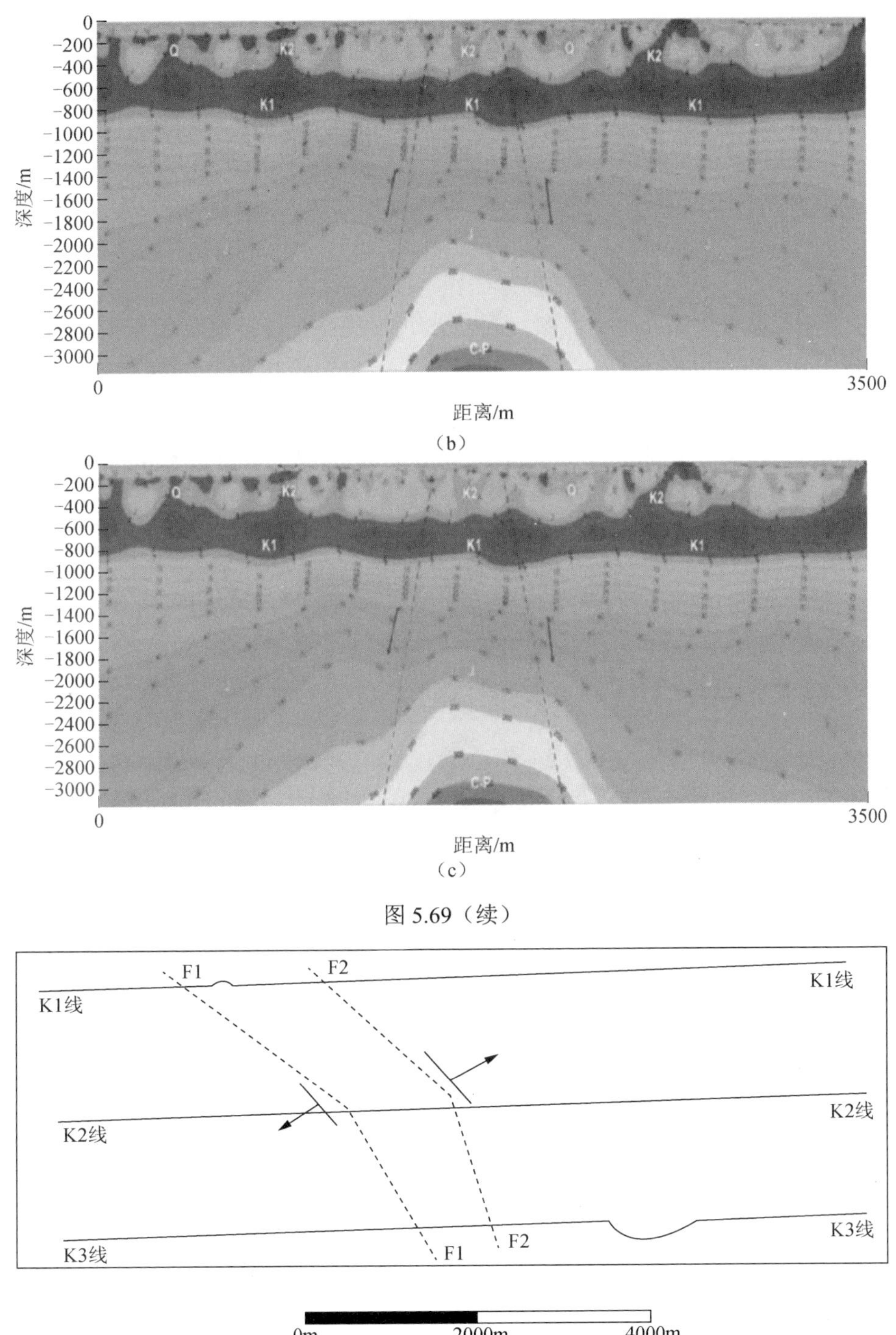

图 5.69（续）

图 5.70　推定的断层平面展布图

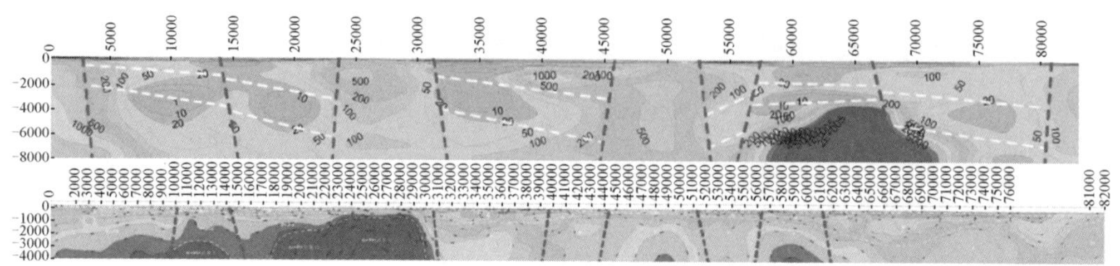

图 5.71　同条剖面 CSAMT 法与 MT 的结果对比

3. EH4 在岩溶勘探中的应用

（1）EH4 应用实例 1

图 5.72 为贵州某地应用 EH4 探测岩溶溶洞的结果。其中，图 5.72（a）中深度为 50～100m 处的高阻异常，经证实为高 8m 的溶洞。图 5.72（b）中部的巨型高阻异常，经推断为溶洞。

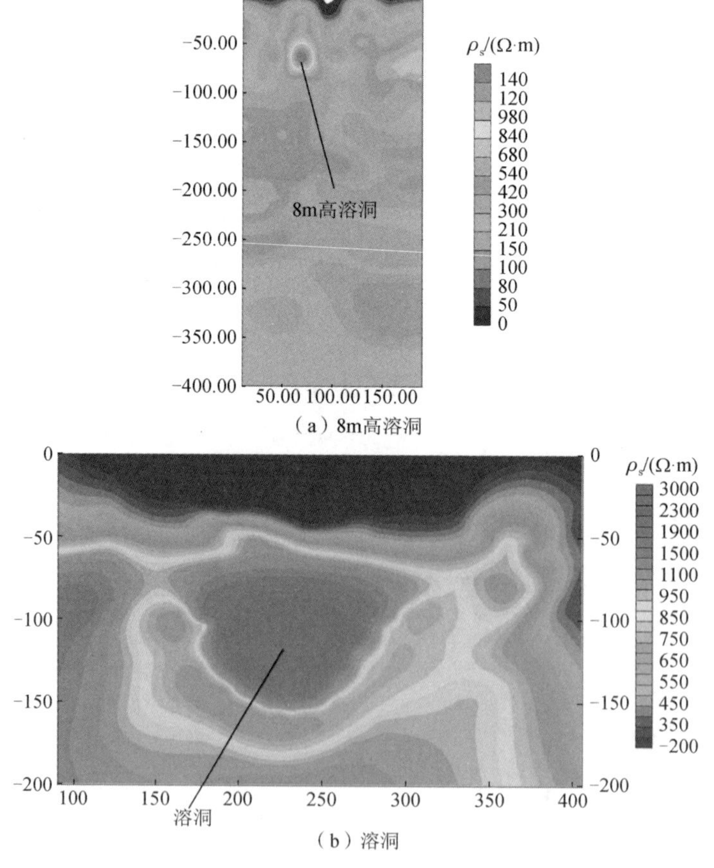

图 5.72　应用 EH4 探测岩溶溶洞成果图

（2）EH4 应用实例 2

图 5.73 为陕西富平渭北旱塬隐伏岩溶区应用 EH4 探测岩溶断裂破碎带的结果。EH4 连续视电阻率剖面直观地显示了位于 500m 覆盖层下，存在两条产状近似直立的断裂构造（属于隐伏断层），且地层的起伏变化也在视电阻率断面上有较好的对应关系。

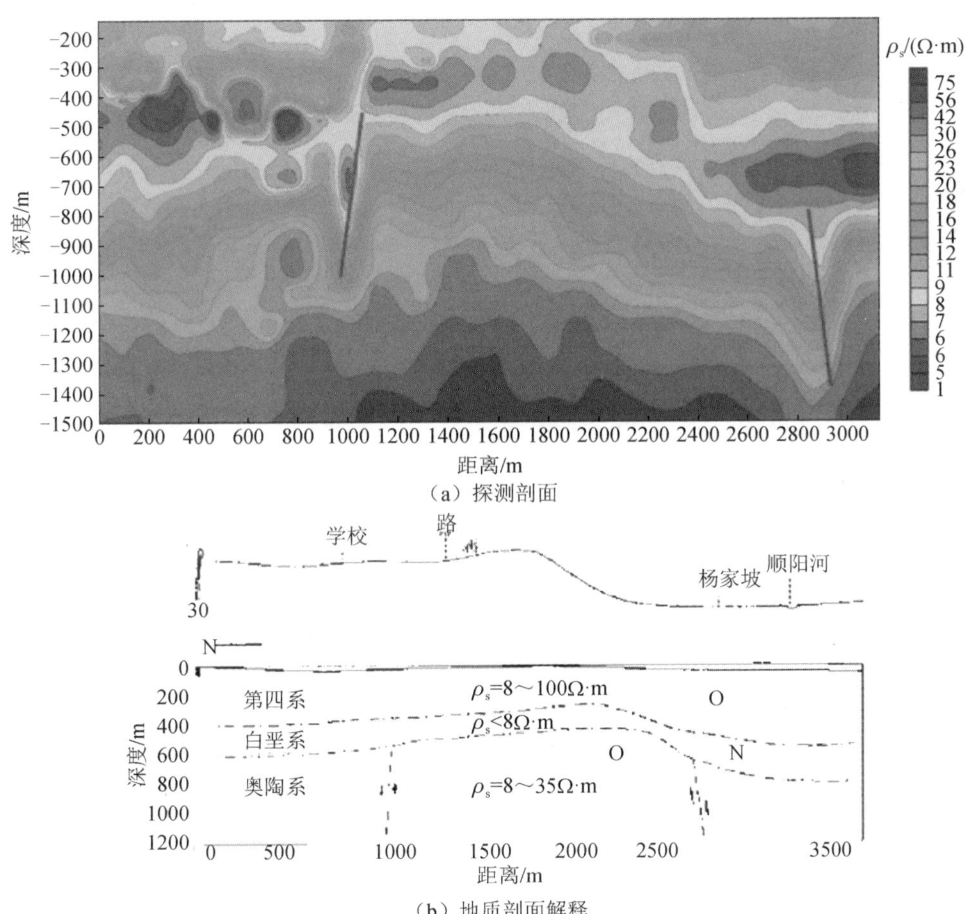

图 5.73　陕西富平渭北旱塬隐伏岩溶区应用 EH4 探测隐伏岩溶破碎带成果图

（3）EH4 应用实例 3

图 5.74 为应用 EH4 寻找深部低阻异常带的勘探成果，通过立体直观的对比，可直观了解异常体的规模和走向。

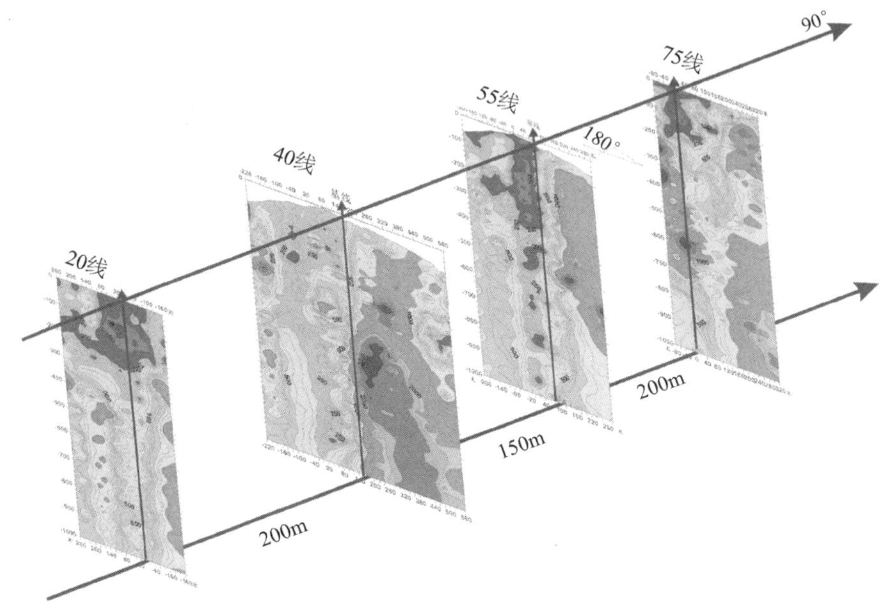

图 5.74　应用 EH4 寻找低阻异常体立体剖面图

5.7　本章小结

岩土工程勘察涉及的勘察对象大都是小尺度的，对精度的要求较高，因此适用的物探方法多是高精度、高密度的勘测方法，如高密度电阻率、高密度地震映像、跨孔层析成像等。岩土工程勘察中涉及的大尺度勘探包括深部构造勘察（如埋深 200m 以上的断裂）、地表大面积沉陷等地质灾害调查，适用的方法通常为大地电磁测深成像法。因此，浅表层小尺度勘察注重勘探精度，深部大尺度勘察注重勘探深度。

物探方法是间接性勘探方法，应与其他勘探方法形成互补，如物探应与钻探相结合。

物探方法投入的时机非常重要，其在勘探时序上应是先行者。物探方法在勘探时序上的滞后将显著降低勘探的效率，甚至使后续的物探工作成为无用功，这是一种浪费。

物探方法作为各种勘探方法的先行者，是勘探工作的“瞭望哨”，对规划整体的勘探工作起着至关重要的作用。

工程勘察中，在布置钻探工作量时，先期辅以一定数量的物探工作，可以突出钻探工作的针对性，对实现勘探目的可起到事半功倍的效果，这就是物探方法的前瞻性作用。

第 6 章　隐伏型岩溶建筑地基稳定性的评价理论与方法

6.1　引　　言

岩溶塌陷产生的物质基础包括 3 个方面：第一物质基础是指可发生塌陷破坏的土体盖层或薄弱的溶洞顶板；第二物质基础是下伏有开口的岩溶洞隙，如溶洞、竖井、深溶隙、漏斗等；第三物质基础是塌陷动力，包括动静荷载及大气降雨入渗等可促使塌陷产生的动力。具备了岩溶塌陷形成的 3 个物质基础，就具有岩溶塌陷危险性。

针对隐伏型岩溶地基稳定性评价，本章选择有代表性的方法进行简要介绍，并提出几种新的定量评价方法。

6.2　隐伏型岩溶地基稳定性评价经典方法

6.2.1　定性评价法

定性评价法从宏观上对场地环境的区域稳定性做出评判，适用于一般岩溶地基稳定性分析评价或可行性研究阶段，包括综合分析法、经验比拟法。

（1）综合分析法

综合分析法是根据岩溶各项边界条件，对比可能发生岩溶塌陷的条件进行综合分析并做出评价。在隐伏型岩溶区的丘陵、平原、溶蚀洼地、谷地及地形分水岭的溶蚀槽谷等地带，可能发生岩溶塌陷的条件如下：

1）地下水水位在岩土层中及岩土层交界面之间频繁波动。

2）人为抽取地下水或坑道中渗漏、排水引起地下水水位有较大的下降。

3）覆盖层属二元以上结构，特别是与基岩相接触的地层土为粗粒土。

4）覆盖土较薄的地段，其厚度小于 10m 时，更容易产生塌陷。

5）近期地面发生塌陷的地段。

（2）经验比拟法

经验比拟法是根据评价对象的岩溶条件，与条件相似的工程实例进行类比评价。

定性评价法适用于对场地环境的区域性危险做出宏观预测，是早期工程技术人员使用的方法，该法简单直接，至今仍有应用。该方法对设计人员的经验要求较高，而且评价的主观性强，因此在推广应用上存在困难。

6.2.2 理论公式法

理论分析中常用的方法包括以下 5 种方法。

（1）洞体顶板坍塌自行堵塞法

洞体顶板坍塌自行堵塞法适用于顶板严重风化、裂隙发育、有可能坍塌的溶洞、土洞。该方法认为洞顶顶板岩层破碎，顶板坍塌后变为松散体，体积增大，当坍落向上发展到一定高度时，洞体被塌落体自行填满，坍塌不再发展。塌落高度加上部荷载作用所需的顶板厚度即为顶板安全厚度。塌落高度可由下式确定：

$$H = \frac{H_0}{K-1}$$

式中：H——塌落高度；

H_0——洞体高度；

K——岩体碎胀系数，碳酸盐岩取 1.2。

（2）经验公式法

经验公式法中，当松散层坍塌形成空洞时，围岩应力重分布后形成松弛带，具有平衡拱作用（图 6.1）。据大量隧道塌方统计，经验公式为

$$h = 0.45W \times 2^{6-S}$$

式中：h——垂直荷载计算高度；

W——洞穴宽度影响系数；

S——围岩类别（围岩划分为Ⅰ、Ⅱ、Ⅲ、Ⅳ、Ⅴ级，分别对应数字 1、2、3、4、5）。

（3）成拱分析法

成拱分析法中，当顶板岩体被密集裂隙切割，呈块状或碎块时，认为顶板呈拱状塌落，而其上的荷载和岩体自重由拱自身承担。坍塌高度公式为

$$H = \frac{b + H_0 \tan(90^\circ - \varphi)}{f}$$

式中：b——溶洞跨度之半；

φ——顶板内摩擦角；

f——溶洞围岩坚实系数。

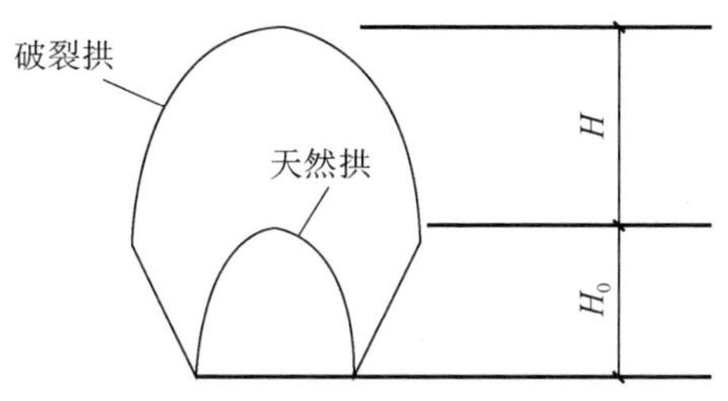

图 6.1　塌落拱示意图

（4）顶板厚跨比法

顶板厚跨比法根据近似的水平投影跨度 L 和顶部最薄处厚度 h，求出厚跨比 h/L，作为安全厚度评价依据，不考虑顶板形态、荷载大小和性质。当顶板较完整时，可将顶板的厚度 h 与跨度 L 之比最小者作为评价完整顶板安全厚度的判别值。由经验可知，$h/L \geqslant 0.5$ 是安全的，一般可取 $h/L \geqslant 1.0$ 作为安全界限。

（5）结构力学分析法

结构力学分析法中，当顶板岩层比较完整、强度较高且洞跨较大时，弯矩是主要控制条件，因此按梁板抗弯强度估算安全厚度。按梁板受力情况计算溶洞顶板厚度 H 再加上适当的安全系数为顶板的安全厚度，即

$$H \geqslant \sqrt{\frac{6M}{b\sigma}}$$

式中：σ——岩体的允许抗弯强度（石灰岩一般为其抗压强度的 1/8）；

M——弯矩。

当溶洞顶板完整、岩层较厚、强度较高，但洞跨较小、剪力为主要控制因素时，利用剪切概念估算顶板安全厚度。按照抗剪强度进行验算，需满足下式：

$$H \geqslant \sqrt{\frac{4Q}{\tau}}$$

式中：Q——支座处的剪力；

τ——岩体的计算抗剪强度（石灰岩一般为其允许抗压强度的 1/12）。

6.2.3　逐步判归法

逐步判归法是一种采用现场打分评价岩溶塌陷危险性的方法，该方法按从物质基础到影响因素的层次分组逐级进行判别。逐步判归法流程图如图 6.2 所示。

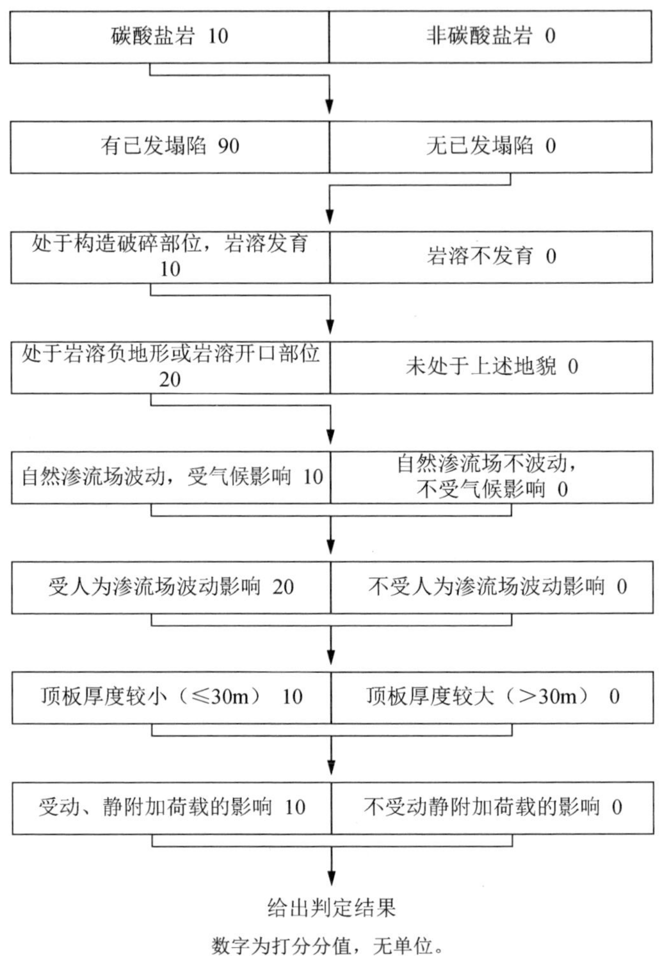

图 6.2　逐步判归法流程图

逐步判归法的判别步骤及分组情况具体如下。

第一步判定研究区内，即碳酸盐岩和非碳酸盐岩分布区基岩的岩性。非碳酸盐岩分布区内岩土体不会发生岩溶塌陷，为安全区；对于碳酸盐岩分布区则要进行进一步判别。

第二步判定碳酸盐岩发育区内是否有已发生塌陷。如果有，则定为危险区，其危险程度根据塌陷发生的原因、规模、时间、频率等进一步细化；如果没有，则进一步判定。

第三步判定碳酸盐岩分布区岩溶发育情况，然后进一步判别。如果地下、地表岩溶不发育则危险性相对要小，反之则大。由于碳酸盐岩发育地区，岩溶多沿区域构造线发育，即多受构造控制，因此，在断裂破碎带、节理裂隙发育带及岩相变化区域通常是岩溶及岩溶管道发育部位，是逐步判归法重点研究的区域。

第四步判定碳酸盐岩所处的地貌部位。地下岩溶发育，但覆盖层下不一定有开口或浅埋岩溶发育，只有在特定的地貌部位，如岩溶管道水补给区、古落水洞、竖井、漏斗等发育的部位，岩溶负地形向下切穿连通了岩溶管道后又被阶地或河漫滩等沉积物覆盖等地貌部位极易发育开口岩溶，有发生塌陷失稳的可能性，需要进一步判定。

第五步碳酸盐岩所处的地下水自然渗流环境及气候变动的影响。在地下有开口岩溶发育的部位，塌陷的发生还需要有外在的动因，而地下水渗流场变化产生的潜蚀作用、由于水和气交替作用产生的压差场气蚀作用及岩土饱水后的强度弱化等因素常常成为岩溶塌陷产生的直接动因。因此在地下水渗流场自然变化比较强烈的部位，通常也是水、气动力作用比较强烈的区域；渗流场的变化还受大气降水补给的制约；温度场也是渗流场自然波动的影响因素之一。在这些区域要进行进一步判别。

第六步判定人类经济和工程活动对渗流场改变产生的影响。危害较大的岩溶塌陷大多分布在经济相对比较发达区域，如矿山、大城市的岩溶水源地及铁路隧道附近；或者是新近开发的区域，如原先经济相对不够发达、比较封闭的区域，随着工程的兴建和经济的开发，可能会产生包括岩溶塌陷在内的一系列问题。人类活动对渗流场的影响常常是岩溶塌陷产生的主要动因和诱因。

第七步判定覆盖层顶板的岩性及厚度。是否会发生塌陷和盖层顶板的岩性、厚度、渗透性能及物理力学性质等因素有关。一般而言，很难说明岩质顶板和土质顶板谁的自稳能力更好，要具体问题具体分析。在评价时，分为两组，即岩质顶板和土质顶板。土质顶板又分为导水顶板和阻水顶板及单层结构和多层结构。

第八步判定已有建筑物附加荷载对于岩溶塌陷稳定性的影响。在已有建筑物的岩溶发育区，建筑物荷载和人类活动对于下伏有开口溶洞岩土体顶板的稳定性影响也比较大。

根据以上判定步骤，当分值为［0，40］时，或者分值为 0，即非碳酸盐岩分布地区，或者不具备第二、三项岩溶塌陷的物质基础（否则分值至少为 40）时，场地为稳定安全的。当分值在 100 时为最不稳定，即或者是场地内曾经发生过塌陷，或者是场地具备了对工程岩土体塌陷稳定性最为不利的条件。当分值为（40，60］时，场地为潜在危险场地；当分值为（60，80］时，为比较危险场地；当分值为（80，100］时，为危险场地。

逐步判归法根据阶段不同可进行初判和详判，初次判定在没有投入大量钻探、物探、现场原位测试及室内物理力学试验的情况下进行。详细判定则可结合大量钻探、物探、现场原位测试及室内物理力学试验进行，通过详细判定确定出最危险区。

6.3 基于权重反分析的岩溶地基稳定性评价新方法

岩溶地面塌陷是一个十分复杂的系统工程过程，其复杂性主要表现如下：系统规模大，影响因子多且复杂；各影响因子的影响和作用权值显著不同；各影响因子之间存在一定的联系；同一因子在不同环境条件下所起的作用不尽相同；影响因子的变量既有计量变量，又有离散属性变量；有些因子信息获取和评价分级存在技术困难。基于以上特点，岩溶地面塌陷危险性评价通常以定性描述和分析为主，难以定量化分析。

近些年，大规模的城市建设积累了大量岩溶地面塌陷危险性评价案例，这些案例包含了本领域内专家的多年工程经验，且评价结果经受了时间和工程实践的检验，显然，这些评价案例中所包含的专业知识是值得信赖和推广应用的。为了挖掘工程实例中的专家经验，并将其定量化，研究人员采用专家调查法、模糊数学等方法制作了基于经验的岩溶地面塌陷危险性评分表，至今仍为工程技术人员所信赖和使用。然而现有的评分表存在主观确定评价因子权重的问题，采用逆向模糊综合评价方法确定的评分表则存在依据样本类型单一的问题，仅考虑了已经塌陷的案例，且样本数量较少。因此，基于大量多类型样本，提出客观赋权方法并建立具有实用价值的岩溶地面塌陷危险性评分表，不仅十分必要，而且有重要的理论和实用意义。

本节拟基于收集到的唐山地区的 100 个岩溶地面塌陷危险性评价典型案例，将综合评价法中各评价指标的权重确定视为反分析问题，以与工程案例实际情况的吻合度为目标函数，采用遗传算法全局寻优获得岩溶塌陷各主要影响因子的权重值，进而建立基于岩溶地面塌陷危险性综合评价方法，从而实现定性经验的定量化表达，进一步丰富岩溶地面塌陷危险性评价方法库。

6.3.1 岩溶地面塌陷危险性评价案例的收集与分析

近些年，大规模的城市建设积累的大量岩溶地面塌陷危险性评价案例是十分宝贵的资源，然而却零散地存储在各勘察设计单位的勘察与地灾报告中，难以进行集成利用和量化分析研究，因此首先应收集整理这些分散存储的宝贵资料。在河北建设勘察研究院有限公司、河北省地矿局第四水文地质工程地质大队、唐山中冶地岩土工程有限公司、中冶地勘岩土工程有限责任公司及唐山市住房与城乡建设局等单位大力支持与协助下，收集到了大量唐山市岩溶勘察与地灾评估项目的成果资料。根据岩溶地面塌陷形成机制的分析，本次资料收集工作着重对各案例的地下水水位、覆盖层厚度、第四系底部隔水层隔水能力、岩溶发育程度和是否处于断裂影响带内等方面的关键信息进行总结提炼。

收集到的岩溶地面塌陷危险性评价实例集详述如下（由于部分信息涉密，项目名称采用字母替代）。

1）RMDS 项目。第四系水埋深为 16.5m，基岩裂隙水埋深为 55m，覆盖层厚度为 115～125m，第四系底部隔水层厚度大于 4m，基岩为寒武系灰岩，基岩较平缓，层面节理裂隙不发育，评估区内无断裂构造通过。评价结果为：不易塌陷。

2）JXZX 项目。第四系水埋深为 10～14m，基岩裂隙水埋深为 40～45m，覆盖层厚度为 10～40m，基岩顶面分布厚度不等的棕红色黏土层，局部缺失，最大厚度为 8.5m，基岩为奥陶系灰岩，具微风化及溶蚀现象，裂隙发育，具方解石脉及泥质充填，局部为空洞或破碎带，F2 断层在评估区西侧约 20m 处通过。评价结果为：易塌陷。

3）NMSC 项目。第四系水埋深为 19m，基岩裂隙水埋深为 59m，年变幅 5.2m 左右，覆盖层厚度为 66～70m，第四系底部隔水层厚度为 0.8～1.2m，下伏基岩为奥陶系和寒武系灰岩。中等风化，裂隙较发育，部分钻孔发现溶洞，平均高度为 0.5m，一般砂质充填。DZ1 号孔基岩钻进时有轻微漏浆现象，DZ2 号孔入基岩后有漏浆现象。评估区内无活动断裂通过。评价结果为：不易塌陷。

4）XHLA 项目。第四系水埋深为 8.7～10.8m，基岩裂隙水埋深为 50～55m，奥陶系岩溶水平均年水位变幅为 5.2m，覆盖层厚度为 40～50m，第四系底部隔水层厚度为 4.1～6.1m，下伏基岩为奥陶系灰岩，底部基岩倒转，岩层倾向西北，倾角为 60°～75°。顺层面节理裂隙发育。评估区内无活动断裂通过。评价结果为：极易塌陷。

5）XHLB 项目。第四系水埋深为 8.7～10.8m，基岩裂隙水埋深为 50～55m，奥陶系岩溶水平均年水位变幅为 5.2m，覆盖层厚度为 65～75m，第四系底部隔水层厚度为 7～10.6m，下伏基岩为奥陶系灰岩，基岩顶部裂隙较发育，岩体破碎，下部岩芯较完整，呈柱状，未发现溶洞。评估区内无活动断裂通过。评价结果为：不易塌陷。

6）CQLA 项目。第四系水埋深为 1.7～6.5m，基岩裂隙水埋深为小于 60m，覆盖层厚度为 20～32m 第四系底部隔水层厚度大于 3m，岩溶较发育（奥陶系灰岩），距西北部正断层约为 20m。评价结果为：极易塌陷。

7）CQLC 项目。第四系水埋深为 1.7～6.5m，基岩裂隙水埋深为小于 60m，覆盖层厚度为 26～42m，第四系底部隔水层厚度大于 9m，岩溶弱发育区（石炭-二叠系砂岩夹灰岩），评估区内无断层，距东南侧逆断层 10m。评价结果为：不易塌陷。

8）MGGY 项目。第四系水埋深为 19m，基岩裂隙水埋深为-54m，覆盖层厚度为 200m，第四系底部隔水层厚度大于 3m，隔水层状态良好。基岩为蓟县系白云岩，岩溶裂隙不发育，没有较大规模的断裂构造，但 NE 向陡河断裂距评估区较近，只有 2km。评价结果为：不易塌陷。

9）PJC 项目。第四系水埋深为 20.06m，基岩裂隙水埋深为 57m，明显低于周围水位，覆盖层厚度为 65m，第四系底部无隔水层，基岩为蓟县系白云岩、含燧石白云岩，岩石破碎。塌陷地处于陡河断裂东侧 0.3km 左右，次级断裂发育。评价结果为：极易塌陷。

10）EYMZ 项目。第四系水埋深为 25m，基岩裂隙水埋深为 50m，覆盖层厚度为 40m（目前岩溶水水位在基岩面以下 5～10m），第四系底部隔水层厚度大于 4m，基岩为寒武系灰岩，岩溶裂隙较发育，西距碑子院背斜轴部 2.6km。评价结果为：不易塌陷。

11）DWMY 项目。第四系水埋深为 38.0m，基岩裂隙水埋深为 140m 以下，覆盖层厚度为 140m，第四系底部无隔水层，孔隙水与岩溶水关系密切，并为岩溶水的主要补给源，基岩为寒武系灰岩和砂页岩，岩溶裂隙较发育，评估区内无活动断裂通过。评价结果为：不易塌陷。

12）TYGC 项目。第四系水埋深为 20m，基岩裂隙水埋深为 60m，覆盖层厚度为 134m，第四系底部隔水层厚度大于 10m，下伏基岩蓟县系白云岩岩溶较发育，陡河断裂位于评估区西侧约为 150m。评价结果为：不易塌陷。

13）TYL 项目。第四系水埋深为 22m，基岩裂隙水埋深为 55m，覆盖层厚度为 150m，第四系底部隔水层厚度大于 6m，下伏基岩为蓟县系-青白口系白云质泥灰岩、灰质白云岩，岩溶较发育，陡河断裂位于评估区东侧直距约为 600m，碑子院背斜轴部位于评估区西侧约为 150m。评价结果为：不易塌陷。

14）DYT 项目。第四系水埋深为 27.0～27.5m，基岩裂隙水埋深为 51.0～51.5m，覆盖层厚度为 34.6～35.4m，第四系底部隔水层厚度为 1.9～2.5m，下伏基岩为奥陶系灰岩，岩溶较发育。在 ZK1 钻孔 41.9～43.7m 处为溶洞，洞高 1.8m；以卵砾石充填，48.2～48.35m 处为溶洞，洞高 0.15m，无充填，其他地段虽未发现溶洞，但裂隙、溶蚀较发育，水锈明显；在 ZK2 钻孔 35.1～35.9m 处为溶洞，洞高为 0.8m，以黏土充填，38.1～44.7m 以下深度范围内有 4 处溶洞发育，洞高均在 0.55m 以上，最大为 2.6m，溶洞充填物为卵砾石。陡河断裂位于评估区西部约为 1.3km。评价结果为：极易塌陷。

15）FHHY 项目。第四系水埋深为 26.50～27.00m，基岩裂隙水埋深为 61m，覆盖层厚度为 47.0～50.1m，第四系底部隔水层厚度为 1.2～4.8m，下伏基岩为寒武系下统地层，主要岩性为泥岩夹薄层灰岩，陡河断裂位于评估区西部约为 600m。评价结果为：不易塌陷。

16）XSGY 项目。无第四系水，基岩裂隙水埋深为 62m，覆盖层厚度小于 10m，第四系底部隔水层厚度为 0.90～4.40m，下伏基岩为奥陶系地层，主要岩性为白云质灰岩及豹皮状灰岩，微风化，节理裂隙较发育，岩石坚硬密实，岩石完整区内无断层，陡河断裂位于评估区西侧约为 2.2km。评价结果为：不易塌陷。

17）BSYQ 项目。第四系水埋深为 16.5m，基岩裂隙水埋深为 58.5m，覆盖层厚度为 98.2～114.5m，第四系底部隔水层厚度为 1.5m 左右，评估区西部下伏基岩为蓟县-青白口系地层，岩性主要为燧石条带白云岩；评估区东部下伏基岩为寒武系地层，岩性主要为灰岩；浅部地层岩性岩相较稳定，岩溶较发育，陡河断裂从评估区下方通过，且破碎带宽度较大（108m）。评价结果为：不易塌陷。

18）JQEX 项目。第四系水埋深为 17m，基岩裂隙水为 60m，覆盖层厚度为 145m，第四系与基岩接触部位黏土含砾石层厚度大于 10m，岩溶比较发育，下伏蓟县-青白口系地层，岩性主要为薄层白云质泥灰岩、灰质白云岩、中厚层燧石条带白云岩等，岩性岩相稳定，陡河断裂位于评估区西侧约为 100m。评价结果为：不易塌陷。

19）CZPX 项目。第四系水埋深为 15.0m，石炭二叠系砂岩裂隙水埋深为 173.6m，覆盖层厚度为 54～56m，第四系底部隔水层厚度为 0.4～1.0m，下伏基岩为砂岩、页岩，更深部为灰岩。52.26～109.5m 地层为砂岩、页岩等，109.5～406.6m 地层为泥岩、页岩、砂岩等，406.6～454.8m 地层为厚层灰岩，岩层破碎，裂隙较发育，唐山断裂带的唐山-丰南断裂组的 F1 断层在评估区东南约 90m 处通过。评价结果为：不易塌陷。

20）DYZX 项目。第四系水埋深为 30m，基岩裂隙水埋深为 50m，覆盖层厚度为 130m 左右，第四系底部分布有完整连续的黏土层，厚度大于 10m，基岩是蓟县-青白口系地层，为白云质灰岩、燧石条带白云岩、砂砾岩、泥质灰岩等，岩石的节理和岩溶裂隙较发育。碑子院背斜：其轴部于评估区东侧附近穿过。评价结果为：不易塌陷。

21）BXH 项目。第四系水埋深为 19.4m，基岩裂隙水埋深为 55.4m，岩溶水在基岩面附近活动，覆盖层厚度为 50～60m，第四系底部局部缺失隔水层，基岩是奥陶系地层，为灰岩夹白云岩，含燧石结核白云岩及角砾状灰质白云岩，岩溶较为发育，陡河断裂于评估区西直距 0.76km 处穿过。评价结果为：极易塌陷。

22）GLS 项目。第四系水埋深为 14m，石炭-二叠系碎屑岩裂隙水埋深小于 100m，覆盖层厚度约为 110m，第四系底部隔水层厚度大于 10m，评估下伏基岩为石炭-二叠系地层，其岩性以砂页岩为主，夹薄层灰岩及煤层，评估区内无断层通过，周围 500m 范围内无断层。评价结果为：不易塌陷。

23）ZMD 项目。第四系水埋深为 21m，石炭-二叠系碎屑岩裂隙水受采煤疏干影响，覆盖层厚度为 45～48m，第四系底部隔水层厚度大于 1m，基岩是石炭系地层，为砂岩及页岩，评估区内无活动断裂通过。评价结果为：不易塌陷。

24）TSGY 项目。第四系水埋深为 9m，石炭-二叠系碎屑岩裂隙水水位埋深超过 100m，覆盖层厚度为 55m，第四系底部隔水层厚度大于 3m，下伏石炭-二叠系地层，浅部地层岩性、岩相较稳定，评估区内无活动断裂通过。评价结果为：不易塌陷。

25）PSYJ 工程项目。第四系水埋深为 6.0～8.9m，基岩裂隙水埋深为 41.5～44.7m，水位年变幅为 8m 左右，覆盖层厚度为 36.7～42.7m，第四系底部隔水层厚度为 1.3～4.9m，下伏基岩为奥陶系灰岩，浅部地层岩性、岩相不稳定，岩溶发育，陡河断裂位于评估区西侧约为 800m。评价结果为：不易塌陷。

26）MZ 项目。第四系水埋深为 9m，基岩裂隙水埋深为 52～52.20m，水位年变幅为 2～5m，覆盖层厚度为 41.6～42.6m，第四系底部隔水层厚度为 1.3～2.4m，下伏基岩大部分地段为寒武系地层及奥陶系地层，主要岩性为豹皮灰岩、角砾状白云岩及燧石条带白云岩等，溶洞发育，评估区无活动断裂通过（陡河断裂位于建设场地西侧约 900m）。评价结果为：极易塌陷。

27）HZSY 项目。第四系水埋深为 18.80m，水位年变幅 1～3.0m，基岩裂隙水埋深为 58.80～65.00m，年变幅为 4～8m，覆盖层厚度为 35m，第四系底部无稳定的隔水层，孔隙水与岩溶水双层水位差为 40～46m，下伏基岩为奥陶系地层，主要岩性为白云质灰岩及豹皮状灰岩，岩溶较发育，评估区内无活动断裂通过。评价结果为：极易塌陷。

28）SZHY 项目。第四系水埋深为 9m，基岩裂隙水埋深为 50m，覆盖层厚度为 80～180m，第四系底部存在多层稳定的黏土隔水层，下伏寒武系豹皮状灰岩及泥灰岩，受陡河断层的作用，基岩构造破碎，富水性中等-大，陡河断裂由区内穿过。评价结果为：极易塌陷。

29）FWL 项目。第四系水埋深为 19.0～20.10m，基岩裂隙水埋深为 57.0～58.4m，年变幅值为 2～5.0m，覆盖层厚度为 80～90m，第四系底部隔水层厚度大于 1m，基岩是蓟县系地层，为薄层白云质泥灰岩，中厚层燧石条带白云岩，岩溶发育程度一般，陡河断裂于评估区西侧附近穿过。评价结果为：易塌陷。

30）SZL 项目。第四系水埋深为 26m 左右，水位年变幅为 5m 左右，基岩裂隙水埋深为 50m 左右，水位年变幅为 2～5m，覆盖层厚度为 65m，第四系底部隔水层厚度大于 1m，下伏寒武系地层，岩性主要为灰岩、砾岩、泥页岩等，裂隙较发育，陡河断裂位于评估区东侧 0.1km。评价结果为：不易塌陷。

31）XZZX 项目。无第四系水，基岩裂隙水埋深为 60m，年变幅为 2～5m，覆盖层厚度为 3.0m，第四系底部隔水层厚度为 0.6～3m，下伏奥陶系地层，岩性主要为白云质灰岩、泥灰岩、灰岩，岩溶发育程度一般，评估区内无活动断裂通过。评价结果为：不易塌陷。

32）MGZY 项目。第四系水埋深为 19.5～19.75m，基岩裂隙水埋深为 60m，覆盖层厚度为 64.17～85.79m，基岩与第四系交界处有 1.0m 黏土夹碎石及细砂。隔水层较薄，碎石细砂均见水锈痕迹，第四系孔隙水与岩溶水具有一定的水力联系，下伏地层为蓟县系灰质白云岩和燧石条带白云岩，浅部岩溶发育，溶洞高度可达 7.24m，陡河断裂自本评估区西侧通过，建设场地正处于陡河断裂带的影响带上。评价结果为：极易塌陷。

33）MZSM 项目。第四系水埋深为 2.6m，因常年采煤排水，基岩裂隙水基本处于疏干状态。覆盖层厚度为 35m，第四系底部隔水层厚度大于 3m，石炭系含煤岩系，岩溶不发育，评估区位于开平向斜北翼，区内基岩断层构造较发育，处于唐山矿断层束之上。评价结果为：不易塌陷。

34）NBJY 项目。不含第四系地下水，基岩裂隙水埋深为 58.8～65m，覆盖层厚度为 3～12.4m，第四系底部隔水层厚度大于 3m，下伏奥陶系地层，为灰岩夹白云岩，含燧石结核白云岩及角砾状灰质白云岩，局部强风化，较破碎，夹褐红色黏土、粉质黏土，评估区内无活动断裂通过。评价结果为：不易塌陷。

35）QHC 项目。第四系水埋深为 6.5～9.0m，基岩裂隙水埋深受唐山矿的采煤活动影响，-400m 水平以上常年处于疏干状态，覆盖层厚度为 16.0～16.5m，第四系底部隔水层厚度大于 6m，下伏基岩为石炭-二叠系地层，岩性主要以泥岩为主，评估区内无活动断裂通过。评价结果为：不易塌陷。

36）RMYY 项目。第四系水埋深为 10m，基岩裂隙水埋深由于评估区西南采煤，-400m 水平以上碎屑岩裂隙水常年处于疏干状态。覆盖层厚度为 130m，第四系底部隔水层厚度大于 10m，下伏石炭-二叠系地层。岩性以砂页岩为主，夹薄层灰岩及煤层，评估区无活动断裂通过。评价结果为：不易塌陷。

37）XGS 项目。第四系在不含地下水时，与岩溶水无水力联系，基岩裂隙水埋深为 78.8～88.0m，覆盖层厚度为 0.5～10.0m，第四系底部隔水层厚度为 0.30～5.50m，下伏奥陶系地层，为灰岩夹白云岩，含燧石结核白云岩及角砾状灰质白云岩，微风化，块状结构，裂隙发育充填有红黏土，含方解石细脉，评估区无活动断裂通过。评价结果为：不易塌陷。

38）ZGZT 项目。第四系水埋深为 7.5m，水位年变幅为 3m 左右，基岩裂隙水埋深为 55m，水位年变幅为 5m 左右，覆盖层厚度为 30～50m，第四系底部隔水层厚度为 1.7～7.1m，平均厚度为 2.90m，下伏基岩为寒武系地层，主要岩性为灰岩、泥岩、泥质条带灰岩夹竹叶状灰岩及紫灰色页岩等，钻孔施工中未见岩溶破坏形成的岩洞、土洞，基底构造复杂，新构造运动强烈，陡河断裂距评估区仅为 100m。评价结果为：不易塌陷。

39）TXJY 项目。第四系水位埋深为 26m 左右，水位年变幅为 2m 左右，基岩裂隙水埋深为 58m 左右（2007 年 1 月），水位年变幅为 8m 左右。覆盖层厚度为 36m，第四系底部与基岩接触部位分布一层残积土，以粉质黏土为主，厚度 0.7～4.0m，残积土分布虽然连续但薄厚不均，风化层裂（溶）隙发育，下伏奥陶系地层岩性主要为灰岩，浅部基岩强风层岩石破碎，钻进过程中的漏浆较严重，以下岩石比较完整，节理裂隙较发育，较硬，有条带状方解石脉发育，钻进过程中没有发现掉钻现象，评估区内无活动断裂通过。评价结果为：易塌陷。

40）TSWY 项目。第四系浅层水水位埋深为 20m 左右，水位年变幅为 10m 左右，基岩裂隙水实测水位埋深为 60m 左右，水位年变幅为 2～5m。覆盖层厚度为 170m 左右，第四系底部隔水层厚度大于 3m，下伏蓟县-青白口系地层，岩性主要为白云质灰岩、灰质白云岩、燧石条带白云岩等，岩溶裂隙较发育，陡河断裂位于评估区东侧约 350m。评价结果为：不易塌陷。

41）RLP 项目。基岩裂隙水埋深为 40～45m，覆盖层厚度为 58m，第四系底部无隔水层，下伏蓟县系白云岩，岩溶较发育，位于开平向斜西北翼狭长形断块隆起上，构造复杂，岩层倾角一般大于 45°，局部直立或倒转，溶洞、溶隙发育，陡河断裂南北向穿越评价区。评价结果为：极易塌陷。

42）XHYS 项目。第四系水埋深为 6.80～8.30m，基岩裂隙水埋深为 54.02～61.5m，平均水位差为 50.78m，覆盖层厚度为 69.80m，第四系底部有厚为 19.65m 的黏土层，黏土层的底部有厚为 2.30m 的深红色的残积黏土，坚硬、致密、隔水性能好，基岩为奥陶系中统马家沟组豹皮状灰岩，岩芯上有小溶蚀孔洞、溶隙等溶蚀现象，岩溶较发育。评估区位于碑子院背斜东南翼，距背斜轴部约为 2000m；位于唐山矿断裂带西北翼，距 F2 断层约为 500m。评价结果为：不易塌陷。

43）XJZ 项目。第四系水埋深为 20.0～23.0m，水位年变幅为 3～5m，基岩裂隙水埋深约为 55～58m，水位年变幅为 2～5m，覆盖层厚度为 200～210m，第四系底部与基岩接触部位分布 40～50m 厚的粉质黏土及黏土含砾石稳定隔水层，渗水性很差，蓟县-青白口系地层，主要岩性为白云岩、灰质白云岩及含燧石条带状白云岩等，岩溶较发育，评估区内无活动断裂通过，碑子院背斜轴部位于评估区东，最近距离约为 270m。评价结果为：不易塌陷。

44）YYJT 项目。第四系未见地下水，基岩裂隙水埋深约为 59.0m，覆盖层厚度为 27.1m，第四系底部隔水层厚度为 1.1m，下伏基岩为奥陶系地层，主要岩性为灰岩，评估区及附近岩溶、潜蚀扰动点较发育，碑子院背斜轴部位于评估区西北，最近距离约为 3.2km；开平向斜轴部位于评估区东，最近距离约为 6.3km。陡河断裂位于评估区西部约为 1.3km，唐山断裂位于评估区东部约为 3.0km。评价结果为：易塌陷。

45）YLLH 项目。第四系水埋深为 21.43～22.30m，基岩裂隙水埋深：因受其南部刘庄煤矿采煤的影响，−200m 水平以上常年处于疏干状态，覆盖层厚度为 45m，第四系底部隔水层厚度大于 3m，下伏基岩是石炭-二叠系地层，为中、细砂岩及黏土岩，评估区位于缸窑向斜与城子庄背斜北端。临近陡河断裂，位于该断裂南侧 400m 左右。评价结果为：不易塌陷。

46）KLDK 项目。第四系水埋深为 20m，基岩裂隙水埋深约为 61m，覆盖层厚度为 37～40m，第四系底部残坡积红黏土厚度为 0.7～1.2m，局部缺失，下伏基岩为寒武系地层，线岩溶率为 5.7%～17.6%，基岩岩溶发育程度强。评估区位于陡河断裂与唐山断裂之间的隆起地带陡河断裂：位于评估区西部约为 550m，倾向 NW，倾角为 70°～80°的高角度正断层。评价结果为：极易塌陷。

47）ZXCW 项目。第四系水埋深为 22.5～23.5m，基岩裂隙水埋深为 58.0m，覆盖层厚度为 30.3～32.3m，基岩顶部的粉质第四系细砂、卵石含水层下部与基岩接触部位粉质黏土层厚度较小（1.4～1.7m），局部可能缺失，构不成稳定隔水层，下伏基岩为奥陶系地层，主要岩性为灰岩，碳酸盐岩裂隙发育，基岩面以下存在多处溶洞，卵、砾石、黏性土填充，说明基岩顶面存在开口型溶洞。评估区岩溶发育强烈。F3 断裂从评估区西部 100～200m 处通过，地质构造复杂，位于陡河断裂与唐山断裂之间的隆起地带。评价结果为：极易塌陷。

48）TLSB 项目。第四系孔隙水呈疏干状态，为弱透水且不含水；基岩裂隙水埋深为-200m 以上的石炭-二叠系碎屑岩裂隙水基本处于疏干状态；覆盖层厚度为 1.3～12.2m，第四系底部无隔水层，下伏基岩为石炭-二叠系地层，岩性主要为砂岩、粉砂质页岩、炭质页岩、泥岩、煤层，西北侧向斜轴从评估区内西部穿过。评价结果为：不易塌陷。

49）GDD 项目。第四系水埋深为 10.5m 左右，水位年变幅为 2m 左右，基岩裂隙水埋深受采煤疏干影响，-400m 水平以上常年处于疏干状态，覆盖层厚度为 38.0m，第四系底部隔水层厚度为 1.5m 左右，下伏基岩为石炭-二叠系地层，岩性主要为泥岩、砂岩及薄层灰岩夹煤层等。评估区内无活动断裂通过。评价结果为：不易塌陷。

50）TYCX-A 项目。第四系水埋深为 28m，基岩裂隙水埋深为 61m，覆盖层厚度为 51～54m，第四系底部隔水的残坡积黏土厚度多在 4～10m，岩溶不发育，无断层通过。评价结果为：不易塌陷。

51）TYCX-B 项目。第四系水埋深为 28m，基岩裂隙水埋深为 61m，覆盖层厚度为 45～53m，第四系底部残坡积黏土厚度多在 4m 以下，01～03 号楼一带本层缺失，基岩由蓟县系雾迷山组的浅灰-灰白色燧石条带白云岩、白云质灰岩、肉红色白云岩组成，断层带两侧及 03～05 号楼周边岩体破碎，岩溶发育，溶洞洞高为 0.8～1.6m，线岩溶率为 6.2%～11.4%，体 3 断层从评估区内北部呈北西向通过。评价结果为：极易塌陷。

52）TYCX-C 项目。第四系水埋深为 28m，基岩裂隙水埋深为 61m，覆盖层厚度为 38～46m，第四系底部残坡积黏土厚度多为 2～4m，基底构造复杂，岩石破碎，岩溶裂隙发育，溶洞洞高为 0.3～0.9m，线岩溶率为 1.6%～4.5%。评估区内发育 F2、F3 两条断层。评价结果为：极易塌陷。

53）ESXQ 项目。第四系水埋深为 12.52～15.78m，基岩裂隙水埋深为 66m，覆盖层厚度为 35.6～46.2m，第四系底部隔水层厚度为 8.6～18.0，评估区内揭露的基岩为奥陶系灰岩，东部钻孔基岩裂隙、溶洞发育，充填物为黏性土。在评估区东南侧有一条规模较大的 F1 断层通过，呈 NE 25° 走向，向 NW 倾斜，为高角度正断层。评价结果为：不易塌陷。

54）WQXQ 项目。第四系水埋深为 8.6～11.8m、16.00m（该层水分布不连续）、26.0m，基岩裂隙水埋深为 53.0～55.0m，覆盖层厚度为 33.8～53.6m，第四系底部隔水层厚度一般为 4.0～12.0m，下伏基岩为寒武系泥岩、泥质砂岩，为非可溶岩，本次勘察场地位于陡河断裂东侧，评估区附近有 4 条次一级构造断裂，其中 F2 断层、F3 断层自北向南通过了该评估区。评价结果为：不易塌陷。

55）LHDX 项目。第四系水埋深为 8.6～11.8m、16.00m（该层水分布不连续）、26.0m，基岩裂隙水埋深为 53.0～55.0m，覆盖层厚度为 40m，第四系底部隔水层厚度一般为 4.0～12.0m，下伏基岩为寒武系石灰岩，岩溶发育程度一般。钻探施工时除 002 号钻孔外各钻孔均未发生严重漏浆现象。基岩一般较完整，局部受断层影响较破碎。评估区位于陡河断裂东侧，评估区附近有 4 条次一级构造断裂，其中 F2 断层、F3 断层自北向南通过了该评估区。评价结果为：不易塌陷。

56）JSYJA 项目。第四系水埋深为 10m，基岩裂隙水埋深为 65.0m，覆盖层厚度为 73.0～81.5m，第四系底部隔水层厚度为 2.80～9.40m，基岩为奥陶系及寒武系石灰岩，基岩内岩溶裂隙发育相对较差，且有黏土充填，但局部岩溶裂隙较发育，存在大规模的溶洞，且溶洞顶板厚度较薄。评估区位于陡河断裂东南约 0.7km。评价结果为：不易塌陷。

57）JSYJB 项目。第四系水埋深为 10m，基岩裂隙水埋深为 65.0m，覆盖层厚度为 73.0～81.5m，局部第四系底部的黏土层被潜蚀冲刷掉，第四系地层底部已产生土洞，基岩破碎，岩溶裂隙较发育，且有大规模溶洞存在，位于陡河断裂东南约 0.7km。评价结果为：极易塌陷。

58）FCGM 项目。第四系水埋深为 9.3～12.5m，基岩裂隙水埋深为 40～45m，覆盖层厚度为 76.6～81.1m，第四系底部隔水层厚度为 3～5.6m，基岩为强风化-中等风化的蓟县系白云质灰岩，局部为全风化-强风化的蓟县系白云质灰岩，未发现明显溶洞存在，评估区紧邻陡河断裂，位于该断裂东侧 120m 左右。评价结果为：不易塌陷。

59）FQLA 项目。第四系水埋深为 26.0～29.0m，基岩裂隙水埋深为 53.0～55.0m，覆盖层厚度为 40.8～71.7m，大部分地段缺失了基岩上覆的黏性土层，其上部的砂层直接与基岩接触，基岩为寒武系石灰岩、白云岩，岩溶不发育。评估区内无断裂构造，未发现土洞及溶洞，未发生严重漏浆现象。评价结果为：不易塌陷。

60）FQLB 项目。第四系水埋深为 26.0～29.0m，基岩裂隙水埋深为 53.0～

55.0m，覆盖层厚度为 64.0～72.0m，大部分地段缺失了基岩上覆的黏性土层，其上部的砂层直接与基岩接触，基岩为蓟县系白云质灰岩、白云岩，岩溶发育程度弱，F1 断层（逆断层）自北向南由该评估区西侧 100m 处通过。未发现土洞及溶洞，未发生严重漏浆现象。评价结果为：不易塌陷。

61）DHHC 项目。第四系水埋深为 7m，基岩裂隙水埋深为 48.3m，覆盖层厚度为 20m，第四系底部为粉砂与下伏基岩接触，无隔水层，下伏基岩为奥陶系白云质灰岩，岩芯破碎严重，岩溶发育。塌陷区分布在大城山北坡断层断裂带上。评价结果为：极易塌陷。

62）CQHY 项目。第四系水埋深为 7.24m，本评估区水位年变化幅度为 2m 左右，基岩裂隙水埋深为 50m，覆盖层厚度为 95m 左右，第四系底部隔水层厚度为 3.8m 左右，基岩为奥陶系石灰岩，未发现钻机掉钻的现象，在卵石层中存在轻微的漏浆现象，入岩后，钻进过程较稳定，基岩较完整，岩芯呈短柱状或柱状，未发现溶蚀现象。评估区临近陡河断裂，位于该断裂南侧 400m 左右，该断裂在全新世比较稳定。评价结果为：不易塌陷。

63）JHQA 项目。第四系水埋深为 5.98～11.23m，基岩裂隙水埋深为 40～45m，覆盖层厚度为 20.0～30.5m，评估区局部砂层与基岩直接接触，其余多数部位岩石上部黏性土厚度也不大，局部为含砂的粉土，隔水能力一般，下伏基岩为奥陶系石灰岩，上部岩溶裂隙较发育，岩性破碎，无开口型溶洞，中风化石灰岩中局部发育小规模溶洞或溶蚀现象。评估区位于陡河断层东侧，位于一支线正断层西侧 120～300m，该断层在全新世比较稳定。评价结果为：极易塌陷。

64）JHQB 项目。第四系水埋深为 5.98～11.23m，基岩裂隙水埋深为 40～45m，覆盖层厚度为 20.0～30.5m。石灰岩上无有效隔水层，短期内不会对建筑物安全造成威胁，但长期发育过程中会存在潜在危险。上部基岩岩性破碎，分布明显的破碎带，评估区位于陡河断层东侧，位于一支线正断层西侧 120～300m，该断层在全新世比较稳定。评价结果为：极易塌陷。

65）JHQC 项目。第四系水埋深为 5.98～11.23m，基岩裂隙水埋深为 40～45m，覆盖层厚度为 20.0～30.5m，第四系土层分布正常，底部有较厚隔水层，厚度为 1.7～5.8m，下伏基岩为石灰岩，岩溶不发育。评估区位于陡河断层东侧，位于一支线正断层西侧 120～300m，该断层在全新世比较稳定。评价结果为：易塌陷。

66）JYLA 区。第四系水埋深为 12.0～14.2m，基岩裂隙水埋深为 55m，覆盖层厚度为 26.5～33.2m，第四系底部多为细砂直接接触基岩，下伏基岩为奥陶系石灰岩。石灰岩倾向 NW，倾角为 10°～15°，中等风化，大部分基岩较为完整，局部有溶蚀现象或岩溶、破碎带分布。基岩岩性较破碎，岩层表面存在裂隙，存在岩溶发育，局部可见开口型溶洞。钻探在钻至岩石表层时，均出现不同程度的漏浆现象，在钻探结束后，钻孔中无法保持水头。距离评估区最近的断层为陡河断裂的分支及 F3 断层，最小距离均超过 500m。评价结果为：极易塌陷。

67）JYLB 项目。第四系水埋深为 12.0～14.2m，基岩裂隙水埋深为 55m，覆盖层厚度为 26.5～33.2m，第四系底部存在薄厚不等的残积土（0.4～5.1m）。下伏基岩为奥陶系石灰岩。基岩岩性稍有破碎，岩石中存在裂隙及小型溶洞，溶洞被黏性土充填，充填较致密。距离评估区最近的断层为陡河断裂的分支及 F3 断层，最小距离均超过 500m。评价结果为：不易塌陷。

68）DSDC 项目。第四系水埋深为 5.8～9.2m，基岩裂隙水埋深为 40～45m，覆盖层厚度为 58～66m，奥陶系石灰岩岩层顶部均有残积土覆盖，未发现第四系扰动，岩石钻进过程中局部发现溶蚀现象及岩石破碎，未发现漏浆现象。第四系底部隔水层厚度为 0.4～9.0m，平均约 7m，棕红色，含风化灰岩碎块，局部缺失。下伏基岩为奥陶系石灰岩（倾向 NE，倾角在 60° 左右），呈中等风化状态，局部有溶蚀现象及裂隙存在，溶洞不发育。评估区位于 F4 和 F5 断层西北侧约 200m 处。评价结果为：不易塌陷。

69）TSZL 项目。第四系水埋深为 9.20～9.70m，基岩裂隙水埋深为 40～45m，覆盖层厚度为 67.0～68.3m，第四系底部隔水层厚度为 1～6.5m，下伏岩石为蓟县系白云质灰岩。评估区内岩石倾向 SE，倾角在 75° 左右，灰褐-灰黄色，强风化，岩体较破碎但裂隙充填较好，钻探过程中未发现严重漏浆现象。物探结果显示，下部蓟县系碳酸盐地层未出现明显溶蚀发育区，反映评估区下部碳酸盐岩地层较为稳定。评估区位于碑子院背斜东南翼，开平向斜西北翼，距离最近的 F2、F3 断层距离均在 1km 以上，在第四系活动较为稳定，评估区内深部基岩中未发现断裂构造。评价结果为：不易塌陷。

70）WSB 项目 A 区。第四系水埋深为 13～17m，基岩裂隙水埋深为 66.0m，覆盖层厚度为 18.9～43.1m，第四系底部隔水层厚度为 4.0～8.0m，下伏基岩为寒武系泥质砂岩、泥质灰岩、石灰岩，岩溶不发育，评估区内无活动断裂通过。评价结果为：不易塌陷。

71）WSB 项目 B 区。第四系水埋深为 13～17m，基岩裂隙水埋深为 66.0m，覆盖层厚度为 18.9～43.1m，第四系底部隔水层分布连续，厚度为 0.6～16m，未见漏水“天窗”，下伏基岩为奥陶系石灰岩，受岩性及东侧 F1 断层影响，岩溶较发育，存在小规模溶洞，均为黏性土及碎石充填。场地东紧邻 F1 断裂，次一级构造 F4 断层自 NE 向 SW 通过了评估区（F4 正断层，长约 1.1km，走向 NE 25°～35°，倾角约 70°，倾向 NW）。评价结果为：易塌陷。

72）TSDC 项目 A 区。第四系水埋深为 10m，基岩裂隙水埋深为 60m，覆盖层厚度为 16.4～37m，第四系下部黏性土分布较稳定，局部存在土洞，评估区下伏中风化泥质灰岩裂隙、溶隙较发育，钻进过程中漏浆较严重，局部溶洞较发育

（钻孔线溶洞率 1.4%～25.4%，线溶洞率平均为 11.2%，洞高为 0.3～4.5m，溶洞被可塑黏性土填充）。西距 F1 断层约为 200m。评价结果为：极易塌陷。

73）TSDC 项目 B 区。第四系水埋深为 10m，基岩裂隙水埋深为 60m，覆盖层厚度为 27～37.7m，第四系底部隔水层厚度一般大于 3.0m，最大厚度为 12.0m，评估区东端局部石灰岩上覆红黏土，最大厚度为 10.7m，下伏泥质灰岩埋藏较深，局部岩溶较发育，存在溶洞，其内部被可塑黏性土填充。西距 F1 断层约 200m。评价结果为：不易塌陷。

74）TSZ 项目 A 区。第四系水埋深为 8.3～11.5m，基岩岩溶水埋深大于 60.0m，未在基岩顶面处波动，覆盖层厚度为 45.0～50.0m，第四系底部局部发育开口型溶洞，第四系地层已受扰动，基岩为奥陶系灰岩，基岩表面岩溶裂隙发育，在钻探过程中一般钻至基岩顶面时，钻孔中的冲洗液便瞬间漏光。在基岩面下 20.0m 深度内小规模溶洞及裂隙较为发育。开滦唐山矿断裂的 F1 断层在评估区东侧约为 0.14km 处。评价结果为：极易塌陷。

75）TSZ 项目 B 区。第四系水埋深为 8.3～11.5m；基岩裂隙水中的岩溶水埋深大于 60.0m，岩溶水水位距基岩顶面较远，不存在岩溶水水位在基岩顶面处波动的现象。覆盖层厚度为 45.0～50.0m，各钻孔在第四系地层底部均有较厚的红黏土层存在，该土层是很好的隔水层，基岩为古生界奥陶系石灰岩，岩溶、裂隙规模小。开滦唐山矿断裂的 F1 断层在评估区东侧约 0.14km 处。评价结果为：不易塌陷。

76）HHC 项目。第四系水埋深小于 10m；基岩裂隙水埋深为 65m；在基岩顶面处波动，覆盖层厚度为 25m；第四系底部隔水层厚度为 7.5m；棕红色黏土，其底部裂隙发育并含碎石，下伏奥陶系灰色中厚层微晶灰岩，倾角约 70°，岩芯破碎，溶洞发育。F2 断层由公园西侧约 50m 处由南向北通过。评价结果为：极易塌陷。

77）ZXCC 项目。第四系水埋深为 7～10m，基岩裂隙水埋深为 60～65m，覆盖层厚度为 26.5～35.2m，场地局部第四系底部砂层与基岩直接接触，其余多数部位岩石上部存在厚度不等的黏性土，局部为含砂的粉土，隔水能力一般，呈强-中风化石灰岩，大部分较为完整，局部有溶蚀现象或岩溶、破碎带分布，发现的溶洞均为小型溶洞，最大的高度为 1.3m。评估区位于 F3 逆断层东侧 100～200m，该断层在全新世比较稳定（F1 断层由南向北穿过评估区）。评价结果为：极易塌陷。

78）YCL 项目 A 区。第四系水埋深为 12.9～14.3m，基岩裂隙水埋深为 50～35m，覆盖层厚度为 21.2～48m，第四系底部隔水层厚度平均约为 9m，下伏基岩为石炭-二叠系页岩、砂岩、泥灰岩，岩溶不发育。距 F2 断层约为 150m。评价结果为：不易塌陷。

79）YCL 项目 B 区。第四系水埋深为 12.9～14.3m，基岩裂隙水埋深为 35～50m，覆盖层厚度为 21.2～48m，部分基岩顶部存在残积土（以红黏土为主，含风化灰岩岩块），厚度约为 4m，部分基岩顶部存在土洞，无隔水层，下伏基岩为奥陶系石灰岩，强风化-中风化石灰岩，岩裂隙发育，发育有小型溶洞，揭露溶洞最大高度为 1.6m。距 F2 断层约为 100m。评价结果为：极易塌陷。

80）YCL 项目 C 区。第四系水埋深为 12.9～14.3m，基岩裂隙水埋深为 50～35m，覆盖层厚度为 21.2～48m，第四系底部隔水层厚度大于 15m，下伏基岩为奥陶系石灰岩，局部存在破碎带。F2 断层由评估区西北部穿过。评价结果为：不易塌陷。

81）BLLX 项目。第四系水埋深为 10.90～16.50m，基岩裂隙水埋深为 50.0～60.0m，覆盖层厚度为 15.7～36.5m，第四系底部隔水层厚度为 1.7～9.1m，下伏基岩为古生界奥陶系石灰岩、泥质灰岩。一般岩芯采取率为 60%～85%，局部岩芯较破碎，局部发育有溶洞。F3 断层在评估区外东侧通过，走向基本呈 NS 向，倾向 W，逆掩断层。评价结果为：不易塌陷。

82）MYZZ 项目。第四系水埋深为 23.0～26.6m；基岩裂隙水中的岩溶水埋深大于 50.0m，未在基岩顶面处波动；覆盖层厚度为 24.0～35.0m。基岩顶部的强风化泥灰岩大部分已风化成泥质，隔水性好，性质与红黏土相似，是很好的隔水层，下伏古生界寒武系的泥灰岩和鲕状灰岩，基岩岩性以泥灰岩为主，大部分岩溶不发育，局部夹鲕状灰岩，灰岩地层岩溶较发育，但无大规模的溶洞。评估区位于陡河断裂东侧，在评估区西侧约为 0.6km 及评估区东侧约为 1.8km 处各有一条 NE 向的支断裂通过。评价结果为：不易塌陷。

83）JKLQ 项目。第四系水埋深为 54.0m；基岩裂隙水埋深为 53m，岩溶水水位不在基岩面附近活动；覆盖层厚度为 70.6～128.0m；第四系未发现土洞及天窗；第四系覆盖层底部的含泥砾卵石层、胶结砂层不易潜蚀。上元古界蓟县系白云岩基岩受断层影响，岩芯破碎，局部发育破碎带岩溶，风化物充填密实，基岩的封闭程度较好，岩溶局部发育。评估区位于开平向斜西北翼，碑子院背斜东南翼，陡河断裂的东支断层从场地以西通过，为正断层，F1 断层由评估区穿过。评价结果为：不易塌陷。

84）TBDL 项目 A 区。第四系水埋深为 12.2～13.0m，基岩裂隙水埋深为 49.90～57.0m，未在基岩顶面处波动，覆盖层厚度为 26.9～51.0m，第四系土层底部普遍存在一层棕红色的黏性土层，一般厚度为 1.50～7.70m，下伏基岩为古生界奥陶系石灰岩、白云岩。基岩面下 20.0m 深度内岩溶裂隙及小规模溶洞较发育，但一般均被黏土及碎石充填，无断层通过评估区。评价结果为：不易塌陷。

85）TBDL 项目 B 区。第四系水埋深为 12.2～13.0m，基岩裂隙水埋深为 49.90～57.00m，未在基岩顶面处波动，覆盖层厚度为 26.9～51.0m，第四系土层底部普遍存在一层棕红色的黏性土层，局部区域该地层已被冲刷侵蚀，下伏基岩为古生界奥陶系石灰岩、白云岩。基岩表面岩溶裂隙发育，发育有开口型溶洞，第四系地层已受到轻微扰动。评估区位于陡河断裂东侧，开滦唐山矿断裂的 F1

断层在评估区东侧通过。评价结果为：易塌陷。

86）GDS 项目。第四系水埋深为 22m；基岩裂隙水埋深为 51.0m 左右，为石灰岩岩溶水含水组；覆盖层厚度为 26.4～34.2m；第四系底部隔水层厚度为 0.9～1.7m，部分钻孔显示该层缺失。钻探发现个别钻孔中砂直接与基岩接触，或存在开口型溶洞，基岩主要为棕红色泥质灰岩及灰白色石灰岩，基岩强风化-微风化不等，钻孔遇洞率高达 62.5%，线溶洞率平均为 17.0%。洞高为 0.20～3.20m，一般被黏性土完全充填，局部含碎石及岩屑，个别溶洞为空洞。溶洞钻探过程中一般钻进速度较快，局部发生漏浆、卡钻及掉钻现象。因此，评估区岩溶发育。评估区位于陡河断裂东侧，开滦唐山矿断裂的 F1 断层在评估区东侧通过。评价结果为：极易塌陷。

87）TZGJ 项目 A 区。第四系水埋深为 10.0～11.6m，基岩裂隙水埋深为 40～45m，覆盖层厚度为 33.2～42.8m，第四系底部隔水层分布不连续，第四系下部棕红色黏土局部缺失，第四系底板存在漏水“天窗”，34 个钻孔中有 18 个钻孔砂卵石层直接与下伏灰岩接触，占 52.9%。下伏基岩为石灰岩，岩溶裂隙发育，局部发育小规模溶洞。评估区位于陡河断裂东侧，开滦唐山矿断裂的 F1 断层在评估区东侧通过。评价结果为：易塌陷。

88）TZGJ 项目 B 区。第四系水埋深为 10.0～11.6m，基岩裂隙水埋深为 40～45m，覆盖层厚度为 33.2～42.8m，第四系地层正常，底部棕红色黏土分布较稳定，层厚为 0.9～5.3m，平均为 2.8m。下伏全风化-强风化泥岩，不存在土洞、塌陷及溶洞发育的基本条件。评估区位于陡河断裂东侧，开滦唐山矿断裂的 F1 断层在评估区东侧通过。评价结果为：不易塌陷。

89）XYBG 项目。第四系水埋深为 36.0～38.0m，基岩裂隙水埋深为 40～45m，覆盖层厚度为 44.0～49.3m，第四系底部隔水层厚度为 0.8～9.9m，下伏寒武系石灰岩，局部岩溶较发。评估区内无活动断裂通过。评价结果为：不易塌陷。

90）TLY 项目 A 区。第四系水埋深为 17.0～18.0m；基岩裂隙水埋深为 51.0m，未在基岩顶面处波动；覆盖层厚度为 29.0～36.0m；场地第四系底部分布有厚度为 2.00～5.00m 红黏土，隔水性好。基岩为寒武系灰岩、泥灰岩及豹皮灰岩，离断裂带较远，泥灰岩可溶性差，破碎的泥灰岩多风化成泥质，其隔水性大大限制了岩溶的发育。评估区内无大的断裂。评价结果为：不易塌陷。

91）TLY 项目 B 区。第四系水埋深为 17.0～18.0m；基岩裂隙水埋深为 51.0m，未在基岩顶面处波动；覆盖层厚度为 29.0～36.0m；第四系底部有开口型溶洞。第四系地层部分已受扰动，基岩为灰岩，岩溶较发育，钻孔发现了净高 4.3m 的开口型溶洞。评估区内无大的断裂。评价结果为：极易塌陷。

92）BYSZ 项目。第四系水埋深为 8.0～8.60m，基岩裂隙水埋深为 51.0m，覆盖层厚度为 28.3～40.0m，第四系底部隔水层厚度为 0.6～4.0m，但基岩顶板的残积土分布范围较小，在评估区大部分范围内缺失，粉细砂或卵石直接与下覆石灰岩接触，下伏基岩为寒武系灰岩，竖向溶蚀裂隙发育，钻孔中发现的最大溶洞高度为8.2m。F2断层从评估区西北部穿过。评价结果为：极易塌陷。

93）BWGX项目。第四系水埋深为2.1～11.0m，地下水类型为上层滞水，基岩裂隙水埋深为65m，年变化幅度为8m，其变化幅度范围不在岩面附近，覆盖层厚度为7.0～17.0m，第四系底部隔水层厚度大于3m，未发现土洞及扰动土体存在，下伏基岩为奥陶系石灰岩，岩溶裂隙发育较差。F3断层由评估区西侧穿过。评价结果为：极易塌陷。

94）XYXL项目。第四系水埋深为8.5m，基岩裂隙水埋深为60m，覆盖层厚度为95～110m，第四系底部残积土厚度约为0.9m，下伏基岩为元古界蓟县系雾迷山组薄层白云质灰岩、中厚层燧石条带白云岩，岩溶裂隙不发育，无溶洞。评估区位于碑子院背斜东南翼，开平向斜的西北翼，唐山断裂西北侧，陡河断裂西侧，开滦唐山断裂带西侧，距陡河断裂仅200m。评价结果为：不易塌陷。

95）SWDY项目。第四系水埋深为15.4～18.9m，基岩裂隙水埋深为64.0m，覆盖层厚度为29.0～43.6m，第四系底部隔水层厚度为8～16m，下伏基岩为奥陶系角砾状灰岩、泥质灰岩、豹皮状灰岩，基岩裂隙及溶洞发育，溶洞充填物以黏性土为主。在评估区东部有一条规模较大的F1断层通过，呈NE 25°走向，向NW倾斜，为高角度正断层。评价结果为：不易塌陷。

96）GYMZ项目。第四系水埋深为8～13m，基岩裂隙水埋深为57m，覆盖层厚度为10～30m，平均约为24m，第四系底部隔水层厚度小于1m，下伏基岩为奥陶系中统的角砾状灰岩、泥质灰岩、豹皮灰岩等，线岩溶率大于15%，岩溶发育。F2断层从医院中部近NS向通过，为一高角度正断层，倾向NW，沿断层两侧基岩破碎，岩溶发育，影响宽度为20～100m。通过勘察确定评估区内有3条小的断层通过，由西往东依次为F1、F2、F3。评价结果为：极易塌陷。

97）TYC项目A区。第四系水埋深为26.0～29.0m，基岩裂隙水埋深为42.40～44.91m，覆盖层厚度为40m，第四系底部无隔水层厚度，下伏基岩为蓟县系白云岩、白云质灰岩和寒武系泥灰岩，灰岩破碎，岩溶比较发育，线溶洞率平均为19.3%。评估区位于体1断层和体3断层交汇部位，且为蓟县系地层与青白口系地层的接触带。评价结果为：极易塌陷。

98）TYC项目B区。第四系水埋深为26.0～29.0m，基岩裂隙水埋深为42.40～44.91m，覆盖层厚度为22.25～44.30m，第四系底部隔水层厚度为0.6～8.6m，覆盖层下伏基岩为青白口系泥岩、页岩和砂岩，透水条件较差，不具备形成土洞、溶洞产生地面塌陷的条件。评估区内有3条次一级构造断裂通过，依前期勘察命名为体1、体2、体3断裂。评价结果为：不易塌陷。

99）MFDC项目。第四系水埋深为26.0～29.0m，基岩裂隙水埋深为42.40～

44.91m，覆盖层厚度为 30～40m，第四系底部无隔水层，下伏基岩为寒武系泥灰岩和灰岩，破碎，岩溶比较发育。评估区靠近体 2 和体 3 断层的交汇部位，且为寒武系地层与青白口系地层的接触带。评价结果为：极易塌陷。

100）TSSZ 项目。第四系水埋深为 10.8m，基岩裂隙水埋深为 28.4m，覆盖层厚度为 28.3m，第四系底部砂层与下伏基岩直接接触。基岩以奥陶系磁县组中厚层微晶灰岩和豹皮灰岩为主，裂隙发育，岩芯破碎，溶蚀严重。评估区位于 F1 断层附近。评价结果为：极易塌陷。

收集到的典型岩溶地面塌陷危险性评价实例共计 100 个。由图 6.3 可知，危险性评价为不易塌陷的场区 63 个，易塌陷的场区 8 个，极易塌陷的场区 29 个。经实地调查与寻访，不易塌陷的场区至今未有塌陷发生，易塌陷和极易塌陷的场区中已经塌陷的有 8 个，剩余的均采取了避让、注浆处理措施。因而，本书认为这些工程案例的评价结果具有较好的可信度。

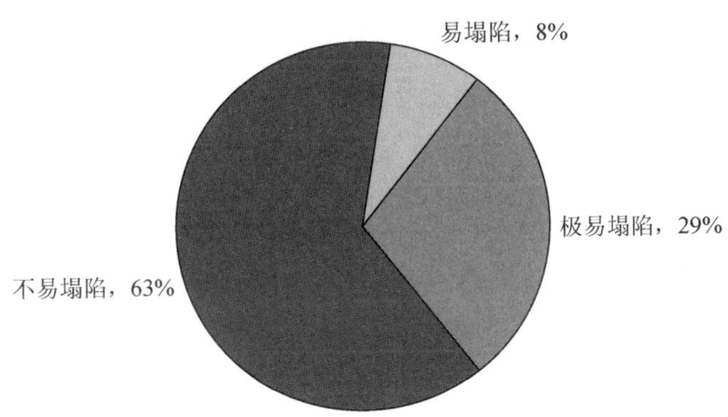

图 6.3　岩溶地面塌陷危险性评价实例集的场地类型分布情况

6.3.2　岩溶地面塌陷危险性评价的评分表的制作方法

采用综合评价法评价岩溶地面塌陷危险性，一般需假定评价因子 X_i 与评价结果分值 Y_i 之间是线性关系，即

$$Y_i = K_i X_i \tag{6.1}$$

式中：Y_i——评价结果分值，i=1，2，…，n；

X_i——评价因子；

K_i——相应评价因子的权重。

显然，综合评价法的核心问题是确定评价因子的权重，本章将其看成参数反分析问题来解答。根据岩土工程反分析理论，以计算得分与实际评价结果吻合程度为目标，采用优化算法寻找最优的权重值，即可建立基于工程案例经验的岩溶地面塌陷危险性评分表。其技术路线图如图 6.4 所示。

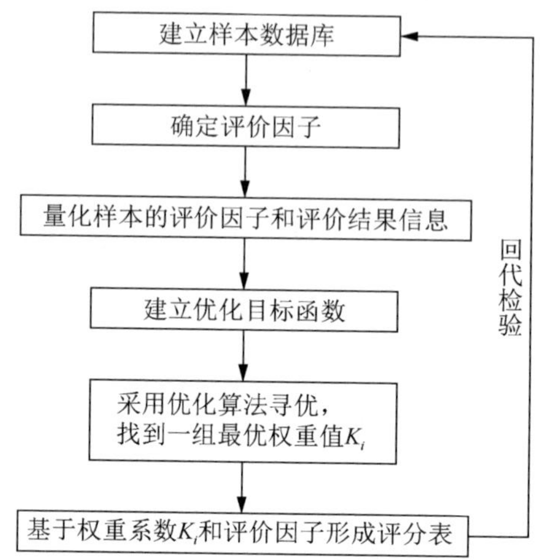

图 6.4　岩溶地面塌陷危险性评价的评分表形成路线图

1. 样本数据库信息的量化

如前所述，本节将收集到的 100 个典型岩溶地面塌陷危险性评价案例作为样本数据库，根据第 2 章的分析结果，选定基岩水埋深、覆盖层厚度、第四系底部隔水层隔水能力、基岩岩溶发育程度、距断层构造距离作为评价因子。

部分评价因子为定性指标，不能直接用于计算，因此需要按照统一的标准进行量化。本节采用等距离打分方法对样本数据库中的评价因子进行量化。具体量化依据见表 6.1 和表 6.2，量化结果见表 6.3。

表 6.1　评价因子赋分说明

评价因子	定义	赋分说明
X_1	基岩水埋深	当基岩水埋深与覆盖层厚度之差的绝对值小于等于 10m 时，取 3.3 分；当基岩水埋深大于覆盖层厚度，且其差值大于 10m 时，取 6.7 分；当覆盖层厚度大于基岩水埋深，且其差值大于 10m 时，取 10 分
X_2	覆盖层厚度	当覆盖层厚度为 15～55m 时，取 5 分；当覆盖层厚度小于 15m 或大于 55m 时，取 10 分
X_3	第四系底部隔水层隔水能力	当隔水能力差时，取 3.3 分；当隔水能力一般时，取 6.7 分；当隔水能力强时，取 10 分
X_4	基岩岩溶发育程度	当发育程度强烈时，取 3.3 分；当发育程度中等时，取 6.7 分；当发育程度不发育或弱发育时，取 10 分
X_5	距断层构造距离	当距离为 0～150m 时，取 5 分；当距离大于 150m 时，取 10 分

表 6.2　岩溶发育程度与第四系底部隔水层能力分级情况

变量属性分级	分级依据
岩溶强烈发育	1）基岩裂隙发育、破碎、强风化，钻孔过程中有掉卡钻、漏浆等情况； 2）基岩为奥陶系、蓟县系碳酸盐，裂隙发育，有溶洞； 3）基岩为寒武系碳酸盐，发现有超过 1m 的溶洞
岩溶中等发育	不能归入强烈发育、不发育和弱发育的情况
岩溶不发育或弱发育	1）基岩岩性为可溶岩，但岩溶裂隙不发育或局部发育，无溶洞； 2）基岩为非可溶岩
第四系底部隔水层能力强	隔水层厚度大于 3m，且稳定连续
第四系底部隔水层能力一般	隔水层厚度为 0.5～3m，分布不均匀
第四系底部隔水层能力差	隔水层厚度小于 0.5m 或无隔水层

注：分类依据为多条时，只要满足其一即可。

表 6.3　评价因子权重反分析样本数据

编号	基岩水埋深/m	覆盖层厚度/m	基岩顶面隔水层厚度/m	基岩岩溶发育程度	距断层构造距离/m	评价结果/分
1）	10.0	10.0	10.0	10.0	10.0	≥80
2）	3.3	5.0	3.3	3.3	5.0	<80
3）	3.3	10.0	6.7	6.7	10.0	≥80
4）	3.3	5.0	6.7	6.7	10.0	<80
5）	3.3	10.0	10.0	6.7	10.0	≥80
6）	6.7	5.0	10.0	6.7	5.0	≥80
7）	6.7	5.0	10.0	10.0	10.0	≥80
8）	10.0	10.0	10.0	10.0	10.0	≥80
9）	3.3	5.0	3.3	3.3	5.0	<80
10）	3.3	5.0	10.0	10.0	10.0	≥80
11）	6.7	10.0	10.0	10.0	10.0	≥80
12）	10.0	10.0	10.0	6.7	5.0	≥80
13）	10.0	10.0	10.0	6.7	10.0	≥80
14）	6.7	5.0	6.7	6.7	10.0	<80
15）	6.7	5.0	6.7	10.0	10.0	≥80
16）	6.7	10.0	6.7	10.0	10.0	≥80
17）	10.0	10.0	6.7	3.3	5.0	≥80
18）	10.0	10.0	10.0	3.3	5.0	≥80
19）	6.7	5.0	3.3	10.0	5.0	≥80
20）	10.0	10.0	10.0	3.3	10.0	≥80
21）	3.3	5.0	3.3	3.3	10.0	<80

续表

编号	基岩水埋深/m	覆盖层厚度/m	基岩顶面隔水层厚度/m	基岩岩溶发育程度	距断层构造距离/m	评价结果/分
22）	6.7	10.0	10.0	10.0	10.0	≥80
23）	6.7	5.0	6.7	10.0	10.0	≥80
24）	6.7	5.0	10.0	10.0	10.0	≥80
25）	3.3	5.0	6.7	3.3	10.0	<80
26）	3.3	5.0	6.7	3.3	10.0	<80
27）	6.7	5.0	3.3	3.3	10.0	<80
28）	10.0	10.0	3.3	3.3	5.0	<80
29）	10.0	10.0	6.7	6.7	5.0	≥80
30）	10.0	5.0	6.7	6.7	5.0	≥80
31）	6.7	10.0	6.7	6.7	10.0	≥80
32）	10.0	10.0	3.3	3.3	5.0	<80
33）	6.7	5.0	10.0	10.0	10.0	≥80
34）	6.7	10.0	10.0	6.7	10.0	≥80
35）	6.7	5.0	10.0	10.0	10.0	≥80
36）	6.7	10.0	10.0	10.0	10.0	≥80
37）	6.7	10.0	6.7	6.7	10.0	≥80
38）	6.7	5.0	6.7	10.0	5.0	≥80
39）	6.7	5.0	6.7	3.3	10.0	<80
40）	10.0	10.0	10.0	6.7	10.0	≥80
41）	3.3	5.0	3.3	3.3	5.0	<80
42）	10.0	10.0	10.0	6.7	10.0	≥80
43）	10.0	10.0	10.0	6.7	10.0	≥80
44）	6.7	5.0	3.3	3.3	10.0	<80
45）	10.0	5.0	10.0	10.0	10.0	≥80
46）	6.7	5.0	3.3	3.3	10.0	<80
47）	6.7	5.0	3.3	3.3	5.0	<80
48）	6.7	10.0	10.0	10.0	10.0	≥80
49）	6.7	5.0	3.3	10.0	10.0	≥80
50）	3.3	5.0	10.0	10.0	10.0	≥80
51）	3.3	5.0	3.3	3.3	5.0	<80
52）	3.3	5.0	6.7	3.3	5.0	<80
53）	6.7	5.0	6.7	6.7	5.0	≥80
54）	6.7	5.0	10.0	10.0	5.0	≥80
55）	3.3	5.0	10.0	6.7	5.0	≥80
56）	3.3	10.0	10.0	6.7	10.0	≥80
57）	3.3	10.0	3.3	3.3	10.0	<80

续表

编号	基岩水埋深/m	覆盖层厚度/m	基岩顶面隔水层厚度/m	基岩岩溶发育程度	距断层构造距离/m	评价结果/分
58）	10.0	10.0	10.0	6.7	5.0	≥80
59）	3.3	5.0	3.3	10.0	10.0	≥80
60）	10.0	10.0	3.3	10.0	5.0	≥80
61）	6.7	10.0	3.3	3.3	5.0	<80
62）	10.0	10.0	10.0	6.7	10.0	≥80
63）	6.7	5.0	3.3	3.3	5.0	<80
64）	6.7	5.0	3.3	3.3	5.0	<80
65）	6.7	5.0	6.7	10.0	5.0	≥80
66）	6.7	5.0	3.3	3.3	10.0	<80
67）	6.7	5.0	6.7	6.7	10.0	≥80
68）	10.0	5.0	10.0	10.0	10.0	≥80
69）	10.0	10.0	6.7	6.7	10.0	≥80
70）	6.7	5.0	10.0	10.0	10.0	≥80
71）	6.7	5.0	6.7	3.3	5.0	<80
72）	6.7	5.0	3.3	3.3	10.0	<80
73）	6.7	5.0	10.0	6.7	10.0	≥80
74）	6.7	5.0	3.3	3.3	10.0	<80
75）	6.7	5.0	10.0	10.0	5.0	≥80
76）	6.7	5.0	3.3	3.3	5.0	<80
77）	6.7	5.0	3.3	3.3	5.0	<80
78）	3.3	5.0	10.0	10.0	5.0	≥80
79）	3.3	5.0	3.3	3.3	5.0	<80
80）	3.3	5.0	10.0	6.7	5.0	≥80
81）	6.7	5.0	10.0	3.3	5.0	≥80
82）	6.7	5.0	10.0	10.0	10.0	≥80
83）	10.0	10.0	10.0	6.7	5.0	≥80
84）	6.7	5.0	10.0	3.3	10.0	≥80
85）	6.7	5.0	3.3	3.3	5.0	<80
86）	6.7	5.0	3.3	3.3	5.0	<80
87）	3.3	5.0	3.3	3.3	5.0	<80
88）	3.3	5.0	6.7	10.0	5.0	≥80
89）	3.3	5.0	6.7	10.0	10.0	≥80
90）	6.7	5.0	10.0	10.0	10.0	≥80
91）	6.7	5.0	3.3	3.3	10.0	<80
92）	6.7	5.0	3.3	3.3	5.0	<80
93）	6.7	10.0	10.0	10.0	5.0	≥80

续表

编号	基岩水埋深/m	覆盖层厚度/m	基岩顶面隔水层厚度/m	基岩岩溶发育程度	距断层构造距离/m	评价结果/分
94）	10.0	10.0	3.3	10.0	10.0	≥80
95）	6.7	5.0	10.0	3.3	5.0	≥80
96）	6.7	5.0	3.3	3.3	5.0	<80
97）	3.3	5.0	3.3	3.3	5.0	<80
98）	3.3	5.0	6.7	10.0	5.0	≥80
99）	3.3	5.0	3.3	3.3	5.0	<80
100）	3.3	5.0	3.3	3.3	5.0	<80

由样本收集成果可知，岩溶地面塌陷危险性评价结果可分为不易塌陷、易塌陷和极易塌陷 3 种情况。鉴于易塌陷是一种较难定义的中间状态，并且本节收集到的且实际存在的易塌陷样本较少（只有占总数的 8%），因此本节将危险性评价结果归纳为两类，即稳定和不稳定。稳定是指不易塌陷，不稳定是指易塌陷和极易塌陷。参考《铁路工程不良地质勘察规程》（TB 10027—2012）的做法，样本案例中场地评价结果为稳定时，其相应的量化分值为大于等于 80 分，评价结果为不稳定时，其相应的量化分值为小于 80 分。

2. 优化算法选择与优化目标函数

（1）优化算法选择

遗传算法是一类模拟自然界生物的进化规律演化而来的随机化搜索方法。它仿效生物的进化与遗传，从某一初始值群体出发，根据达尔文进化论中的生存竞争、优胜劣汰、适者生存的原则，借助复制、杂交、变异等操作，不断迭代计算，经过若干代的演化后，群体中的最优值逐步逼近最优解，直至最后达到全局最优，因此这种方法又称为进化算法。

本节选用遗传算法作为全局寻优算法，其主要特点如下：作为一种新的全局优化搜索算法，遗传算法以其简便实用、高效快捷、容错性强、稳健性强、适于并行处理等显著特点，在各类结构对象的优化过程中显示出明显的优势，并在各个领域得到了广泛应用，取得了良好效果，逐渐成为现代智能计算中的关键技术之一。遗传算法是一种全局最优方法，特别适用于多极值点的优化问题。遗传算法克服了传统方法易于陷入局部最优解的缺点，可以较快地搜索到全局最优解，且对目标函数的形态没有具体的要求，因而明显地优于传统的优化方法。

遗传算法可直接对结构对象进行操作，不存在求导和函数连续性的限定；具有内在的并行性和更好的全局寻优能力；采用概率化的寻优方法，能自动获取和指导优化的搜索空间，自适应地调整搜索方向，不需要确定的规则。遗传算法的这些性质已被人们广泛地应用于组合优化、机器学习、信号处理、自适应控制和人工生命等领域。

（2）优化目标函数

目标函数对优化结果有重要影响，其合理与否直接影响优化结果的合理性。权重反分析目标是找到一组权重值使依据这组权重和式（6.1）计算的得分与样本实例评价结果最大程度地吻合。本书采用的目标函数（即遗传算法中适应函数）为

$$\text{fitness} = \sum_{i=1}^{n} F_i \tag{6.2}$$

式中，F_i——0 或 1，当依据式（6.1）计算所得的 Y_i 与样本实例中的评价结果吻合时，F_i 取 1，否则取 0。

3. 基于反分析方法的评价因子权重

基于工程案例及分析所得的岩溶地面塌陷危险性评价因子的权重列于表 6.4。权重值大，代表其因素对于岩溶地面塌陷的形成相对更重要。由表 6.4 中的数据可知，5 个评价因子权重显著不同，其中对评价结果影响最大的是基岩岩溶发育程度，其次是第四系底部隔水层隔水能力，覆盖层厚度和基岩水埋深两者对评价结果的影响程度相当，而距断层构造距离则是最弱的影响因素。结合岩溶地面塌陷形成机制，分析上述现象可知，基岩岩溶发育越强烈、第四系底部隔水层隔水能力越弱，则越容易形成岩溶径流通道，因而它们是起决定性的两个因素，故其权重最大；基岩水埋深和覆盖层厚度则主要决定水是否能在基岩面附近上下波动，这两个因素在形成岩溶径流通道过程中起了重要的辅助作用；与断层构造距离之所以对岩溶地面塌陷形成与否影响最弱，是由于断层带附近的基岩常常比较破碎，会加剧基岩岩溶的发育程度，显然，当基岩不是可溶岩时断层因素对岩溶地面塌陷的形成没有影响。

表 6.4　基于工程案例反分析所得的岩溶地面塌陷危险性评价因子的权重

	基岩水埋深	覆盖层厚度	第四系底部隔水层隔水能力	基岩岩溶发育程度	距断层构造距离
评价因子权重	0.174	0.186	0.255	0.338	0.047

6.3.3 岩溶地面塌陷危险性评价的评分表

结合评价因子权重（表 6.4）和评价因子赋分说明（表 6.1）可得岩溶地面塌陷危险性评价的评分表（表 6.5）。依据表 6.5 对各评价因子打分并累加后所得分大于等于 80 分，则场地可判为稳定，得分总和小于 80 分则场地可判为不稳定。

表 6.5　岩溶地面塌陷危险性评价的评分表

评价因子	具体分级情况	得分
基岩水埋深	基岩水埋深与覆盖层厚度之差的绝对值小于 10m	8
	基岩水埋深大于覆盖层厚度，且其差值大于 10m	16
	覆盖层厚度大于基岩水埋深，且其差值大于 10m	23
覆盖层厚度	15～55m	12
	小于 15m 或大于 55m	25
第四系底部隔水层隔水能力	隔水能力差	11
	隔水能力一般	23
	隔水能力强	34
基岩岩溶发育程度	强烈	15
	中等	30
	不发育或弱发育	45
距断层构造距离	0～150m	3
	大于 150m	6

注：岩溶发育程度与第四系底部隔水层能力分级情况见表 6.2。

依据本节得出的评分表对案例样本进行评价并与实际评价结果对比，可得表 6.6。表 6.6 中实际得分≥80 分是指专家评价结果为稳定并且实际至今未发生塌陷，实际得分<80 分的含义为专家评价结果为不稳定或者实际已经出现塌陷。由表 6.6 可知，只有第 14 个实例评价有误（在表 6.6 中用黑体标识），剩余 99 例均评价正确。因此，本节提出的评分表对 100 个工程实例的岩溶地面塌陷危险性评价结果正确识别率为 99%，评价效果良好，值得进一步推广应用。

表 6.6　基于本节评分表评价结果与案例实际评价结果对比

序号	1	2	3	4	5	6	7	8	9	10
实际得分	≥80	<80	≥80	<80	≥80	≥80	≥80	≥80	<80	≥80
预测得分	133	49	92	79	103	95	113	133	49	105
序号	11	12	13	**14**	15	16	17	18	19	20
实际得分	≥80	≥80	≥80	**<80**	≥80	≥80	≥80	≥80	≥80	≥80
预测得分	126	115	118	**87**	102	115	89	100	87	103

续表

序号	21	22	23	24	25	26	27	28	29	30
实际得分	<80	≥80	>=80	≥80	<80	<80	<80	<80	≥80	≥80
预测得分	52	126	102	113	64	64	60	77	104	91
序号	31	32	33	34	35	36	37	38	39	40
实际得分	≥80	<80	≥80	≥80	≥80	≥80	≥80	≥80	<80	≥80
预测得分	100	77	113	111	113	126	100	99	72	118
序号	41	42	43	44	45	46	47	48	49	50
实际得分	<80	≥80	≥80	<80	≥80	<80	<80	≥80	≥80	≥80
预测得分	49	118	118	60	120	60	57	126	90	105
序号	51	52	53	54	55	56	57	58	59	60
实际得分	<80	<80	≥80	≥80	≥80	≥80	<80	≥80	≥80	≥80
预测得分	49	61	84	110	87	103	65	115	82	107
序号	61	62	63	64	65	66	67	68	69	70
实际得分	<80	≥80	<80	<80	≥80	<80	≥80	≥80	≥80	≥80
预测得分	70	118	57	57	99	60	87	120	107	113
序号	71	72	73	74	75	76	77	78	79	80
实际得分	<80	<80	≥80	<80	≥80	<80	<80	≥80	<80	≥80
预测得分	69	60	98	60	110	57	57	102	49	87
序号	81	82	83	84	85	86	87	88	89	90
实际得分	≥80	≥80	≥80	≥80	<80	<80	<80	≥80	≥80	≥80
预测得分	80	113	115	83	57	57	49	91	94	113
序号	91	92	93	94	95	96	97	98	99	100
实际得分	<80	<80	≥80	≥80	≥80	<80	<80	≥80	<80	<80
预测得分	60	57	123	110	80	57	49	91	49	49

6.3.4　小结

本节将岩溶地面塌陷危险性评价的因子权重确定问题视为参数反分析问题，以计算得分与实际评价结果吻合程度为目标，采用遗传算法全局寻优，获得了各评价因子的权重，进而建立了评分表，采用该评分表对 100 个工程实例的正确识别率可达 99%，因而认为该评分表评价效果良好，值得进一步推广应用。此外，该评分表也间接证明了本章所提出的采用反分析确定评价因子权重的方法的合理性与有效性。

6.4　基于 Logistic 回归模型的隐伏型岩溶地基稳定性评价新方法

目前常见的岩溶地面塌陷危险性评价方法包括经验法、理论分析法、数值法和统计学方法。经验法（也称为定性评价法）存在较大的主观性，岩溶地面塌陷危险性评价的影响因素复杂，各个评价区地质条件差异性大，一个地区的评价方法可能并不适合其他地区。理论分析法和数值法属于定量分析方法，然而其计算分析常引入诸多假设，参数的选取也过于粗糙，这些方法尚需更进一步研究以提高其可信度。近年以来，地理信息系统技术、模糊数学理论、灰色理论，以及包括神经网络、支持向量机在内的机器学习方法的应用，使岩溶地面塌陷危险性评价更趋科学化、合理化。然而，这些方法在影响因子权重赋值、学习参数选取、全局寻优等方面存在困难，并且不能从发生概率上对岩溶地面塌陷危险性做出预测和评价。

Logistic 回归分析常常被医学领域研究者用来探索某疾病的危险因素，根据危险因素预测某疾病发生的概率。近年来，研究人员已经将 Logistic 回归分析应用于岩土工程危险性评价研究领域，如边坡稳定性预测、矿井底板突水危险性预测、岩体分级、岩溶空间发育规律评价等，取得了良好的应用效果。

本章尝试将 Logistic 回归分析引入岩溶地面塌陷危险性评价中，以探索影响因子和岩溶地面塌陷危险性之间的关系。以唐山地区 100 个岩溶地面塌陷危险性评价案例为样本数据库，结合前面的研究和他人经验确定主要影响因素，并通过对比标度权重系数法将样本案例库量化赋分，进而建立岩溶地面塌陷危险性评价 Logistic 回归预测模型。

6.4.1 二分类 Logistic 回归基本原理

在科学研究中，经常需要探讨一个因变量 y 与一组自变量 x 之间的关系。当因变量 y 为连续型计量变量时，通常用各种线性或非线性模型建立统计联系。这类统计模型要求 y 具有独立的正态分布和方差齐性的性质。但在医学研究中，常遇到因变量 y 取值仅有两个二分类性质的资料，如发病和不发病、生存与死亡、事件发生与否等。显然，这类因变量 y 不满足正态分布的条件，这时要探讨因变量 y 与一组自变量 x 之间的关系，就可以用 Logistic 回归分析。

Logistic 回归是一种概率型模型，主要用于因变量为分类变量（如疾病的缓解、不缓解，评比中的好、中、差等）的回归分析，自变量可以为分类变量，也可以为连续变量。因变量为二分类的称为二分类 Logistic 回归，因变量为多分类的称为多元 Logistic 回归。

设因变量 y 为一个二分类事件，该事件发生时赋值为 1（$y=1$），否则 $y=0$。用 $P=P(y=1)$ 表示事件发生的概率，则 $1-P$ 为事件不发生的概率，做以下变换：

$$\log\mathrm{it}(P)=\ln\left(\frac{P}{1-P}\right) \tag{6.3}$$

式中，当 $P=1$ 时，$\log\mathrm{it}(P)=+\infty$；当 $P=0.5$ 时，$\log\mathrm{it}(P)=0$；当 $P=0$ 时，

$\operatorname{logit}(P)=-\infty$，因此 $\operatorname{logit}(P)$ 的取值范围为 $(-\infty,+\infty)$。

设有一组自变量 x，用 $\operatorname{logit}(P)$ 与 x 建立起回归关系为

$$\operatorname{logit}(P)=\beta_0+\beta_1 x \tag{6.4}$$

式中：β_0、β_1——待估计参数。

经过简单运算可得

$$\ln\left(\frac{P}{1-P}\right)=\beta_0+\beta_1 x \tag{6.5}$$

$$P=\frac{\mathrm{e}^{\beta_0+\beta_1 x}}{1+\mathrm{e}^{\beta_0+\beta_1 x}} \tag{6.6}$$

对于 m 个自变量 x_1、x_2、…、x_m，多个自变量的 Logsitic 回归模型即为

$$\ln\left(\frac{P}{1-P}\right)=\beta_0+\beta_1 x_1+\beta_2 x_2+\cdots+\beta_m x_m \tag{6.7}$$

$$P=\frac{\mathrm{e}^{\beta_0+\beta_1 x_1+\beta_2 x_2+\cdots+\beta_m x_m}}{1+\mathrm{e}^{\beta_0+\beta_1 x_1+\beta_2 x_2+\cdots+\beta_m x_m}} \tag{6.8}$$

式中：β_0、β_1、β_2、…、β_m——待估计参数。

跟一般的回归分析一样，建立了回归方程之后就要求各个待估计参数。如果样本能重复观测，则可得到各因素在某种水平状态组合下的发生概率，从而可利用最小二乘法计算回归系数。如果样本不能重复观测，如本节的岩溶地面塌陷问题，多个因素在某种水平状态组合下的样本只有一个，此时 P 要么为 1 要么为 0，直接把 1 和 0 代入 $\ln(P/1-P)$ 将无意义，可采用最大似然估计法来估计模型的参数。最大似然估计法的基本思路是寻找一组模型参数的估计值，在此参数估计值下，最有可能计算出样本数据中观察结果。最大似然估计法实现的主要步骤如下：先建立似然函数及对数似然函数，再通过对对数似然函数求导，并令其取值为 0 得到的系数即为参数的最大似然估计。具体来说，在 Logsitic 回归中的最大似然函数为

$$L=\prod_{i=1}^{n}\left[P_i^{Y_i}(1-P_i)^{Y_i}\right] \tag{6.9}$$

式中：L——似然值，其取值范围为 0～1；

Y_i——对于案例 i 来说所观察到的二分因变量的值；

P_i——案例 i 预测到的概率；

$\prod\limits_{i=1}^{n}$——将每一个案例的值相乘。

构造式（6.9）的目的是要找出待估计参数组 β（β_0、β_1、β_2、…、β_m）的值，使 P_i 能够最大化 L。而这个求解过程相当困难，一般将似然函数进行自然对数转换后再进行求解，即

$$\begin{cases} \ln L = \sum_{i=1}^{n} \left[Y_i \ln P_i + Y_i \ln(1 - P_i) \right] \\ \dfrac{\partial \ln L}{\partial \beta_j} = 0 \end{cases} \tag{6.10}$$

采用牛顿-拉弗森（Newton-Raphson）非线性迭代法可得到参数 β_j 的估计值 b_j，这个过程计算复杂，一般由计算机完成。

与线性回归类似，在 Logistic 回归中应尽量纳入对因变量有影响作用的变量，而将对因变量没有影响或影响较小的变量排除在模型之外。本节采用似然比检验和比分检验进行变量的加入选择，沃尔德（Wald）检验进行变量的剔除选择。似然比检验是通过比较是否包含某个或某几个参数 β_j 的多个模型的 D 值，即$-2\ln L$，来检验模型的预测效果。D 越小，模型预测效果越好。比分检验以未包含某个或某几个变量的模型为基础，保留模型中参数的估计值，并假设新增加的参数为 0，计算似然函数的一价偏导数（又称有效比分）及信息矩阵，将两者相乘，便得出比分检验的统计量 S。样本量较大时，S 近似服从自由度为待检验因素个数的 χ^2 分布，即

$$\chi^2_{\mathrm{LR}} = -2(\ln L_0 - \ln L_1) = (-2\ln L_0) - (-2\ln L_1) \sim \chi^2(p) \tag{6.11}$$

式中：L_1——似然函数，L_0 为比 L_1 多一个待检验变量的似然函数。

剔除选择一般使用沃尔德统计量 w（式 6.12），其原假设为 H_0：$\beta_j = 0$，备择假设为 H_1：$\beta_j \neq 0$，即检验某个因素是否与岩溶地面塌陷危险性评价结果显著相关。

$$w = \{b_j / \mathrm{SE}(b_j)\}^2 \sim \chi^2(1) \tag{6.12}$$

式中：$\mathrm{SE}(b_j)$——参数估计值 b_j 的渐进标准误差，参数估计值 b_j 是参数估计时获得的信息矩阵的逆矩阵的对角元素的平方根。

使用 Logistic 回归模型，应注意模型的一些假设条件：①数据必须来自随机样本；②因变量是分类变量；③模型对变量多元共线性很敏感，因此变量不能高度线性相关；④因变量 Y_i 被假设为 K 个自变量 X_{K_i} 的函数。

6.4.2　影响因子的选择与变量赋分

根据岩溶地面塌陷形成机制的分析结果，结合其他研究者的成果，选定的岩溶地面塌陷危险性评价的影响因子包括基岩水埋深、覆盖层厚度、第四系底部隔水层隔水能力、基岩岩溶发育程度、距断层构造距离。这些影响因子可分为两类变量：一类是在一定范围内连续取值的计量变量，如覆盖层厚度、距断层构造距离；另一类是有序离散属性变量。根据相关文献，计量变量运用聚类分析分成几个类别后分别赋分，有序离散属性变量根据实际情况分成若干个水平并分别赋分

较优。由于各因素与岩溶地面塌陷危险性之间的关系是非线性的，采用有序等距数量化赋分方法不太合理。借鉴张菊连等的做法，采用对比标度权重系数法，对各变量赋分。对比标度权重系数法克服了有序等距离量化的缺点：认为不利的评判因子能更多地影响岩溶地面塌陷的危险性，即相应的分值比线性递减情况减小更多。变量各水平赋分计算过程如下：

1）根据层次分析法，将某一因素的几个不同水平按照对岩溶地面塌陷危险性影响的相对大小进行排序。以岩溶发育程度为例，岩溶发育程度的排序情况为不发育或弱发育、中等发育、强烈发育。

2）按层次分析法对比标度规则（表 6.7）构造判断矩阵，岩溶发育情况的判断矩阵见表 6.8。

表 6.7　层次分析法对比标度规则

标度	含义
1	表示两水平相比，对岩溶地面塌陷，两水平具有同样重要性
3	表示两水平相比，对岩溶地面塌陷，某一水平比另一水平稍微重要
5	表示两水平相比，对岩溶地面塌陷，某一水平比另一水平重要
7	表示两水平相比，对岩溶地面塌陷，某一水平比另一水平明显重要
9	表示两水平相比，对岩溶地面塌陷，某一水平比另一水平极端重要

注：也可以取 2、4、6、8 表示两相邻判断中值。

表 6.8　岩溶发育程度判断矩阵

属性水平	强烈发育	中等发育	不发育或弱发育
强烈发育	1	1/5	1/9
中等发育	5	1	1/5
不发育或弱发育	9	5	1

3）按 $\boldsymbol{w}=w[w_j]$ 计算特征向量，则有

$$w_i=\sqrt[n]{\prod_{j=1}^{n}a_{ij}} \tag{6.13}$$

式中：a_{ij}——判断矩阵中的元素，i、j=1～3。

由式（6.13）可得到的岩溶发育特征向量 $\boldsymbol{w}$ =（0.281　1.0　3.557）。

4）归 10 化处理

$$r_i=10w_i/w_3 \tag{6.14}$$

归 10 化的目的是使用 10 分制对变量进行赋分。赋予最有利条件岩溶不发育或弱发育 10 分，其他分值按式（6.14）进行折减，得到岩溶发育 3 种水平下对应的分值 r =0.8、2.8、10。

表 6.9～表 6.12 给出了其他影响因子的分级判断矩阵。

表 6.9　基岩水埋深判断矩阵

属性水平	基岩水埋深与覆盖层厚度之差的绝对值小于 10m	基岩水埋深大于覆盖层厚度，且其差值大于 10m	覆盖层厚度大于基岩水埋深，且其差值大于 10m
基岩水埋深与覆盖层厚度之差的绝对值小于 10m	1	1/5	1/7
基岩水埋深大于覆盖层厚度，且其差值大于 10m	5	1	1/5
覆盖层厚度大于基岩水埋深，且其差值大于 10m	7	5	1

表 6.10　覆盖层厚度判断矩阵

属性水平	15～55m	小于 15m 或大于 55m
15～55m	1	1/7
小于 15m 或大于 55m	7	1

表 6.11　第四系底部隔水层隔水能力判断矩阵

属性水平	隔水能力差	隔水能力一般	隔水能力强
隔水能力差	1	1/5	1/7
隔水能力一般	5	1	1/5
隔水能力强	7	5	1

表 6.12　距断裂距离判断矩阵

属性水平	0～150m	大于 150m
0～150m	1	1/7
大于 150m	7	1

依据变量赋分说明表，可以将岩溶地面塌陷危险性评价案例集量化为 Logistic 回归样本数据，见表 6.13。

表 6.13　Logistic 回归样本数据

编号	基岩水埋深/m	覆盖层厚度/m	第四系底部隔水层隔水能力/m	基岩岩溶发育程度	距断层构造距离/m	危险性评价结果
1	10.0	10.0	10.0	10.0	10.0	1
2	0.9	1.4	0.9	0.8	1.4	0
3	0.9	10.0	3.0	2.8	10.0	1

续表

编号	基岩水埋深/m	覆盖层厚度/m	第四系底部隔水层隔水能力/m	基岩岩溶发育程度	距断层构造距离/m	危险性评价结果
4	0.9	1.4	3.0	2.8	10.0	0
5	0.9	10.0	10.0	2.8	10.0	1
6	3.0	1.4	10.0	0.8	1.4	0
7	3.0	1.4	10.0	10.0	10.0	1
8	10.0	10.0	10.0	10.0	10.0	1
9	0.9	1.4	0.9	0.8	1.4	0
10	0.9	1.4	10.0	10.0	10.0	1
11	3.0	10.0	10.0	10.0	10.0	1
12	10.0	10.0	10.0	2.8	1.4	1
13	10.0	10.0	10.0	2.8	10.0	1
14	3.0	1.4	3.0	2.8	10.0	0
15	3.0	1.4	3.0	10.0	10.0	1
16	3.0	10.0	3.0	10.0	10.0	1
17	10.0	10.0	3.0	0.8	1.4	1
18	10.0	10.0	10.0	0.8	1.4	1
19	3.0	1.4	0.9	10.0	1.4	1
20	10.0	10.0	10.0	0.8	10.0	1
21	0.9	1.4	0.9	0.8	10.0	0
22	3.0	10.0	10.0	10.0	10.0	1
23	3.0	1.4	3.0	10.0	10.0	1
24	3.0	1.4	10.0	10.0	10.0	1
25	0.9	1.4	3.0	0.8	10.0	0
26	0.9	1.4	3.0	0.8	10.0	0
27	3.0	1.4	0.9	0.8	10.0	0
28	10.0	10.0	0.9	0.8	1.4	0
29	10.0	10.0	3.0	2.8	1.4	1
30	10.0	1.4	3.0	2.8	1.4	1
31	3.0	10.0	3.0	2.8	10.0	1
32	10.0	10.0	0.9	0.8	1.4	0
33	3.0	1.4	10.0	10.0	10.0	1
34	3.0	10.0	10.0	2.8	10.0	1
35	3.0	1.4	10.0	10.0	10.0	1
36	3.0	10.0	10.0	10.0	10.0	1
37	3.0	10.0	3.0	2.8	10.0	1
38	3.0	1.4	3.0	10.0	1.4	1
39	3.0	1.4	3.0	0.8	10.0	0

续表

编号	基岩水埋深/m	覆盖层厚度/m	第四系底部隔水层隔水能力/m	基岩岩溶发育程度	距断层构造距离/m	危险性评价结果
40	10.0	10.0	10.0	2.8	10.0	1
41	0.9	1.4	0.9	0.8	1.4	0
42	10.0	10.0	10.0	2.8	10.0	1
43	10.0	10.0	10.0	2.8	10.0	1
44	3.0	1.4	0.9	0.8	10.0	0
45	10.0	1.4	10.0	10.0	10.0	1
46	3.0	1.4	0.9	0.8	10.0	0
47	3.0	1.4	0.9	0.8	1.4	0
48	3.0	10.0	10.0	10.0	10.0	1
49	3.0	1.4	0.9	10.0	10.0	1
50	0.9	1.4	10.0	10.0	10.0	1
51	0.9	1.4	0.9	0.8	1.4	0
52	0.9	1.4	3.0	0.8	1.4	0
53	3.0	1.4	3.0	2.8	1.4	1
54	3.0	1.4	10.0	10.0	1.4	1
55	0.9	1.4	10.0	2.8	1.4	1
56	0.9	10.0	10.0	2.8	10.0	1
57	0.9	10.0	0.9	0.8	10.0	0
58	10.0	10.0	10.0	2.8	1.4	1
59	0.9	1.4	0.9	10.0	10.0	1
60	10.0	10.0	0.9	10.0	1.4	1
61	3.0	10.0	0.9	0.8	1.4	0
62	10.0	10.0	10.0	2.8	10.0	1
63	3.0	1.4	0.9	0.8	1.4	0
64	3.0	1.4	0.9	0.8	1.4	0
65	3.0	1.4	3.0	10.0	1.4	1
66	3.0	1.4	0.9	0.8	10.0	0
67	3.0	1.4	3.0	2.8	10.0	1
68	10.0	1.4	10.0	10.0	10.0	1
69	10.0	10.0	3.0	2.8	10.0	1
70	3.0	1.4	10.0	10.0	10.0	1
71	3.0	1.4	3.0	0.8	1.4	0
72	3.0	1.4	0.9	0.8	10.0	0
73	3.0	1.4	10.0	2.8	10.0	1
74	3.0	1.4	0.9	0.8	10.0	0
75	3.0	1.4	10.0	10.0	1.4	1

续表

编号	基岩水埋深/m	覆盖层厚度/m	第四系底部隔水层隔水能力/m	基岩岩溶发育程度	距断层构造距离/m	危险性评价结果
76	3.0	1.4	0.9	0.8	1.4	0
77	3.0	1.4	0.9	0.8	1.4	0
78	0.9	1.4	10.0	10.0	1.4	1
79	0.9	1.4	0.9	0.8	1.4	0
80	0.9	1.4	10.0	2.8	1.4	1
81	3.0	1.4	3.0	0.8	1.4	1
82	3.0	1.4	10.0	10.0	10.0	1
83	10.0	10.0	10.0	2.8	1.4	1
84	3.0	1.4	3.0	0.8	10.0	1
85	3.0	1.4	0.9	0.8	1.4	0
86	3.0	1.4	0.9	0.8	1.4	0
87	0.9	1.4	0.9	0.8	1.4	0
88	0.9	1.4	3.0	10.0	1.4	1
89	0.9	1.4	3.0	10.0	10.0	1
90	3.0	1.4	10.0	10.0	10.0	1
91	3.0	1.4	0.9	0.8	10.0	0
92	3.0	1.4	0.9	0.8	1.4	0
93	3.0	10.0	10.0	10.0	1.4	0
94	10.0	10.0	0.9	10.0	10.0	1
95	3.0	1.4	10.0	0.8	1.4	1
96	3.0	1.4	0.9	0.8	1.4	0
97	0.9	1.4	0.9	0.8	1.4	0
98	0.9	1.4	3.0	10.0	1.4	1
99	0.9	1.4	0.9	0.8	1.4	0
100	0.9	1.4	0.9	0.8	1.4	0

6.4.3　岩溶地面塌陷危险性预测的二分类 Logistic 回归模型

根据前面所述的基本原理，将选定的 5 个因子变量代入对数似然函数 $\ln(L)$，利用牛顿-拉弗森法求解 $\ln(L)$ 值最大时对应的一组系数，这组系数能使预测结果最大限度地接近实际情况。岩溶地面稳定（即岩溶地面塌陷风险性小），P=1；岩溶地面不稳定（即岩溶地面塌陷风险性大），P=0。

将求得的系数回代入式（6.7），即可得到岩溶地面塌陷危险性预测的二分类 Logistic 回归模型为

$$\ln[P/(1-P)] = 0.328x_1 + 0.064x_2 + 0.34x_3 + 0.632x_4 + 0.16x_5 - 5.237 \quad (6.15)$$

式中：X_1——基岩水埋深；

X_2——覆盖层厚度；

X_3——第四系底部隔水层隔水能力；

X_4——岩基岩溶发育程度；

X_5——距断层构造距离。

从回归系数可以看出，X_1、X_2、X_3、X_4、X_5 的分值越小，则岩溶地面不塌陷的可能性越大，即待评估区越稳定。具体而言，可以从发生比和发生优势比率来解释回归系数。发生比（odds）是指岩溶地面稳定概率与不稳定概率的比值。发生优势比率（OR）表示某一变量增加或减少一分，岩溶地面稳定的概率发生比增加或减小的倍数，该指标反映出某因素对岩溶地面危险性的影响程度。

$$\text{odds}(x) = P/(1-P) = \exp(0.328x_1 + 0.064x_2 + 0.34x_3 + 0.632x_4 + 0.16x_5 - 5.237) \tag{6.16}$$

$$\text{OR}=\frac{\text{odds}(x+1)}{\text{odds}(x)} \tag{6.17}$$

按式（6.17）分别计算了各因子的发生优势比率为 $\text{OR}_1 = e^{0.328} = 1.39$、$\text{OR}_2 = e^{0.064} = 1.07$、$\text{OR}_3 = e^{0.34} = 1.41$、$\text{OR}_4 = e^{0.064} = 1.88$、$\text{OR}_2 = e^{0.16} = 1.17$。上述结果表明，基岩水埋深、覆盖层厚度、第四系底部隔水层隔水能力、岩溶发育程度、距断层构造距离等变量的分值每升高 1 分，岩溶地面稳定的概率发生比为原水平的 1.39、1.07、1.41、1.88、1.17 倍。由此也看出，5 个因子对岩溶地面稳定影响的重要性排序为基岩岩溶发育程度、第四系底部隔水层隔水能力、基岩水埋深、距断层构造距离、覆盖层厚度。将上述因子重要性排序与 6.3 节权重反分析结果对比可知，前 3 个因子排序一致，两者只在最后两项排序上有所不同。

模型建立后，需从拟合优度、预测能力及模型稳定性等方面进行检验。

1. 模型拟合优度检验

拟合优度检验是检验来自总体中的一类数据的分布是否与某种理论分布相一致的统计方法。最大对数似然值、Cox-Snell 拟合优度值及 Nagelkerke 拟合优度值可用于检验模型的整体拟合效果。

似然（likelihood）即概率，是指自变量观测值预测因变量观测值的概率。对数似然值（log likelihood，LL）是似然的自然对数形式，由于似然的取值范围为 [0，1]，其对数值为负数，对数似然值的取值范围为 $-\infty$ ～0。Logistic 模型的估计一般采用的是最大似然法，通过最大似然法估计的迭代算法计算得到对数似然值。由于-2LL 近似服从卡方分布且在统计检验上更为方便，因此-2LL 可用于检验 Logistic 回归的显著性。由表 6.14 可知，-2LL 值为 48.441，卡方临界值 CHIINV（0.05，2）=11.07，-2LL 值大于卡方临界值，因此最大对数似然值检验通过。

表 6.14　模型拟合优度检验

最大对数似然值（−2LL）	Cox-Snell R^2	Nagelkerke R^2
48.441	0.582	0.787

另外，Cox-Snell R^2 是在似然值基础上模仿线性回归模型的 R^2 解释 Logistic 回归模型，一般小于 1。其计算公式为

$$R^2 = 1 - [L(0)/L(\hat{\beta})]^2 \tag{6.18}$$

式中：$L(0)$ ——初始模型的似然值；

$L(\hat{\beta})$ ——当前模型的似然值。

为了对 Cox-Snell R^2 进一步调整，使其取值范围为 0～1，Nagelkerke 把 Cox-Snell R^2 除以它的最大值，即

$$R_{\mathrm{N}}^2 = R^2 / \max(R^2) \tag{6.19}$$

式中：$\max(R^2) = 1 - [L(0)]^2$。

Cox-Snell 及 Nagelkerke 拟合优度值越接近于 1 表明模型拟合优度越高，而越接近于 0 则表明模型拟合优度越低。由表 6.14 中 Cox-Snell R^2 和 Nagelkerke R^2 值可知，本节模型拟合效果良好。

2. 模型预测能力评价

模型拟合优度好，仅仅说明当前数据中的信息已经被充分提取，但并不能说明模型用于预测的效果就一定好，因此还需进行模型预测能力评价。

受试者工作特征 ROC（receiver operating characteristic）曲线可用于检验 Logistic 回归模型的预测或诊断能力。ROC 曲线是以诊断资料的 1-特异度（specificity）为横轴、敏感度（sensitivity）为纵轴所绘制的曲线。ROC 曲线越凸向左上角的顶点，ROC 曲线下面积（area under the curve of ROC，AUC）值越接近于 1，模型的预测能力就越好。

采用 SPSS 软件以 Logistic 模型预测概率为检验变量，以样本实际分类情况为标准进行了 ROC 分析，结果如图 6.5 和表 6.15 所示，AUC=0.968，可知本节建立的 Logistic 二分类模型的预测能力较强。

另外一种评价预测能力的方法是设置概率界限，通过比较预测概率与概率界限的大小来预测事件是否发生，再与实际观测结果进行比较来评价模型的预测能力。一般以 0.5 为概率界限：预测概率小于 0.5，认为岩溶地面塌陷的发生风险性大，给出场地不稳定的评价；预测概率大于 0.5，认为岩溶地面塌陷发生的风险性小，给出场地稳定的评价；预测概率等于 0.5，则处于临界状态。由表 6.16 的结果可以看出，岩溶地面塌陷危险性判断的正确率为 96%，其中不稳定场区预测的正确率为 95.1%，稳定场区预测的正确率为 96.6%。

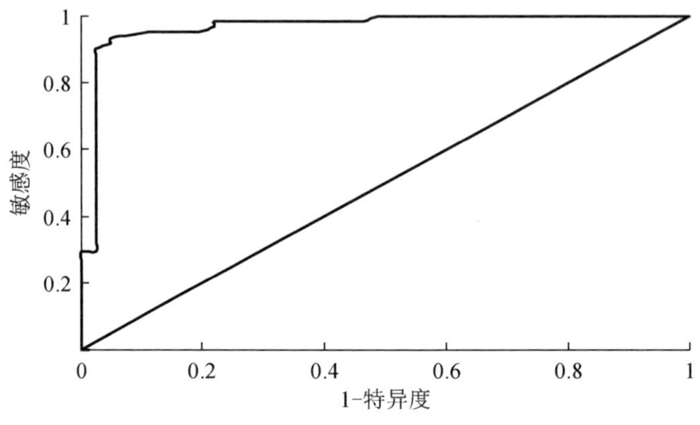

图 6.5　ROC 曲线

表 6.15　ROC 曲线下面积

面积	标准误差①	显著性水平②	渐近 95%置信区间	
			下限	上限
0.968	0.019	0.000	0.930	1.000

① 在非参数假设下。

② 零假设：实面积= 0.5。

表 6.16　模型预测能力评价

项目	0（预测）	1（预测）	正确率/%
0（实际）	39	2	95.1
1（实际）	2	57	96.6
综合	41	59	96

注：0 表示地面不稳定；1 表示地面稳定。

3. 模型稳定性检验

预测模型不能因为添加或减少几个样本而发生较大的变化，即模型应具备良好的稳定性。在岩溶地面塌陷危险性评价案例集中去掉 6 个样本（3 个评价结果为稳定的，3 个评价结果为不稳定的）用剩下的 94 个样本建立预测模型（模型 2)，其系数见表 6.17。模型 2 也通过了拟合优度检验，综合预测准确率为 93.6%，表明模型 2 也具有良好的性能。令 100 个样本建立的预测模型为模型 1[见式(6.15)]，比较两个模型的系数（表 6.17)：系数比值为 0.85～1.17，表明两模型系数基本相同，模型基本一致。图 6.6 为两模型分别对 100 个评价案例预测的结果，可以看出，除 8 个样本预测结果相差较大（其中最大概率差为 14.3%），剩余样本预测结果几乎完全相同，表明模型 1 具有良好的稳定性。

表 6.17 模型 1 与模型 2 系数比较

影响因子	模型 1（100 个样本）	模型 2（94 个样本）	系数比值
X_1	0.328	0.384	1.17
X_2	0.064	0.066	1.03
X_3	0.34	0.29	0.85
X_4	0.632	0.619	0.98
X_5	0.16	0.165	1.03

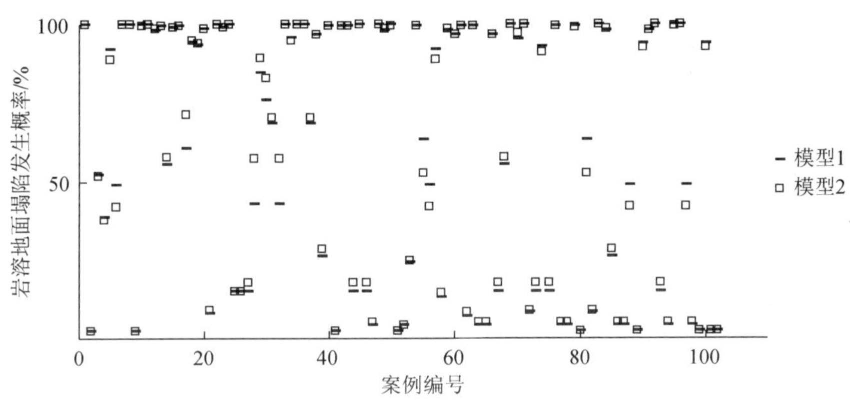

图 6.6 模型 1 与模型 2 预测结果的比较

6.4.4 岩溶地面塌陷危险性分级

按岩溶地面塌陷发生概率［即依据式（6.15）计算得到的不稳定概率 $1-P$］对岩溶地面塌陷危险性进行分级。由岩溶地面塌陷发生频率与预测概率关系（图 6.7），可将岩溶地面危险性划分为 3 个级别，结合工程经验给出了不同级别下的处置措施，见表 6.18。

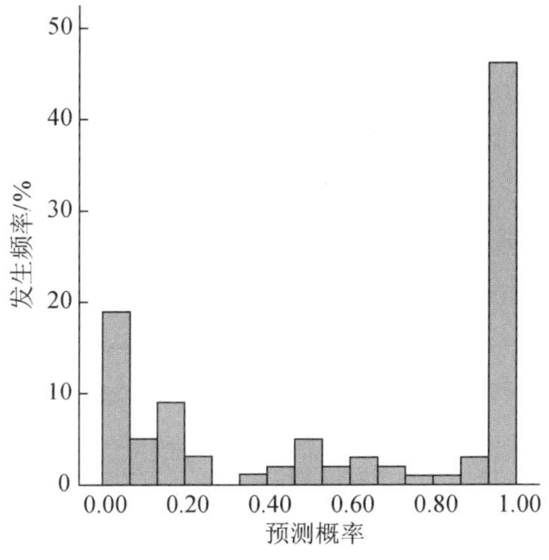

图 6.7 岩溶地面塌陷发生频率与预测概率关系

表 6.18　危险性分级表

危险性级别	破坏概率/%	描述	处置措施
不易塌陷	0～20	岩溶地面塌陷的风险小	无须处理
易塌陷	20～80	岩溶地面塌陷的风险中等	加强地下水水位和地表沉降监测
极易塌陷	80～100	岩溶地面塌陷的风险大	采用注浆或桩基础等方法进行处理

6.4.5　工程应用

唐山市某住宅区位于唐山市中心，属于浅埋岩溶区，岩溶裂隙发育，曾多次发生岩溶地面塌陷。为查明该区岩溶的发育情况及危害程度，业主决定进行岩溶勘察工作，以综合评价区内岩溶发育及危害程度，提出防治对策与实施方案。

基于拟评价区的勘察报告及城市岩溶勘察信息系统中所查询得到的信息，以基岩类型、土洞发育等情况为依据将其划分为 A、B 两个岩溶塌陷地质灾害评价区（A 区和 B 区）。

A 区的工程地质、水文地质概况如下：基岩为古生界寒武系泥灰岩夹鲕状灰岩及灰岩，大部分基岩破碎，岩溶较发育，有开口型溶洞，揭露最大高度为 3.5m（钻孔线溶洞率 1.8%～25.4%，线溶洞率平均为 12.5%，洞高 0.2～3.5m，溶洞被可塑黏性土填充），基岩裂隙水埋深约为 60m，第四系地下水形成降落漏斗，第四系地层厚度为 30～35m，瑞雷波勘探结果显示第四系底部局部出现土洞，钻探过程中部分钻孔有漏液、漏浆现象。在场区西侧约 600m 和场区东侧约 1800m 处各有一条北东向的断裂通过。

B 区的工程地质、水文地质概况如下：第四系地层厚度为 20～35m，基岩裂隙水埋深约为 60m，基岩性以寒武系泥灰岩为主，岩溶裂隙较发育，但未发现溶洞，第四系力学性质及层序正常，未发现土洞，基岩顶部破碎化成泥质，隔水性好。在场区西侧约 600m 和场区东侧约 1800m 处各有一条北东向的断裂通过。

根据变量赋分说明表（表 6.11）对影响因子进行赋分，结果见表 6.19，将各变量分值代入式（6.15），可得该区域的岩溶地面塌陷概率（表 6.19），进而依据表 6.18 给出危险性分级。可知，A 区发生岩溶地面塌陷的风险大，应采取注浆、桩基础等工程措施进行处理；B 区发生岩溶地面塌陷的风险小，可不进行处理。

表 6.19　唐山市某住宅区岩溶地面塌陷危险性评价表

拟评价区域	影响因子得分					塌陷概率/%	危险性分级
	基岩水埋深 X_1	覆盖层厚度 X_2	第四系底部隔水层隔水能力 X_3	岩溶发育程度 X_4	距断层构造距离 X_5		
A 区	3	1.4	0.9	0.8	10	85.2	极易塌陷
B 区	3	1.4	10	2.8	10	6.9	不易塌陷

6.4.6 小结

本节将 Logistic 回归分析引入岩溶地面塌陷危险性评价中，以探索影响因子和岩溶地面塌陷危险性评价结果之间的关系。以唐山地区 100 个岩溶地面塌陷危险性评估案例为样本数据库，结合前文岩溶塌陷形成机制研究确定影响因素，建立了岩溶地面塌陷危险性评价回归预测模型。该模型通过了拟合优度、回归系数显著性等多项检验，预测能力强，预测结果与实际情况吻合度良好。以唐山市某住宅区为例，说明了本节提出的岩溶地面塌陷危险性评价方法的使用过程。本节所提出模型评价因子获取容易，使用简单、方便，能对定性因素进行定量分析。因此本章提出的岩溶地面塌陷危险性评价 Logistic 回归模型值得进一步推广和应用。

6.5 基于云模型的隐伏型岩溶地基稳定性评价新方法

19 世纪，以牛顿理论为代表的确定论科学，创造了精确描绘世界的方法，在很长的时期内统治了人们对世界的认知。然而，随着科学的发展，确定论思想在越来越多的研究领域中遇到了困难，如分子热运动的研究。当自然科学进入由大量要素组成的多自由度体系时，确定论不再有效。人们开始把随机性引入物理学，建立了统计力学。而量子力学则进一步揭示了不确定性是自然界的本质属性。李德毅院士指出："客观世界的不确定性不是由于我们的无知或者知识不完备造成的过渡状态，而是自然界本质特性的客观反映，是客观世界中的一种真实存在，是一种存在于宇宙间的自然状态。"不仅客观世界具有不确定性，客观世界在人脑中的映射，即主观世界也有不确定性。因此，人类在认知过程中表现出的智能和认知，不可避免地伴随着不确定性。

不确定性有两种：一种是有明确的定义但不一定出现的事件中包含的不确定性，称为随机性；另一种是已经出现但难以精确定义的事件中包含的不确定性，称为模糊性。自然界和社会科学中存在大量的具有不确定性的概念。例如，天气预报明天下中雨，由于天气预报本身的复杂性，该预报可能成真也可能不会发生，因此这是其随机性的表现。第二天若真下雨了，但是否就一定是中雨则可能见仁见智，难以达成一致。精确数字王国中给出中雨的定义对其阈值就会存在一定的争议，因此中雨这一概念存在精确定义的困难，这是其模糊性的体现。

在岩溶地面塌陷危险性评价实践中，人们也常常会遇到数据和指标的模糊性和随机性问题：①岩溶地面塌陷成因机制复杂，评价因子与评价结果之间的关系呈现高度非线性，导致众多实测评价因子常常不能同时满足某一等级标准，即岩溶地面塌陷危险性评价表现出一定的随机性；②观测、计算误差的存在，导致评价因子的实测值在评价标准阈值附近时，会存在评价结果亦此亦彼的现象，即岩溶地面塌陷危险性评价具有模糊性特征。李德毅院士提出的云模型理论则擅长综合考虑事件的模糊性与随机性。因此，本章基于云模型理论采用权重反分析法确定各评价因子权重，建立了岩溶地面塌陷危险性评价的新方法，综合考虑了评价过程中的模糊性和随机性，并以实例检验了该方法的可行性与有效性。

6.5.1 云模型理论简介

云模型是李德毅院士从不确定性知识入手，提出的一种用于定性知识与定量知识之间转换的认知模型，该模型已在数据挖掘、智能控制与围岩分类、岩爆分级、边坡稳定性分级等多个领域得到应用。

1. 云的定义

云的定义是云模型理论的核心概念。

设 U 是一个用精确数值表示的定量论域，C 是 U 上的一个定性概念，若定量值 $x \in U$，且 x 是定性概念 C 的一次随机实现，x 对 C 的确定度 $\mu(x) \in [0, 1]$是有稳定倾向的随机数，则有

$$\mu: \to [0, 1] \qquad \forall x \in U \qquad x \to \mu(x)$$

则 x 在论域 U 上的分布称为云，每一个 x 称为一个云滴。

由云的定义可知，云可以实现某一定性概念与其定量表示之间的不确定性转化，反映了模糊性和随机性的相互关联，构成定性知识和定量知识之间的映射。云滴的确定度反映模糊性，该值本身也是个随机值，可用概率分布函数表示。在论域空间，由大量云滴构成云，表征某一定性概念。

2. 云模型的数字特征

对于某一定性概念，云模型是用云的数字特征来整体表征的。云的数字特征包括期望 E_x、熵 E_n 和超熵 H_e。

1）期望 E_x 是云滴在论域空间分布中的数学期望，是定性概念的基本确定性的度量。通俗地说，E_x 是最能代表定性概念的点或是这个概念量化的最典型样本。

2）熵 E_n 是定性概念的不确定性度量，由概念的随机性和模糊性共同决定：一方面，熵是定性概念随机性的度量，反映了能够代表这个定性概念的云滴的离散程度；另一方面，熵又是隶属于这个定性概念的度量，决定了论域空间中可被概念接受的云滴的确定度。用同一个数字特征来表现随机性和模糊性，反映了它们之间的关联性。

3）超熵 H_e 是熵的熵，即熵的不确定性度量，也可以称为二阶熵。对于一个常识性概念，被普遍接受的程度越高，超熵越小；对于一个在一定范围内能够接

受的概念，超熵较小；对于还难以形成共识的概念，则超熵较大。超熵的引入为常识知识的表示和度量提供了手段。

从数学的角度延伸下去，还可以包括三阶熵、四阶熵等，形成高阶云。

云模型用三个数字特征表征概念，这和概率论中使用期望、方差、高阶矩等数字特征表示随机性是一脉相承的，但云模型还考虑了模糊性。与模糊集合中用隶属度表示模糊性相比，云模型考虑了隶属度的随机性；与粗糙集用基于知识背景下的上近似、下近似两个集合度量不确定性相比，云模型考虑了背景知识的不确定性。

3. 云模型的实现

云模型包括正向云和逆向云两类基本算法：正向云算法实现从用数字特征表示的定性概念到定量的数据集合的转换，是从内涵到外延的转换；逆向云算法试图实现从一组样本数据集合去获取表示定性概念的数字特征，是从外延到内涵的转换。

云模型的实现方法可以有多种，基于不同的概率分布可以构成不同的云，但最常用的是基于高斯分布的高斯云。

本节采用了正向高斯云模型，其定义如下：设 U 是一个用精确数值表示的定量论域，C（E_x，E_n，H_e）是 U 上的定性概念，若定量值 x（$x \in U$）是定性概念 C 的一次随机实现，服从以 E_x 为期望、$E_{n'}^2$ 为方差的高斯分布 $x \sim N$（E_x，$E_{n'}^2$）；其中 $E_{n'}$ 又是服从以 E_n 为期望、H_{e^2} 为方差的高斯分布 $E_{n'} \sim N$（E_n，H_{e^2}）的一次随机实现；进而，x 对 C 的确定度满足：

$$\mu = \exp\left(\frac{-(x-E_x)^2}{2E_{n'}^2}\right) \tag{6.20}$$

则 x 在论域 U 上的分布成为高斯云。

正向高斯云的算法实现步骤如下：

1）生成以 E_n 为期望值、H_{e^2} 为方差的一个高斯随机数 E'_{ni}=NORM（E_n，H_{e^2}）。

2）生成以 E_x 为期望值、$E_{n'_i}^2$ 为方差的一个高斯随机数 x_i= NORM（E_x，$E_{n'}^2$）。

3）计算 $\mu_i = \exp\left[\frac{-(x-E_x)^2}{2E_{n'_i}^2}\right]$。

4）具有确定度 μ_i 的 x_i 成为数域中的一个云滴。

5）重复步骤 1）～4），直至产生 N 个云滴为止。

6.5.2　基于云模型的岩溶地面塌陷危险性评价方法

1. 基本思路

若把岩溶地面塌陷危险性级别视为一个自然语言的概念，对应映射成一朵云，并假设待评样本的实测数据隶属于某一危险性等级的确定度 μ 服从高斯分布，则基于云模型的岩溶地面塌陷危险性评价方法的实现流程如下：首先，收集工程实例，并确定岩溶地面塌陷危险性评价因子和分级标准，计算相应等级的云数字特征（E_x，E_n，H_e），进而基于熵 E_n 和超熵 H_e 生成高斯分布随机数以构成云的云滴，并由正向高斯云算法生成该评价因子隶属于某危险性级别的云模型。然后，采用权重反分析法确定各评价因子的权重。最后，基于待评测样本的实测数据，计算每种评价指标属于各个级别的确定度，将所得的确定度与其相应的权重值相乘并累加即得该待评测样本属于某一级别的综合确定度，由综合确定度最大值确定所对应的危险性级别，具体流程如图 6.8 所示。

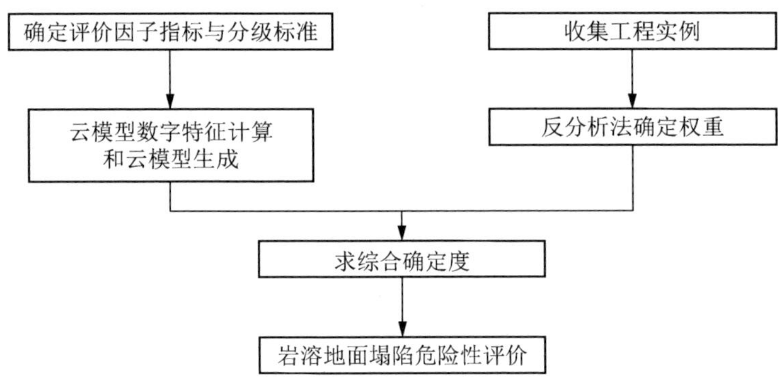

图 6.8　基于云模型的岩溶地面塌陷危险性分类流程图

2. 评价因子的选择与分级标准

根据前面介绍的岩溶地面塌陷形成机制的分析，确定的岩溶地面塌陷主要影响因素包括基岩水埋深情况、覆盖层厚度、第四系底部隔水层隔水能力、基岩岩溶发育程度、距断层构造距离。由对评价因子权重的研究结果可知，距断层构造距离的因素对岩溶地面塌陷影响程度很小，因此本章将其从评价因子中剔除。

参考相关文献，并结合本节的研究实际，确定了岩溶地面塌陷危险性分级标准，见表 6.20。需要特别说明的是，分级表中上限值是样本上限值，即是依据笔者在唐山市搜集的 100 个岩溶地面塌陷危险性评价案例数据库中出现的上限值确定的。例如，第四系厚度大于 55m 时不易塌陷，理论上讲厚度越大越不易形成塌陷，但实际工程中也不会是无限大，应有一个上限值，因此本节将案例中出现的极值 200m 选定为该分级标准上限值。

表 6.20　岩溶地面塌陷危险性分级标准

危险性级别	简称	岩溶水埋深与第四系覆盖层厚度之差的绝对值/m	第四系覆盖层厚度/m	第四系底部隔水层厚度/m	线岩溶率/%
不易塌陷	I	20～30	55～200	3～15	0～3

续表

危险性级别	简称	岩溶水埋深与第四系覆盖层厚度之差的绝对值/m	第四系覆盖层厚度/m	第四系底部隔水层厚度/m	线岩溶率/%
易塌陷	II	10～20	15～55	1～3	3～10
极易塌陷	III	0～10	0～15	0～1	10～30

注：若实际值位于表中所列范围之外，则其评价值为边界值；如线岩溶率为 50%，则其评价值为 30%。其他情况以此类推。

3. 评价因子云模型的生成

按云模型原理可知，岩溶地面塌陷危险性评价因子对某一等级标准的全云（完整云模型）数字特征的计算公式为

$$\begin{cases} E_x = (\beta_{\min} + \beta_{\max}) / 2 \\ E_n = (\beta_{\max} - \beta_{\min}) / 6 \\ H_e = k \end{cases} \tag{6.21}$$

半降云（完整云模型的右半部分）数字特征的计算公式为

$$\begin{cases} E_x = \beta_{\min} \\ E_n = (\beta_{\max} - \beta_{\min}) / 3 \\ H_e = k \end{cases} \tag{6.22}$$

半升云（完整云模型的左半部分）数字特征的计算公式为

$$\begin{cases} E_x = \beta_{\max} \\ E_n = (\beta_{\max} - \beta_{\min}) / 3 \\ H_e = k \end{cases} \tag{6.23}$$

式中：$\beta_{\min}$、$\beta_{\max}$——某一等级标准的最小和最大边界；

k——常数，可根据变量的模糊阈度进行调整，本节取 0.01。

对于单边界限的变量，如[$\beta_{\min}$，+∞）或（−∞，$\beta_{\max}$]，可先根据数据的上下限合理确定其缺省边界值，然后参照式（6.21）～式（6.23）计算云模型参数。

根据上述方法确定的岩溶地面塌陷危险性评价因子的云模型数字特征见表 6.21。表 6.21 中的 a、b、c、d 分别代表危险性分级指标中的各边界值，如评价因子线岩溶率 3 个评价区间为 I（0，a]，II（a，b]，III（b，c]。其中，I（0，a]采用半降云计算数字特征，III（b，c]采用半升云计算数字特征，II（a，b]则采用全云数字特征。

表 6.21　云模型的数字特征

等级	期望 E_x	熵 E_n	超熵 H_e
I	$E_{x1}=0$	$E_{n1}=(a-0)/3$	0.01
II	$E_{x2}=(a+b)/2$	$E_{n2}=(b-a)/6$	0.01
III	$E_{x3}=c$	$E_{n3}=(c-b)/3$	0.01

根据表 6.21 确定的云模型的参数 E_x、E_n、H_e，采用正向高斯云算法可以生成岩溶水埋深与第四系覆盖层厚度之差的绝对值、第四系厚度、第四系底部隔水层厚度和线岩溶率等指标相应的云模型，如图 6.9 所示。

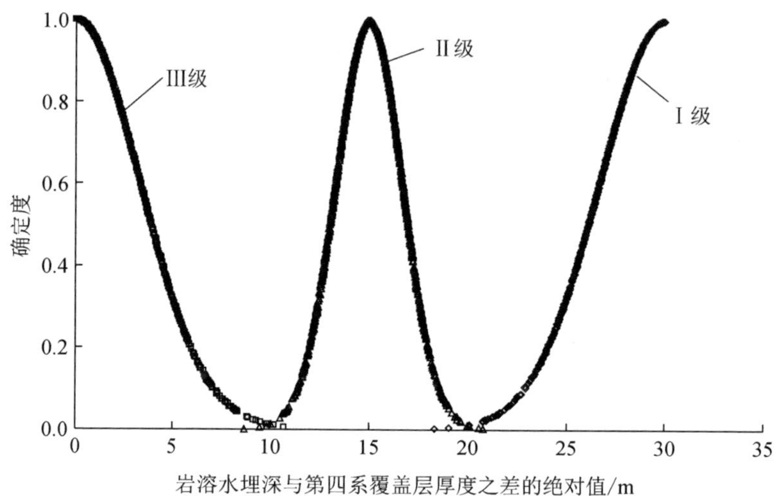

（a）岩溶水埋深与第四系覆盖层厚度之差的绝对值在不同岩溶地面危险性等级下的确定度

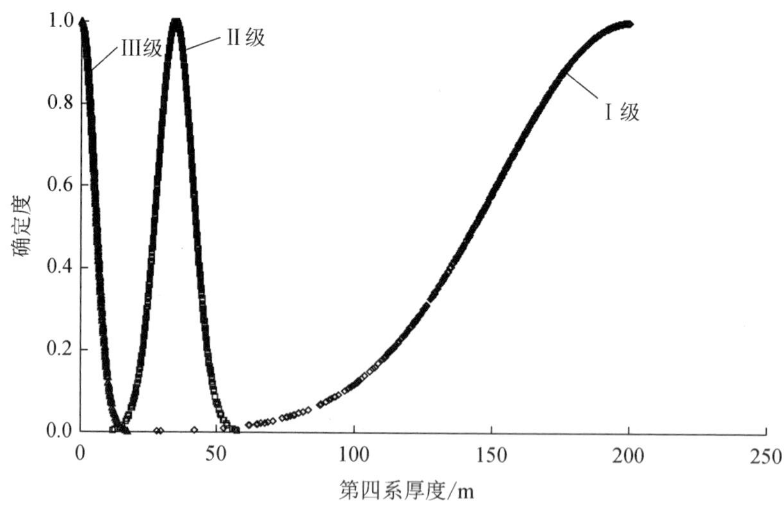

（b）第四系厚度在不同岩溶地面危险性等级下的确定度

图 6.9　各评价指标隶属于岩溶地面塌陷危险性级别的云模型

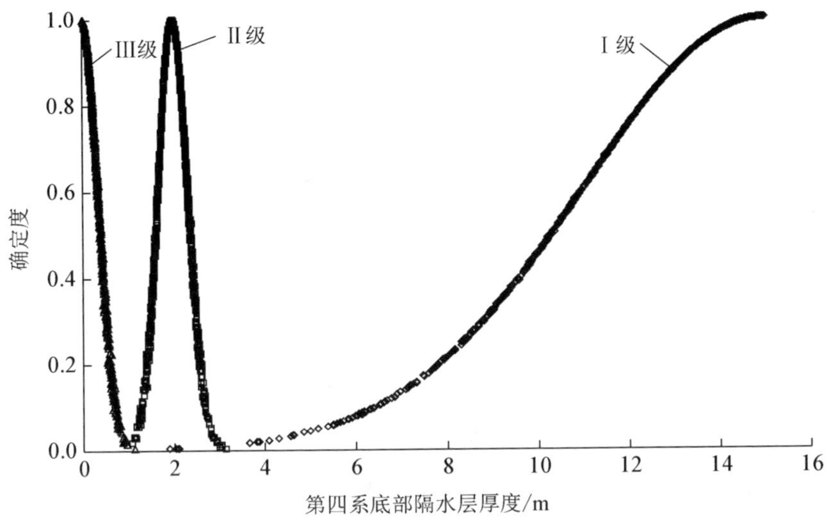

（c）第四系底部隔水层厚度在不同岩溶地面危险性等级下的确定度

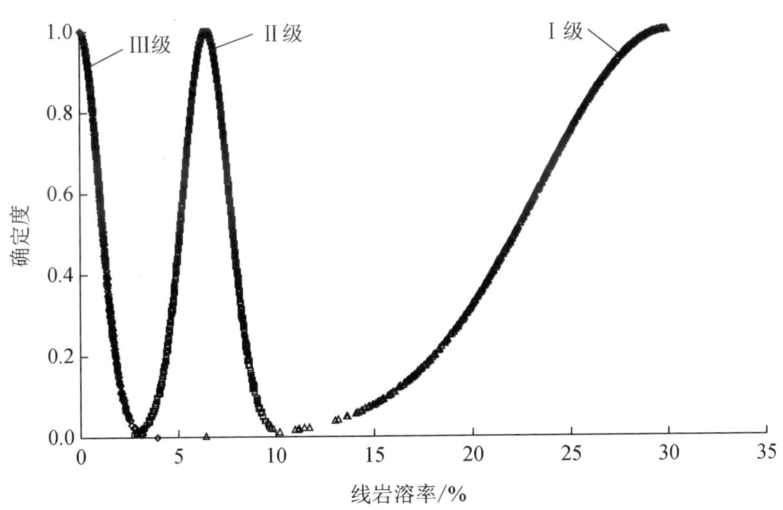

（d）线岩溶率在不同岩溶地面危险性等级下的确定度

图6.9（续）

4. 评价因子权重与综合确定度

根据权重反分析的研究成果，剔除权重很小的距断层构造距离因子后，可得本章云模型各评价因子的权重如下：岩溶水埋深与第四系覆盖层厚度之差0.183、覆盖层厚度0.195、第四系底部隔水层厚度0.268、线岩溶率0.355。

根据正向高斯云算法，可以计算某指标数据X_j隶属于某云的确定度μ_j。再结合评价因子的权重，按式（6.24）可计算得到综合确定度 P。根据综合确定度中的最大值，判别场地的危险性级别。

$$P_i = \sum_{j=1}^{n} \mu_{ij} \omega_j \tag{6.24}$$

式中：P_i——一组指标实测值 X 属于等级 i 的综合确定度；

μ_{ij}——某一指标实测值 X_j 属于等级 i 的确定度；

ω_j——评价因子的权重。

6.5.3　应用实例

为验证构建模型的正确性和有效性，选取了 8 个典型岩溶地面塌陷危险性评价案例对本节构建模型进行验证。实例中，评价指标选用了岩溶水埋深与第四系覆盖层厚度之差的绝对值、覆盖层厚度、第四系底部隔水层厚度、线岩溶率等 4 个指标，将危险性级别分为 3 类，即不易塌陷（Ⅰ）、易塌陷（Ⅱ）、极易塌陷（Ⅲ），云模型所依据的岩溶地面塌陷危险性分级标准见表 6.20，案例中各评价指标实测值见表 6.22。

表 6.22　样本案例各指标实测值

样本	岩溶水埋深与第四系覆盖层厚度之差的绝对值/m	覆盖层厚度/m	第四系底部隔水层厚度/m	线岩溶率/%
1	30	98	1.5	4
2	8	65	0	20
3	21	38	0.85	17
4	12	49	3	8.8
5	15	35	4	18
6	9	66	1	2
7	30	115	5	0
8	14	37	3.5	30

基于云模型理论，由表 6.20 可得出各指标对应的类别界限值 β_{max}、β_{min}，代入式（6.21）～式（6.23）可得到各危险性级别的云模型的数字特征，基于这些数字特征和式（6.20）可以得到待评样本的各评价因子隶属于某一危险性级别的确定度 μ，再依据式（6.24）即可得到该待评样本属于各危险性级别的综合确定度 P，依据最大综合确定度可得待评价样本的危险性级别。具体结果见表 6.23。

表 6.23　本节模型评价结果及与规范方法对比情况

样本	综合确定度			本节模型评价结果	规范方法	
	P（Ⅰ）	P（Ⅱ）	P（Ⅲ）		分值	评价结果
1	0.2050	0.1204	0.0002	Ⅰ	67	Ⅰ
2	0.0042	0.0000	0.3929	Ⅲ	95	Ⅲ
3	0.0060	0.1769	0.0628	Ⅱ	75	Ⅱ
4	0.0045	0.1112	0.0026	Ⅱ	75	Ⅱ
5	0.0069	0.3780	0.0700	Ⅱ	75	Ⅱ
6	0.3184	0.0026	0.0073	Ⅰ	65	Ⅰ
7	0.5911	0.0000	0.0000	Ⅰ	65	Ⅰ
8	0.0050	0.3394	0.3550	Ⅲ	95	Ⅲ

由表 6.23 可以看出，依据本节提出的模型评价，样本 1、样本 6、样本 7 所属危险性级别为Ⅰ级（不易塌陷），样本 3、样本 4 和样本 5 的危险性级别为Ⅱ级（易塌陷），样本 2 和样本 8 的危险性级别为Ⅲ级（极易塌陷）。为说明利用综合确定度获得评价结果的分析过程，这里以样本 1 为例来介绍。根据正向高斯云的计算方法，可以得到样本 1 中各评价因子隶属于各稳定级别的确定度，μ_{ij}（i=1～3，表示不同的危险性级别，j=1～4 表示不同的评价因子）。再依据式（6.24）就能得到表 6.4 中所示的样本 1 的综合确定度：$P(\text{Ⅰ})=0.2050$，$P(\text{Ⅱ})=0.1204$，$P(\text{Ⅲ})=0.0002$。综合确定度的最大者是其最可能从属的等级，故样本 1 应隶属于危险性级别Ⅰ级，计算结果 $P(\text{Ⅰ})>P(\text{Ⅱ})>P(\text{Ⅲ})$，还表明样本隶属于Ⅱ级也有一定可能性，但几乎肯定不隶属于Ⅲ级。这一评价结果反映了评价过程的随机性和模糊性的影响，因此与实际情况是吻合的。同理还可得到其他待评样本的评价结果，不再一一叙述。

为验证本节模型的可靠性，对本节模型的评价结果与现行规范建议方法的评价结果进行了对比分析。由表 6.23 中的结果可知，本节模型的评价结果与规范方法结果相吻合，证明本节提出的基于云模型的岩溶地面塌陷危险性评价方法具有可行性和有效性。

显然，岩溶地面塌陷危险性是一个定性概念，分类定级过程中受诸多因素影响与控制，不考虑评价指标与数据的随机性与模糊性，对其给出确定性的定级结果，既难以做到又不符合其客观规律。本节提出的基于云模型的岩溶地面塌陷危险性评价方法，通过正态高斯云算法将具有模糊性与随机性特征的危险性概念转化为定量化的确定度，揭示了危险性评价过程中的不确定性规律，且评价结果更具实际意义。

笔者在应用云模型解决岩溶危险性评价问题过程中发现，分类定级表的合理性、评价指标数据真实的统计学分布和各评价因子的权重考量是云模型能否应用成功的关键因素。本节的岩溶地面塌陷危险性分级表是参考文献研究确定的，尚需更多深入分析以确定其合理性；本节采用了广泛应用的正态高斯云算法来构建云模型，其他分布形式的适用性尚需更多探讨；评价因子的权重分析历来是危险性评价领域的重点和难点，本节评价指标的权重是依据反分析方法得到的，其正确性和合理性亦需要更进一步的研究。虽然如此，本节模型仍可为岩溶地面塌陷危险性评价领域提供新的视角和参考。

6.5.4 小结

1）针对岩溶地面塌陷危险性评价中常常会遇到数据和指标的模糊性和随机性问题，本节基于云模型理论，提出了一种新的岩溶地面塌陷危险性评价方法。该方法将“不易塌陷”“易塌陷”“极易塌陷”等定性概念转化为定量的数值，即云模型的数字特征，在转化过程中同时考虑到了数据和指标的模糊性与随机性，弥补了过往方法不考虑模糊性和随机性或仅考虑其中某一方面的缺陷。

2）该方法基于概率理论给出隶属度函数，避免了人为指定隶属度函数的主观性。

3）评价因子的权重是影响危险性评价结果的因素，本节基于大量样本案例反分析得到了各评价因子的权重。

4）实例分析表明，与规范方法相比，本节提出的方法，评价结果可靠且能根据综合确定度给出场地的主要所属级别和有可能发生级别，更符合工程实际。

岩溶地面塌陷的成因机制复杂，其危险性评价的影响因素众多且具有明显不同的权重，因而如何对岩溶地面塌陷危险性给出定量的预测与评价一直是人们努力的方向。本节引入擅长处理定性知识与定量知识转化的云模型并建立岩溶地面塌陷危险性评价的新方法是一个新的探索，虽然取得了较好的评价效果，但在岩溶危险性分级表、评价指标值的统计学分布形式、评价因子权重等方面尚需要更深入的研究和验证。

6.6 隐伏型岩溶建筑地基稳定性综合评价方法

本节在前面的研究成果的基础上，将岩溶地面塌陷危险性评价的数据库与 3 种新的定量评价方法整合成为一个完整的综合评价体系，并提出了其应用方法，目的是更好地发挥各方法的联合优势，更好地指导工程实践。本节提出的综合评价体系可以方便地应用于其他岩溶发育地区，也可为其他岩土工程危险性评价领域的研究提供参考借鉴。

6.6.1　综合评价系统构成

岩溶地面塌陷危险性综合评价系统由 1 个数据库和 3 种新的岩溶地面塌陷危险性评价方法构成。其中，数据库建设是该评价体系的基础工程，主要承担较大区域范围的岩溶地面塌陷危险性评价和为 3 种新的评价方法补充完善评价因子数据信息两大功能。3 种评价方法主要是给出小区域或者称为点的岩溶地面塌陷危险性评价结果，它们包括岩溶地面塌陷危险性评价的评分表（称为方法 1）、岩溶地面塌陷危险性评价的 Logistic 回归模型（称为方法 2）、岩溶地面塌陷危险性评价的云模型（称为方法 3）。

6.6.2　综合评价系统各组成部分之间的区别与联系

方法 1、方法 2、方法 3 这 3 种方法既有共同性又有差异性，并且存在显著的层递关系。它们的共同点是都是将定性知识定量化，都依赖或部分依赖于岩溶地面塌陷危险性评价数据库。不同点和层递关系体现如下：方法 1 给出的评价结果简单直接且实用，体现随机性对评价结果的影响；方法 2 给出了塌陷风险概率；方法 3 则同时考虑模糊性和随机性，不仅可以给出隶属度最大的评价等级，还可以给出隶属度相对较小的等级，从而给出最接近危险性评价预测的本质特征（即不确定性）的解答。采用 3 种评价方法做出评价的实际工程可以作为新的工程案例输入数据库系统。由以上分析可以看出，数据库与评价方法之间、3 种评价方法之间既有区别又有联系，互相补充和完善，是一个有机的整体，因此可将其整合并运用于岩溶地面塌陷危险性评价中，从而可以更好地为工程实践服务。

6.6.3　建立综合评价系统的技术路线图

建立岩溶地面塌陷危险性综合评价系统的技术路线图如图 6.10 所示。收集岩溶地面塌陷危险性评价所需的资料是综合评价体系建立的第一步。将收集到的相关资料整理分析后，即可基于 WebGIS 技术平台（本书采用了 MapScope）开发建设岩溶地面塌陷危险性评价数据库，数据库中包括岩溶地面塌陷风险评价所需的关键信息，如覆盖层厚度分布图、地下水水位等水位线图、构造地质图与危险性分区图等，还应包括已有的岩溶地面塌陷危险性评价案例。之后分别建立岩溶地面塌陷危险性评价的评分表、Logistic 回归模型、云模型 3 种新的定量评价方法。需要指出的是，数据库系统与 3 种评级方法的研究对象是有区别的，前者的研究对象是大区域的危险性评价，而后者则针对小区域的场地。采用 3 种定量评价方法评价后的工程实例可以录入数据库，从而实现数据的更新和完善。

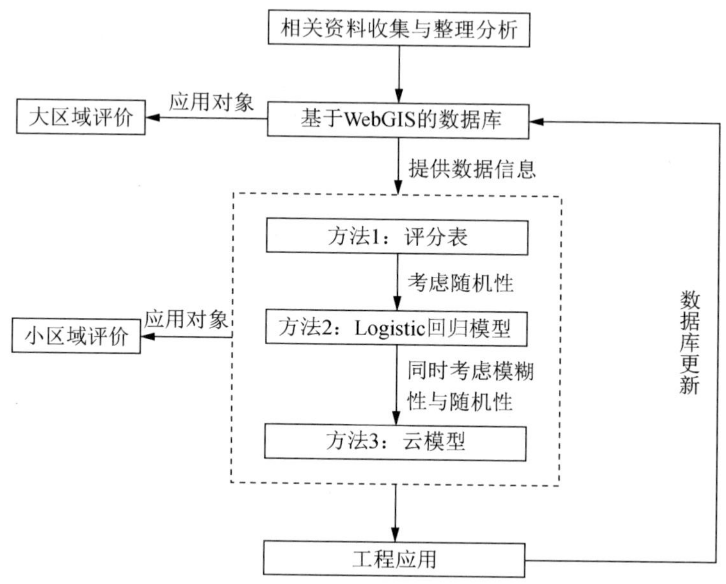

图 6.10　岩溶地面塌陷危险性综合评价系统技术路线图

6.6.4　综合评价系统的应用方法

本节建立岩溶地面塌陷危险性综合评价系统可以完成不同尺度区域、基于定性或定量的场地岩溶地面塌陷危险性综合评价。具体来说，在项目初期，可以采用岩溶地面塌陷危险性评价信息系统查询与岩溶地面塌陷相关的地质信息和附近已完成项目信息，基于这些信息结合经验的定性评价方法可以完成对项目场地初步的岩溶地面塌陷危险性评价。在项目进入勘察施工阶段后，根据勘察报告所提供的信息采用本章提出的 3 种评价方法分别进行评价，可以得到该场地定量的岩溶地面塌陷危险性评价结果，3 种方法各有特色，也有一定的互补性，因此应将 3 种方法的评价结果综合考虑。若出现 3 种方法评价结果有较大差异的情况，则以云模型给出的结论为准，并建议采用其他方法，如专家会审、数值分析、模型试验等进行校核确认。

6.7　本 章 小 结

本章取得的主要结论和研究成果如下：

1）简要介绍了目前常用的几种有代表性的覆盖型岩溶地基稳定性评价方法。

2）将岩溶地面塌陷危险性评价的因子权重确定问题视为参数反分析问题，以计算得分与实际评价结果吻合程度为优化目标，采用遗传算法全局寻优，获得各评价因子的权重，进而建立评分表。采用该评分表对 100 个工程实例的正确识别率可达 99%，因而认为该评分表评价效果良好，值得进一步推广应用。

3）将 Logistic 回归分析引入岩溶地面塌陷危险性评价中，以选自唐山市岩溶勘察信息系统的工程案例为样本数据库，结合岩溶塌陷形成机制研究确定影响因素，建立了岩溶地面塌陷危险性评价回归预测模型，该模型通过了拟合优度、回归系数显著性等多项检验，预测能力强，预测结果与实际情况吻合度良好。

4）针对岩溶地面塌陷危险性评价中常常会遇到数据和指标的模糊性和随机性问题，基于云模型理论，提出了一种新的岩溶地面塌陷危险性评价方法。该方法将“不易塌陷”“易塌陷”“极易塌陷”等定性概念转化为定量的数值，即云模型的数字特征，在转化过程中同时考虑到了数据和指标的模糊性与随机性，弥补了过往方法不考虑模糊性和随机性或仅考虑其中某一方面的缺陷。实例分析表明，与规范方法相比，本章提出的方法，评价结果可靠，且能根据综合确定度给出场地的主要所属级别和有可能发生级别，更符合工程实际。

5）在现有研究成果的基础上，将岩溶地面塌陷危险性评价的数据库与 3 种新的定量评价方法整合成为一个完整的综合评价体统，并提出了其应用方法，目的在于更好地发挥各方法的联合优势，更好地指导工程实践。

第 7 章　隐伏型岩溶建筑地基处置技术

7.1　引　　言

岩溶病害的治理是前期勘察、稳定性评价等工作的最终目的。在确定治理方案时，应综合考虑岩溶病害的形成条件、第四系土体结构特征和水文地质条件、岩溶地下水的特殊规律等条件；同时还应结合治理场地的特殊条件，如是已有建筑场地还是新建场地等。对已有建筑场地，在选择治理方案时，应以不破坏已有建筑为前提，同时应考虑方法对已有建筑的适用性。对新建场地则应进行综合的技术经济分析，选择合适的处置方法，如避让、处理等。

岩溶区建筑地基处置技术主要可以分为地基处理和桩基础两类。课题组在岩溶地基处理和桩基础方面做了大量工作，本章将其主要成果予以总结。

7.2　岩溶地基处置方案选择方法

岩溶区地基处理方法选择，应考虑地基、基础和上部结构的共同作用。岩溶区地基处理时，应根据岩溶发育特征和地表水径流、地下水赋存条件制定截流、防渗、堵漏或疏排措施。对塌陷或浅埋较大溶（土）洞宜采用挖填夯实法、充填法、跨越法、垫层法进行处理；对较深埋溶（土）洞宜采用注浆法、充填法进行处理；对于第四系土层厚度超过建筑地基一定影响范围，且岩溶轻微发育的区域，地基基础设计等级为乙级和丙级的建筑物可不处理；对落水洞及浅埋的溶沟（槽）、溶蚀（裂隙、漏斗）等，宜采用跨越法、充填法进行处理；大块孤石或石牙出露的地基宜对岩石表面进行修整，并按土岩组合地基设置褥垫层；对于岩溶区地貌、地质、水文条件复杂及塌陷量大、影响范围大的地段，可采用多种方法综合处理。各方法的适用范围详述如下：

1）充填法适用于基岩浅埋，建筑物基础直接落在基岩上，且其下发育有直径或宽度较大的浅表溶洞、土洞、溶沟、溶槽及裂隙等情况。充（回）填物主要是碎石或混凝土。对地基局部有石牙突出的部位，可将石牙凿去，回填素土；对溶洞顶板不稳定时，可炸开顶板，挖出洞内充填物，然后回填碎石或混凝土。

2）跨越法适用于建筑基础落于基岩上，发育有直径及规模较小的基岩溶洞、溶沟、溶槽、漏斗、开口型裂隙等，且其稳定性较好，危害较小，可不处理，仅在其上部采取梁板跨越的地基处理方法。

3）注浆法适用于建筑场地内已查明对地基稳定造成安全隐患的、洞室直径或裂隙宽度较大未完全充填或无充填的深埋土洞、溶洞及大型裂隙等情况。可采取钻孔灌砂（砾）、水泥注浆等方法充填洞室空间。

4）复合地基适用于地基稳定，地层分布均匀，地基承载力较高，查明的溶洞、裂隙等规模较小，且分布埋藏于基岩之中与上部土层无水力联系，基岩上部有较厚的黏性土层隔断地下水的潜蚀作用的场地条件，或已经处理消除了岩溶塌陷隐患的建筑场地。复合地基工艺方法的选择需要根据建筑地基的承载力及变形要求和场地岩溶发育及治理情况综合分析计算确定。

5）桩基础适用于建筑场地地基较稳定，查明的基岩溶洞裂隙等规模较小，无须进行地基注浆处理，或已进行岩溶地基注浆处理的建筑场地，建筑设计地基要求较高，且复合地基不能满足其设计要求的地基条件。

7.3　一种新的隐伏型岩溶区溶洞充填施工工艺

岩溶地面塌陷是指在岩溶区，下部可溶岩层中的溶洞或上覆土层中的土洞，顶板失稳产生塌落或沉陷的统称。自 20 世纪 50 年代以来，由于工程活动的快速发展，岩溶塌陷地质灾害日趋频繁。特别是近 10 多年来，我国城镇化建设进程加快，对岩溶区水资源和土地资源的开发利用日益增强，岩溶地面塌陷发生的频率、强度和危害也越来越大。因此，岩溶地面塌陷的治理问题一直是岩溶区工程建设需要面对和解决的重要问题之一。浅埋型岩溶区地面塌陷是经常出现的岩溶塌陷问题，现有技术对浅埋型岩溶区地面塌陷治理，一般采用素土、灰土、砂砾、碎石、混凝土材料充填法处理，但是都存在不足。其中，素土、灰土的自稳定性差，容易造成二次塌陷，只能作为辅助充填材料；混凝土充填效果好，但制造过程存在高能耗、高排放、高污染的问题，而且混凝土填充物改变了陷坑处地下水的流通路径，造成其他位置水位上涨，又易形成新的塌陷；砂砾、碎石等材料易于获取，充填效果较好，但是存在材料砾径和级配选择不当导致细颗粒或土层被冲刷造成二次塌陷问题。目前，在充填砾石级配设计方面尚无指导依据，也未见岩溶地面塌陷充填法的文献报道。为此，寻找一种既能保证回填材料结构稳定，又能防治渗水冲刷的有效充填施工方法，成为地基处理领域共同关注的问题。

本节提出了一种浅埋型岩溶区岩溶地面塌陷的充填方法，解决了目前常用的岩溶填充治理方法中，填充料问题导致的地下水通道堵塞或侧壁冲刷导致继续塌陷的技术问题。该方法避免了传统充填方法的弊端，既保证了防塌陷、导水治理效果，又有一定的耐久性。工程实践证明该方法具有较好实用性，可用于岩溶地面塌陷的治理，对环境保护具有较好效果，且材料易得、成本低廉。

7.3.1 技术内容

本节技术方案包括以下步骤。

（1）充填砾石的选择

选择未风化的非可溶类岩砾、石块，去除片状砾石。充填材料先选取试样进行室内抗硫酸盐侵蚀试验，要求经过硫酸盐侵蚀后其质量减损比不能超过 12%。

（2）充填级配砾石的级配设计

充填砾石应满足以下级配要求：最大粒径不超过 800mm，粒径均匀分布于 200～500mm 的砾石占比不小于 50%，粒径小于等于 50mm 的砾石占比不超过 10%。

（3）充填施工过程

充填施工过程工序如下。

第一步：查明岩溶土洞的分布和规模，并设计开挖放坡坡率。

第二步：将岩溶塌陷处按放坡坡率画出开挖范围，分级放坡开挖，直至土岩交界面，并保证基岩中的溶洞入口形状为椭圆形，最大直径尺寸为 800～1200mm。

第三步：向溶洞中充填粒径为 200～800mm 的大块砾石，回填至砾石的顶面略高于土岩交界面。

第四步：在开挖的斜坡上铺设防渗土工布，要求土工布铺至坡顶并有一定距离的外延，外延距离不小于土层厚度的 1.5～2.0 倍，且不小于 5.0m；土工布接缝采用热焊连接。

第五步：充填满足级配设计要求的石料，按厚度 400～600mm 分层回填，并采用平板夯实器夯实，夯实时自中间向四周方向呈圆形夯实，回填至坡顶设计高程。

第六步：回填土顶面砌筑 200～300mm 厚浆砌鹅卵石防护，砂浆强度为 M15。

第七步：浆砌鹅卵石层以上充填第二步中的开挖弃土，直至原始地面，表层铺设营养土 200～300mm，并种植适合当地环境的绿色植被。

7.3.2 基本原理

本节技术方案的基本原理如下。

1）砾石级配要求是参照按反滤层原理并依据工程经验总结得出的。

2）溶洞中充填大块砾石，之后再充填中小粒径砾石的原理为：岩溶地面塌陷机理分析表明，在地下水作用下，溶洞不断扩大并击穿溶洞顶板进而在第四系土层中形成土洞，土洞继续扩大到达地面就形成塌陷。在这个过程中，第四系覆盖层的土颗粒之所以能被水流带走是因为溶洞与基岩存在的径流通道相通的结果，为防止小粒径的砾石被水带入溶洞中的径流通道而形成二次地面塌陷，故而有此设计。

3）土工布的设置是为了避免或减少环境中的水进入溶洞，防止陷坑周围的土被水流带入已治理好的陷坑和溶洞，造成溶洞二次坍塌或过水通道堵塞。

4）浆砌鹅卵石层是为了防止上层充填土发生潜蚀作用。

本节方法用于浅埋型岩溶土洞的治理，在充填砾石选择、充填砾石级配设计、充填施工工法等方面提出具体要求，使充填法设计更合理准确，更易达成治理目标，避免了传统估计法的弊端，既保证了治理效果，又有一定的耐久性。充填材料不选用混凝土，可减少水泥造成的环境污染以及对周围环境的不利影响，对环境保护具有积极意义，材料易得，工程成本较低。

7.3.3　应用实例

广西某岩溶区治理项目，场地为典型的岩溶地貌，场地溶蚀侵蚀形成凹槽，凹槽之间有突出的石牙，场地分布有溶蚀洼地，局部表层覆盖红黏土。由于场地基岩岩溶发育，对于项目的建（构）筑物都采用了桩基础进行处理，但是为了防止厂区绿化区范围内进一步塌陷，对岩溶使用本节所述方法进行了充填处理。

该工程岩溶塌陷充填工序如下。

第一步：查明溶（土）洞的分布范围和规模，并设计开挖放坡坡率为 1∶1。

第二步：在岩溶塌陷处按放坡坡率划出开挖范围，采用小型挖掘机按 1∶1 的坡比，分级放坡开挖，开挖深度 3.5m 至土岩交界面，开挖基岩中的溶洞入口为近似圆形，最大直径尺寸为 1000mm；

第三步：向溶洞中均匀充填 200～800mm 的卵石，粒径均匀分布为 500～800mm 的砾石占比例 25%，200～500mm 的砾石占比例 68%，小于等于 50mm 的砾石占比例 7%。使填充碎石呈锥形分布于溶洞内且填充至溶洞孔口，并适当压实。

第四步：在开挖的坡体上铺设土工布，土工布铺设至开挖坡顶以上延伸 5.3m，如图 7.1 中标号 6 所示。土工布接缝采用热焊连接。

第五步：将级配碎石分层回填，每层回填厚度为 500mm，并采用平板夯实器夯实。夯实时按从中间向四面的方向进行。级配碎石回填至高于坡顶 300mm，并将其断面堆填成为梯形。

第六步：顶面采用浆砌鹅卵石防护，砂浆强度为 M15，厚度为 200mm，如图 7.1 中标号 3 所示。

第七步：在鹅卵石顶部回填素土，并采用平板夯实器夯实。回填土顶部覆盖

200mm 厚营养土并种植绿化植被，如图 7.1 中标号 1 所示。

通过上述处理，较好地解决了岩溶区溶洞的处理和环境绿化相协调的问题，取得了很好的效果。

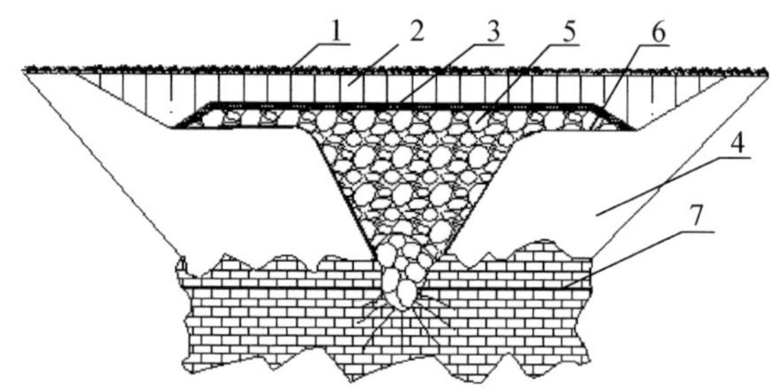

1—绿化植被；2—回填素土；3—浆砌鹅卵石；4—覆盖层；5—充填物；6—土工布；7—基岩。

图 7.1　技术方案示意图

7.4　隐伏型岩溶区地基注浆施工方法

注浆法适用于建筑场地地基局部存在土洞、溶洞或裂隙发育的地基加固处理，加固材料一般选择水泥浆液、水泥砂浆、硅化浆液或碱液等固化剂。

注浆加固设计前，应进行室内浆液配比试验和现场注浆试验，从而确定设计参数。

7.4.1　注浆方案

（1）注浆方案设计需要的基本资料

1）施工场地的地形、地质、水文、气象资料，附有坐标的建筑场地平面布置图，场区地面整平标高，建筑物的性质、规模、荷载、结构特点、基础形式、埋置深度、地基允许变形等资料。

2）岩土工程勘察报告或岩溶专项地质勘察报告。了解场地岩土类型，地基土的物理力学性质指标，地质构造，岩溶的发育形式、特征、规模、是否有充填物，裂隙的分布及透水性；土洞的分布及规模；地下水的类型、埋深、腐蚀性动力参数等。

3）邻近工程设施与拟建建筑物关系，施工排污、供水条件、对噪声和粉尘等环境污染的控制要求，施工材料的价格及获取的途径，工程进度计划要求等。

（2）注浆方案设计原则

注浆方案与工程处理要求、工程安全等级、经济合理性直接相关。对工程注浆方案进行系统设计应遵循以下原则，并通过先导注浆孔试验对注浆方案及设计参数进行调整：

1）适应性。注浆方案必须适应场地工程的水文地质条件、实施条件和环境条件的要求。

2）功能性。针对工程的目的要求，方案可行、可靠，满足工程功能要求。

3）可实施性。注浆设计的工程规模、工艺参数和技术指标，在现有条件下可实施操作。

4）经济性。注浆设计方案通过经济比较，在满足适应性、功能性、可实施性的前提下，尽量采用先进的工艺技术和适宜材料，结合勘察成果进行方案优化，降低工程造价。

5）环境保护。施工要避免环境污染或最大限度地减少环境污染，降低注浆材料的毒性，减少粉尘和有害气、液、固体析出物的排放，降低施工过程的噪声等。

6）安全性。注浆设计方案除了要保障地基加固的可靠性和拟建建筑物安全外，还应确保施工周边场地的工程、环境和人员的安全。

（3）注浆钻孔设计

1）注浆孔的布置应沿勘察圈定的边界线向内布置，注浆时宜按由外向内分序加密的原则进行，以达到逐序加密的目的。

2）土洞及大型空洞宜按先回填后注浆固结的原则。

3）注浆钻孔一般采取梅花形和正方形布置。

4）前期勘探确定的注浆区域边界处应布置先导孔，用于验证或补充注浆区域地质资料，确定注浆区域边界是否准确。先导孔最先施工，如发现该位置岩溶裂隙或空洞比较发育，应向注浆区域外侧补充布置 1、2 排注浆孔，以保证注浆处理范围完全无遗漏。

5）注浆钻孔平面布置包括钻孔轴线、排间距与数量、钻孔个数等。

6）注浆钻孔间距应根据工程需要、注浆场地地质条件的复杂程度、注浆扩散半径以及试验成果综合确定。布孔间距不超过 5m，施工时分两序施工，Ⅱ序注浆孔布置在Ⅰ序注浆孔中间。

7）注浆钻孔深度应进入完整岩石不小于 5m，但对岩石风化较厚、节理裂隙较发育的岩石地基，应进入岩石不小于 10m。

（4）注浆方法、注浆段及注浆压力的确定

1）对岩溶空洞可采用纯水泥浆液充填注浆。对岩溶洞室较大或土洞可通过向大的洞室或土洞中充填一定的骨料后，再进行固结及压密注浆，改善土体和洞室的稳定性。所使用的主要材料是碎石或砂砾石、细砂等粗骨料，胶结材料主要是水泥浆、水泥水玻璃浆等悬浮液。

2）岩溶地基岩体中存在着互相连通的、无充填的裂隙而形成流水通道，为了封堵裂隙中的地下水，避免岩石体进一步溶蚀，进行裂隙注浆。注浆材料可选用水泥浆、水泥黏土浆、化学浆液等。

3）在基岩上部无黏性土层的扰动土层，没有形成土洞但土体结构松散的地层，为达到其固结目的可采用渗透注浆。

4）注浆段位置确定。若注浆孔深度较小、注浆段长度不超过 10m，可采用全孔一次式注浆法；否则宜采用分段注浆。如果地层较破碎，钻孔钻进困难，应采用自上而下分段注浆方式，上一段注完 24h 后，可扫孔进行下一段施工；如果地层相对完整，钻进较易，也可采用自下而上分段注浆方式。

5）注浆压力的设计。适宜的注浆压力最好是通过现场注浆试验来确定。施工时综合注浆压力计算应考虑到浆柱压力和地下水的综合影响，可按下式进行注浆压力估算：

$$P_{\mathrm{Z}} = P_{\mathrm{Q}} + 0.001Hr_{浆} - 0.01(H-h)r_{水}$$

式中：P_{Z}——综合注浆压力；

P_{Q}——孔口回浆管的压力表压力；

H——注浆段深度；

h——地下水位深度；

$r_{浆}$——浆液密度；

$r_{水}$——水的密度。

一般注浆压力为 0.2～3.0MPa。注浆压力应根据工程注浆部位的地质条件和承受水头等情况进行分析计算，并结合工程类比拟定。

7.4.2　注浆材料、设备与制浆

（1）注浆材料与浆液

1）注浆工程所采用的水泥品种，应根据注浆目的、地质条件和环境水的侵蚀作用等因素确定，通常可采用普通硅酸盐水泥或矿渣硅酸盐水泥。当有抗侵蚀或其他要求时，应使用特种水泥。使用矿渣硅酸盐水泥或火山灰质硅酸盐水泥注浆时，浆液水灰比不宜大于 1。注浆用水泥的品质应符合《通用硅酸盐水泥》（GB 175—2007）或其他相关水泥标准的规定。注浆所用水泥的强度等级可为 P.S.A 32.5 或 P.O 42.5 及以上。

2）注浆水泥应妥善保存，严格防潮并缩短存放时间；不得使用受潮结块的水泥。

3）注浆用水应符合《混凝土用水标准》（JGT 63—2006）的要求。

4）岩溶注浆宜使用纯水泥浆液。在特殊地质条件下或有特殊要求时，根据需

要通过现场注浆试验，可使用下列类型浆液：

① 水泥基混合浆液是指掺有掺合料的水泥浆液，包括粉煤灰水泥浆、黏土水泥浆、水泥砂浆等。

② 膏状浆液是指以水泥、黏土为主要材料的初始塑性屈服强度大于 50Pa 的混合浆液。

5）根据注浆需要，可在水泥浆液中加入下列掺合料：

① 砂：质地坚硬的天然砂或人工砂，粒径不宜大于 1.5mm。

② 膨润土或黏性土：膨润土品质应符合《钻井液材料规范》（GB/T 5005—2010）的有关规定，黏性土的塑性指数不宜小于 14，黏粒（粒径小于 0.005mm）含量不宜低于 25%，含砂量不宜大于 5%，有机物含量不宜大于 3%。

③ 粉煤灰：品质指标应符合 DL/T 5055《水工混凝土掺用粉煤灰技术规范》的规定。

④ 水玻璃：模数宜为 2.4～3.0，质量浓度宜为 300～580g/L。

⑤ 其他掺合料。

6）根据注浆需要，可在水泥浆液中加入下列外加剂：

① 速凝剂：水玻璃、氯化钙等。

② 减水剂：木质素磺酸盐类减水剂、萘系高效减水剂、聚羧酸类高效减水剂等。

③ 稳定剂：膨润土及其他高塑性黏土等。

④ 其他外加剂。

各类浆液中加入掺合料和外加剂的品种、性能及数量，应根据工程情况和注浆目的通过室内浆材试验和现场注浆试验确定。外加剂凡能溶于水的，应以水溶液状态加入。膨润土宜加水润胀后再加入。

7）普通纯水泥浆液可不进行室内试验。其他类型浆液应根据设计要求和工程需要，有选择地进行下列性能试验：

① 掺合料（或细水泥）的细度和颗分曲线。

② 浆液的流动性或流变参数。

③ 浆液的析水率。

④ 浆液的凝结时间或丧失流动性时间。

⑤ 浆液结石的密度、抗压强度。

8）注浆浆液在施工现场应定期进行温度、密度、析水率和漏斗黏度等性能的检测，发现浆液性能偏离规定指标较大时，应查明原因，及时处理。

（2）注浆设备和机具

1）制浆机的技术性能应与所搅拌浆液的类型、密度相适应，高速制浆机的搅拌转速应不小于 1200r/min。

2）注浆泵的技术性能应与所灌注的浆液的类型、密度相适应。额定工作压力应大于最大注浆压力的 1.5 倍，压力波动范围宜小于注浆压力的 20%，排浆量能满足注浆最大注入率的要求。为减小注浆泵输出压力的波动，宜配置空气蓄能器。

3）注浆管路应保证浆液流动畅通，并应能承受 1.5 倍的最大注浆压力。注浆泵到注浆孔口的输浆距离不宜大于 30m。灌注膏状浆液时，注浆管路直径宜大，长度宜短。

4）止浆塞应与所采用的注浆方法、注浆压力、注浆孔孔径及地质条件相适应，可选用挤压膨胀式橡胶注浆塞或液（气）压式胶囊注浆塞。注浆塞应有良好的膨胀和耐压性能，在最大注浆压力下能可靠地封闭注浆孔段，并应易于安装和卸除。在第四系土层中也可采用水泥浆或水泥砂浆封堵，即在设计止浆位置注浆管上设置托盘，托盘以上部位用水泥浆或水泥砂浆封填，待水泥（砂）浆固结后，再进行岩溶注浆。

5）注浆管路阀门应采用可承受高压水泥浆液冲蚀的耐磨注浆阀门。

6）注浆压力表的量程最大标值宜为最大注浆压力的 2～2.5 倍。压力表与管路之间的隔浆装置传递压力应灵敏无碍。注浆泵与注浆孔口均应安装压力表，压力表在使用前应进行鉴定，误差符合相关要求。压力表与管路间应有隔气室、橡胶隔膜等隔浆装置。

7）注浆记录仪应能自动测量记录注浆压力、浆液密度和注浆量等。注浆记录仪的技术性能和安装使用的基本要求应符合工程的需要。

8）集中制浆站的制浆能力应满足注浆高峰期所有机组用浆需要，并应配备防尘、除尘设施。当浆液中需加入掺合料或外加剂时，应增设相应的设备。

9）所有注浆设备应注意维护保养，保证其正常工作状态。

10）钻孔注浆的计量器具，如压力表、流量计、密度计、自动记录仪等，应定期进行校验或检定，保持量值准确。

（3）制浆

1）制浆材料应按规定的浆液配合比计量，计量误差应小于 5%。水泥等固相材料宜采用质量称量法计量。

2）根据经验纯水泥浆液的水灰比为 0.5∶1～1∶1，一般浆液水灰比采用 1∶1、0.8∶1、0.6∶1，封孔浆液采用 0.5∶1。

3）各类浆液应搅拌均匀，并测定浆液密度。

4）纯水泥浆液的拌制时间，使用高速制浆机时应大于 30s，使用普通搅拌机时应大于 3min。浆液在使用前应过筛，浆液自制备至用完的时间不宜大于 4h。

5）拌制膏状浆液时，应使用大扭矩的搅拌机，搅拌时间应通过试验确定。

6）集中制浆站宜制备水灰比为 0.5∶1 的纯水泥浆液。输送浆液的管道流速宜为 1.4～2.0m/s。各注浆地点应测定从制浆站或输浆站输送来的浆液密度，然后调制使用。

7）寒冷季节施工应做好机房和注浆管路的防寒保暖工作，炎热季节施工应采取防晒和降温措施，浆液温度应保持为 5～40℃。

7.4.3　岩溶地基注浆处理施工

（1）钻孔及钻孔冲洗

1）注浆孔应根据工程的地质条件选用适宜的钻机和钻头钻进。开孔直径不宜小于 127mm，终孔直径不宜小于 75mm。

2）注浆钻孔应统一编号并注明注浆顺序，钻孔孔深、垂直度应符合设计要求。当施工作业暂时中止时，孔口应妥加保护，防止流进污水和落入异物。钻孔过程应进行记录，遇岩层、岩性变化，发生掉钻、坍孔、钻速变化、回水变色、失水、涌水等异常情况，应详细记录。孔位偏差不应大于 10cm。

3）注浆孔或注浆段在钻进完成后，应使用大水流或压缩空气冲洗钻孔，排除孔内岩粉、渣屑，孔底沉积厚度应不大于 20cm。

4）注浆孔或注浆段在注浆前应采用压力水进行裂隙冲洗，冲洗压力采用注浆压力的 80%，并不大于 1MPa；冲洗时间至回水清净时止，或不大于 20min。

5）钻孔施工困难时，可采用循环钻灌法或水泥浆固壁成孔，必要时浆液中可掺加速凝剂。

6）可在各序孔中选取不少于 5%的注浆孔在注浆前进行简易压（注）水试验。简易压（注）水试验可结合裂隙冲洗进行。

（2）注浆

1）根据不同的地质条件和工程要求，岩溶注浆可选用全孔一次注浆法、自上而下分段注浆法、自下而上分段注浆法，也可采用孔口封闭注浆法或综合注浆法。

2）当注浆孔孔深小于 20m 且安装注浆塞困难时，可采用孔口封闭注浆法；当岩石注浆段长小于 10m 时，可采用全孔一次注浆法；当岩石注浆段长大于 10m 时，宜分段注浆。

3）岩溶注浆可采用纯压式，也可采用循环式。当采用循环式注浆时，射浆管出口与孔底距离不大于 50cm。

4）岩溶注浆的浆液水灰比可采用 1∶1、0.8∶1、0.6∶1 三级，开注浆液水灰比可选用 1∶1。

当采用多级水灰比浆液注浆时，浆液变换原则如下：①当注浆压力保持不变，注入率持续减少时，或注入率不变而压力持续升高时，不得改变水灰比。②当某级浆液注入量已达 $10m^3$ 以上，或注浆时间已达 60min 时，而注浆压力和注入率均无改变或改变不显著时，应采用浓一级的水灰比。

5）水泥浆初始开注水灰比为 1∶1，纯压式注浆流量不宜大于 75 L/min。如果注浆量超过预计方量，可掺入 2%～6%的水玻璃或其他速凝剂，以增加其抗渗性和早期强度。注浆采用浆液浓度为先稀后稠（土洞裂隙非常发育时可先稠后稀）。注浆开始后，要每隔 10 min 记录一次，并记录注浆过程中发生的各种现象，收集原始数据，根据实际情况及时调整注浆量和浆液浓度。应使用注浆自动记录仪对注浆各种参数进行实时详细记录。

6）在注浆全面开始前应进行试注浆，目的是检验注浆设计参数的适用性，查明地下岩溶空洞裂隙的连通性及方向特征，确定全面注浆具体实施方案，为后续孔布置设计提供依据。试注浆可在 I 序孔钻孔全部完成后进行，选择注浆区中间的钻孔作为试注浆孔，四周钻孔作为观察孔。

7）注浆系统构成。

① 注浆系统：由料场、搅拌池（机）、供水系统、注浆泵、注浆管道、封孔装置等组成。

② 注浆系统技术要求：

a．料场。堆放材料的场地要平整，运料车辆能正常通行，且近邻搅拌机，使材料便于运输、搬运，要求有防潮、防雨措施。

b．搅拌机。要求能满足正常施工要求，搅拌后的浆液应均匀，符合设计要求，一次搅拌量应不小于 $1.5m^3$。

c．搅拌池。修建的搅拌池应满足正常施工要求，池为圆柱体，中间设置搅拌系统，使得搅拌后的浆液均匀，且不易形成沉淀。符合注浆要求，一次搅拌量不小于 $3.0m^3$。

d．注浆泵。宜采用变量泵，其额定排量不小于 150L/min，注浆泵压力应大于注浆最大设计压力的 1.5 倍。

e．压力表。注浆用压力表最大指数应小于 10MPa。

f．注浆管。采用不小于 $\phi 25$ 钢管，丝扣连接。

8）注浆控制措施。

① 注浆压力突然下降或猛增时停止注浆；地表隆起超过设计的指标值时停止注浆。

② 注浆施工中注浆量大而难以结束时，可采取低压、浓浆、限流、限量、间歇注浆，注入速凝浆液、混合浆液或膏状浆液等方法。

③ 溶洞注浆时要适当控制注浆压力。当溶洞内无充填物时，根据溶洞大小和

地下水活动程度，可泵入高流态混凝土或水泥砂浆，或投入级配骨料后，再灌注水泥砂浆、混合浆液、膏状浆液，或进行模袋注浆等。

④ 注浆过程中发生串浆时，可阻塞串浆孔，待注浆孔注浆结束后，再对串浆孔进行扫孔、冲洗，而后继续钻进或注浆。若注入率不大，且串浆孔具备注浆条件，可一泵一孔同时并联注浆，并联孔数应不多于 3 个。

9）各注浆段注浆的结束条件应根据地质条件和工程要求确定。

一般情况下，循环式注浆当注浆段在最大设计压力下，注入率不大于 2L/min 后，继续灌注 30min，可结束注浆；纯压式注浆当浆液流量小于 5L/min，注浆压力超过设计最大注浆压力的 1.5 倍，持续 5 min，可结束注浆。

10）封孔。封孔是注浆施工中最后一道重要工序，在注浆孔施工完毕后，对非全孔注浆钻孔应采取浓水泥浆或水泥砂浆进行回填封孔。

7.4.4　注浆质量检查

1）注浆质量检测应由有资质的第三方进行。

2）注浆施工质量的检测方法宜采用钻探取样、标准贯入试验、动力触探试验、工程物探、孔间计算机断层扫描（computed tomography，CT）、钻孔孔内摄像、取样强度检测、注水试验及压水试验等。所选用的检测方法应优先采用岩溶专项勘察所选用的同类方法，有利于进行注浆处理前后的对比分析。加固体强度宜取试块做无侧限抗压强度试验法进行评价，也可用动力触探法和标准贯入试验法进行评价。

3）布置钻探检测钻孔的检查部位应选择具有代表性的地段或薄弱部位，取试块的部位宜选在浆液有效扩散半径的中间或沿扩散半径均匀布置。钻孔检查数量不应少于注浆孔总数的 10%，且不少于 3 个。试件尺寸应符合试验规程要求，每组不少于 6 个。钻取岩芯观察浆液结石充填饱满、密实为合格。

4）工程物探检测时间可在注浆完成 15d 后进行，选用施工前后同类物探手段进行检测，剖面线宜沿建筑物走向布置，线距不宜大于 5m。检测仪器和方法可参照《水电水利工程物探规程》（SL 326—2005）的要求进行工程量的布置和测试。

5）钻孔压（注）水试验，检测时间可在注浆完成 7d 以后进行，检查孔的数量不宜少于注浆孔总数的 5%，其渗透系数 K 小于 10～4cm/s，即可判定达到注浆效果。

6）检查孔应用水泥砂浆或注浆液封堵。

7）工程结束应按本规定和设计要求进行验收，竣工资料包括收集的资料、设计资料、试验资料、施工原始记录、各种成果图表和质量检测有关资料，资料的整理及相关表格应符合《河北省工程建设标准　建筑工程技术资料管理规程》［DB13（J）35—2015］的相关要求。

7.5　隐伏型岩溶区桩基础施工方法

桩基础适用于建筑场地地基较稳定，查明的基岩溶洞、裂隙等规模较小，不需进行地基注浆处理或已进行岩溶地基注浆处理，建筑设计地基要求较高，复合地基不能满足其设计要求的地基条件。

建筑设计拟采用桩基础时，在岩溶发育区应进行施工勘察，勘察满足《岩土工程勘察规范》（GB 50021—2001）中岩溶地基勘察规定。桩基施工前，应进行一桩一探查明桩端底面以下桩径 3 倍且不小于 5m 范围内的岩溶发育情况，钻孔深度进入完整岩石不小于 5.0m。对于已经查明勘察场地岩溶、土洞分布范围的工程，应先注浆加固处理后再成桩施工，合理选择桩端入岩深度。浅埋岩溶区桩基础选型应选择嵌岩端承桩。基桩承载力计算宜只计算嵌岩段阻力，而不计算上部第四系土层的侧阻力。对采用大直径嵌岩桩时，宜采用桩端后压浆技术，进一步加固处理桩端残留及岩石小型溶洞和裂隙；从而确保桩端质量和单桩承载力；后压浆技术已在多项工程实践中取得很好的工程效果，大大地提高了桩基承载力和桩基施工的可靠度。在岩溶发育段，成桩钻孔施工时对漏浆坍塌严重的，可采取全孔一次性注浆或上部孔段封闭桩底端注浆的方法，固结下部松散土层和强风化破碎带，达到固结后重新成孔施工，自上而下分段对深部岩溶进行注浆的施工方法，对预防钻孔施工事故的发生有很好的借鉴作用。

7.5.1　桩基础施工工艺选择

基桩施工工艺应根据场地桩身范围内的地层条件、桩身直径、桩的施工功能、承载性状分类、周围环境、施工经验等综合因素确定。

施工工艺选择可按以下原则确定：

1）对于桩身为填土、黏性土、粉土、砂土、碎石土、软岩、强风化和全风化基岩地层的摩擦型桩，可选择旋挖、回转或冲击成孔施工工艺。当存在直径较大的碎石、漂卵石或基岩地层时，可选择回转或冲击成孔施工工艺。

2）对于岩溶、土洞或岩溶裂隙发育的地基，可选择冲击成孔施工工艺。对于覆盖型岩溶区基桩施工，可采用在不同地层中不同工艺组合的施工方式。

3）对于红黏土覆盖型的桩基，红黏土稳定性和承载能力好时，可采用人工挖孔施工工艺。

4）对于土层稳定性差的摩擦型基桩，可采用长螺旋成孔后插筋施工工艺。

7.5.2　一种适合隐伏岩溶区钻孔灌注桩施工的工法

在岩溶区采用钻孔灌注桩基础，基桩有时需要穿过溶洞。穿过溶洞段的钻孔灌注桩通常采取在溶洞段安置钢护筒，或用注浆的方法将溶洞充填等技术措施，然后再施工钻孔灌注桩。但这种措施成本高、施工难度大，速度慢，且无法做到定域、定量而造成桩身的不均匀性。因此，有必要开发一种施工便利、操作简单、成本低且较小程度影响桩身均匀穿过溶洞的灌注桩施工方法。

本节基于工程实践摸索出一套适合岩溶发育地区灌注桩施工的工法，其基本思路如下：在需要穿过岩溶的灌注桩成孔施工时，上部土层采用旋挖钻机钻孔；遇到岩溶时，采用孔径仪或井下电视探测岩溶形态和大小，并结合岩土工程勘察报告综合判定溶洞的位置；采用导管向溶洞内灌注石渣水泥砂浆，灌注至溶洞顶部以上 1m 处，石渣水泥砂浆经过 24h 固结、强度达到 1.0MPa 后，再利用旋挖钻机在石渣水泥砂浆中钻孔施工。石渣水泥砂浆的胶骨比（胶凝材料与石渣之比）、坍落度应根据溶洞高度、填充情况进行确定，应保证石渣水泥砂浆在洞内堆起，且不会流动距离太大，实现对溶洞的定域、定量充填。终孔验收合格后，下设钢筋笼、导管，进行混凝土浇筑，完成钻孔灌注桩施工。

1. 工艺原理

在施工中采用“旋挖钻机+冲击钻机接力成孔”施工工艺，上部土层采用旋挖钻机成孔，当旋挖钻机钻至岩层不易再继续钻进时，采用冲击钻机成孔。使用旋挖钻机钻进入岩标高后，调入冲击钻机就位成孔，可以缩短冲击钻机在岩面以上地层中的工作时间差，充分发挥旋挖钻机工作效率高、施工质量好、尘土泥浆污染少和冲击钻机入岩效率高的优势，实现效率最大化。

当冲击钻机终孔后，采用孔径仪进行孔径测量，如果测的孔径正常（小于设计孔径+20cm），则按照常规工序进行下步施工。当测得的孔径异常，出现远大于设计孔径值的情况时，对照超前钻资料，分析孔径异常位置是否存在溶洞，若存在溶洞，则采用导管向孔内灌注石渣水泥浆。灌注至孔径异常位置以上 1m 处，浆体经过 24h 固结后再利用旋挖钻机成孔，经过灌注石渣水泥浆处理后溶洞（土洞）实现填充，能够保证泥浆不漏失、承受混凝土侧壁压力，不再影响桩基成孔施工。

2. 工法实施步骤

本工法实施步骤如图 7.2 所示。

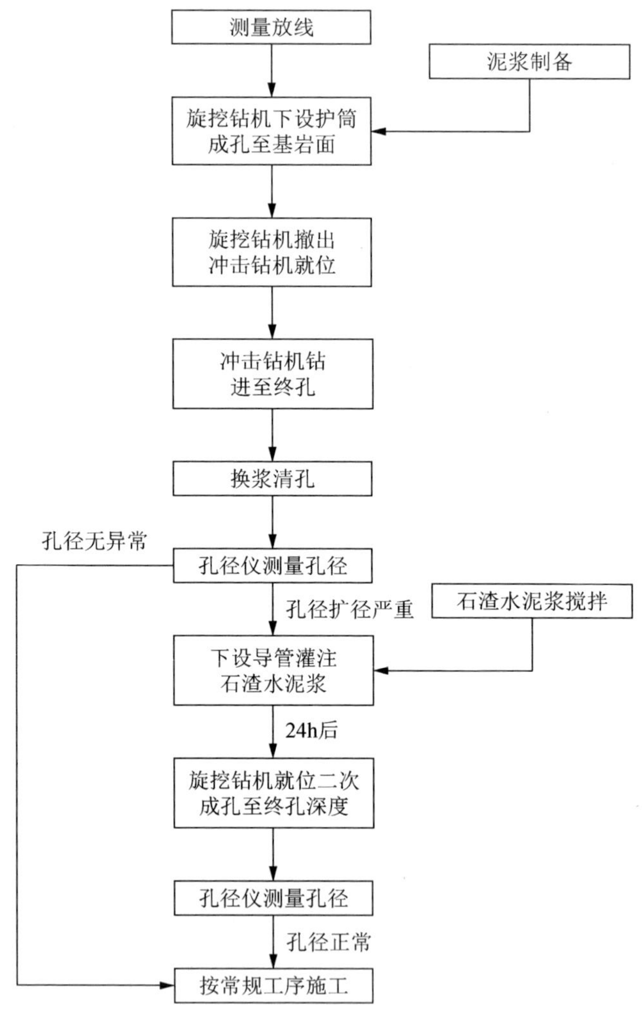

图 7.2　本工法实施步骤

工法实施步骤具体如下。

1）测放桩位，下设护筒，旋挖钻机钻进至基岩一定深度，直至成孔困难。

2）旋挖钻机移位，改用冲击钻机继续钻进至设计深度。

3）结合“一桩一勘探”资料，采用孔径仪或井下电视探测溶洞的形态和大小。

4）石渣水泥浆取材：水泥强度等级不低于 32.5MPa，粉煤灰宜为Ⅱ级，矿粉不低于 S75；骨料宜为最大粒径不大于 10mm、级配良好的石渣，含泥量不宜大于 10%；根据石渣水泥浆现场配置情况可适当掺加减水剂。

5）石渣水泥浆的性能指标确定与搅拌：石渣水泥浆 24h、强度不应低于 1MPa；胶骨比为胶凝材料与石渣之比（表 7.1），溶洞高度较大时取小值，反之取大值；坍落度为 140～220mm，溶洞高度较大、填充较差时取小值，反之取大值，石渣水泥浆性能指标取值见表 7.1。石渣水泥浆宜在现场集中搅拌。

表 7.1　石渣水泥浆胶骨比、坍落度取值一览表

泥浆指标	H≤1m		1m<H≤3m		3m<H	
	无填充、半填充	填充	无填充、半填充	填充	无填充、半填充	填充
胶骨比	1∶8～1∶5	≤1∶5	1∶10～1∶8	≤1∶8	1∶15～1∶10	≤1∶10
坍落度/mm	180±20	200±20	160±20	180±20	160±20	180±20

注：表中性能指标取值为参考值，实际取值在满足现场使用情况下通过室内试验确定；H 为溶洞高度。

6）采用导管法进行石渣水泥浆的灌注，灌注至溶洞顶位置以上 1m 处。

7）灌注石渣水泥浆后 24h，强度达到 1.0MPa 以上后，调入旋挖钻机进行二次钻孔。

8）终孔后采用孔径仪再次测量孔径，当孔径满足设计要求，方可下设钢筋笼、导管进行混凝土灌注。

3. 应用实例

本工法已应用于中电（四会）2×400MW 级燃气热电冷联产项目桩基及溶洞处理 3 号、4 号标段工程中，取得了较好的效果，该工程具体情况如下。

工程名称：中电四会 2×400MW 级燃气热电冷联产项目桩基及溶洞处理 3 号、4 号标段

建设单位：中电（四会）热电有限责任公司

地点：广东省肇庆市四会市东城街道四会民营科技园

开竣工日期：2014 年 8 月 7 日～2015 年 8 月 6 日

实际工程量：ϕ800 灌注桩 947 根，理论混凝土用量为 15269m^3；ϕ1000 灌注桩 124 根，理论混凝土用量为 2883m^3。

本工程采用该工艺前施工的 225 根桩，平均充盈系数达到了 1.82，采用灌注石渣水泥浆二次成孔工艺后，施工 846 根桩，理论混凝土用量为 14696.7m^3，平均充盈系数为 1.32，较之前降低了 0.5，节约混凝土用量为 7348m^3，经济效益显著。

4. 本工法的特点

本工法具有以下特点：

1）利用孔径仪能够直观地判断溶洞位置，进行有针对性的处理。

2）岩溶发育地区钻孔灌注桩利用旋挖钻机+冲击钻机配合施工工艺。

3）冲击钻机终孔后，利用导管法灌注石渣水泥浆处理溶洞，24h 后浆体强度达到 1MPa 左右后，利用旋挖钻机二次成孔至终孔深度。

4）区别于传统注浆预处理工艺，能够更有效地填充桩周溶洞，处理效果更好；避免灌注过程中混凝土漏失，保证桩身质量。

5）与传统注浆工法相比，本工法工艺费用大致相同，但因能降低混凝土充盈系数，即能降低材料成本，进而降低施工总成本。

6）该工法适用于岩溶发育地区成孔直径小于等于 1.5m、深度小于等于 50m 的钻孔灌注桩施工，具有广泛的适用性。

7.6　岩溶地基治理效果评价

岩溶塌陷治理是一个复杂的系统工程，一般采用多种方法进行综合治理，对治理后效果的检验评价，也不能用单一方法进行，应用多种方法对治理效果进行综合评价。

7.6.1　检验

地基处理工程的验收检验应在分析工程的岩土工程勘察报告、地基基础及地基处理设计资料，了解施工工艺和施工中出现的异常情况后，根据地基处理的目的，制订检验方案，选择检验方法。当采用一种检验方法的检测结果具有不确定性时，应采用其他检验方法进行验证。

检验数量应根据场地复杂程度、建筑物的重要性以及地基处理施工技术的可靠性确定，并满足处理地基的评价要求。在检验结果不满足设计要求时，应分析原因，提出处理措施。对重要部位，应增加检验数量。

验收检验的抽检位置应按下列要求综合确定：

1）检验点宜随机、均匀和有代表性分布；

2）设计人员认为的重要部位；

3）局部岩土特性复杂可能影响施工质量的部位；

4）施工出现异常情况的部位。

7.6.2　监测

地基处理工程应进行施工全过程的监测。施工中，应有专人或专门机构负责监测工作，随时检查施工记录和计量记录，并按照规定的施工工艺对工序进行质量评定。

地基处理工程施工对周边环境有影响时，应进行邻近建（构）筑物竖向及水平位移监测、邻近地下管线监测以及周围地面变形监测。

岩溶地基处理后地基上的建筑物应在施工期间及使用期间进行沉降观测，直至沉降达到稳定为止。

7.7　本章小结

本章结合课题组多年在岩溶区开展岩溶治理工作的实际经验，总结出了岩溶区建筑地基治理技术的主要方法，特别针对应用较广泛的注浆法，从方案设计、注浆材料、注浆设备、制浆施工过程与检验措施等方面进行了全面详尽的介绍，提出了岩溶病害治理工程的质量管理与控制程序和质量保证措施，最后给出了岩溶病害治理效果分析评价方法。

第 8 章 唐山市体育中心岩溶勘察与治理工程实录

8.1 工 程 背 景

唐山市处于岩溶裂隙发育浅埋区，地下隐伏破碎构造构成径流通道基础，曾经的地下水动态变化使第四系覆盖层结构受到了不同程度的塌陷破坏。特别是进入 20 世纪 80 年代，在自然和人为因素影响下，唐山市曾发生了多次岩溶塌陷，使城市建设、交通、农田受到破坏，仅 1976 年以来发生岩溶塌陷近 20 处，范围近 20km^2。尤其是 1988 年以来，市区多处发生岩溶塌陷使建筑物造成严重破坏。令人担忧的是，岩溶塌陷多发生在市重点规划建设的路北区，此区是市政府驻地，高层建筑和重要管线集中，为人口稠密的繁华中心区。岩溶塌陷这种动力地质现象发生的隐蔽性和突发性的特点会给人们带来更大的危害。因此，自 1991 年以来有关上级多次指示，加强对岩溶塌陷地质灾害的防治和治理工作。

唐山市体育中心位于市中心地带（图 8.1），第二田径训练馆曾在 1988 年 6 月 6 日发生地面塌陷，坑深为 6.5m，面积约为 35m^2。人们用 200m^3 碎石将坑填满后，于 6 月 15 日再次塌陷，馆内两根混凝土柱子陷入坑内，房顶随后坍塌，这一事件震惊全国。与此同时，位于第二田径训练馆东南方 60m 处的体育场主席台西北角地面出现沉陷，到 2001 年 4 月止，最大沉陷量为 47cm，面积达 496m^2。为此，自 1991 年开始，唐山市住房和城乡建设局多次组织有关部门对唐山市岩溶地质灾害防治及勘察做了大量工作，积累了很多有价值的资料。为了迎接 2001 年 9 月 18 日在唐山市体育中心举办的全国陶瓷博览会，唐山市政府决定对唐山市体育中心的岩溶塌陷地质灾害进行彻底的治理。

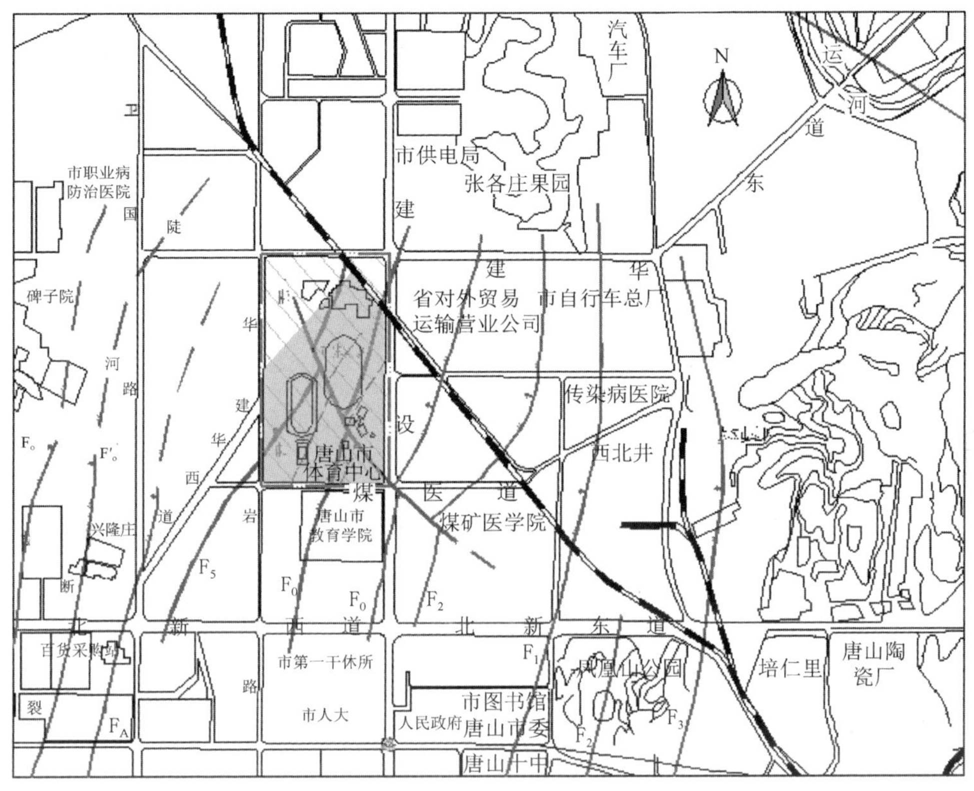

图 8.1　工作位置图

8.2　唐山市岩溶塌陷的地质背景分析

8.2.1　褶皱构造

唐山市区褶皱构造由东向西依次为开平向斜、碑子院背斜。其中，开平向斜规模最大，总体轴向为北东 40°，自开平向东转成近东西方向，构成一条向北西方向凸出的弧形弯曲，长约 50km，宽为 15～20km，两翼不对称。西北翼构造复杂，岩层倾角较大，一般大于 45°，局部直立或倒转，并发育若干次一级构造。唐山市体育中心位于开平向斜西北翼断块隆起之上，岩层倾角实测为 40°～42°。东南翼构造简单，岩层平缓，次级构造稀疏。唐山市构造地质略图如图 8.2 所示。

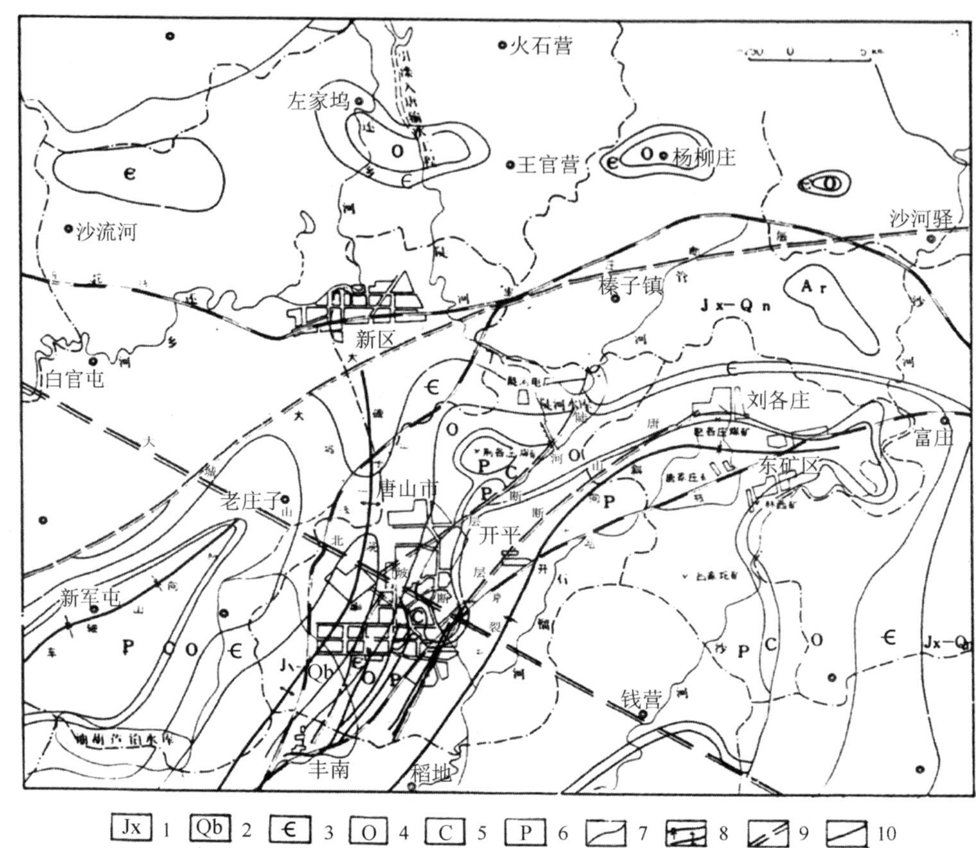

1—蓟县系；2—青白口系；3—寒武系；4—奥陶系；5—石炭系；
6—二叠系；7—地层界限；8—向、背斜轴；9—隐伏深大断层；10—断层。

图 8.2　唐山市构造地质略图

8.2.2　区域断裂构造

唐山市区断裂构造主要包括陡河断裂、唐山断裂、大城山北麓断裂（图 8.3）。

1）陡河断裂：位于市区西至西北部，北段由两条平行排列的逆断层组成，南段由三条断层组成。断裂北起陡河水库，南至丰南区，长约 35km。走向为北东 25°～30°，倾向北西，为一组高角度正断层。断层两侧第四系厚度相差 70m。

2）唐山断裂：位于市区东南边缘，北起古冶赵各庄，南到安机寨，长约 30km，走向北东 25°～30°，倾向南东，为一高角度断裂，是唐山断块隆起带东部边界。

3）大城山北麓断裂：据遥感和钻孔资料，大城山北麓存在一条北西向断裂，错断了陡河断裂、唐山断裂等北北东向断裂。

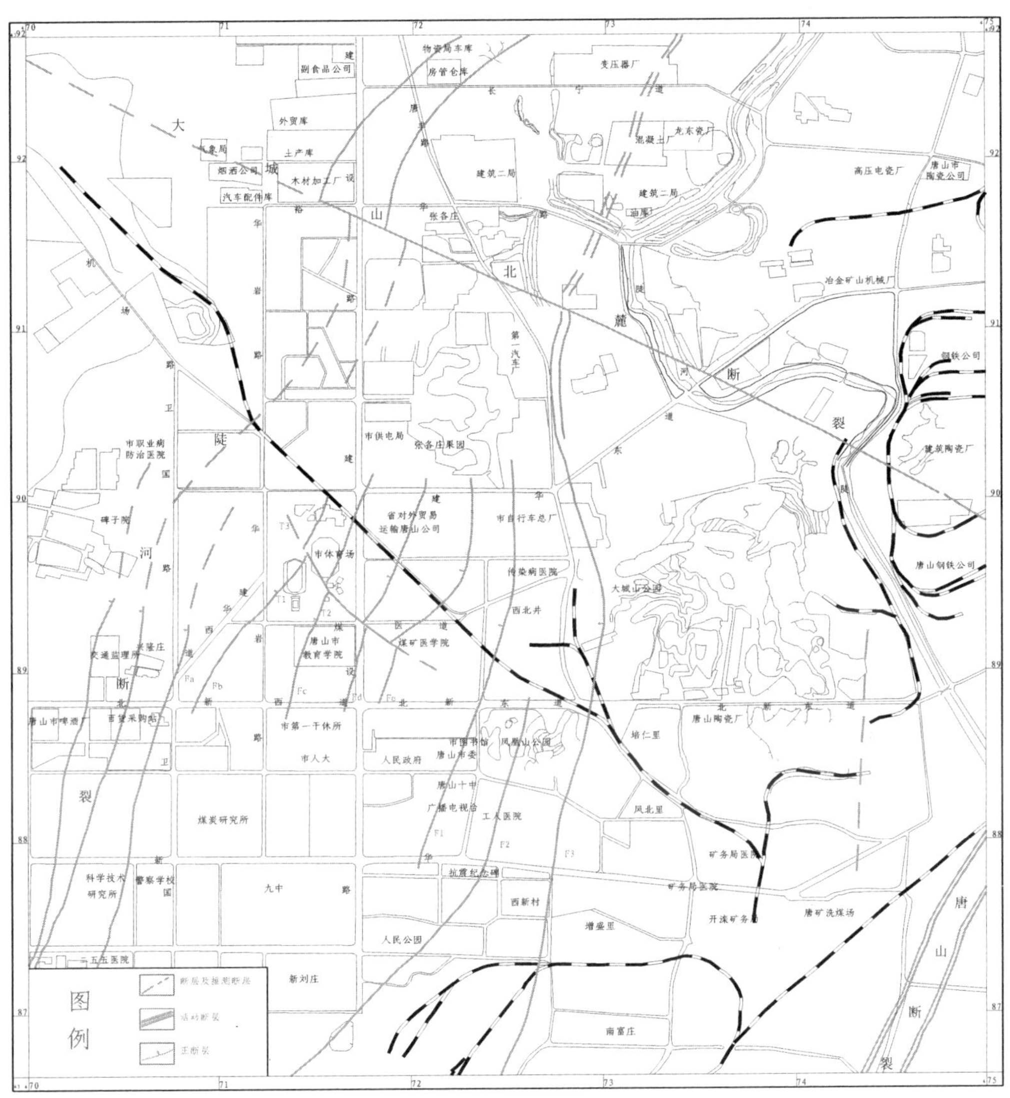

8.3　唐山市岩溶塌陷区断裂构造

8.2.3　第四系覆盖层厚度及岩性结构

唐山市市区主要地层从老到新有中上元古界蓟县系、青白口系，古生界寒武系、奥陶系、石炭系、二叠系，新生界第四系。基岩大部分被第四系松散层覆盖，仅在残丘地带出露。其各层的厚度、岩性见表 8.1 所示的唐山市区地层表。

表 8.1 唐山市区地层表

界	系	统	组	代号	厚度/m	岩性
新生界	第四系	全新统		Q_4	3～5	粉质黏土、粉细砂及填土
		上更新统		Q_3	10～80	粉土、中细砂层，少量卵石层
		中更新统		Q_2	1～8	棕红色黏土夹碎石为主
古生界	二叠系			P	1300	砂页岩为主，夹薄层灰岩及煤层
	石炭系			C	160	
	奥陶系	中统	磁县组	O_{2c}	161.8	厚层豹皮灰岩为主，顶部夹白云质灰岩，底部夹角砾状白云质灰岩
			马家沟组	O_{2m}	237.8	上部厚层白云质灰岩、豹皮灰岩；下部为白云岩及角砾状泥质灰岩
		下统	亮甲山组	O_{1l}	155.6	上部厚层燧石白云岩；中部厚层白云岩；下部巨厚层豹皮灰岩
			冶里组	O_{1y}	96.9	厚层泥质灰岩夹竹叶状灰岩，少量钙质页岩
	寒武系	上统	凤山组	$\in_{3f}$	172.8	上部薄层灰岩夹竹叶状灰岩，下部灰岩、泥质粉砂岩
			长山组	$\in_{3c}$	14.2	竹叶状灰岩、黏土质灰岩夹粉砂岩
			崮山组	$\in_{3g}$	45.1	黏土质灰岩、粉砂岩夹竹叶状灰岩
		中统	张夏组	$\in_{2z}$	78.6	上部以厚层鲕状灰岩为主，下部鲕状灰岩与砂页岩互层
			徐庄组	$\in_{2x}$	116.7	暗紫色页岩、粉砂岩夹少量灰岩
		下统	毛庄组	$\in_{1mz}$	68.6	紫色页岩、粉砂岩夹薄层灰岩
			馒头组	$\in_{1m}$	46.8	紫红色的白云质泥质灰岩夹钙质页岩
			府君山组	$\in_{1f}$	90.9	巨厚层豹皮灰岩
中上元古界	青白口系		景儿峪组	Qb_j	80	砂砾岩夹黏土质灰岩、泥灰岩
	蓟县系		雾迷山组	Jx_w	1600	薄层白云质泥灰岩、中厚层燧石条带白云岩

8.2.4 地下水分布与补给

唐山市区内分布有第四系松散岩类孔隙水含水岩组、碳酸盐岩溶水含水岩组、石炭-二叠系碎屑岩类裂隙孔隙水含水岩组。

（1）第四系松散岩类孔隙水含水岩组

唐山市区第四系松散岩类孔隙水含水岩组可分为潜水-微承压含水组和承压水含水组。

1）潜水-微承压含水组。陡河断裂以西地区含水层岩性以含砾粗砂、中砂为主，厚度为 40m 左右，富水性好；中心区含水层岩性以中砂、粗砂为主，且受基底隆起影响，厚度仅几米至十几米，富水性较差；东北部受矿坑排水影响，基本处于疏干半疏干状态。

本含水组是唐山市区农业、工业及生活用水主要开采层，1997 年开采量约为 $15156.8\times10^4m^3$。1997 年低水位期水位埋藏深度为 18.2～24.5m，漏斗中心最低水位为 46.55m。

2）承压水含水组。顶板埋藏深度为 40～180m，厚度变化较大，含水层岩性为细砂、黏性土或钙质胶结的砂卵砾石，富水性较差。

第四系各含水层之间无稳定隔水层，大范围的人工混合开采进一步沟通了各层间的水力联系，使水位趋于一致，属潜水-微承压水。

（2）碳酸盐岩岩溶水含水岩组

碳酸盐岩岩溶水含水岩组可分为奥陶系碳酸盐岩岩溶水含水组和寒武系、蓟县系碳酸盐岩岩溶水含水组。

1）奥陶系碳酸盐岩岩溶水含水组水量丰富，覆盖区富水性较好，裸露区较差。本组是唐山市主要地下水开采层，20 世纪 70 年代前地下水开采量小，地下水水位处于承压状态。随着开采量增加，地下水水位逐年下降。1974 年形成地下水水位降落漏斗，以后逐渐加深，影响逐年扩大，地下水由承压状态变为无压状态。1992 年引滦入唐后，开采幅度减小，水位回升。1997 年漏斗中心最低水位埋藏深度为 46.32m。奥陶系碳酸盐岩岩溶水的动态类型为降水间接补给上升-开采下降型。年最低水位一般出现在 6～9 月，最高水位出现在 2～3 月。

2）寒武系、蓟县系碳酸盐岩岩溶水含水岩组，主要分布于市区西部。蓟县系岩溶水在唐山市区仅啤酒厂有少量开采，水位埋藏深度为 40～45m，溶隙、裂隙较发育，富水性中等但不均一。寒武系富水性相对差，动态特征与奥陶系岩溶水大体相同。

（3）石炭-二叠系碎屑岩裂隙、孔隙水含水岩组

石炭-二叠系碎屑岩裂隙、孔隙水含水岩组富水性、透水性均较弱，水化学类型复杂。

不同类型地下水的补、径、排条件具体如下：第四系松散岩类孔隙水接受大气降水补给，地表水体下渗补给。覆盖区第四系松散岩类孔隙水越流或通过天窗直接补给基岩地下水。地下水排泄为人工开采和矿坑疏干，因此，市区内已形成地下水水位多层降落漏斗。各含水组地下水在水平方向沿层面向漏斗区汇流，垂直方向松散岩类孔隙水向下补给基岩地下水，在矿坑疏干区，垂直方向和含水层间水力交替作用更加强烈。

8.3　唐山市体育中心岩溶勘察方案

国内外岩溶勘察技术的发展表明，各种手段都有其适应范围，把几种关键手段有机地组合在一起，则有较强的互补性。开展调查、物探、钻探、土工试验等一系列工作，而各项工作都服从一个统一的目的。即使在物探这个环节上，所采用的各种技术也应在统一的设计思路下去实施。因而，岩溶的勘察应发展为系统的、相互补充的技术体系，钻探与物探结合，物探作为普查手段，钻探作为物探异常点的真实揭露。本课题就是按照这一技术途径进行了体育中心的岩溶勘察。

8.3.1　勘察的技术途径

本次勘察广泛收集了已有资料，在认真分析研究的基础上，有针对性地确定本次勘察的工作内容。综合田径馆、网球馆等勘察空白区，需采用有效的物探手段查明重要公共建筑物范围内岩溶发育情况。对前期勘察报告中确定的溶洞及土洞等不稳定区的位置和规模进行钻探验证。采用钻探取样、土工试验和原位测试等办法，查明第四系覆盖层，尤其是土体松动带的物理力学性质。充分搜集现有水文地质资料，并适当布置现场工作量，以查明地下水埋藏条件。前期勘察资料证明，本区地面塌陷的发生，溶洞、土洞的空间位置与体 1、体 2、体 3 断层直接相关，特别是断裂交汇处应力集中部位更应作为本次勘察的主导线索，作为布孔布线的主要依据，这样才能为以后岩溶治理提供科学依据，并提出有针对性的治理方案。

8.3.2　工程钻探与土工试验

在重要公共建筑周围、前期勘察推断的岩溶发育区适当布置钻孔，验证物探解释的溶洞及土洞位置，并进一步查明新发现的第四系松动带具体范围。钻孔深度以查明基岩下 10m 范围内岩溶发育区状况为目标；对物探解释的土洞进行钻探验证，钻孔深度以达到基岩面为准。在施工中，由于发现场区地质条件与原收集的区域资料略有变化，经监理工程师同意，将综合体育馆的 1 号、2 号、3 号钻孔改为可调整性钻孔，并在局部区域增加了钻探工作量。

钻探采用 DPP-100 型车装工程钻机，在钻孔中对第四系覆盖层进行取样和标准贯入试验，以查明其物理力学性质，第四系地层回次进尺不大于 1.0m。对基岩确保其取芯率，回次进尺不得超过岩芯管长度，在软质岩层中不得超过 2.0m。

对于各钻孔准确量测各层地下水，当存在多层地下水时，采取了套管隔封及变径钻进的施工措施，并按《建筑工程地质勘探与取样技术规程》（JGJ/T 87—

2012）中 3.4 条款的要求进行水位观测。

为确定第四系覆盖层的物理力学性质，对钻孔内所取的土样以常规物理力学性试验为主，兼做部分前期固结压力试验、快剪试验、三轴压缩试验和土的室内渗透性试验。

8.3.3 工程物探

前已述及，目前探查溶洞（土洞）较为有效的物探手段很多，如浅层地震勘探、电法勘探、瑞雷波（面波）勘探、高密度地震映像勘探等。

（1）浅层地震勘探

浅层地震勘探作为一种有效的手段常被应用于岩溶塌陷调查。该场地基岩埋深较大，因此使用了纵波反射法。在本次勘察初期，发现有效反射波的最佳窗口较小，且反射波信号较弱，加上工作区干扰波很强，虽在晚上工作，每一测点仍需几十次叠加，工作效率很低（笔者所在单位也曾在唐山国际时代广场工程中应用纵波反射法浅层地震勘探查明其场地下伏基岩的岩溶发育情况，其地层结构与体育中心基本相同，也存在上述缺点），加上浅层地震资料的解释需要较长时间，而本工程工期要求很紧，因此放弃了浅层地震物探法。

（2）电法勘探

电法勘探也曾在体育中心的前期历次勘察中使用，但本区地处市中心地带，建筑物很多，加上城市的游散电流干扰，给电测造成了较大困难，这也大大影响了资料的可信度，其效果不佳。

（3）瑞雷波勘探

多道瞬态瑞雷波勘探是 20 世纪 90 年代后期发展起来的岩土工程原位测试勘探方法，利用瑞雷波的频散特性和传播速度与岩土物理力学性质的相关性可解决诸多的工程地质问题。在本次工作中，瑞雷波勘探主要用以调查第四系松散体、地下隐伏岩溶、基岩埋深等。瑞雷波的优点主要有以下几个方面：

1）定量分析、成果直观、准确。利用国家科学技术委员会评定的“属世界领先水平”的 SWS-3 型多波列数字图像工程勘探与工程检测仪，可以利用等速度彩色剖面功能准确判断出第四系松动带及地下岩溶在平面和垂直方向的位置。现场工作前的试验表明，瑞雷波勘探的地质解释与钻探成果一致，证明了其准确性。

2）工作效率高，为工程争取时间。由于瑞雷波衰减慢，信号强，受其他波的干扰小，可在白天作业，现场通过计算机给出测试结果，可为工程争取一半以上的时间。

3）节省资金。因瑞雷波勘探中无须钻孔，且省时省力，较常规方法勘探费用低。

（4）高密度地震映像勘探

高密度地震映像勘探是 20 世纪 90 年代中期发展的一种新方法。它是以固定偏移距激发宽频带弹性波，以共偏移距观察近炮点宽频，快速、高密度采集多波列弹性波映像，其中含有直达波、面波、来自不均匀地质体的绕射波和反射波等，用以探查浅部构造、隐伏岩溶、土洞等不均匀地质体。其最大优点是简便、快速、经济、直观。

根据本工程的特点和要求，本次勘察主要采用了瑞雷波（面波）勘探和高密度映像勘探。其目的是快速、准确地重点查明第四系松动带及基岩面下 10m 以内的岩溶发育情况（特别是开口的溶洞）。瑞雷波勘探技术采用了具有世界先进水平的 SWS-3A 型多波列数字图像工程检测仪。

8.4　唐山市体育中心岩溶物探成果及解释

8.4.1　物探成果的数据处理

1. 瑞雷波勘探的数据处理

瑞雷波勘探的数据处理将 SWS-3A 型多波列数字图像工程勘探与工程检测仪野外采集的原始数据传输到计算机后，采用与其配套的瑞雷波处理软件对瑞雷波资料进行处理，其处理流程大致为 3 步：第 1 步为面波原始资料编辑，第 2 步为面波提取与频散分析处理，第 3 步为形成等速度剖面与地质解释。

2. 高密度地震映像勘探的资料处理

高密度地震映像勘探的资料处理，将高密度地震映像数据在计算机上进行压缩、拼接和滤波处理后即可得到反映波动场特征的映像图。

本次工程物探所采用的瑞雷波、高密度地震映像勘探均属弹性波勘探范畴。它是通过接收和分析人工地震产生的波动场特征来获得地下地质信息，是一种间接勘察地下地质构造的方法，因此，充分理解波动场特征与地下各地质现象之间的关系，是物探成果地质解释的依据，对保证地质解释的准确性与可靠性十分重要。

众所周知，提供物探资料解释有一种重要的方法，即从已知区的结果推断未知区的解释，也即从已知推断未知的解释原则。在该区已发生过地面岩溶塌陷的区段进行工作，分析所获得资料的异常特征，从而得到最直接的地质解释依据。

1）第二田径训练馆已知塌陷坑高密度映像资料与瑞雷波等速度剖面对比。

从塌陷坑区的高密度映像图，可见对应于原塌陷坑处的映像特征与两侧明显不同。塌陷坑处的土体受到塌陷扰动，土体疏松，因而对弹性波产生滤波和吸波，致使高频成分减少，形成了多相位的低频异常带。从塌陷坑区瑞雷波等速度剖面可看出塌陷坑处的瑞雷波波速成一明显低于周围土体及基岩波速的低速纵向带，证明整个塌陷坑周围土体受扰动变得很疏松。

2）体育场主席台沉陷处高密度映像资料与瑞雷波等速度剖面对比。

从沉陷处的高密度地震映像图可见沉陷处下方基岩同相轴下的绕射弧，表明该处岩溶（洞）发育。从瑞雷波等速度剖面可明显看到下部的低速异常带，此为充填溶洞内松散堆积物的波速反映。

3）工程物探成果与钻孔资料的对比。

① 前期勘察物探判定体育中心东门台阶附近有土洞存在，评价为不稳定区。本次勘察利用瑞雷波勘探，其等速度剖面表明，地面下 60m 内不存在低速体，而在 22～24m，波速已达到 450m/s，初步判定此界面为基岩面；但前期勘察时附近无钻孔，而体育中心西门一带钻孔揭露的基岩埋深为 40.0m 左右。是前期勘察物探误判，还是本次物探解释有误呢？经 5 号及 5-1 号钻孔钻探表明，基岩（砂岩）埋深分别为 22.25m、21.50m，且第四系地层未发现异常，与本次物探解释一致。

② 明丰房地产公司西侧 9 号钻孔南侧 25m 左右，经瑞雷波勘探存在一明显的低速带，说明此处第四系土体疏松，基岩内有开口溶洞存在；经 S2 钻孔在此处钻探，第四系地层标贯击数最大为 6 击，部分小于 1 击，证明第四系地层已松动。后经调查得知，1997 年此处曾发生塌陷，后经人工填平，这些都与瑞雷波勘探的解释结果相吻合。

8.4.2　工程物探成果的地质解释

（1）基岩构造解释

根据勘察区内瑞雷波勘探资料，对勘察区的隐伏基岩构造及空间展布进行了解释，与前期勘察资料推断的体 1、体 3 断层基本吻合。

瑞雷波测线中 M5 线的 0503 测点、M3 线的 0303 测点、M11 线的 1105 测点、M5 线的 0529 测点处的瑞雷波速度相对两边速度较低，在等速度剖面上多呈 V 字形，且在野外采集的原始波形中均可见断层波动特征，推断为断层引起的局部基岩破碎，与前期探查的体 1 断层展布基本一致。

瑞雷波测线中 M25 线的 2502 测点、M19 线的 1903 测点、M7 线的 0702 测点的等速度剖面与上述情况类似，为体 3 断层的表现。

（2）岩溶溶洞及第四系松动带的解释

依据已知岩溶塌陷的物探异常特征，对本次物探资料进行解释，得出的第四系松动带及溶洞的位置，见表 8.2。

表 8.2　物探资料解释成果表

测线号	测点号	位置	溶洞引起的第四系松动带范围
M23、M21	2307、2101	明丰房地产公司西侧	直径约 20m
M26	2602	体育场主席台西北侧	直径约 25m
M28	2803、2804、2805	第二田径训练馆内	直径约 15m
M27	2701	田径训练馆东门外北侧马路边	—

8.5　唐山市体育中心岩溶病害治理

8.5.1　岩溶病害治理技术路线

1. 确定治理方案的基础

体育中心岩溶塌陷属已有建筑场地，根据岩溶塌陷形成的地质条件和灾害的空间分布特征，既不能采用强夯地基办法，又不能采用开挖地表、清除疏松土体进行换填的措施，根据国内实践结合体育中心的地质条件，采用骨料充填加固注浆应为首选技术途径，且初步印象是可以采用堵截、封堵天窗来进行。

治理主要包括充填岩溶洞隙、封堵渗流通道和补给的越流天窗、土体强化加固等。

为了达到节约工作量、缩短工期的目的，在充分分析工作区的水文地质背景条件下，本节研究布置钻孔的方式和施工措施，改变普遍采用的均匀布孔的方法，有针对性地确立注浆钻孔位置，同时在满足工程质量要求的条件下，寻找廉价材料或代用品来减小水泥用量。在施工过程中，既要研究材料工艺，又要研究设备和手段，同时还要研究注浆径流通道、应用条件、效果和评价方法及注浆过程中有关参数的最佳选择等。

只有把问题看透、采取的措施得当、实施过程中根据实际条件对方案进行及时调整，才有可能把治理效果不断提高到一个新的水平。

2. 确定治理方案的背景分析

（1）地层具有可灌性

径流通道的岩性为蓟县系石灰岩，从其岩溶发育情况看是有可灌性的（石英岩上部），很多钻孔揭露有大小不等的溶洞不均匀存在（如 J2、J3、J4、J5 孔和 ZK1、ZK2、ZK3、ZK5 等孔），即受注地层有较好的可灌性和一定的厚度，这是截流的首要条件。与此同时岩溶裂隙、溶洞发育且垂直、水平分布比较集中，受注深度比较浅（基岩面以下 30m 左右），且有坚硬不透水的石英岩作为隔水层，防止绕流产生，同时受注层又较薄，可比厚层灰岩取得更明显的截流效果。

（2）受注地层（石灰岩）有明确的径流方向

实践表明：主补给方向基本上受构造因素控制。在有体 1、体 3 断层出现时，主补给方向都比较单一，且多沿断层带补给（因断层带是应力释放部位，岩石较破碎，易形成较大的渗流），根据钻孔分析判断，体 1 断层带宽度为 5～10m。

从钻孔水位分析可知，体育中心地下水补给条件非多方向，其主流方向应由北向南，在田训馆处属局部汇流。

（3）有集中径流通道存在

在所有的补给方向上，岩溶裂隙发育程度不均衡致使岩溶体中常常有局部集中径流过水地段存在，可以把这种集中过水的地段称为集中径流通道。从工程量和工程造价考虑，把集中径流通道的存在与否看成能否进行截流的关键；从技术背景上看，有充足资料判断有集中径流存在，这就使工程投资减少很多，对节省工程量具有很大的意义。

通过对体育中心内钻孔水位标高、岩溶溶洞发育的空间位置、洞内有无充填物、充填物的性质、溶洞上部基岩面有无残积棕红色黏土、第四系有无松散体及松散体范围大小等因素的综合分析，结合在这些钻孔附近有无张性断裂、在施工中这些钻孔有无漏水现象，可以判断出，在体育中心内存在一条集中径流通道。

（4）具备不透水边界

为了节省钻孔注浆材料，要充分利用受注岩层附近的隔水岩层作为不透水边界，可采用深灰色石英岩（在 J5 孔 46.2～46.8m 实见；在 J3 孔 47.44～50.34m 实见）作为隔水层。在截流时，为利用多种不透水边界，以减少工程量、降低投资和提高工程的可靠性，在考虑隔水边界时，要同时考虑水平方向和垂直方向的地质层位。最理想的边界条件，是在注浆时上、下、左、右 4 个方向都有天然边界存在。对薄层灰岩注浆而言，常常比较简单，较容易满足上述要求。综上所述，充分考虑注浆要素与围岩构成是注浆截流成败的关键。因此，应把主要精力放在对水文地质条件的选择和效果验证上。

8.5.2　工程治理方案设计要求和内容

1. 布孔依据

布孔时首先考虑如下因素：

1）体 3 断层和体 1 断层两侧各 5m 范围，以及两断层交汇应力释放处。

2）田径馆和主席台西北已发生的两个塌陷中心处。

3）由已知钻孔确定的岩溶发育处附近。

2. 布孔目的和布孔位置

1）强化土层加固建筑物地基：依靠钻孔、第四系注浆和高压旋喷注浆解决，重点在主席台西北、田径馆已塌陷区及明丰房地产公司进行布孔。

2）充填岩溶洞隙：沿断层带及岩溶发育带利用基岩孔解决。

3）封堵天窗：根据地质条件（如红土残积层及其顶部有无黄褐色黏土层、岩溶发育程度、地下水深度）推断及验证存在天窗处布孔解决。

4）拦截渗流通道：根据水位标高、溶洞中充填物情况，确定拦截点空间位置。

3. 治理方案的设计思路

在结合物探、钻探等勘察成果的基础上，推断导水构造为发育在断层近旁的岩溶集中径流通道，考虑其范围不大、垂直方向集水程度不均的特点，制定了对集中径流通道采取边探查、边治理、由上而下逐步注浆封堵的方案，即采用垂直三段、分 2 个步骤进行施工。

上段为基岩面以上地段，采取由上而下注浆封堵的方法。在该段内主要采用边钻探、边探查、边注浆向下延伸的方法，逐步达到基岩面的深度。该段设计了 62 个孔（主席台内除外），先施工不稳定区内的孔，视其探查揭露的情况，再确定不稳定区外围的孔位。同时在重点塌陷区，为了加固土体以方格网形布置高压旋喷钻孔 21 个。

中段的层位大致在完整基岩面以上的岩溶顶部至棕红色残积黏土层缺失地段（指有天窗存在的区段，只限于局部地方），视钻探情况而定，深度大致为 35～42m。考虑到该段会出现大漏水，且岩溶洞隙充填物可能被冲刷，有可能存在较大空隙，对该段首先进行浓浆或细骨料充填，然后注浆加固，封堵材料以粉煤灰黏土水泥浆为主。

下段层位以基层面以下岩溶洞隙为主，深度大致为基岩面以下 30m。主要目的是切断导水通道，通过骨料充填加固、注浆胶结，实现封闭空洞和洞隙。先注入少量浓浆，如遇较大空洞，先投入碎石骨料（直径 d<30mm），后用粉煤灰水泥浆浇筑，固结成阻水塞。为保证固结质量，对关键截流钻孔如 J5 孔、J3 孔、J16 孔应进行重复多次注浆，以达到合格的注浆终止标准。在注浆加固工作后期，再根据多孔注浆效果及总的堵水情况进行重点检查、加固，初步工程设计钻孔 98 个，其布置方案及目的见表 8.3。

表 8.3　初期钻孔布置及其目的

<table>
<tr><th rowspan="2">阶段</th><th rowspan="2">类型</th><th colspan="5">主席台西北区</th><th colspan="3">明丰房地产公司</th><th rowspan="2">合计</th></tr>
<tr><th colspan="3">数量</th><th>孔号</th><th>布孔目的</th><th>数量</th><th>孔号</th><th>布孔目的</th></tr>
<tr><td rowspan="4">第一阶段</td><td>基岩孔</td><td colspan="3">6</td><td>J1、J2、J4、J6、J8、J15</td><td>探查预计径流带两端发育程度及水文地质情况</td><td>3</td><td>J9、J13、J12</td><td>了解岩溶发育程度及基岩面深度和有关水文地质资料</td><td>9</td></tr>
<tr><td rowspan="2">第四系孔</td><td rowspan="2">14</td><td colspan="2">9</td><td>D39、D33、D36、D44、D47、D45、D43、D24、D41</td><td>1）了解松散体展布特征；
2）了解残积红土缺失情况、渗流潜蚀范围；
3）了解断层交汇处与径流带通过的部位、地质、水文地质资料特征；
4）加固松散体地基强度</td><td rowspan="2">13</td><td rowspan="2">D52、D61、D55、D60、D48、D57、D51、D54、D49、D50、D56、D58、D53</td><td rowspan="2">加固地基，通过注浆过程了解地基基础质量及松散体分布范围</td><td rowspan="2">27</td></tr>
<tr><td colspan="2">5</td><td>D2、D6、D8、D14、D15</td><td>了解塌陷区南北水流连通的可能性有关资料，为确定集中径流带的空间位置和扩展范围提供旁证</td></tr>
<tr><td>旋喷孔</td><td colspan="3">21</td><td>X1、X3、X5、X6、X12、X14、X16、X17、X18、X13、X4、X15、X19、X7、X9、D25、D46、D26、D35、D32、D38</td><td>加固松散体土体基础</td><td></td><td></td><td></td><td>21</td></tr>
<tr><td rowspan="5">第二阶段</td><td>基岩孔</td><td colspan="3">3</td><td>J3、J5、J16</td><td>1）验证集中径流带预测的准确性；
2）了解田径馆下沉塌陷原因及原来的处理质量；
3）了解断层交汇破碎带范围和岩溶发育程度，加固</td><td>4</td><td>J10、J14、J17、JD59</td><td>1）勘探孔，井间地震层析成像孔；
2）了解楼房下岩溶发育程度；
3）充填注浆</td><td>7</td></tr>
<tr><td rowspan="4">第四系孔</td><td rowspan="4">26</td><td colspan="2">15</td><td>D37、D42、D30、D27、D23、D34、D28、D22、D31、DX11、D8、DX2、DX10、D29、D40</td><td>1）验证第一阶段注浆质量；
2）补充加固松散体范围；
3）了解塌陷区地质及水文地质资料</td><td rowspan="4">8</td><td rowspan="4">DX21、DX23、DX27、DX20、DX22、DX24、DX25、DX26</td><td rowspan="4">1）补充加固注浆范围；
2）检验第一阶段注浆质量</td><td rowspan="4">34</td></tr>
<tr><td rowspan="3">111</td><td>4</td><td>D16、D17、D18、D19</td><td>预测该部位可能为另一个天窗部位。搜集该处有关基础资料，为塌陷区提供可行性预测</td></tr>
<tr><td>3</td><td>D13、D12、D20</td><td>了解田径馆土体加固必要性，加固地基</td></tr>
<tr><td>4</td><td>D7、D9、D11、D4</td><td>探讨沉陷区外围扰动土体分布，加固地基</td></tr>
<tr><td colspan="2">合计</td><td colspan="3">70</td><td></td><td></td><td>28</td><td></td><td></td><td>98</td></tr>
</table>

8.5.3 治理工程的实施

1. 注浆试验

岩溶勘察工作中，为研究注浆效果，在S8号钻孔进行了注浆试验，取得了有关注浆工艺方面必备的参数。

1）据土层松散带及溶洞发育情况来看，要求今后注浆前压水时间不宜过长，应以不超过10min为宜。

2）严格控制帷幕孔注浆水灰比由1∶1稀浆转入0.7～0.8∶1浓浆的时间，注稀浆时间以30～40min为宜。

3）为保证浆液有效充填程度达到80%～90%，对钻探时有掉空现象及出现负压的钻孔，应果断采取孔口带砂或投入骨料的办法进行注浆。

4）为确保浆液的早强和初凝，可在浆液中加入1.5%～2.0%的速凝剂，以使浆液达到所要求的结石体强度。

5）根据溶洞及松散带的发育情况，为防止浆液大量流失，要求扩散半径不能超过15m。为此应及时采取措施加以落实。

6）注浆结束时，稳压时间必须保证15min，不能过少。

7）单孔注浆试验表明：在第四系地层注浆时，在松动带可能会大量消耗浆液。因此，建议在松动带必须先使用水灰比1∶1的稀浆灌注，逐渐改变成浓浆；不得使用浓浆直接灌注。

2. 治理方案初步设计

（1）孔位布置

初步设计钻孔总数98个，其中基岩孔16个、旋喷孔21个、第四系注浆孔61个。

主席台处基岩的J1、J2、J3、J16、J4、J5、J15、J6共8个孔为径流带探查充填加固孔，J8孔为判别塌陷边界孔。在明丰房地产公司基岩孔有J9、J10、JD59、J14、J17、J12共6个孔，为塌陷探查加固注浆孔，孔间距为30m，按扩散半径15m计；在JD59、J14、J17孔间做地震层析成像，了解明丰房地产公司地下岩溶发育情况。

旋喷孔分布在主席台西北部已发生地面塌陷的范围内，以强化土体结构、加固地基为主要目的，孔距按2.5m设计。

第四系注浆孔以探查第四系土体结构破坏情况、残积红色黏土层的分布及加固强化土体结构为主要目的。

为加固明丰房地产公司西南角处浅层松动带，在此处又布置了5个浅层注浆孔。

在治理的最后阶段，为检查治理效果，探查主席台拆除后下面的岩溶发育情况，在主席台区布置钻孔 13 个，其中基岩孔 5 个、第四系孔 8 个。明丰房地产公司布置 1 个检查孔。本工程共布置钻孔 117 个。

（2）注浆搅拌站场地布置与设备安装

1）注浆站布置（图 8.4）。按照设计考虑需注浆钻孔的平面分布情况，选择田训馆东墙外为固定注浆站，明丰房地产公司因注浆孔数少设临时注浆站。

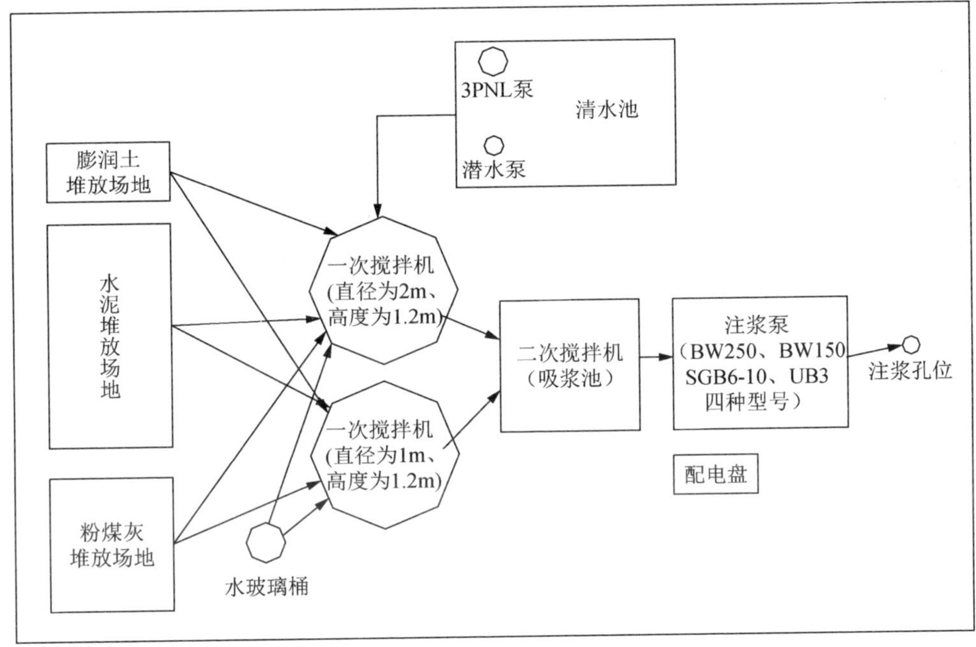

图 8.4　注浆站平面布置图

2）注浆站由搅拌场和储灰场组成。搅拌场由清水池（35m^3）、泵台、一次搅拌机和二次搅拌机等组成；储灰场由膨润土、水泥、粉煤灰等堆放场地组成。

鉴于工作区溶洞裂隙发育，本次充填胶结注浆需用材料较多，预计在初期耗浆量大，故完全采用固定式注浆方式，注浆站安装两台注浆泵。

3）给水系统：①为保证连续注浆，除用体育中心正常供水源外，又接通消防栓水源向清水池储水（容水量 V=35m^3），24h 连续供水，然后用 3PNL 泵（1 台）供下料使用，潜水泵（4 台）向搅拌桶供水，泵站总供水能力为 1.0m^3/min。②供水管路铺设，注浆管路采用 150m 的ϕ25 高压注浆管和 100m 的ϕ50 高压注浆管，与泵采用快速接头连接使用。

4）供电系统，运输系统（略）。

3. 钻孔施工

（1）钻探技术要求

1）冲积层的护壁管必须进入完整基岩，并用水泥固结隔离止水。

2）对基岩受注段要求全部取芯，松散或软岩石应用无水泵法取芯，以观察岩溶内结构透水性和检查注浆效果等。

3）为防止孔斜，要求开钻时要慢转轻提，设法扶正，以保证垂直钻进。

4）在钻进过程中，要严格记录各种水文地质资料，为评价注浆质量或修改设计提供依据。

（2）钻孔结构

根据设计要求，各类钻孔的施工目的不同，其钻孔结构也有些不同。

第四系注浆孔开孔直径为 146mm，下入护口管，其下孔径为 127mm，泥浆护壁。

旋喷孔采用直径 127mm 裸孔，泥浆护壁。

基岩孔由于需要投入骨料，第四系部分孔径为 168mm，下入孔径为 168mm 的护壁套管，见基岩后用孔径为 127mm 裸孔钻进终孔。

4. 灌注施工

（1）注浆材料的选择

灌注材料选择是随工程条件、施工目的及要求而异的。地面发生岩溶塌陷的特点是在第四系地层中有土洞或松散体（砂层或黏土层），进入基岩前后有 V 字形岩洞（内有含砾石、粗砂的充填物），岩石破碎，裂隙极为发育，大部分岩洞为空洞，少量洞穴有黏土、砂砾及碎石填料等充填物。根据上述钻孔的地质特点采用了如下方式。

1）对第四系松散体及土洞的材料选择按水利部经验，水泥浆是一种颗粒状的悬浮材料，受到水泥颗粒粒径的限制，通常只能用于砾砂层的防渗加固，而对第四系中粉砂、粉土的松散体充填，以黏土浆液为好，因为黏土浆液是将黏土的微小颗粒分散至水中，并与水混合形成半胶体状悬浮液，而这种浆液虽然结石强度较低，但它与母体原岩结合较好，对低水头的防渗加固是比较理想的材料。

2）对岩溶裂隙的灌注，灌注材料起阻截堵水的作用，为了节省材料，可掺入水泥质量 30%～70%的粉煤灰。

3）在有岩洞的条件下，投入粒径不大于钻孔直径 1/3 的碎石进行充填，直到填满后，再注入水泥粉煤灰浆液而结束。

4）当浆液消耗过多，且不能达到注浆结束标准时，可考虑加入水泥量 2%～3%的水玻璃浆液进行处理，使其速凝。

（2）灌注材料的规格与性能

1）骨料。灌注的骨料，选用石灰岩小碴和混碴两种，为了降低成本，在保证质量前提下，尽量减少水泥用量。常用骨料的技术规格见表 8.4。

表 8.4　常用骨料的技术规格

骨料	粒径/mm	相对密度	空隙度/%	最大粒径/mm
石屑	5～10	2.67	50.4	10
碎石	13～30	2.85	44.1	30
砂子	0.3～2	3.40		

2）掺加外加剂。本工程使用的水泥为矿渣硅酸盐水泥，强度等级为 32.5MPa。在水泥浆中掺加速凝剂后，水泥浆的初、终凝时间要比纯水泥浆快，结石体的强度比纯水泥高，尤其初期强度增长较大。本工程速凝剂采用水玻璃。

当空隙较大，钻孔出现负压时，可采用投砂办法或在水泥浆中加入水泥质量 30%～70%的粉煤灰，以节省水泥用量。为了保证浆液结石体上部不松软，使用时必须充分搅拌。实践证明使用效果良好。

（3）浆液的配制

注浆过程中，由于注浆压力和吸浆量不断变化，水泥浆的浓度也要随之改变，因此应配制不同的水灰比浆液。

现场使用有效容积为 4m^3 的一次搅拌池，每次搅拌浆量为 2～4m^3，通常将不同配比、不同搅拌量的材料用量制成表格，供现场使用。

（4）浆液搅拌系统

施工中采用了立式搅拌桶，由 8mm 厚钢板制成，其有效容积是 4m^3，在桶中间设立轴，搅拌时立轴转速为 62r/min。造浆时，先在高位搅拌桶（一次）内初次混合，然后利用高差，打开下部放浆闸阀使浆液过滤流入二次搅拌池（二次），继续拌和后，供注浆泵注浆。

上述搅拌系统用人工拆袋上料，通常需要 5～10min 才能把浆液搅好，但浆液搅拌均匀，容易保证浆液质量。

（5）注浆设备的选择及其规格

这次选用地质矿产部衡阳探矿机械厂生产的 BW 系列高压注浆泵，其各种参数见表 8.5。其工作特点是多级变速、变量、节省能源、效率高、结构紧凑、维修方便、操作安全。

表 8.5　BW 系列注浆泵参数

挡位	流量/（L/min）				压力/（kg/cm^2）				功率/kW
	1	2	3	4	1	2	3	4	
BW-250	52	90	145	250	6	6	4.5	2.5	15
BW-150	38	58	90	150	7	4.8	3.2	1.8	7.5

（6）堵水注浆施工过程

本节塌陷治理施工分为充填骨料施工和堵截注浆施工两个阶段，各阶段的施工方式和材料选择亦有所不同，现分述如下。

1）充填骨料施工。在注浆初期，通过在 J2、J3 孔的空洞内充填碎石和砂等骨料，降低了集中径流通道内水的流速。其充填方法是在钻孔口安设直径 600mm 的下料漏斗，漏斗顶端焊有 50mm 的进水嘴与输水管连通，将碎石或砂按 $0.1m^3/min$ 的输送量送到漏斗内，靠水流将碎石或砂顺钻孔带入岩洞内。充填过程中，水与石碴的比例 5∶1～10∶1，水与砂的比例为 10∶1～15∶1，碎石的料径 d<30mm（J2 孔、J3 孔 d=10～15mm）。为严格控制骨料粒径和水与碎石的充填比例，孔口漏斗处设专人监视，如发现漏斗处有骨料堆积、孔口喷气、孔内有异响或孔口溢水等异常现象，立即停止充填工作，进行分析和处理。

为保证充填质量，防止堵孔事故的发生，充填骨料的工作顺序，开始时先充水、后填料，结束时先停料、后停水。充填注砂工艺与充填碎石工艺大同小异。

由于充填骨料，岩溶的网络式溶洞和溶隙中的水流流速大大减小，为以后 J5 孔截流打下基础。

2）堵截注浆施工。J2、J3 孔空洞中被石碴充填后，在边缘钻孔内注入大量水泥浆。2001 年 8 月 9 日填入 $150m^3$ 骨料后，在 11～12 月，D16 孔注 $287m^3$ 水泥浆，D19 注 $153m^3$ 水泥浆，D18 孔注 $364m^3$ 水泥浆。这就在 J2 孔周围形成一个坚实环状止水圈，这对此处的溶洞充填、天窗封堵有很好的作用。在灌注初期因岩溶洞隙极为发育，这些钻孔吸浆量都非常大，有些孔口显示负压，在这种条件下，如采用常规方法灌注，不但会造成大量浆液被稀释，而且还会影响注浆质量，延长施工期。为此采用了以下几种工艺进行施工：

① 在 J2 孔投骨料后，对 D18、D19 先后大量灌注，一次注浆 10h，浆液为浓浆，并掺加 50%粉煤灰，使浆液浓度大大增加，这样就提高了有效浆液比例，增加了孔隙内浆液浓度，保持了浆液的性能，防止浆液被稀释和相邻钻孔间互相串浆现象的发生，从而提高了注实率。实践证明，该工艺在封堵大裂隙及岩洞的注浆施工中，效果较好。

② 掺加外加剂的水泥浆灌注。在有动力条件下的充填灌注，一般掺加外加剂，其目的是缩短初凝时间，控制浓度，防止浆液大量流失。采用了投砂和在水泥浆中添加 3%水玻璃的方法，产生了较好效果。J16 孔共投入 $35m^3$ 中砂，注入 $798m^3$ 水泥浆，注浆结束达到了既定标准。这次在 J16 孔运用此工艺比较成功，为下一步 J5 孔注浆打下良好基础。

③ 注浆施工中的技术措施。

a．注前压水。注浆前必须先做压水试验。通过压水试验来检查输浆管路的连接情况、止浆塞止浆效果和钻孔吸水量的大小，并疏通岩石裂隙，为预计注浆量、配制各种不同浓度的浆液提供参数。

注前压水量的多少和压水时间的长短，应根据钻孔情况而定。当钻孔孔径很大、受注段埋深大、孔内岩粉过多、压水时压力较高时，为冲洗岩粉、疏通岩石裂隙，压水时间以 15～20min 为宜，最多不要超过 30min。否则因压水量过多，将影响浆液的注入量，尤其是在静水条件下，岩石裂隙不太发育，更要严格控制压水时间。当孔径较小、受注段埋深浅、钻孔吸水量大、压水时压力较低或没有压力时，说明岩石裂隙发育，此时压水量不必过多，开泵后延续 5～15min，检查输浆管路无漏，止浆塞效果好即可停止压水。

压水时泵量的调节应从小到大，逐渐增加，千万不可反之，否则会造成输浆管路崩管事故。

b．注后压水。注浆后压水是为了把输浆管内和钻孔内受注点以上的浆液，用清水顶到受注点内，压水量的多少，要根据注浆孔直径、孔深及管路容积决定。如果压水量过多，会稀释已注入孔内的浆液，变有效浆为无效浆液，使已注好的裂隙又遭破坏，影响灌注质量。如果压水量过少，可使输浆管路和钻孔受注点以上残留过多浆液，从而造成塞管和堵孔事故，增加扫孔时间，浪费浆液材料。

c．浆液浓度的选择。根据注浆形式和目的来选用浆液的浓度。由于充填体积大、灌注压力低，初期充填注浆主要以浓浆为主，浆液的浓度为 0.5∶1～0.65∶1。实践证明：由于浆液的浓度大，加快了凝结时间，有效地控制了浆液的流动范围，减少跑浆现象，达到了预期效果。

灌注后期孔内压力升高。为灌注细小裂隙，浆液浓度逐渐改为 0.75∶1～1∶1。

d．注浆后扫孔时间的选择。根据注浆方式、灌注时间的长短、材料性能和注浆结束压力等因素，选定注浆后开始打孔的时间。一般在注浆结束后，立即用筒状钻头冲扫受注点或漏失点以上 20～30cm 的位置，其下部养护 4h 后再扫孔。

采用掺加外加剂单液浆灌注延续时间在 4h 以上的，注浆后达到预定结束压力，需要养护 4～6h 后再打孔。

注浆后尚未达到预定结束压力而停止注浆时，则应根据需要决定养护时间，一般为 6～8h。养护时间长，将造成扫孔困难或出斜孔，影响注浆质量；养护时间短，已注浆固化遭受破坏，也会影响注浆质量。因此注浆后养护时间一定要严格掌握。

钻孔复注时间间隔一般为 18～24h，以达到保证施工质量，又不延误工期的目的。

5. 注浆量的设计计算

(1) 岩溶径流通道参数的确定

1) 注浆段高度。

第四系加固注浆：加固对象为基岩面以上浆液漏失段及松散体地层中的土洞

时，注浆段为埋深35～40m处至基岩面；加固对象为岩溶洞隙时，注浆段为基岩面至基岩面以下20～30m处。

2）径流带宽度。

径流带平均宽度为10m，顺体1和体3断层发育，断层两侧各为5m。

3）裂隙率。

根据勘察成果，集中径流带的白云质灰岩岩溶溶洞裂隙率为5%；不稳定的塌陷区基岩裂隙率为8%。

（2）预计单孔有效注浆量

1）第四系钻孔注入量。

$$Q = A\pi R^2 Hn\beta$$

式中：Q——单孔注入量；

A——浆液损失系数，一般按设计要求取5%；

R——浆液有效扩散半径，取15m；

H——注浆加固段竖向长度，第四系土层中平均为25m；

n——孔隙率，按设计要求取12%；

β——浆液充填系数，按规程要求取0.4。

Q的计算结果如下：

$$0.05\times3.14\times15^2\times25\times0.12\times0.4=42.4\ (\mathrm{m}^3)$$

2）基岩孔单孔平均注入量。

$$Q = \lambda\pi R^2 Hn\beta/m$$

式中：λ——浆液损失系数，一般为1.2～1.5，取1.2；

R——浆液有效扩散半径，根据经验取15m；

H——注浆加固段竖向长度，基岩孔中为25m；

n——岩石裂隙率，一般为1%～1.5%，取1.3%；

β——浆液在裂隙内有效充填系数，一般为0.8～0.9，取0.8；

m——浆液结石率，取0.75（因有粉煤灰黏度大）。

Q的计算结果如下：

$$1.2\times3.14\times15^2\times25\times1.3\%\times0.8/0.75=294\ (\mathrm{m}^3)$$

3）旋喷孔。

在工程设计中提出，当旋喷法加固孔直径为2.5m时，单孔入浆量为44m^3。目前旋喷法加固孔直径为1.2m时，单孔入浆量按22m^{3}计算。

6. 注浆工艺流程

按设计要求，第四系注浆孔的成孔直径为ϕ127，终孔后下入ϕ50专用注浆管，注浆管外填入封闭材料，待达到一定强度后进行注浆。基岩孔第四系部分的成孔直径为ϕ168，并下入直径为ϕ168 套管，套管底部用水泥浆封闭止水，基岩部分成孔直径为ϕ127，直至穿过溶洞破碎岩层，进入完整岩层为准。第四系注浆孔的注浆深度范围为 30～44.4m，基岩注浆孔的注浆深度范围为 39.2～70.8m。注浆时采用ϕ50 的 PVC 管，详见注浆工艺示意图，如图 8.5 所示。

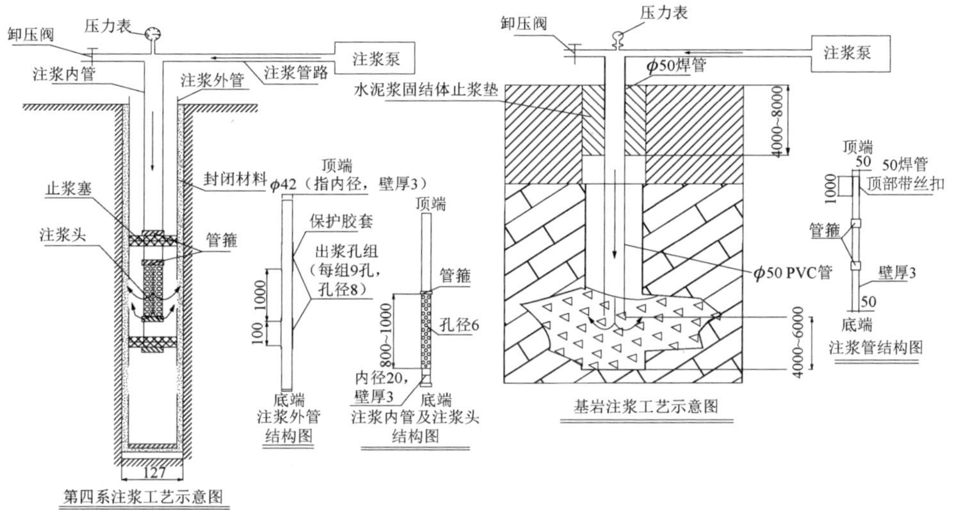

图 8.5　注浆工艺流程示意图

注浆时，采用大流量、多孔或单孔、间歇注浆，一次性铁管止浆，止浆塞一般下入完整基岩，造浆采用袋装水泥，采用衡阳 BW-250 型注浆泵，浆液压入钻孔受注层中，终压标准为 1～1.5MPa。

8.6　治理效果分析评价

岩溶塌陷治理是一个复杂的系统工程，一般采用多种方法进行综合治理。对治理后的效果检验评价，也不能用单一方法进行，应用多种方法对治理效果进行综合评价。本章结合体育中心勘察与治理工程采用了多数据、多现象的综合分析，全面对治理效果进行了评价。

8.6.1　第四系注浆跑浆、串浆特点分析

从第四系注浆孔施工来看，多孔注浆跑浆、串浆有如下特点：

1）第二阶段注浆时，在第一阶段施工钻孔附近没有发生跑浆和串浆现象，在第二阶段施工的一些钻孔之间，存在一定方向的串浆通道。

2）D28 孔注浆时，D31、D40、DX10、DX8、D29 共 5 个孔先后串浆；D42 孔注浆时，D30、D27 串浆；D37 注浆时，D30、D27 串浆；D31 注浆时，DX11 串浆；其他钻孔基本不串浆。将上述几个串浆孔圈定，如图 8.6 所示，可知这个区间内第四系松散层的连通性是比较好的。

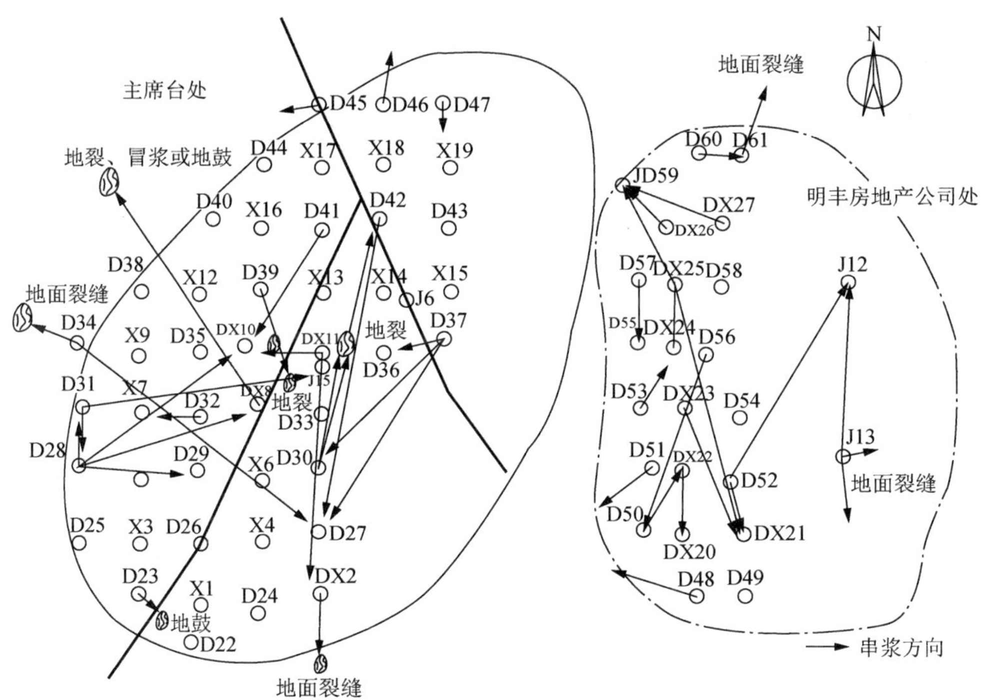

图 8.6　钻孔串浆方向

3）根据单孔注入量值大小分析可看出，在这个范围内的单孔注入量均为 40～300m^3，而其他部位注入量均很小。注浆量的大小说明不同方向的土体裂隙、孔隙的连通性强弱不同。

在第一阶段（2001 年 7 月 28 日～8 月 24 日）注浆时，部分钻孔出现串浆、跑浆现象，说明多个钻孔之间连通。特别是在重点塌陷区部位，有时一孔钻进时，受邻近钻孔注浆影响，造成施工钻孔缩孔、坍孔、埋钻等钻探事故。而在间隔 1 个多月后，第二阶段（2001 年 10 月 4 日以后）多区段再施工新钻孔，则极为顺利安全钻进，不再发生串浆、跑浆现象，这说明第四系松动体经过注浆充填加固后，不但土体强度增加，土体承载力加大，在扰动体内部的裂隙、孔隙也得到充填封堵加固（取出岩芯，有水泥结石体为证）。串浆情况分析见表 8.6。

表 8.6　钻孔注浆时串浆情况表

明丰房地产公司		唐山市体育中心主席台及田径馆	
注浆孔号	串浆情况	注浆孔号	串浆情况
DX21	DX25 串浆（二期）	DX8	西北方向出现裂缝长约 10m
DX23	DX21、DX22（二期）	D39	南侧约 4m 处地面出现裂缝
DX27	JD59（二期）	D41	自 X10 孔串浆冒出
D52	南 2m 跑浆	DX11	与 X10 孔、X2 孔串浆
D61	北边 5m 跑浆	D30	北边 4m 处地面隆起
D55	裙房内跑浆	X2	南 2m 处地面隆起
D60	D61 冒浆	D34	西边 2m 处地面冒浆与 D27 孔串浆
D48	下水道跑浆	D23	与 D22 孔中间处地面隆起
D57	D55 冒浆	D42	与 D30、D27 孔串浆，北边 15m 处地面隆起
D51	地面冒浆	D31	与 D28 串浆，北 20m 处冒浆，J15 孔套管外冒浆
D50	东北 3.7m 冒浆	D19	东北地面处裂缝宽 1cm、长 2m
D56	D50 串浆	D20	西边 2m 处地面隆起
D53	东北 1.5m 地面隆起	D13	孔口周围隆起
DX20	DX22 串浆（二期）	D2	孔口边地面隆起，出现宽裂缝
DX22	DX23 串浆（二期）	D4	西边 1m 处水位观测孔冒浆
DX24	DX25、DX23 串浆（二期）	D17	西边 2m 处地面冒浆
DX25	JD59、DX21 串浆（二期）		
DX26	JD59 串浆（二期）		

4）根据上述注浆过程出现的串浆情况分析，其主要规律如下：串浆方向为 X13—DX11—DX8—D34—D4—D7，正如前面分析的集中径流通道方向（由北西向南东方向）。由此可以判断下部基岩在这一方向岩溶应是比较发育的，形成了集中径流通道。这使第四系覆盖层受扰动，强度降低，在水动力作用下，主席台和 16 号看台发生开裂和地面下沉。

5）关于主席台西北角 A1 孔附近天窗下渗问题。通过 5 号剖面 D33、X13 孔，6 号剖面 D36、D14、D42 孔，7 号剖面 D37、X15 孔第四系钻探证实，有注浆封闭天窗的水泥结石体存在，表明天窗已封堵良好。

6）有关明丰房地产公司的串浆情况分析见地震层析成像部分。

8.6.2　注浆量充填体积分析

1. 集中径流通道体积计算

集中径流通道体积：方向为 D19—J2—ZK2—J3—J16—ZK3—J3—A1，长度为 135m，宽度为 10m（断层两侧各 5m），岩溶发育厚度为基岩面以下 25m，故

径流通道体积 V=135m×10m×25m=33750m^3。

2. 集中径流通道孔隙体积计算（需充填体积）

断层带附近线岩溶率[①]按河北省环境地质勘察院 1999 年和河北省建设勘察研究院 2001 年《唐山市体育场岩溶专项勘察报告》中的平均值（11%+15%）/2=13%考虑。孔隙体积 V=33750m^3×13%=4387.5m^3。

1）总体线岩溶率深度规律：平均 19.3%，局部可达 53.5%。

2）断裂影响：如 4 号、9 号孔，ρ=8.9%～10.6%。

3）浅部：基岩顶面至地面以下 60m 处，ρ=19.3%；地面下 60～80m 处，ρ=5.6%；地面下 80～100m 处，ρ=0.3%。

3. 第四系需充填体积

第四系需充填体积分为 3 部分（依据 2001 年 6 月《唐山市体育场岩溶补充勘察报告》）：

1）主席台西北部沉降区面积为 490.6m^2，需加固体积 V_1=19100m^3。

2）第二田训馆塌陷面积为 176.6m^2，需加固体积 V_2=7595m^3。

3）明丰房地产公司需加固体积 V_3=8962m^3。

因此第四系需加固层体积为 $V=V_1+V_2+V_3$=19100m^3+7595m^3+8962m^3=35657m^3。

第四系注浆孔隙率按经验值取 8%，则需注入浆量 Q=35657m^3×8%=2852.56m^3。

4. 注浆量对比

1）根据基岩线岩溶率计算的基岩理论注浆量为 4387.5m^3，实际注浆量为 4205.85m^3。

2）根据第四系土层孔隙率经验值计算的理论注浆量为 3294m^3，实际注浆量为 3148.82m^3。

由此对比结果可以看出，实际注浆量与理论注浆量基本吻合，达到预期的效果。

5. 需消耗材料

根据理论注浆量计算出的水泥消耗量约为 4608t，粉煤灰消耗量为 1536t。

---

① 岩溶线岩溶率的取值如下：a. 据河北省地矿局水文地质工程地质大队资料（1994 年 5 月），蓟县系地层钻孔线岩溶率大于 20%，断层带附近线岩溶率为 10%～20%，蓟县系和青白口系地层远离断层处线岩溶率小于 10%；b. 据河北省环境地质勘测院资料（1999 年 3 月），地面下 65m 内线岩溶率平均为 11.3%；c. 据河北省建设勘察研究院资料（2001 年 6 月），地面下 65m 内线岩溶率平均为 15.3%。

由于溶洞与裂隙的净空较大，注浆材料采用以水泥为主的单液水泥浆，添加剂用粉煤灰和膨润土。若洞隙的连通性较好，浆液消耗过快，考虑使用双液浆处理，速凝剂采用水玻璃。水泥采用强度等级为 32.5MPa 的矿渣硅酸盐水泥，浆液配比取水灰比 0.8∶1，浆液相对密度 1.5，结石率为 97%，按此计算应消耗水泥 4600～5000t，粉煤灰 1500～2000t。工程施工中实际共注入 7354.667m^3 浆液，消耗 4622.01t 水泥、1433.215t 粉煤灰、209.95t 膨润土、400m^3 碎石、35m^3 砂。由上述数据对比可以看出，总消耗浆材量与设计消耗浆材量基本一致，满足设计要求，治理效果达到预期目的。

8.6.3　钻孔岩芯质量分析

在钻孔经过注浆后（表 8.7），特别是在天窗异常部位处，钻探通过基岩面上部残积红土层和基岩面下部裂隙时，有多处取出水泥结石体岩芯（多为附近钻孔注浆时串浆所致）。主席台段的 D31、D33、X14、D42、D36、D37、X15 孔及后期检查孔和明丰房地产公司的 D51 孔，在基岩面上部均取出裂隙水泥结石体，而且比较坚硬，厚度薄的 1.2m，最厚可达 3.5m，覆盖面积可达 5～6m 之长。孔深较小，扩散半径均大于 6.5m，最大可达 20m，足以使渗漏天窗得到完整封闭。

另外，施工后期在注浆孔外围 15m 左右施工的检查孔，如 J18、J20、D62、D3 孔等，也在基岩面附近取出水泥结石体，这足以证明设计注浆扩散半径 R=15m 是合理的。同时，在上述几个检查孔的第四系松散体松动部位，也得到了完好的充填加固。J18 孔处基岩面埋深为 41.7m，在 37.0～40.8m 处取出水泥块，在其上部 40.8～41.17m 深度的残积红黏土中，也取出夹水泥结石体。同时在第四系冲积层中埋深 30m 的粉土层裂隙中，取出水泥结石体。在第四系全部钻孔中，无一孔发生漏浆现象，说明第四系部分已充填完好。

J20 孔处基岩埋深为 41.3m，红黏土层埋深为 38.2～41.3m，在埋深为 24m、27m 等中粗砂含水层上部取出坚硬完好的水泥结石体，在第四系钻进中也没有发生钻孔漏水现象。

D62 孔（标贯验证孔）红黏土埋深为 37.0m，基岩面埋深为 40.4m。本孔在如下埋深处均取出水泥结石体：1.0～1.1m、11.2～12.0m、14.0、14.4～15.5m、22.3～23.0m、23.2～24m、24.5～24.6m、26.5～27.2m、33.8～36.0m、39.5～40.4m（基岩面以上）。

表 8.7　治理探查验证孔施工情况表

类别	钻孔类型	孔号	第一含水细砂层深度/m	第二含水细砂层深度/m	第三含水砂砾层深度/m	残积红黏土层/m	Q4钻进漏浆情况	基岩面深度	标贯击数						基岩破碎带范围	漏浆情况	水位/m	钻孔深度/m	见水泥结块位置	钻孔目的
									深度	击数	深度	击数	深度	击数						
冲积层钻孔	第三含水层水位观测孔	D1	8.0～10.7	19～20、22～23	30.7～33	38～43.4	不漏浆										1.6～2.8	43.4	0～1.0、27.0～28.0	1）探查土体结构、标贯击数；2）探查浆液扩散半径；3）探查含水情况及第三含水层水位
		D5	10～11.2、13.2～15	19～20、22～23	31～33.3	35.0～37.74	不漏浆										−3.5～−6.12	37.74	1.0～2.0、14.0～14.5、21.0～22.0、24.0～25.0、26.0～7.0、34.0～36.2	
	标贯试验孔	D62	9.5～11.2、13.2～14.4	21～23.2	31～33.2	37.0～39.5	不漏浆	39.5	2、4、6、8、10、12、13	9、7、6、12、23、9、28	15.5、17.5、19.5、21.5、23.5、25.5、27.5	17、9、7、27、21、17、14	29.5、31.5、33.5、35.5、37.5	3、50、50、21、12				40.4	11.2～12.0、14.4～15.5、14.0～14.4、22.3～22.5、22.8～23.0、23.2～24.0、24.5～24.6、26.5、27.0～27.2、33.8、35.0～36.0、39.5～40.4	

续表

类别	钻孔类型	孔号	第一含水细砂层深度/m	第二含水细砂层深度/m	第三含水砂砾层深度/m	残积红黏土层/m	Q4钻进漏浆情况	基岩面深度	标贯击数						基岩破碎带范围	漏浆情况	水位/m	钻孔深度/m	见水泥结块位置	钻孔目的
									深度	击数	深度	击数	深度	击数						
基岩孔钻孔	实验治理孔	D3	10～10.5、13～14.0	18.8～20	32.5～33.8	35.8～0.5	不漏浆	40.5	3、5、7、9、11、13、14	7、9、13、11、11、11、13	16.0、18.0、19.5、21.0、23.0、25.0、27.0	13、18、29、12、9、16、7	29.0、30.0、32.0、33.0、35.0、36.8、39.0	8、32、23、50、10、50、18				40.6	2.0～3.0、3.0～4.0、5.0～6.0、11.0～12.0 13.0～13.6、21.3、23.0、24.5、28.0～29.0、31.5～32.5、33.8～34.5、35.8～36.4、36.8～37.3	
		J18	13～14	21～23.2	31～34	38.2～41.2	不漏浆	41.2	3、6、9、12	10、9、17、21	15.0、18.0、21.0、24.0	22、26、27、29	27.0、30.0、33.0、36.0	18、38、37、12.	41.2～41.74		55.9	63.7	36.6～37.0、41.2～41.7、55.8～56.3、46.0	1）探查构造位置；2）探查岩溶发育情况 3）探查基岩水位；4）探查有无天窗
		J19	7.8～10.7、12.6～13.5	19.7～21.8	29.3～34.1	39.4～41.4	不漏浆	41.4	10、13、16	10、14、14	19.0、22.0、25.0	19、14、19	28.0、31.0、34.0	21、24、27	41.4～44.0	55.7m 轻微漏浆		58.6		

续表

类别	钻孔类型	孔号	第一含水细砂层深度/m	第二含水细砂层深度/m	第三含水砂砾层深度/m	残积红黏土层/m	Q4钻进漏浆情况	基岩面深度	标贯击数						基岩破碎带范围	漏浆情况	水位/m	钻孔深度/m	见水泥结块位置	钻孔目的
									深度	击数	深度	击数	深度	击数						
		J20	8.7～10.2、13.2～15.4	21.3～22.7	32.5～35.42	38.2～42.07	不漏浆	42.07	3、6、9、12	29、9、15、14	15.0、18.0、21.0、24.0	9、11、12、19	27.0、30.0、33.0	39、39、34	42.07～47.0、64.36～66.26	44.7～52.04	57.2	68.3		
	物探验证孔	J301	7.6～10.2、12.5～13.5	19.2～21.8	29.8～34.5	38.5～42.86	不漏浆	42.86	3、6、9、12	10、10、12、23	15.0、18.0、21.0、24.0	20、30、37、29	27.0、30.0、33.0、36.0	39、19、20、16	48.9～51.7	48.96～54.0	54.0	56.8		验证物探成果

D3 孔红黏土埋深为 35.8～40.5m，基岩面埋深为 40.5m，钻进中无漏浆现象发生。本孔在如下埋深均取出水泥块结石体：2～6m、11～11.5m、12～12.5m、13～13.6m、21.3～22.0m、23～25m、28～29m、31～32.5m、33.8～34.2m、35.8～36.4m、36.8～37.3m。

上述钻孔在多层取出大量水泥结石体，且全钻进中均无漏浆现象发生，说明原来主席台西北角钻孔大量注浆已扩散到此部位，第四系主要塌陷区已得到完整的强化充填。

8.6.4　工程注浆结束标准分析

自 2001 年 8 月 12 日开始注浆后，在岩体、土体共注入 7354.667m^3 各种类型浆液，使用 4622.01t 水泥、1433.215t 粉煤灰、209.95t 膨润土，以及水玻璃、碎石、砂等各种骨料，共注浆 200 余次，单孔注浆结束时，都达到了终量 70L/min 以内、终压 1～1.5MPa 以上的设计要求，结束注浆时稳压时间 10～15min 以上，注浆完成后压水试验泵压亦达到 1～1.5MPa 以上，而水泥消耗量很小（串浆或地面跑浆例外）。

8.6.5　治理前后钻孔标贯击数对比分析

工程地质钻探标贯试验进一步证实，当第四系土体结构被潜蚀破坏成为疏松体时，疏松体土层强度明显降低，表现为标贯击数少于正常结构地层，而其压缩系数成倍大于正常结构地层。岩溶塌陷区标贯击数对比表见表 8.8，治理后孔标贯击数见表 8.9。

表 8.8　岩溶塌陷区标贯击数对比表

地层分类	治理前		治理后	
	主席台	明丰房地产公司	主席台	明丰房地产公司
粉砂	23	4～6	—	18
粉质黏土	7	0.5	11	18
细砂	29	3～6	52	25
粉质黏土	15	5	17	35
粉质黏土	19	5	64	38

资料来源：治理前的主席台扰动带取环勘院 A1 孔资料，明丰房地产公司取省勘院 S2、JD59 孔资料；治理后的主席台扰动带取实测 J21 孔资料，明丰房地产公司取实测 DX27、DX25、DX23、DX21 孔资料。

表 8.9　治理后孔标贯击数

明丰房地产公司（D63）						主席台（J21）					
深度/m	地层	击数	深度/m	地层	击数	深度/m	地层	击数	深度/m	地层	击数
6.0～6.3	粉土	17	22.0～22.3	粉黏土	17	9.0～9.3	粉黏土	16	24.0～24.3	细砂	52

续表

明丰房地产公司（D63）						主席台（J21）					
深度/m	地层	击数	深度/m	地层	击数	深度/m	地层	击数	深度/m	地层	击数
8.0～8.3	细砂	29	24.0～24.3	黏土	17	11.0～11.3	粉土	13	26.0～26.3	粉黏土	17
10.0～10.3	粉黏土	14	27.0～27.3	粉土	15	13.0～13.3	粉土	7	28.0～28.1	粉黏土	50
12.0～12.3	粉土	23	29.0～29.3	粗砂	25	15.0～15.3	粉土	11	30.0～30.15	粉黏土	50
14.0～14.3	粉黏土	11	30.0～30.1	黏土	50	16.5～16.8	粉黏土	10	32.0～32.3	粉黏土	64
16.0～16.3	粉黏土	31				18.0～18.3	粉土	11	34.0～34.22	粉黏土	50
18.0～18.3	粉黏土	9				20.0～20.3	粉土	10	35.5～35.6	粉黏土	50
20.0～20.3	粉黏土	12				22.0～22.3	粉土	10	39.0～39.02	黏土	50

8.6.6　治理前后浅层地震反射波速对比分析

治理前后我们分别对主席台、第二田径训练馆和明丰房地产公司三处塌陷区进行了瑞雷波和地震映像勘察。

在治理工程之前，2001 年 7 月 24 日～8 月 1 日对主席台和第二田训馆两个塌陷区再次进行浅震勘察，其成果如下。

（1）第二田训馆

由 YX-4、YX-5、YX-6、YX-7 测线的高密度地震映像成果图（图 8.7）可知：测线异常范围分别是 20～37m、17～37m、9mm 以右、11～25m，表现为波形幅值小、周期长、衰减快、同相轴呈双曲线型等特征，故可知其处于塌陷松动区范围。

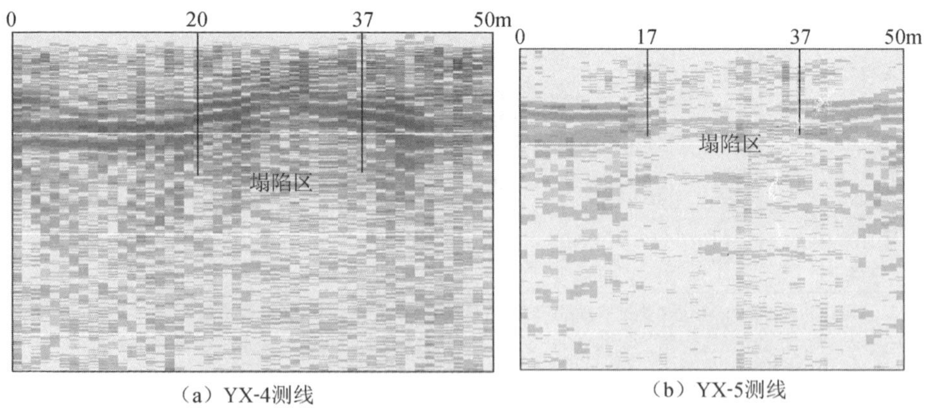

（a）YX-4测线　　（b）YX-5测线

图 8.7　YX-4、YX-5、YX-6、YX-7 测线的高密度地震映像成果图

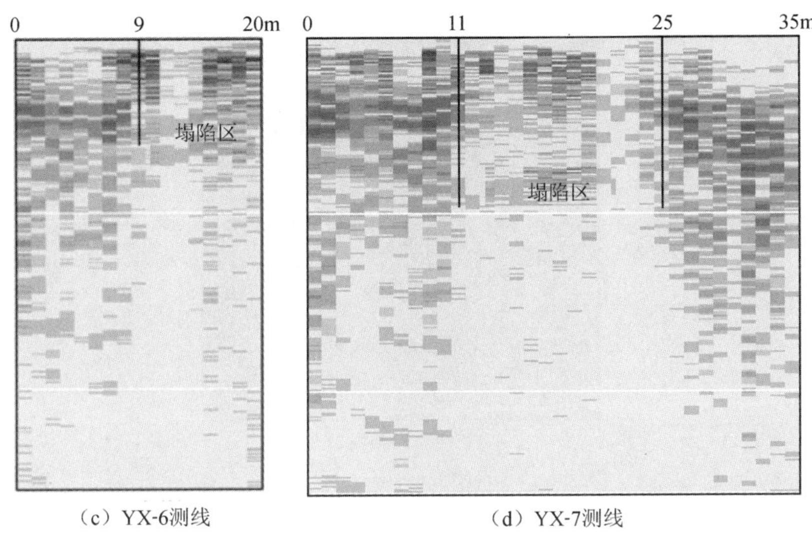

（c）YX-6测线　　（d）YX-7测线

图 8.7（续）

（2）主席台

由 YX-1 测线成果图［图 8.8（a）］可知，测线上部：0～28m 处正常（波形幅值一致，同相轴连续且水平），28～35m 处正常（波形幅值小，周期长，衰减快，同相轴呈双曲线）；测线下部：0～15m 处正常，15～35m 处异常，波形幅值小，凌乱且中断。

由 YX-2 测线成果图［图 8.8（b）］可知，在 33m 两侧地层特征不一致。

由 YX-3 测线成果图［图 8.8（c）］可知，在 26～35m 同相轴中断（在 26m 两侧地层特征不一致）。

总之，通过高密度地震映像查清塌陷或扰动体的范围，并发现主席台处存在隐伏土洞。

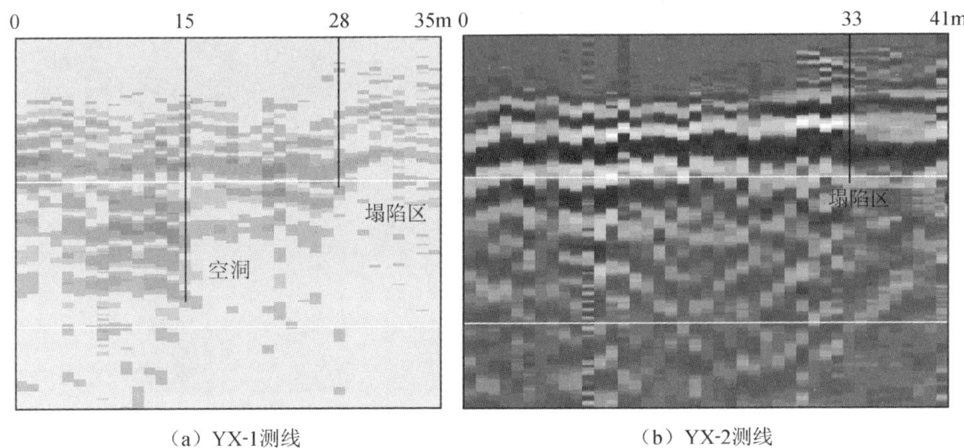

（a）YX-1测线　　（b）YX-2测线

图 8.8　YX-1、YX-2、YX-3 测线的高密度地震映像成果图

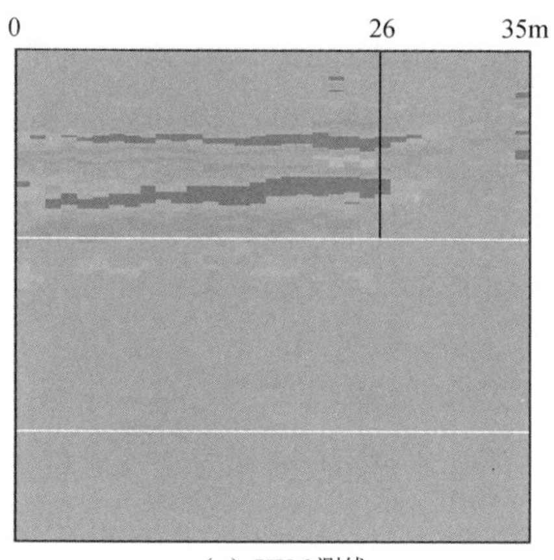

（c）YX-3测线

图 8.8（续）

治理后检测结果表明：第二田训馆、主席台、明丰房地产公司及第二田训馆东南侧各治理区均无低速区。明丰房地产公司 0～17m 波速均在 400m/s 以上，17m 以下波速均在 500m/s 以上；第二田训馆处 0～15m 波速均在 250～300m/s，15～40m 波速均在 300～400m/s，40～50m 波速为 400～500m/s，50m 以下波速均大于 500m/s。

主席台及第二田训馆东南侧：0～44m 波速在 250～500m/s，44m 以下波速均大于 500m/s。

通过治理前后的成果对比（图 8.9～图 8.19）可以看出：治理后，治理区内的波速都有了明显提高，无低速区存在，说明治理效果是十分明显的。

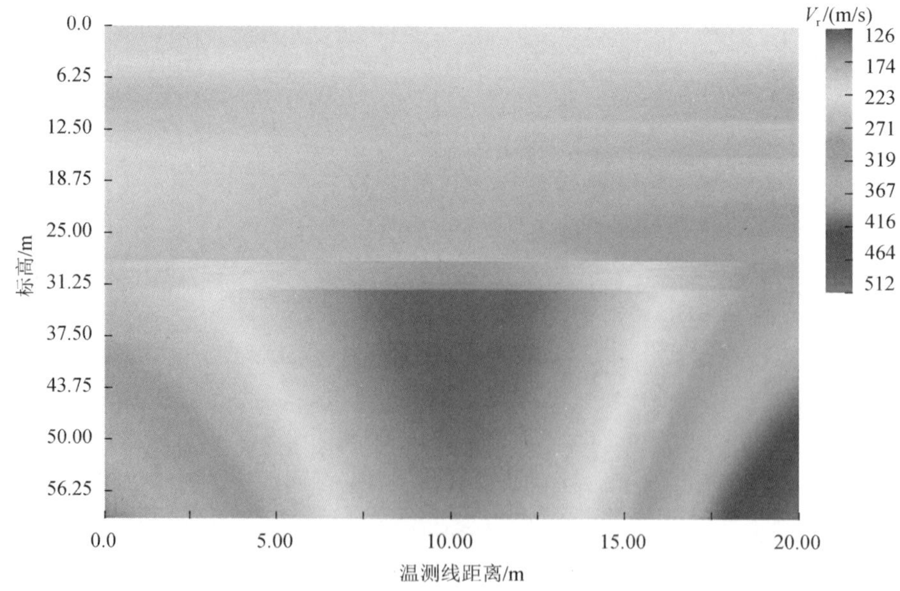

图 8.9　治理前瑞雷波检查成果——主席台 M26 测线

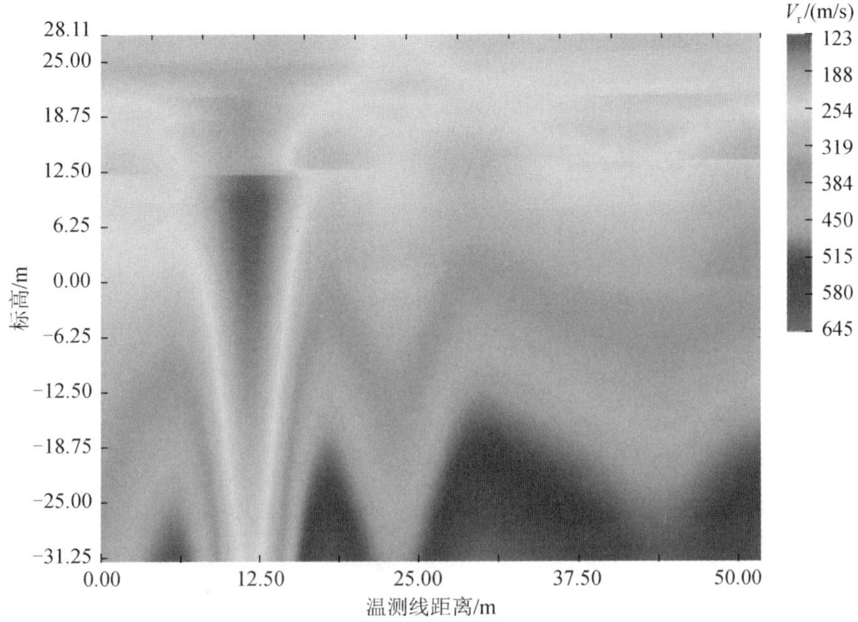

图 8.10　治理前瑞雷波检查成果——第二田径训练馆 M28 测线

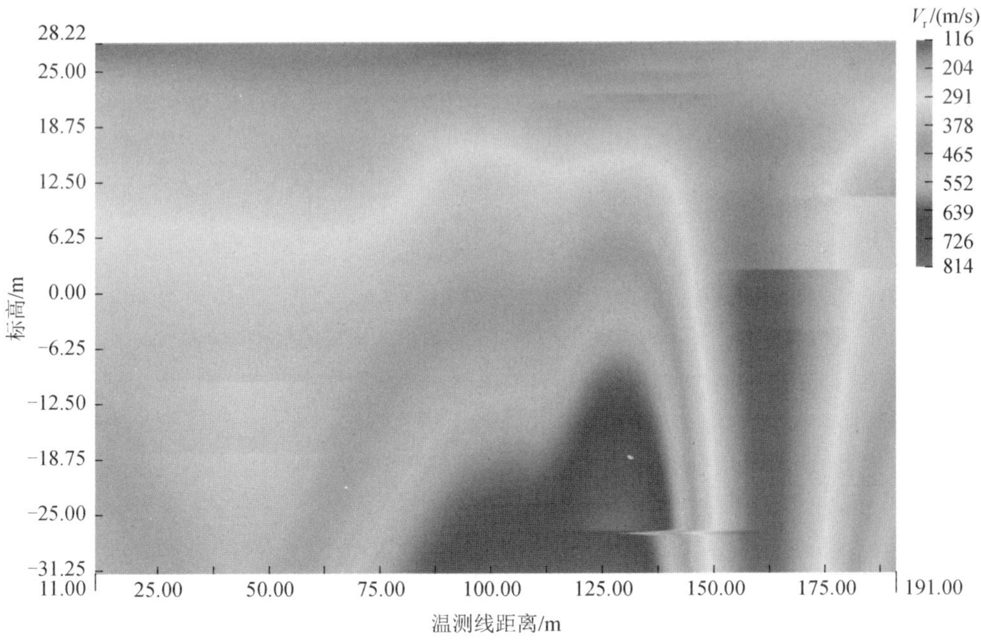

图 8.11　治理前瑞雷波检查成果——明丰房地产公司 M23 测线

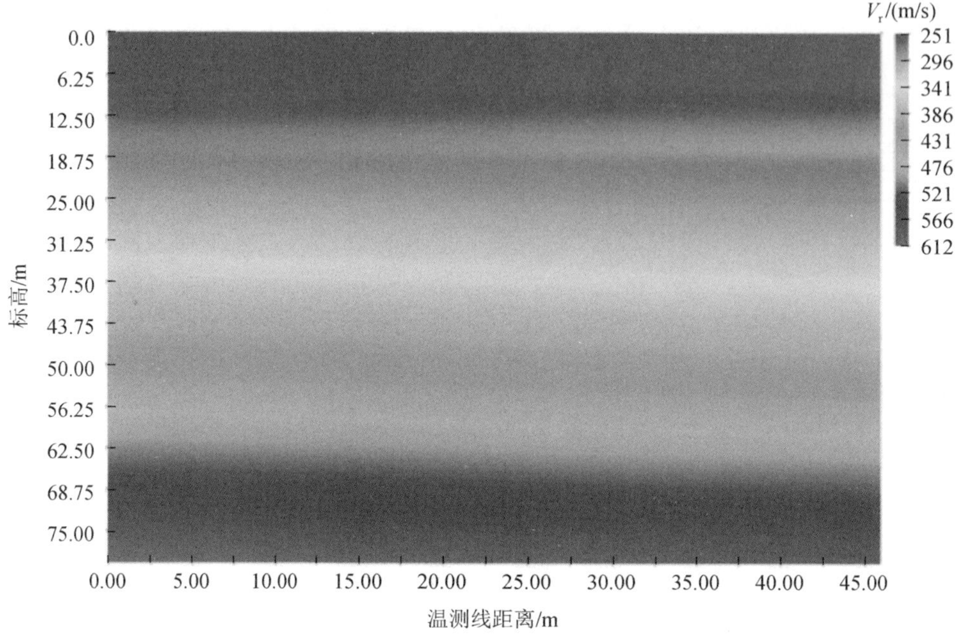

图 8.12　治理后瑞雷波检查成果——主席台 ZXT1 剖面

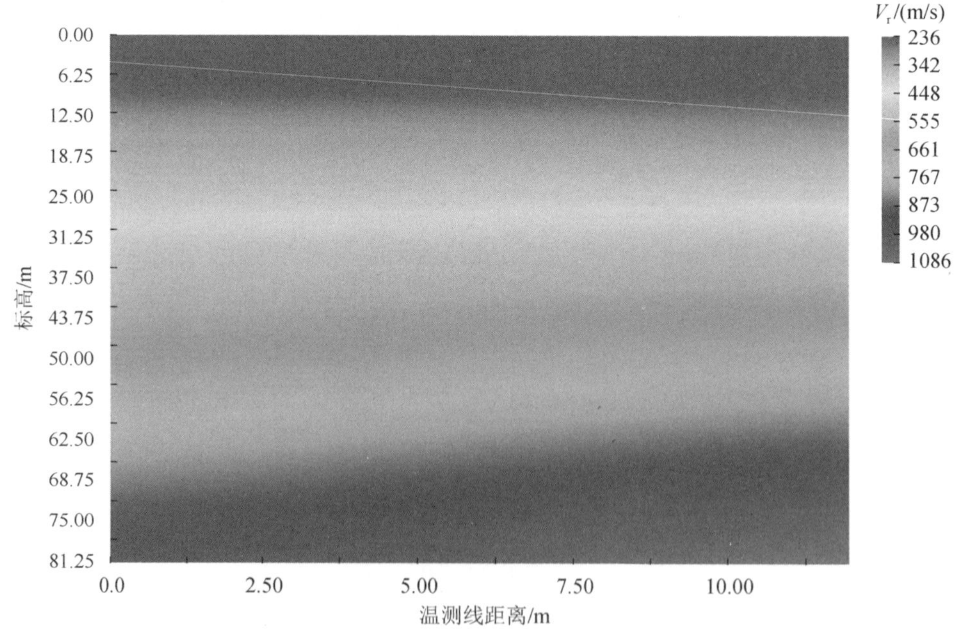

图 8.13　治理后瑞雷波检查成果——主席台 ZXT2 剖面

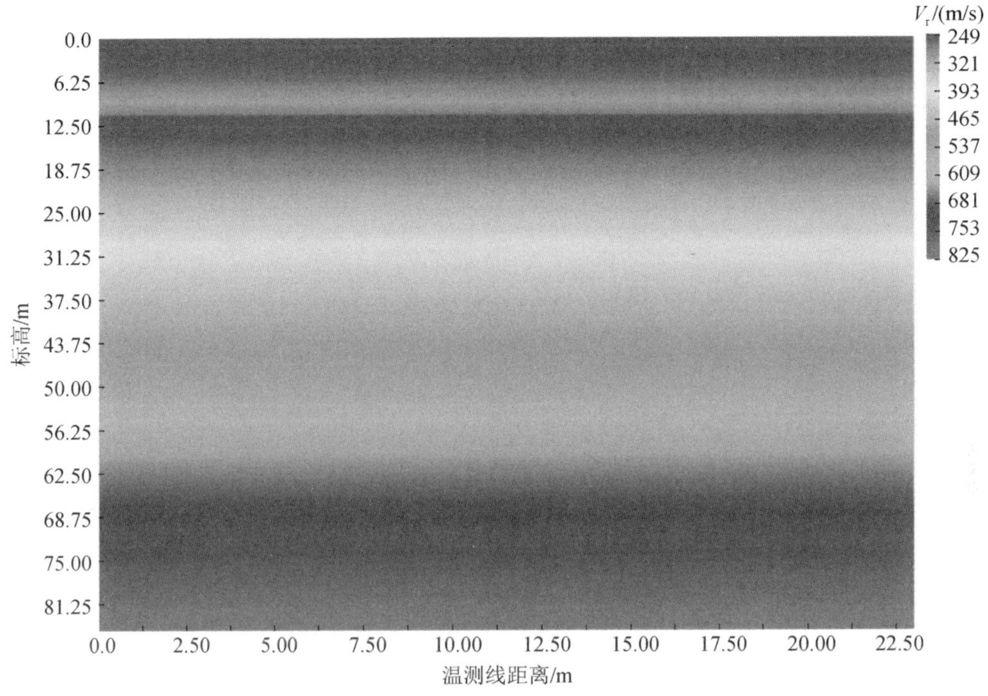

图 8.14　治理后瑞雷波检查成果——第二田径训练馆 XLG1 剖面

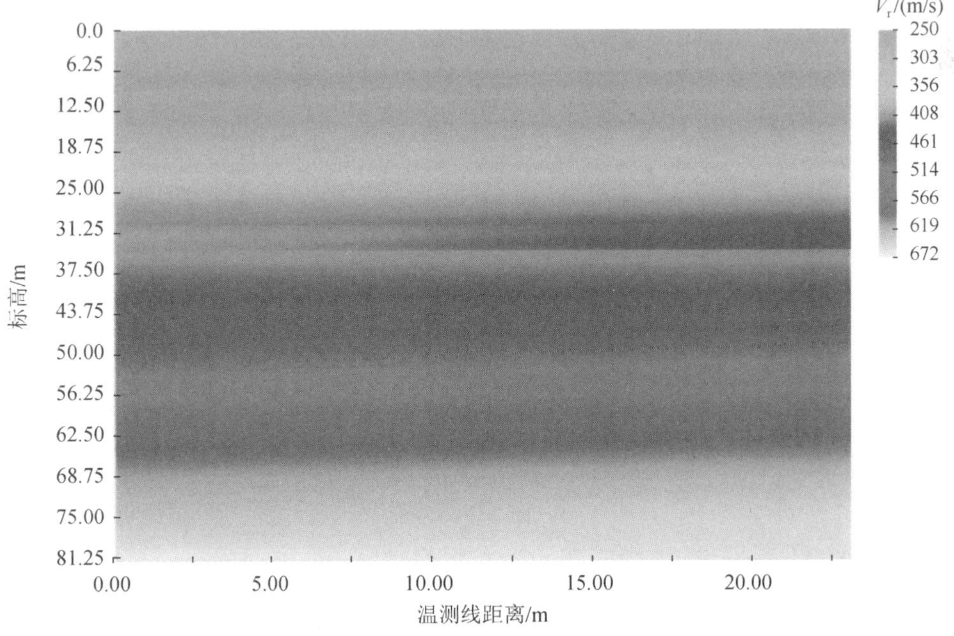

图 8.15　治理后瑞雷波检查成果——第二田径训练馆 XLG2 剖面

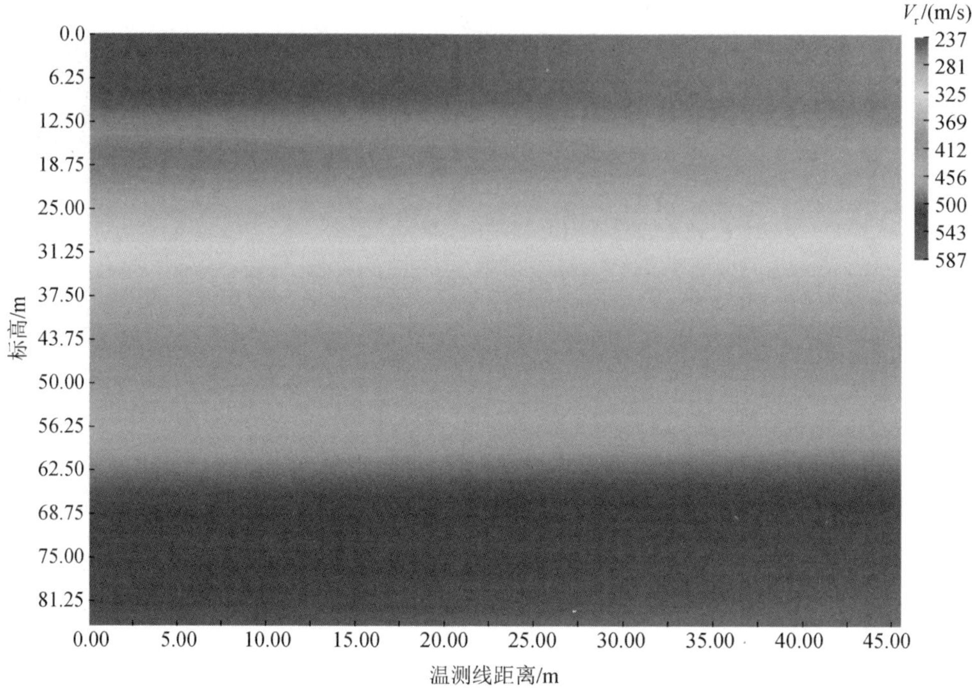

图 8.16　治理后瑞雷波检查成果——第二田径训练馆外 SJ1 剖面

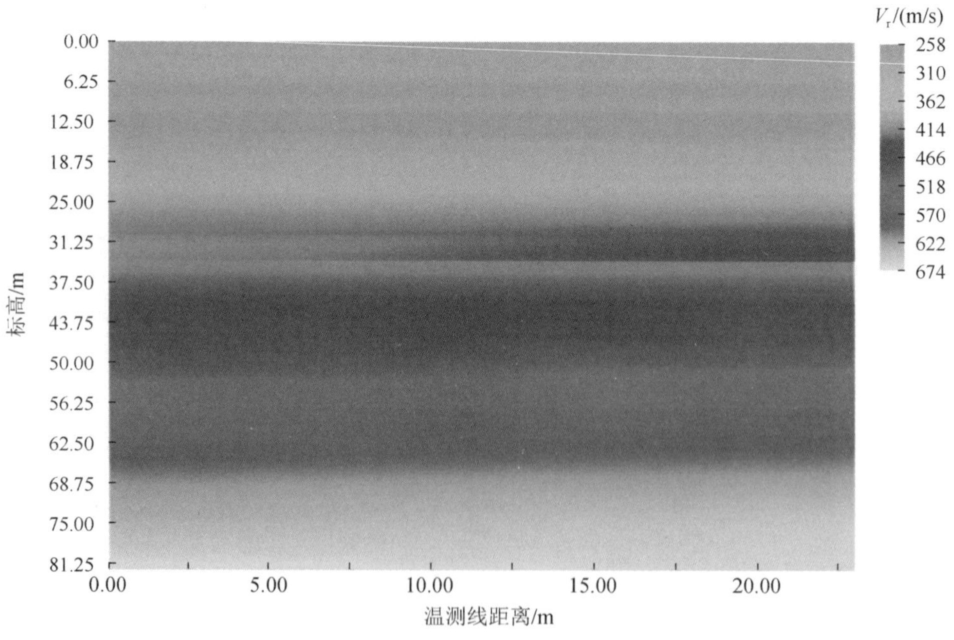

图 8.17　治理后瑞雷波检查成果图——第二田径训练馆外 SJ2 剖面

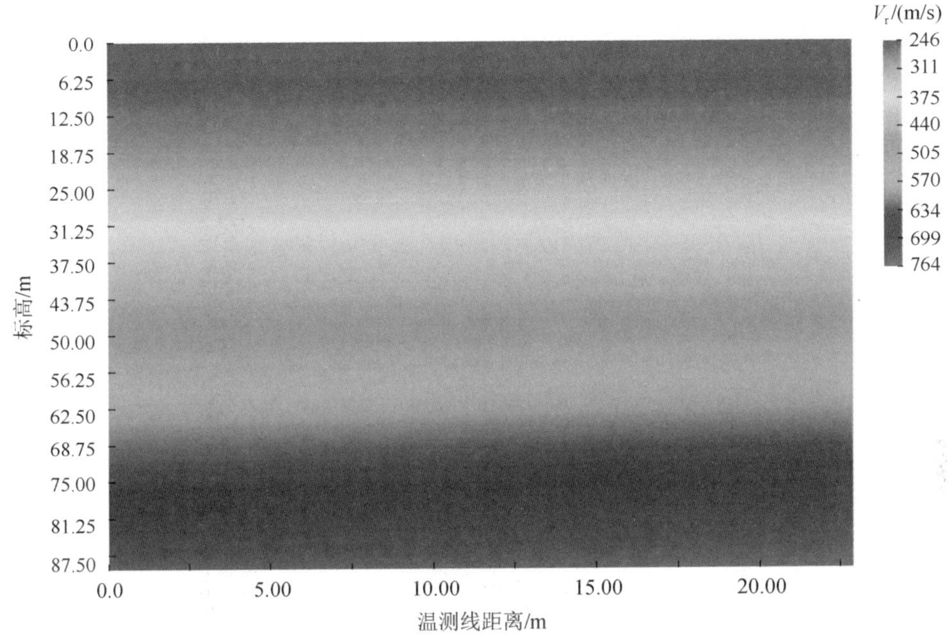

图 8.18　治理后瑞雷波检查成果——明丰房地产公司 MF1 剖面

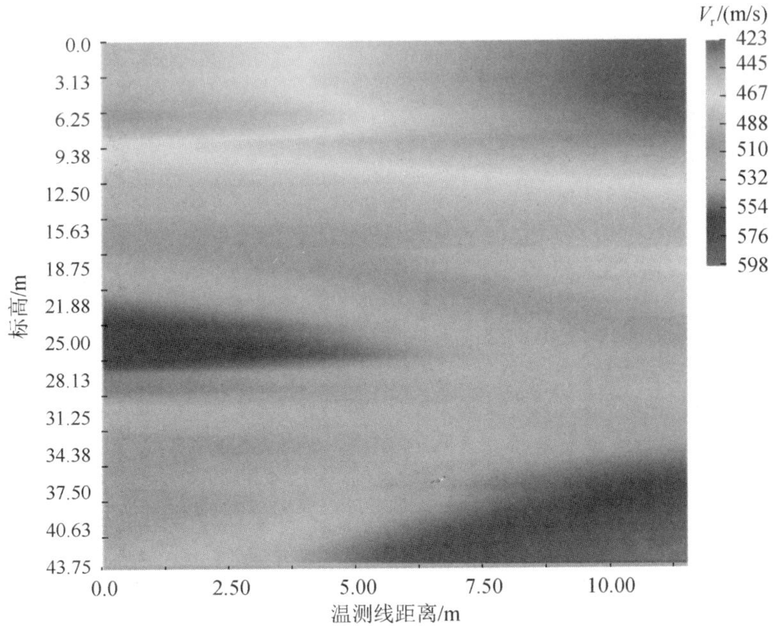

图 8.19　治理后瑞雷波检查成果——明丰房地产公司 MF2 剖面

8.6.7 体育中心水位流场分析

主席台附近第四系和基岩水位标高观测结果见表 8.10，明丰房地产公司附近第四系和基岩水位标高观测结果见表 8.11。根据表 8.10 和表 8.11 绘制等水位线图，如图 8.20 所示。

表 8.10　主席台附近第四系和基岩水位标高观测结果

项目	第四系第③含水层水位				基岩含水层水位					
孔号	D19	D11	D9	D7	J1	J2	J3	J16	J4	J5
水位标高/m	2.8	−6.12	0.91	8.25	−6.76	−16.6	−25.0	−28.1	−21.8	−29.9

表 8.11　明丰房地产公司附近第四系和基岩水位标高观测结果

项目	第四系第③含水层水位		基岩含水层水位				
孔号	DX27	DX21	J9	J10	JD59	J14	J17
水位标高/m	0.44	9，29	−14.4	−9.26	−8.54	−26.7	−28.7

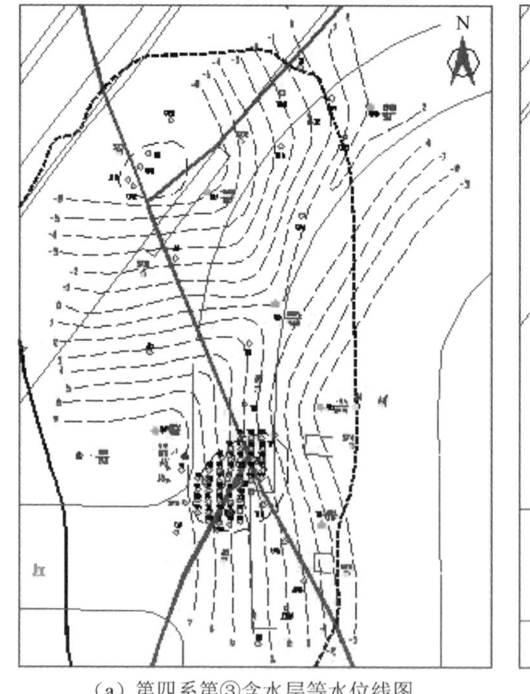

（a）第四系第③含水层等水位线图

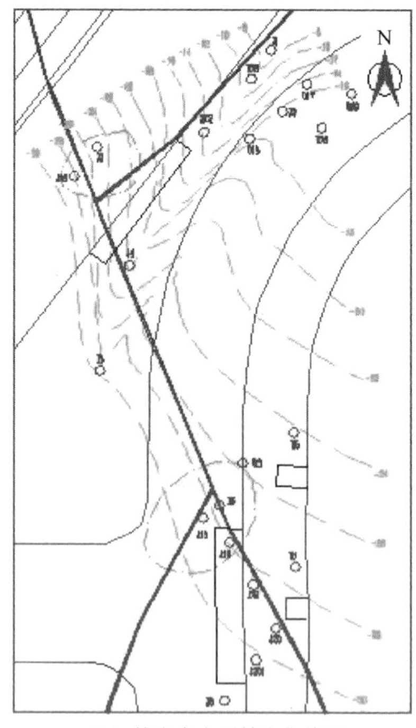

（b）基岩含水层等水位线图

图 8.20　第四系第③含水层与基岩含水层等水位线图

等水位线可以说明注浆截流后的流场变化和效果，绘制的等水位线图表明：第四系砂砾石层在主席台西北区不存在漏斗；水位流线与断层体 1 和体 3 为斜交或垂直形态，而没有出现平行断层的形式，说明两条断层带已受到钻孔注浆的封堵，发生了很大的变化，同时如 J2 孔 2001 年 6 月 4 日第③含水层水位标高为 −8.99m，注浆加固封堵后，目前该孔附近的 D19 孔水位标高为 2.80m，这也证明注浆前后地下水水位已上升 11.79m，流场已发生了明显变化，证明堵水后的效果还是比较理想的。

8.6.8　建筑物沉降观测对比分析

由于岩溶塌陷的影响，造成地面建筑物不均匀沉降，为监测治理其对建筑物的影响，进行了沉降观测。共布置 8 个沉降监测点，其中在主席台区设置 4 个监测点 11 号、12 号、10 号、13 号，在第二田训馆设置 2 个监测点 15 号、16 号，在明丰房地产公司设置 2 个监测点 6 号、7 号。使用日本产 DL-101C 电子水准仪观测，治理工程施工前连续观测，取其平均值作为沉降观测点的初值，以后每 3d 观测一次，沉降基本稳定后，每周观测一次。观测后及时分析测量结果，以指导治理工程施工。

观测结果（图 8.21）表明：本区最大沉降量在 11 号点（主席台西门西北角），下沉 7.83mm，15 号点（第二田训馆内）上升 6.41mm。

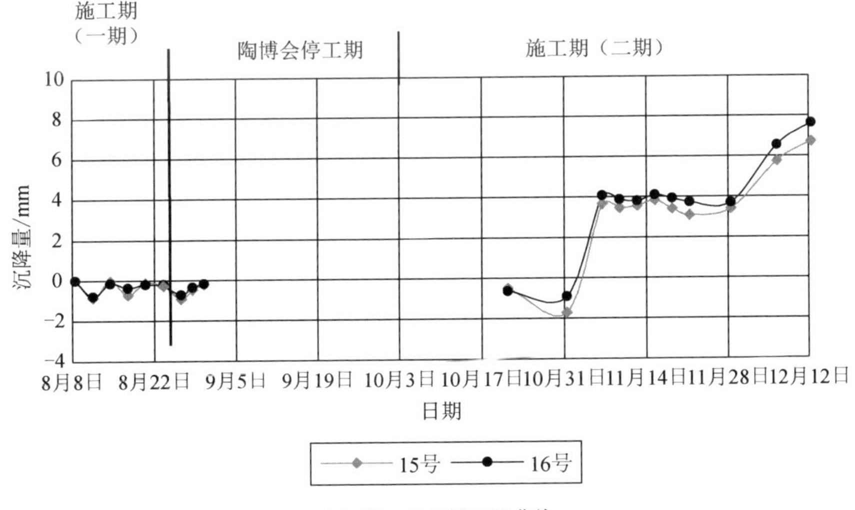

（a）第二田训馆沉降曲线

图 8.21　沉降曲线

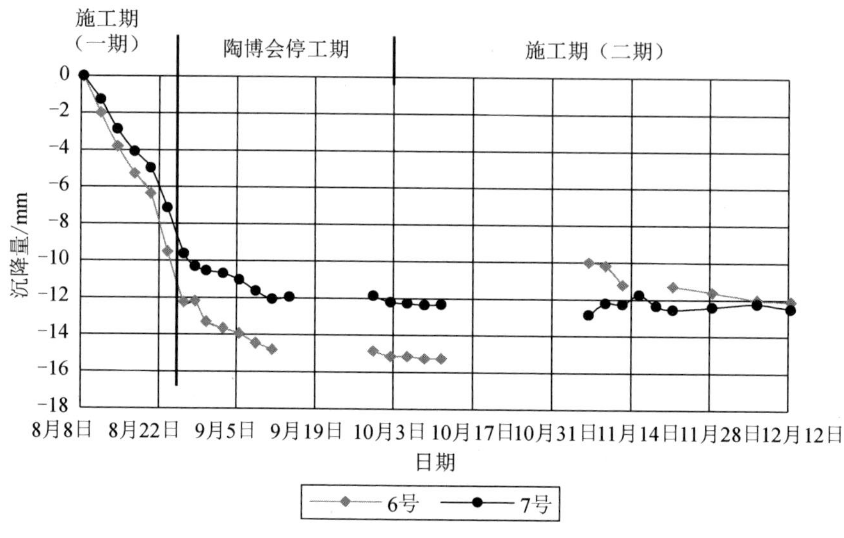

（b）明丰房地产公司沉降曲线

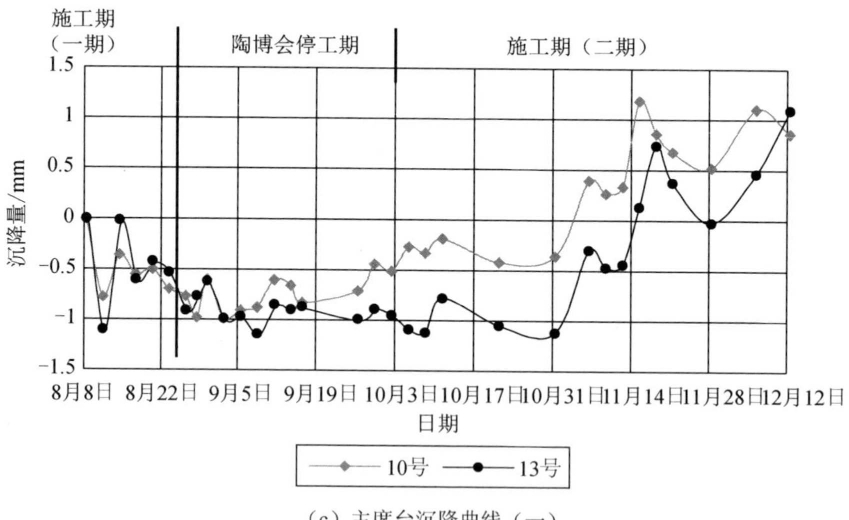

（c）主席台沉降曲线（一）

图 8.21（续）

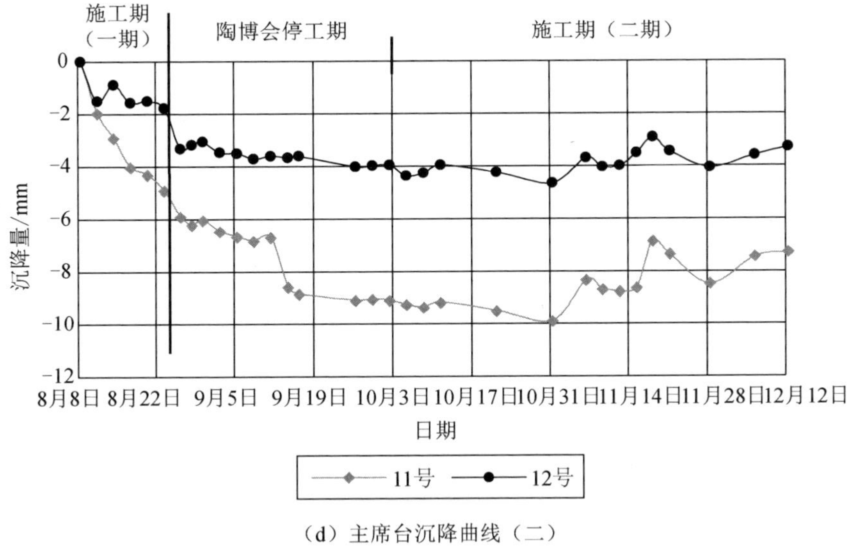

（d）主席台沉降曲线（二）

图 8.21（续）

注浆工程施工前后的沉降监测成果表明：

1）主席台和明丰房地产公司，在 2001 年 7 月 18 日～8 月 24 日为钻探施工期，注浆量很少或尚未开始注浆。因此，主席台和明丰房地产公司均处于地面下沉阶段，沉降值为 2～4mm。第二田训馆内本阶段未施工。

2）在 8 月 24 日～10 月 4 日陶博会期间，施工处于停工离场阶段。主席台和明丰房地产公司均处于缓慢下沉区，沉降值为 2～3mm；累计下沉最大值明丰房地产公司为 6.14mm，主席台为 7.83mm。

3）10 月 4 日起注浆治理期间，主席台区处于初步回升，回升值达 2mm，而第二田训馆回升更快，明丰房地产公司处于基本稳定状态。

8.7 治理工程质量评价

唐山市体育中心岩溶塌陷的治理，实质是对隐形集中导水构造通道的治理，是在边探边查边治理的情况下进行的。本项目利用多种方法进行综合治理，并通过治理前后及治理过程中的物探、钻探试验，对治理效果进行综合评价。结合区域和局部集中导水构造，依据塌陷所涉及的隐伏地质构造背景及地下水集中径流通道的水文地质条件，随着工程进展、资料的不断积累，对地面塌陷成因认识不断深化，从而总结出体育中心岩溶地面塌陷成因机制的 6 项基本形成条件。在此基础上，确定了治理的方法和手段，使治理工作更加符合实际。

对治理方案的合理性和效果，可以通过以下几个方面来论证：

1）通过注浆封堵过程中钻孔串浆、地面裂隙跑浆和注浆孔吃浆量的不同，进一步证实了岩溶集中导水通道导水不均一性，在蓟县系白云质灰岩中（基岩面以下 30m），确实存在岩溶集中导水通道，总流向由北向南。将注浆封堵段选择在第四系底部棕红色黏土层以下至基岩面以下 25～30m 部位，阻止岩溶水上突是比较合适的。

2）通过注浆过程中跑浆现象的现场监测、各注浆孔注浆结束时达到的终压终量，以及注浆检查孔（含第二阶段施工钻孔，可兼检查第一阶段施工钻孔加固情况）的岩芯鉴定，都直接反映了封堵的效果和工程质量。第四系钻孔（D7、D9、D11 和 D19）、基岩岩溶水位孔（J1、J2、J4、J5、J3、J16）和明丰房地产公司的钻孔（J9、J10、J14、JD59、J17）等的水位测量，与利用多种物探手段（波速检测和孔间层析成像）进行注浆前后探测对比结果，都间接反映了注浆封堵效果。

3）注浆封堵效果证明，在北部由 J1 孔向南到 J8 孔的集中导水构造中，控制注浆的方案是正确的。在治理过程中，采取先"关门"、后加固，先外围、后内部，及时调整注浆浓度和工艺；在数层破碎带中和岩洞较为发育地段，采用先投骨料、再注浆充填加固；在易坍塌、掉块的破碎第四系土层孔内，实行边钻进边注浆，使注浆加固由上自下均能到位。这些措施和技术经实践验证是合理和行之有效的。

4）对体育中心的地表土层的强化、岩溶洞隙的充填、天窗的封堵，基本上消除了上述地段的不安定因素，使地下水在通道部位产生绕流，保证了场地的安全。

总之，体育中心西北段第二田训馆和明丰房地产公司，在岩溶集中导水构造通道及基岩顶板的残积黏土层下及基岩面以下 25～30m 段内，已经形成了比较坚固的地下岩溶挡水板，在此范围内岩溶水上突的通道已基本封堵，地面第四系土层松动带已加固完成，局部存在天窗的异常部位也已封堵牢固。

8.8 本章小结

本章翔实记录了唐山市体育中心岩溶专项勘察成果、岩溶病害治理过程及治理工程质量的评价结果。首先，通过综合勘察查明了场地岩溶发育情况，进而制定了有针对性的方案。然后，进行了注浆量充填体积分析，通过对比治理前后同一测线的浅层地震波测试结果，结合钻孔验证、原位测试验证、水位与建筑物变形监测等方法评价了治理工程的质量。

第 9 章　广西信发铝电有限公司靖西厂址区岩溶勘察及红黏土治理工程实录

9.1　工 程 背 景

广西信发铝电有限公司靖西厂址位于广西壮族自治区靖西市，厂区占地面积约 2700 亩（1 亩≈666.7m^2），建（构）筑物群按功能分为 6×15.5MW 自备发电厂、30 万 t/年电解铝厂、240 万 t/年氧化铝粉厂、60 万 t/年碳素厂及煤气站等几部分。电厂烟囱高度达 210m，电解铝车间长度为 781m、跨度为 21m，结构类型多样、复杂。项目总投资约 100 亿元。

拟建的煤气站车间、电厂及氧化铝粉厂设计采用桩基础，其中电厂及氧化铝粉厂采用人工挖孔灌注桩的施工工艺；煤气站车间采用冲击成孔灌注桩的施工工艺。根据设计要求，基桩持力层选用石灰岩（层号为⑤），但考虑到桩端持力层岩溶较发育，溶洞、裂隙等岩溶问题可能威胁到成桩质量，甚至影响整个工程项目的正常运营，因而查明桩端持力层岩溶情况，提供指导基桩施工的岩土技术参数成为桩基施工的一个重要环节，基桩施工勘察迫在眉睫。

项目区第四系覆盖层为红黏土，红黏土的工程性质特殊，且具有区域性，因此需通过试验了解本地区红黏土的工程特性，为红黏土的利用和治理提供理论依据和指导。项目区内地表高程差异较大，最大起伏近 40m，厂区整平需大量的填方和挖方。拟建的建（构）筑物既可能位于原状红黏土上，也可能位于回填红黏土上，也可能横跨原状与回填红黏土之间，地基极不均匀。应针对这一工程特点，提出可行、经济的原状红黏土及回填红黏土的治理方法，积累本地区红黏土治理经验。

9.2　勘察方法选取

本次勘察工作，重点查明桩端持力层 3 倍桩径深度范围内岩溶情况，查明在此范围内是否存在溶洞、裂隙等不良地质现象，提供桩基施工所需的岩土技术参数，以指导桩基施工，保证桩基础的稳定和建筑物的安全。

按设计要求及本次勘察的目的，分析勘察场区的工程地质条件，特别是对石灰岩持力层进行重点研究、分析，并结合桩基施工工艺及广西信发铝电有限公司在同类项目中的经验，确立了两种施工勘察方法，即浅层地震反射波法及超前孔施工勘察。

采用浅层地震反射波法检测桩端岩溶，即在桩底布置多个探测点，经过对探测信号进行时域、频域综合分析后，较全面地掌握桩底基岩的完整性情况，可快捷、准确地指导桩基施工，为人工挖孔桩探测桩端基岩完整性的一种有效、可靠的手段。采用超前孔施工勘察，即一桩一钻的施工勘察方法，利用钻探的方法在每一根桩位下进行小钻孔勘察，根据钻探结果预测桩端岩溶发育情况，提供桩长建议，指导基桩施工。

根据上述两种施工勘察手段的特点，本次施工勘察中浅层地震反射波法探测桩端岩溶情况应用于电厂及氧化铝粉厂人工挖孔灌注桩的施工工艺；超前孔施工勘察方法应用于煤气站车间冲击成孔灌注桩施工工艺。

9.3 浅层地震反射波法在桩端岩溶检测中的应用

9.3.1 浅层地震反射波法的引用背景

勘察场区电厂及氧化铝粉厂桩基采用的人工挖孔嵌岩桩直径为0.8m或1.0m，桩端持力层为石灰岩（层号为⑤）。因本区石灰岩（层号为⑤）局部存在溶洞、裂隙等不良地质现象，针对上述岩溶特点，本章提出了采用浅层地震反射波法检测桩端岩溶。通过该种检测方法采集信号，并对其时域、频域综合分析，判断桩端岩溶情况，进而为人工挖孔桩提供设计参数，达到指导桩基施工的目的。

9.3.2 浅层地震反射波法的检测原理

地震波垂直入射时，波动的变化特征可用下面两个参数描述，即反射系数 R 和衰减系数 n。

$$R=\frac{1-n}{1+n}=\frac{Z_2-Z_1}{Z_2+Z_1}=\frac{\rho_2V_2-\rho_1V_1}{\rho_1V_1+\rho_2V_2} \tag{9.1}$$

式中：Z_1、Z_2——介质波阻抗；

n——衰减系数或阻抗比，$n=\dfrac{\rho_1V_1}{\rho_2V_2}$；

ρ——介质密度；

V_1、V_2——介质中地震波的传播速度。

众所周知，不同介质波的阻抗不同。在地震波传播过程中，波遇到不同的阻抗会产生反射，反射系数如式（9.1）；不同介质引起入射波振幅衰减的程度也不同。若桩端石灰岩岩体完整，理论上不存在反射信号，其入射波只经历自然衰减，表现为入射波呈指数衰减；若桩端石灰岩岩体隐伏着溶洞，则溶洞可看成有别于完整灰岩的其他地层体。

当桩底以下岩体完整致密且无溶洞、裂隙现象时，即不存在浅层地震波反射界面，浅层地震波反射能量很弱或基本不发生反射；当岩体的节理、裂隙发育时，岩体被切割，可形成较多的地震波反射界面；在溶洞、裂隙或溶蚀区内部，因充填介质（如空气、水、黏土、碎石等）与灰岩等可溶岩的阻抗参数差异较大，地震波会在溶洞周界或裂隙面发生较强的反射或能量被不同程度地吸收，通过地震波即可探测出来。

地震反射波形态与地下介质（如岩石、空气、黏土等）的性质、结构、形态、大小及埋深等因素有关，振幅强度因地下介质的不同吸收系数而不同。因此，从反射波曲线形态、振幅强度、波长、相位、时间等特征可综合判定岩体内岩溶、节理裂隙等发育情况及其形态、性质及空间分布等。

设桩端完整石灰岩的密度为 ρ_1，纵波传播速度为 V_1；溶洞的密度为 ρ_2，纵波传播速度为 V_2。根据地震波在平面垂直入射的波速反射系数公式可知：

1）当桩端下部灰岩存在未充填介质（仅有空气）的空腔，空腔中 $\rho_1=\rho_2$、$V_1=V_2$、$R=0$ 时，空腔内部均匀几乎不产生反射波，波形主要表现为反射波同相轴缺失、振幅幅值很低。

2）当桩端灰岩内存在被充填的溶洞，即 $\rho_1>\rho_2$、$V_1>V_2$、$R>0$ 时，反射系数为正，岩体的反射波与入射波具有同相特征。另外由于溶洞充填物的密度 ρ_2 和传播速度 V_2 较完整灰岩密度 ρ_1 和传播速度 V_1 低得多，入射波的能量被充填物吸收而急剧衰减，反射波表现为视频率降低、振幅降低。

3）当桩端不存在溶洞，只发育有裂隙时，裂隙面并不能严格分层，裂隙引起的复杂的反射波与入射波叠加使其波形复杂化，因而调制出一组复杂的反射波，即 $\rho_1<\rho_2$、$V_1<V_2$、$R<0$ 时，反射波与入射波反相位，说明深部基岩比浅部基岩致密、完好。

9.3.3　观测系统

1. 技术参数

现场的主要勘探仪器及主要技术参数见表 9.1。

表 9.1　主要勘探仪器及主要技术参数

设备名称	型号	量程	主要技术参数
工程地震仪	RS-1616K（P）	（−5～+5）V	准确度：±0.1%
加速度计	LC0154A	（0～300）g	电荷参考灵敏度：190mV

2. 参数选择

（1）震源

选用材质不同的小铁锤和橡皮锤作为震源。前者可用于激励高频信号（0～1500Hz）以探测浅部溶洞、裂隙发育情况；后者可激励（0～800Hz）中频信号以探查中深部溶洞。对 2 种震源产生的信号可进行对比、分析。

（2）传感器

选用加速度传感器、38Hz 地震检波器或高阻尼速度检波器。加速度传感器频带可达 0～5000Hz，配合小铁锤震源采集信号；38Hz 地震检波器或高阻尼速度检波器其有效带通可达 0～1000Hz，配合橡皮锤震源采集信号。

（3）主机

选用武汉岩海公司生产的工程地震仪，测试带宽为 0～2000Hz，采样间隔可根据具体情况选用 15μs、20μs 或 30μs。

（4）辅助设备

选用力棒、耦合剂（黄油）。

（5）分析软件

选用武汉岩海低应变分析软件包 2.0。

现场勘探原理示意图如图 9.1 所示。

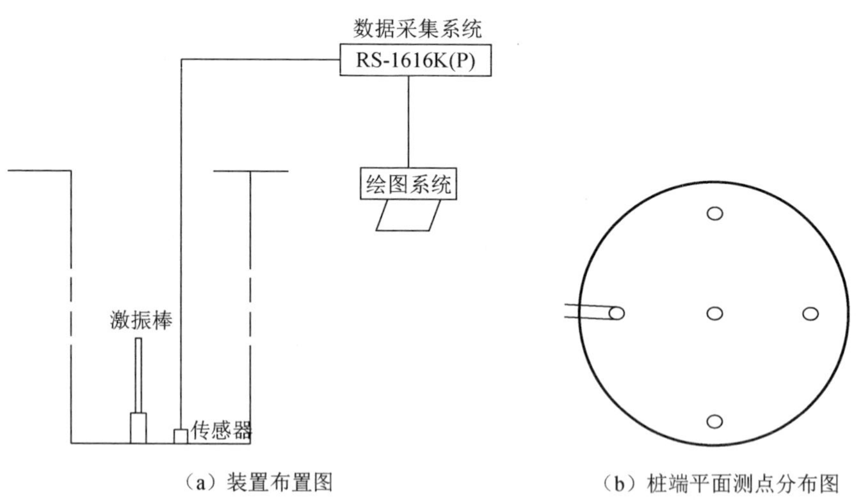

（a）装置布置图　　（b）桩端平面测点分布图

图 9.1　现场勘探原理示意图

9.3.4 现场工作方法及步骤

1. 工作方法

探测前，首先确定本区石灰岩波速变化规律。在场区内多处石灰岩出露，有人工开采的岩石散落在场区内，这些石灰岩露头均可通过时距曲线法测出岩石的平均波速。经过在多处采集信号，确定本区内微风化石灰岩平均波速为 3000m/s，中风化石灰岩平均波速为 2200 m/s。桩底要求：①桩底基岩表面完整、无破碎、无小块孤石；②桩底基岩表面平整、干净，无水、土等杂物；③桩端保证有 5 个平面，如图 9.1（b）所示。探测时把传感器粘贴于图 9.1（b）所示的各测点处，进行信号采集，比较每个信号，可适当增加检测点，进而综合确定桩底情况。

浅层地震反射波法勘探是根据应力波在不同波阻抗和不同约束条件下的传播特性来判别桩底下部 3 倍桩径以内石灰岩完整形态。现场探测方法是：将传感器紧密粘贴在被勘探桩位桩底面上，在桩位中心用力棒（或力锤）进行竖向激振，产生应力波；应力波沿着桩身向下传播，当实测曲线显示存在明显的波阻抗差异界面或曲线形态发生明显变化时将产生反射信息，经接收、放大和滤波后记录在桩基动测仪内；用计算机对记录数据（反射信息）进行处理，结合施工工艺、地层等因素分析，识别来自桩底面下部 3 倍桩径范围内的灰岩地层反射信息，据此反射信息对此范围灰岩地层的完整形态进行判别。

2. 工作步骤

1）充分做好各项准备工作。

2）安装传感器，检查连接无误后调整仪器进入接收状态。

3）用力棒垂直激振桩顶，使仪器触发，屏幕上显示桩体振动的时域波形。

4）检查信号、存储信号。

5）重复观测确定信号一致性。

6）改变锤击位置及接收位置，重新观测。

7）对异常桩位重点对待，并进行多次检测，直到检测、验收合格。

8）每批桩勘探结束后及时进行分析，对有问题的桩及时将分析结果通知监理或委托方。

3. 工作中应注意事项

1）对每个检测分区均应进行激振、接受条件的选择试验，确定最佳激振和接收条件。

2）必须进行仪器接收参数（放大、滤波、采样频率和记录时间长度等）的对比试验，以确定方法的有效性。

3）分区检测过程中应尽量保持激振方式、传感器、接收条件和接收参数的一致性，以便进行有效的波形对比分析。

4）激振点一般选在桩头中心部位，为减少干扰信号，各传感器应牢固地安置在桩底面上。

5）根据不同激发频率和激发能量要求，应采用不同质量和材质的力棒、锤垫进行激振。

6）当随机干扰较大时，应多次重复激振，以增强反射信号，压制随机干扰，提高信噪比。

7）为提高对深部异常的分辨能力，应采用大能量激振，用截止频率较低的传感器并选用宽带放大器。

8）放大器增益的调整，以不产生限幅消波现象为准。

9）对每根桩的桩底，均应进行 2 次及以上的重复测试，时域波形应有较好的重复性。当重复性不好时，应及时调整振点或接收点，改善传感器安置条件或排除仪器的故障后，重新进行测试。重复测试波形与原波形应具有相似性。

10）对于异常波形，应在现场及时分析研究，排除可能存在的干扰激振或接收条件不良等因素的影响后，还应更改传感器的位置进行多点重复测试。

9.3.5　探测成果典型信号分析

本次桩端溶洞探测选用武汉岩海公司生产的工程地震仪（有时域叠加功能的普通桩基动测仪也可），根据工程需要，选用小铁锤作为震源，用于激励高频信号，可探测桩底浅部溶洞。根据实际对比，采样间隔设为 40μs 较为合适。整个探测场区共完成浅层地震反射波法桩基 6523 个，针对不同测点的钻孔验证情况，将反射波曲线形态分为 3 种类型。

1）第 I 种类型：桩底岩溶发育不明显、基岩较完整。

电厂的 114 号桩，桩身直径为 1.0m，嵌岩深度为 0.7m。人工挖桩完成并清理桩端后，测得孔底桩端灰岩浅层地震反射波的时域曲线和频谱曲线，如图 9.2 所示。时域曲线形态呈指数衰减，且振幅衰减均匀。频谱曲线显示，该桩端的频率单一，频率曲线为单峰，主频为 634.77Hz。可判断 114 号桩端灰岩岩体完整，无溶洞。

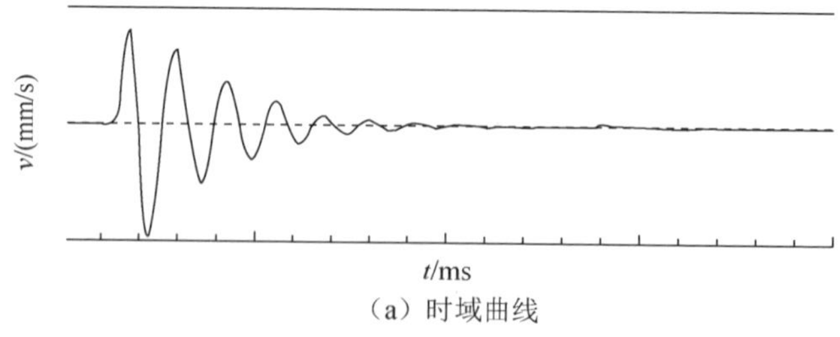

（a）时域曲线

图 9.2　电厂 114 号桩端灰岩浅层地震反射波的时域曲线和频谱曲线

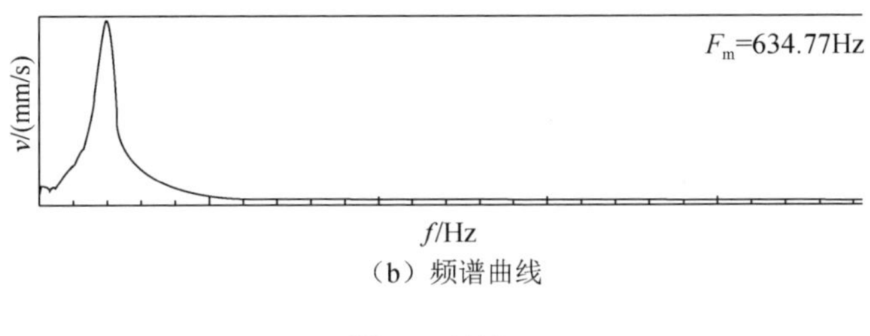

（b）频谱曲线

图 9.2（续）

2）第Ⅱ种类型：桩端下基岩有破碎、裂隙，破碎岩石和裂隙深度较浅。

氧化铝粉厂 398 号桩，桩身直径为 1.0m，嵌岩深度为 1.0m，人工挖桩完成并清理桩端后，测得孔底桩端灰岩浅层地震反射波的时域曲线和频谱曲线，如图 9.3 所示。时域曲线形态呈指数衰减，但振幅衰减很快，曲线次峰振幅值仅为首峰值的一半。频谱曲线较为复杂，1538.09Hz 峰值尤其突出。因此判断桩底存在岩溶裂隙。后经人工挖桩验证，该桩端确实有裂隙发育，最大裂隙宽度可达 30～40cm。

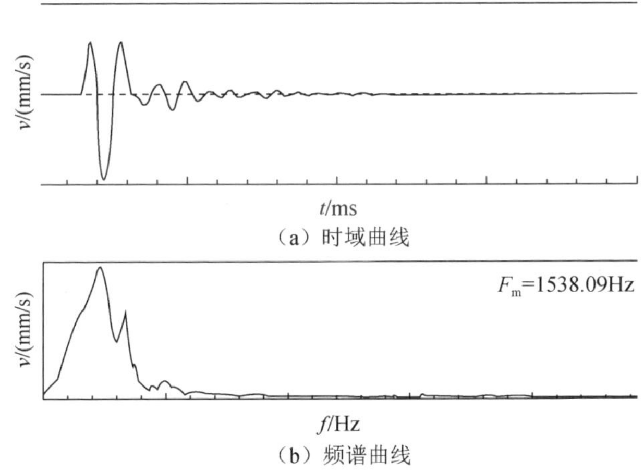

（b）频谱曲线

图 9.3　氧化铝粉厂 398 号桩端灰岩浅层地震反射波的时域曲线和频谱曲线

3）第Ⅲ种类型：桩底下基岩存在溶蚀区，溶蚀区伴随有溶洞、强风化破碎等地质体存在。

氧化铝粉厂 253 号桩，桩身直径为 1.0m，嵌岩深度为 0.5m。人工挖桩完成并清理桩端后，测得孔底桩端灰岩浅层地震反射波的时域曲线和频谱曲线，如图 9.4 所示。时域曲线后半部分产生负相畸变，此后波段频率明显降低。频谱曲线呈双峰状态。由此判断该桩端灰岩界面下存在被充填的小规模溶洞。

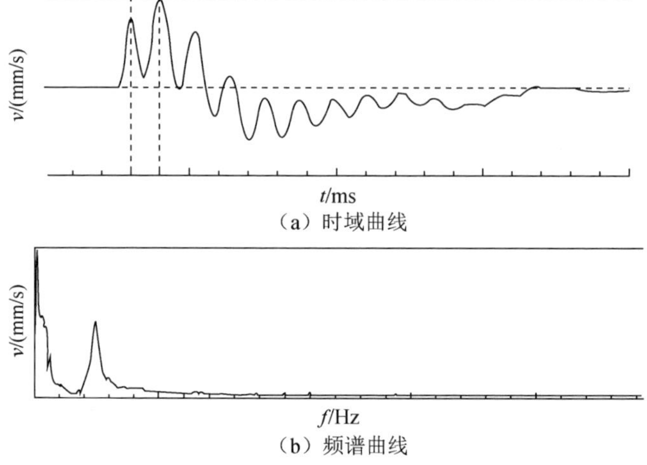

图 9.4　氧化铝粉厂 253 号桩端灰岩浅层地震反射波的时域曲线和频谱曲线

9.3.6　浅层地震反射波曲线类型统计

本场区共完成浅层地震反射波法桩底检测 6523 个，根据测试曲线分析成果及桩基施工揭露的基岩情况对照，采用浅层地震反射波法对桩底基岩情况判别准确率达 93.2%。根据对人工挖孔桩桩端初次探测信号来看，3 种曲线信号分布不均，无明显规律变化，这与勘察场区岩溶发育的不确定性和多态性有关。经对初测信号统计，各类型浅层地震反射波曲线类型分布情况见表 9.2～表 9.4。

表 9.2　电厂凉水塔的浅层地震反射波法曲线类型统计表　　（单位：个）

曲线类型	统计数量	曲线类型	统计数量
第 I 种类型	63	第III种类型	67
第 II 种类型	104		

表 9.3　电厂主厂房的浅层地震反射波法曲线类型统计表　　（单位：个）

曲线类型	统计数量	曲线类型	统计数量
第 I 种类型	112	第III种类型	605
第 II 种类型	235		

表 9.4　氧化铝粉厂的浅层地震反射波法曲线类型统计表　　（单位：个）

曲线类型	统计数量	曲线类型	统计数量
第 I 种类型	1205	第III种类型	2540
第 II 种类型	1592		

9.3.7　探测结果解释

根据反射波法解释原则，结合该勘察场区情况，资料分析结果如下。

1. 电厂凉水塔区

电厂凉水塔区共完成反射波法检测桩底 234 根，初测时第 I 种勘探曲线类型和第III种勘探曲线类型分别占总桩的 26.9%、28.6%；第 II 种勘探曲线类型占的比例较大，为 44.5%。从统计数量看，该区地质条件相对比较稳定，工程地质条件较好。第 II 种勘探曲线类型、第III种勘探曲线类型桩底经施工单位再次挖桩施工并多次检测后，均可达到第 I 种勘探曲线类型桩基。

2. 电厂主厂房区

电厂主厂房区共完成反射波法桩基 952 根，其中第 I 种勘探曲线类型和第 II 种勘探曲线类型分别占总桩的 11.8%、24.7%；第III种勘探曲线类型占的比例较大，为 63.5%。从统计数量看，该区地质条件相对比较复杂，工程地质条件类型较多，岩溶较发育。第 II 种勘探曲线类型、第III种勘探曲线类型桩底经施工单位再次挖桩施工并多次检测后，均可达到第 I 种勘探曲线类型桩基；其中个别桩位嵌岩深度较大，甚至达到 4～5m，这与第III种勘探类型曲线反映的桩端岩溶情况有直接关系。

3. 氧化铝粉厂区

氧化铝粉厂区共完成反射波法桩基 5337 根，其中第 I 种勘探曲线类型和第 II 种勘探曲线类型分别占总桩的 22.6%、29.8%；第III种勘探曲线类型占的比例较大，为 47.6%。从统计数量看，第 II 、III种勘探曲线类型桩基占总桩数的 77.4%，说明该区地质条件非常复杂，工程地质条件类型多，岩溶发育，反射波法探测难度较大。第 II 种勘探曲线类型桩底经施工单位再次挖桩施工并多次检测后，均可达到第 I 种勘探曲线类型桩基。第III种勘探曲线类型桩基检测频率较大，个别桩底检测次数甚至多达十几次，直到达到第 I 种勘探曲线类型方可进行下一道工序。

9.3.8　地震反射波法探测本区桩底基岩完整性的一般规律

电厂及氧化铝粉厂共完成浅层反射波法检测桩底岩溶 6523 根基桩，经对探测数据分析、对比，总结出一般规律：同为完整石灰岩，风化程度不同，探测信号特征也不同。新鲜的未风化的石灰岩振幅衰减均匀，衰减较慢，主频高；风化基岩振幅衰减很快，主频低。这是由于未风化的石灰岩致密性好，对地震波的吸收作用弱，衰减时间长；风化的石灰岩对地震波的高频成分吸收作用强，衰减较快。

完整性较好的石灰岩衰减系数小，完整性较差的石灰岩衰减系数大，这是完整性差的石灰岩吸收入射地震波高频成分造成的。

9.4 超前孔施工勘察

超前孔施工勘察就在基桩施工前，用一桩一探的钻探方式来确定桩长的一种勘察手段。在本项目中该勘察手段主要是为冲击成孔灌注桩设计建议桩长提供参考，即在查明每根桩的桩底岩溶情况下，根据设计要求的单桩极限承载力标准值设计建议桩长，以达到指导施工的目的。该项勘察手段应用于场区煤气站车间部分。

9.4.1 设计的单桩极限承载力标准值要求

根据甲方提供的设计图纸要求，煤气站车间采用冲击成孔灌注桩，要求 ZJ1 桩型（桩径为 800mm）单桩极限承载力标准值不小于 3000kN，ZJ2 桩型（桩径为 1000mm）单桩极限承载力标准值不小于 4500kN，采用一桩一探施工勘察手段确定施工桩长，且保证桩端处无不良地质现象，确保每一根桩基安全运营。

9.4.2 超前孔设计

据设计要求，采用一桩一探的施工勘察方案，以超前探测每一根桩桩端岩溶情况。据设计对单桩极限承载力标准值的要求，在考虑地区经验及安全系数的情况下，经计算后提供建议桩长。

为便于桩长设计，在充分分析本区前期勘察资料的基础上，结合工程经验，首先估算单桩极限承载力标准值，分为如下 3 种情况：

1）当桩端是风化程度为微-中等的完整-较完整石灰岩，基桩入岩按 0.5～1.0m、上覆红黏土按 10m 考虑时，对于 ZJ1 桩型，其单桩极限承载力标准值为 5024.0～6280.0kN；对于 ZJ2 桩型，其单桩极限承载力标准值为 7222.0～8792.0kN。

2）当桩端是中等风化的破碎-较破碎灰岩，基桩入岩按 1.0～2.0m、上覆红黏土按 10m 考虑时，对于 ZJ1 桩型，其单桩极限承载力标准值为 5275.0～6531.0kN；对 ZJ2 桩型，其单桩极限承载力标准值为 7222.0～8792kN。

3）当桩端是强风化的破碎-极破碎灰岩，基桩入岩按 3.0～4.0m、上覆红黏土按 10m 考虑时，对于 ZJ1 桩型，其单桩极限承载力标准值为 4270.0～4773.0kN；对于 ZJ2 桩型，其单桩极限承载力标准值为 5966.0～6594.0kN。

以上 3 种情况估算的单桩极限承载力标准值均满足设计要求，即 ZJ1 桩型单桩极限承载力标准值不小于 3000KN，ZJ2 桩型单桩极限承载力标准值不小于

4500KN。钻探深度应以控制桩端以下 3 倍桩径深度范围内无软弱夹层、断裂破碎带和洞穴分布为准。

另外，当基岩埋深大于 45.0m 时，应与设计单位进行沟通，由设计单位确定桩基桩长。

9.4.3 超前孔施工

遵照上述超前孔设计原则进行施工勘察，超前孔点位为各单桩中心点。施工勘察时每台钻机配备一名专职地质编录员控制技术质量，对第四系地层重点查明其厚度及是否存在土洞等不良地质现象；对于基岩重点查明基岩面埋深及设计深度内是否存在软弱夹层、断裂破碎带和洞穴等不良地质现象。现场如实、客观地进行地质编录工作，确保原始资料的准确性，据此来计算每根桩的极限承载力标准值，以单孔柱状图形式提供建议桩长的桩端标高值，以指导桩基工程施工。

9.4.4 建议桩长设计

根据超前孔施工勘察取得的岩土技术成果，分析相关数据，重点关注基岩岩溶情况，对每一根桩的桩端进行评价，结合本区勘察报告提供的桩基设计岩土技术参数，计算每一根桩基单桩极限承载力标准值。遵照设计对单桩极限承载力标准值要求，并考虑独立基础下桩基布置情况，合理地提供建议施工桩长，以到达指导桩基施工的目的。

在桩基施工时，项目技术负责人驻守现场，认真核实每一根桩入岩情况与设计是否相符，以指导桩基施工。对个别与设计建议桩长有出入的桩位进行补勘工作，并核实该桩的桩端岩溶情况，重新提供建议桩长，以满足设计对整个煤气站车间桩基承载力要求。

9.4.5 检测效果

超前孔勘察检测是通过对基桩施工及载荷试验检测来实现的，对现场 242 根基桩施工统计，能按照超前孔施工勘察设计桩长一次性完成基桩施工的为 221 根，占总超前孔比例为 91.3%，其余 21 根基桩与设计建议桩长有一定出入，这与本区岩溶发育的多变性有直接关系，后经补勘及重新计算后，完成其余基桩施工。桩基施工完成后，采用载荷试验对基桩单桩极限承载力进行抽检，试验结果表明，按超前孔施工勘察设计完成的基桩满足设计要求。

9.4.6 超前孔施工勘察经验总结

超前孔施工勘察一般应用于岩溶区桩基施工阶段，作为桩基施工的作业指导，据此提供的建议桩长是控制桩基施工质量的一个重要岩土技术参数。此类勘察项目重点查明桩端一定深度范围内岩溶情况，掌握其岩溶形态、深度范围，进而分析对工程的影响，计算单桩承载力。基桩施工过程中应密切关注整个过程，必要时需进行补勘工作，结合前期资料，综合给定建议桩长，确保每一根桩基的安全运营。

9.4.7　厂区岩溶分布特征

据物探及钻探结果，在基岩面一定深度范围内岩芯较破碎，且石牙、溶沟、溶蚀裂隙、溶洞较为发育。溶洞的形态复杂多变，充填及半充填，规模大小不一，高度为 0.2～5.4m 不等。基岩顶部覆盖 0.8～40.8m 厚度不等、隔水良好的红黏土，隔断了地表水的垂直下渗，未发现土洞及地表塌陷现象。根据物探和钻探解释成果，分区绘制了主厂房风化灰岩岩溶破碎区域划分图（图 9.5）。

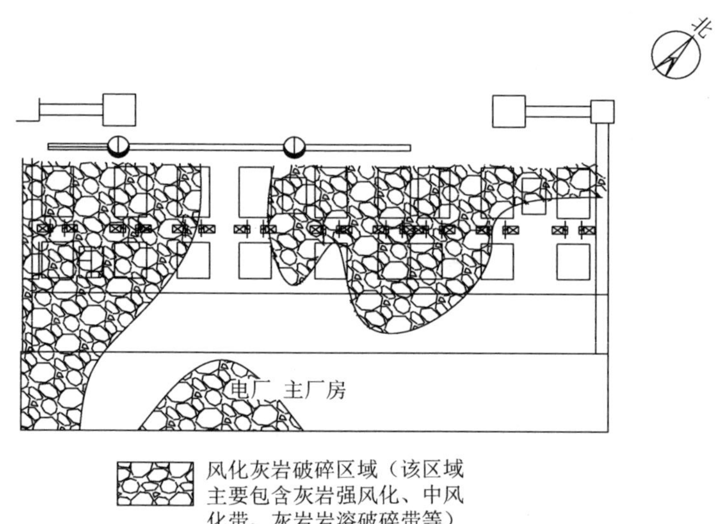

图 9.5　主厂房风化灰岩岩溶破碎区域划分图

场区岩溶作用控制因素较多，场地内岩溶发育具有不均一性和复杂性的特点。钻探遇见溶洞 53 个，遇见率为 5.8%。溶洞大多以褐色-黄褐色的软塑-可塑状黏土充填为主，偶尔会含有碎石、砾石。无充填或半充填溶洞有 9 个，占总溶洞数的 17%。

9.5　厂址区红黏土动力特性与处理实践

厂址区红黏土为碳酸盐岩风化形成的残坡积红黏土，具有上硬下软、胀缩性等级较高、地表有竖向开口裂隙等特征。由于其地基承载力不能满足设计要求，拟采用强夯法进行处理。近年来，利用强夯法加固红黏土地基获得成功，并积累了一定的现场测试数据。然而，由于外部环境及风化程度不同，红黏土的工程地质特性随地域不同而有明显的差异性和独特性。当利用强夯法加固该类地基时，需进一步研究红黏土地基所表现出来的力学和变形性状值。

本节利用动三轴试验系统来研究冲击荷载作用下红黏土的动力特性，这种试验方法使试样允许有侧向变形，较符合地基土的实际受力变形特点。本节研究内容包括红黏土的室内重塑土样在不同冲击力、不同围压、不同冲击次数下的冲击荷载作用试验，用于分析冲击荷载作用下红黏土的力学和变形特性。另外，根据室内试验结果，分析了现场强夯法加固红黏土地基的机理及其施工工艺。

9.5.1　试验方法

1. 现场取样情况

在广西信发铝电有限公司的靖西厂址进行了探坑取样（图 9.6 和图 9.7），共取得 50 余块原状红黏土土样，每块土样的尺寸为 30cm×30cm×30cm。将取得的土样用塑料薄膜仔细包裹后，再用透明胶带整体密封（图 9.8），然后运回实验室进行试验。

由探坑取样现场（图 9.6）可知，红黏土地层有明显的分层性，不同土层的红黏土呈现红褐色、黄色或者褐色。不同层次红黏土的裂隙发育差别也比较大，有的红黏土土质细腻光滑，胶结特征明显，而有的红黏土则颗粒较大，砂质感强，土质比较松软。

图 9.6　现场探坑取样

图 9.7　正在挖取土样

图 9.8　切割后及用塑料薄膜包裹好的土样

2. 试验仪器

MTS810/TESTSTAR 微机控制液压式振动三轴试验系统由美国 MTS 公司生产，是完全由计算机控制并采集数据的全自动循环荷载试验设备（图 9.9）。该仪器主系统由激振系统、进排水系统、压力室以及各种传感器元件所组成，辅助系统包括电动机、空压机工作站系统。激振系统可实现单向（轴向）激振和双向反馈控制，有各种错误检测功能，可避免意外发生。围压由气压机提供，最终通过水压传递来完成。整个试验过程由总控制箱控制。由计算机以模式化程序输入，实验过程中产生的各种试验参数（轴向应变、径向应变、轴压、围压、孔压、时间）被计算机自动采集储存。可利用计算机界面来实时监测试验进度，并能通过示波器显示相关的试验曲线。该仪器可以施加方形波、三角形波、正弦波等荷载。

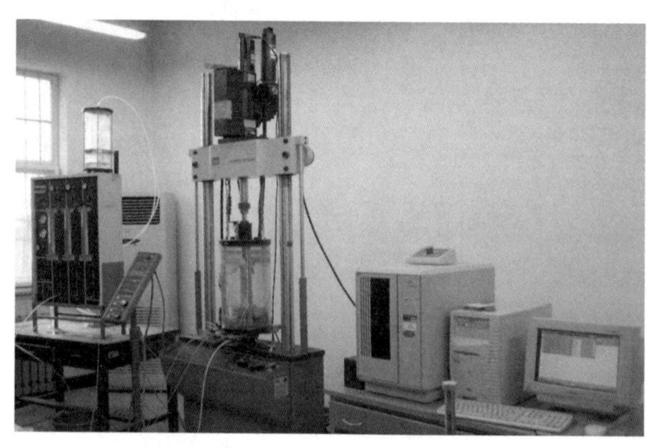

图 9.9　试验用仪器

其工作原理是将试样置于三轴室内上下活塞之间，通过静压控制系统对试样施加侧向静压力；激振系统将微机系统提供的一定频率、幅值的电信号转换为激振力，经上活塞施加至试样上；量测系统量测振动过程中的力、位移、孔隙水压力值；微机系统对试验进行控制和对试验数据进行采集。仪器可做单向或双向振动试验，并可选择采用应力或应变控制模式，同时可输入各种波形，如谐波、冲击波和随机波等进行试验，频率范围为 0.1Hz 以上。

3. 冲击荷载作用形式

冲击荷载的加载过程采用半个正弦波形的形式，如图 9.10 所示。冲击荷载频率设为 5Hz，即冲击过程在 0.1s 内完成。两次冲击的时间间隔为 10s。冲击完成一系列冲击荷载作用后再进行静的三轴剪切试验，采用应变控制式剪切，剪切速率为 0.4mm/min。如果有峰值出现，则以峰值作为强度值；如果无峰值出现，按 10%的轴向应变值所对应的荷载值作为剪切强度值（即主应力差）。

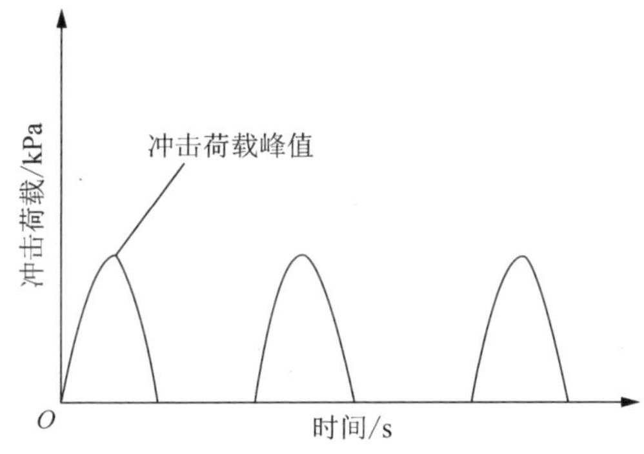

图 9.10　冲击荷载作用形式

4. 试验方案

为模拟冲击荷载作用下红黏土的力学和变形特性。试验方案选择包括侧向压力（围压）大小、冲击次数、冲击能量对红黏土变形和强度的影响。重点分析冲击荷载作用下红黏土的强度变化特征（弱化或强化）。

具体试验方案见表 9.5。

表 9.5　试验方案说明

试样编号	围压/kPa	冲击荷载/kPa	冲击次数	方案说明
D1	30	244	1	围压为 30kPa，冲击荷载为 244kPa
D2	30	244	3	
D3	30	244	5	

续表

试样编号	围压/kPa	冲击荷载/kPa	冲击次数	方案说明
D4	30	305	1	围压为 30kPa，冲击荷载为 305kPa
D5	30	305	3	
D6	30	305	5	
D7	60	244	1	围压为 60kPa，冲击荷载为 244kPa
D8	60	244	3	
D9	60	244	5	
D10	60	305	1	围压为 60kPa，冲击荷载为 305kPa
D11	60	305	3	
D12	60	305	5	
D13	90	244	1	围压为 90kPa，冲击荷载为 244kPa
D14	90	244	3	
D15	90	244	5	
D16	90	305	1	围压为 90kPa，冲击荷载为 305Pa
D17	90	305	3	
D18	90	305	5	

试验步骤如下：

1）打开电源，开启计算机，登录到 WINDOWS NT 工作站系统，再开启 TESTSTAR II 服务器开关。

2）根据使用者需要编制相应文件或调整有关参数。

3）按规范要求装好试样。

4）按试验方案施加相应的围压。

5）按试验方案进行冲击和剪切。

9.5.2　试验结果与分析

1. 冲击荷载作用后的应力应变曲线特征

本节重点就土样在冲击荷载作用后的应力应变关系和强度特征进行分析。图 9.11～图 9.13 给出了不同的周围压力（σ_3'=30kPa、60kPa、90kPa）、不同的冲击荷载（244kPa、305kPa）以及不同的冲击次数（1、3、5）下的试验结果。

由图 9.11～图 9.13 可知，冲击荷载作用后的应力应变关系曲线一般随着冲击次数的增加而升高，即表现为强度的增大。当冲击次数由 1 次增加到 3 次时，强度有明显的提高；而当冲击次数由 3 次增加到 5 次时，强度又有所提高，但提高程度显然有所减小。也应该看到，在围压较小时（如 σ_3'=30kPa），冲击荷载作用 5 次后的强度反而比冲击荷载作用 3 次后的强度要小，如图 9.11 所示。

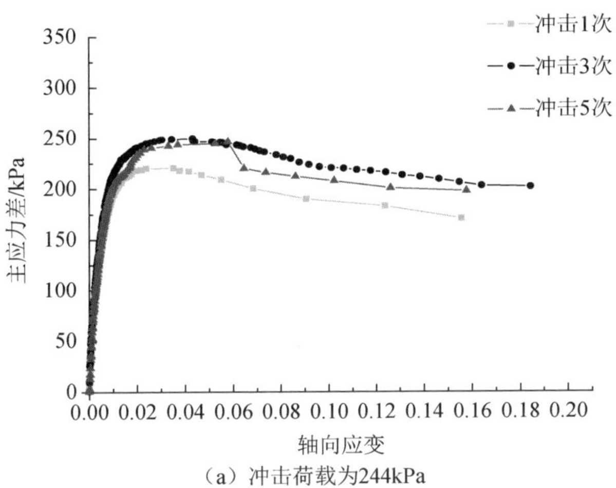

（a）冲击荷载为244kPa

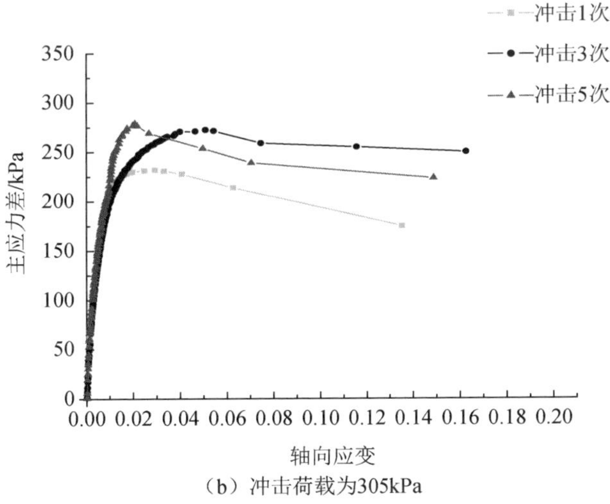

（b）冲击荷载为305kPa

图 9.11　围压为 30kPa 时的试验结果

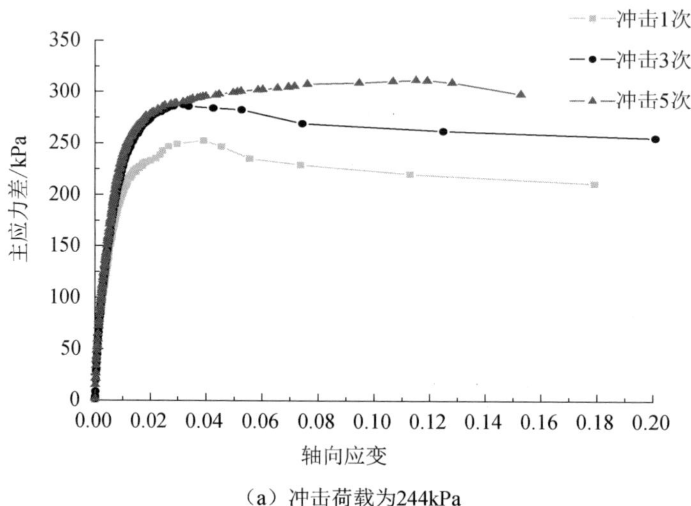

（a）冲击荷载为244kPa

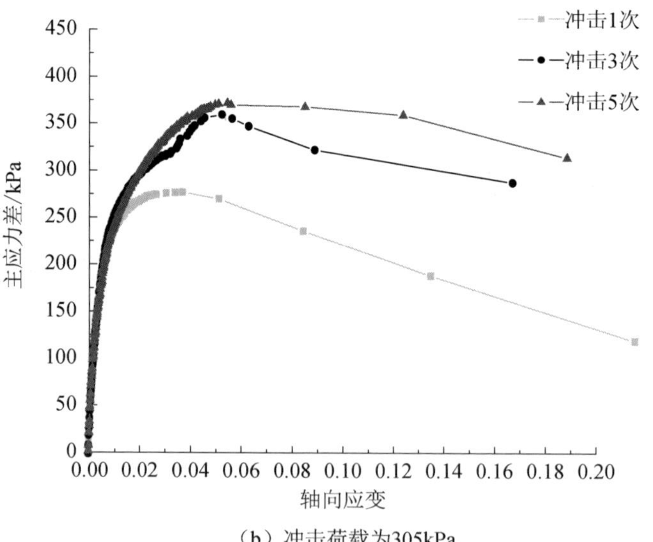

（b）冲击荷载为305kPa

图 9.12　围压为 60kPa 时的试验结果

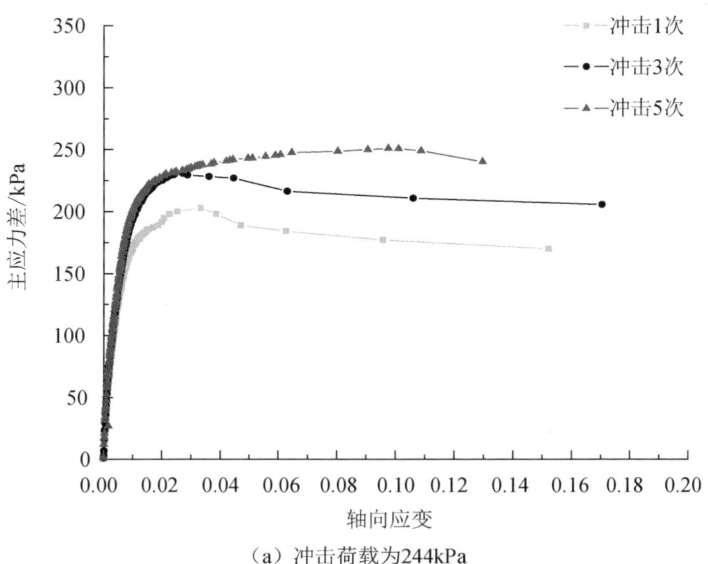

（a）冲击荷载为244kPa

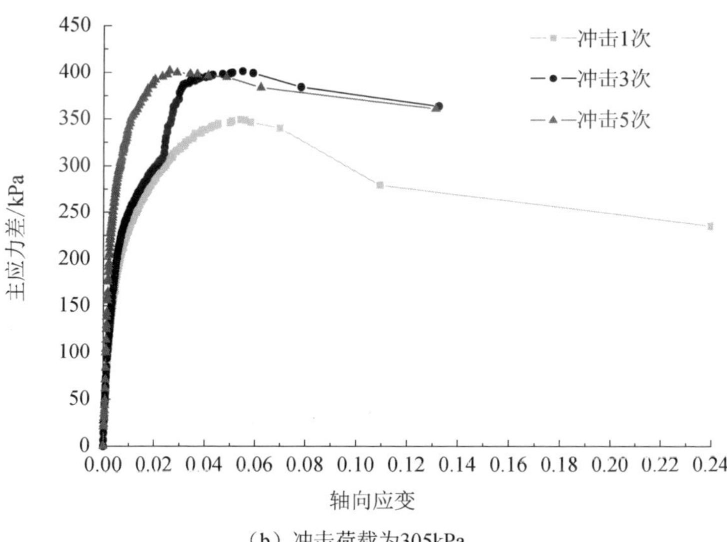

（b）冲击荷载为305kPa

图 9.13　围压为 90kPa 时的试验结果

这表明，在一定的围压下（如 σ_3'=30kPa、60kPa），当冲击次数达到一定值时（如 5 次），再通过增加冲击次数提高试件强度已不明显了。这是因为，超过某一冲击次数时，冲击荷载的作用只能引起红黏土较大的剪切变形，而并不会明显增大其密实度。

由图 9.11 与图 9.13 的比较可以看出，随着围压的增大（此时，围压由 σ_3'=30kPa 增加到 σ_3'=90kPa），通过增加冲击次数而提高土样强度的效果较浅层更为明显。实际上，随着地层深度的增加，上覆压力也相应增大。也就是说，在强夯荷载作用下，增加每点的夯击次数对加固深层土的效果更为明显，而对于浅层土则并不明显。当然，在大的围压下，土样将会有更大的强度值。

2. 同一冲击荷载作用下不同围压试验结果的比较

冲击荷载分别为 244kPa 和 305kPa 时不同围压下的试验结果如图 9.14 和图 9.15 所示。

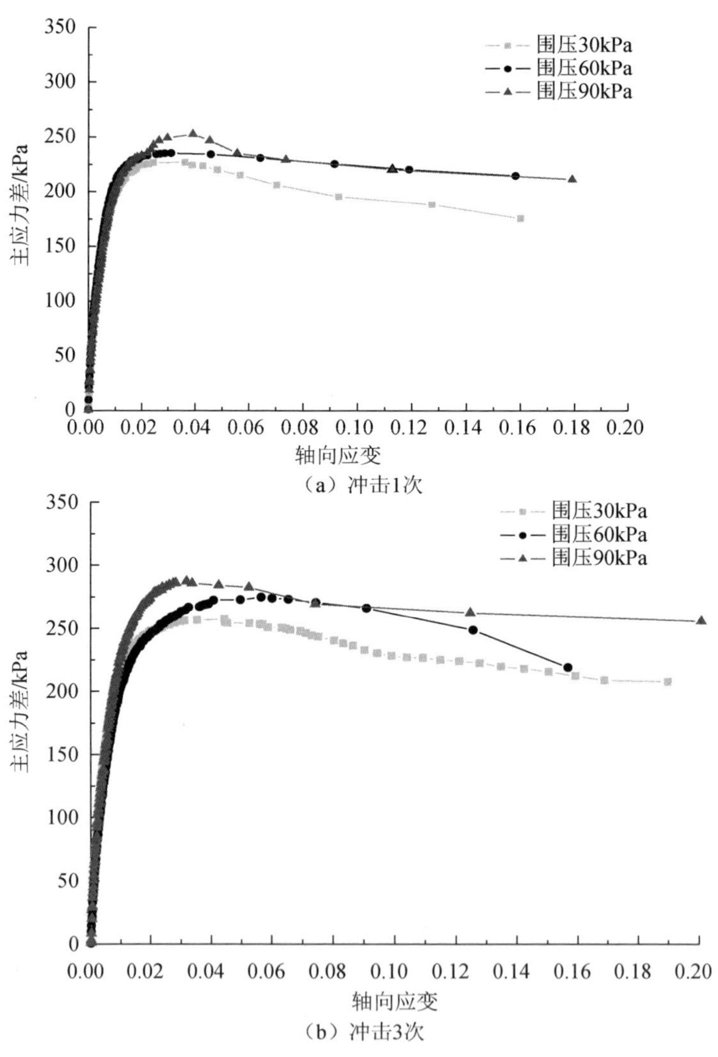

图 9.14　冲击荷载为 244kPa 时的试验结果

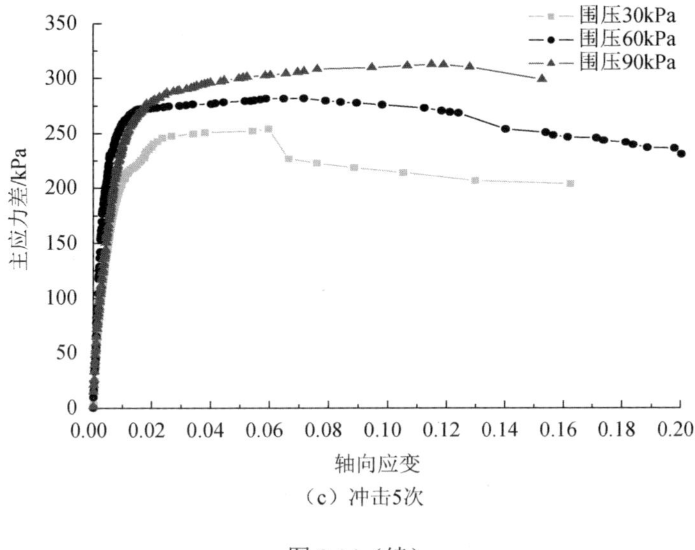

（c）冲击5次

图 9.14（续）

可以看出，在不同的冲击次数作用下，随着围压的增大，土样的应力应变关系曲线均有所升高，即表现为强度的增大。由图 9.14（a）与（c）中曲线的比较可知，随着冲击次数的增加，由于围压增大所引起的强度改善也越为明显。这一现象进一步说明，增加冲击次数对于深层土强度的改善更为有效。

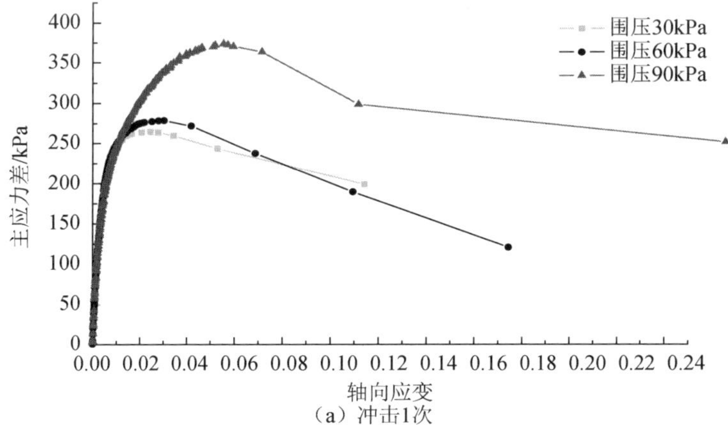

（a）冲击1次

图 9.15　冲击荷载为 305kPa 时的试验结果

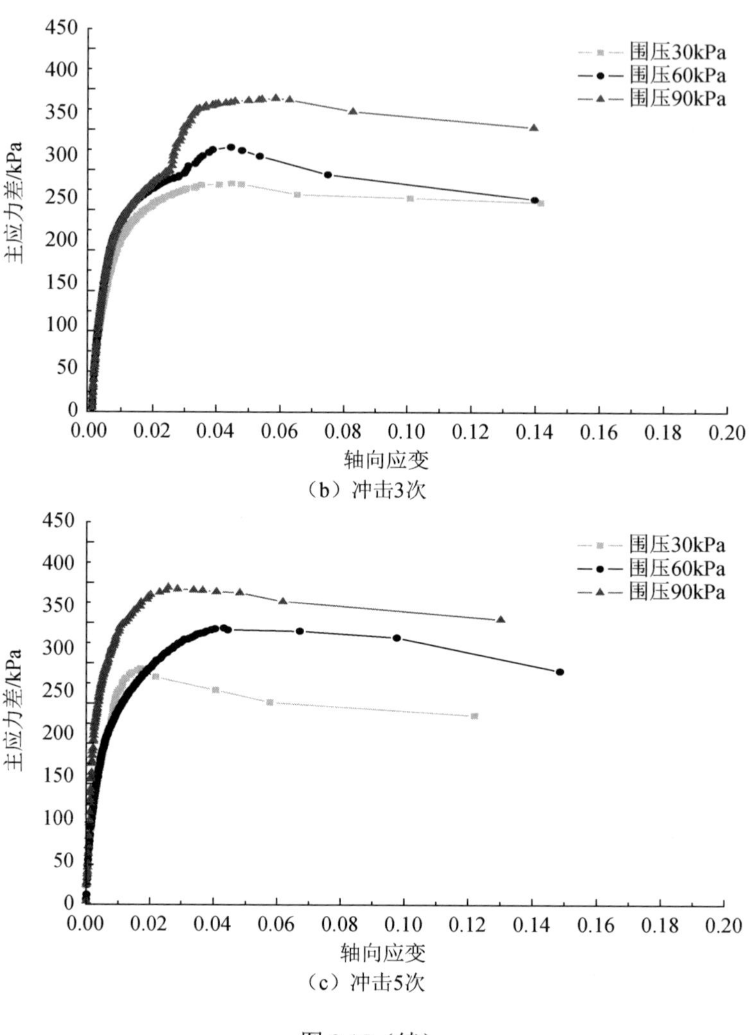

（b）冲击3次

（c）冲击5次

图 9.15（续）

3. 不同冲击荷载作用下试验结果的比较

图 9.16～图 9.18 所示为围压 σ_3'=30kPa、60kPa、90kPa 时，不同的冲击荷载对试验结果的影响。显然，在本次试验的压力范围内（σ_3'=30～90kPa），当冲击荷载增大时（由 244kPa 增大到 305kPa），土样的强度值相应增大。特别是当围压增大时（由 30kPa 提高到 90kPa），提高冲击荷载大小可显著提高土样的强度。

室内试验也发现，当围压较小时，冲击荷载不宜过大，否则土样会产生剪切变形；而增大围压，则需要加大冲击荷载的作用。

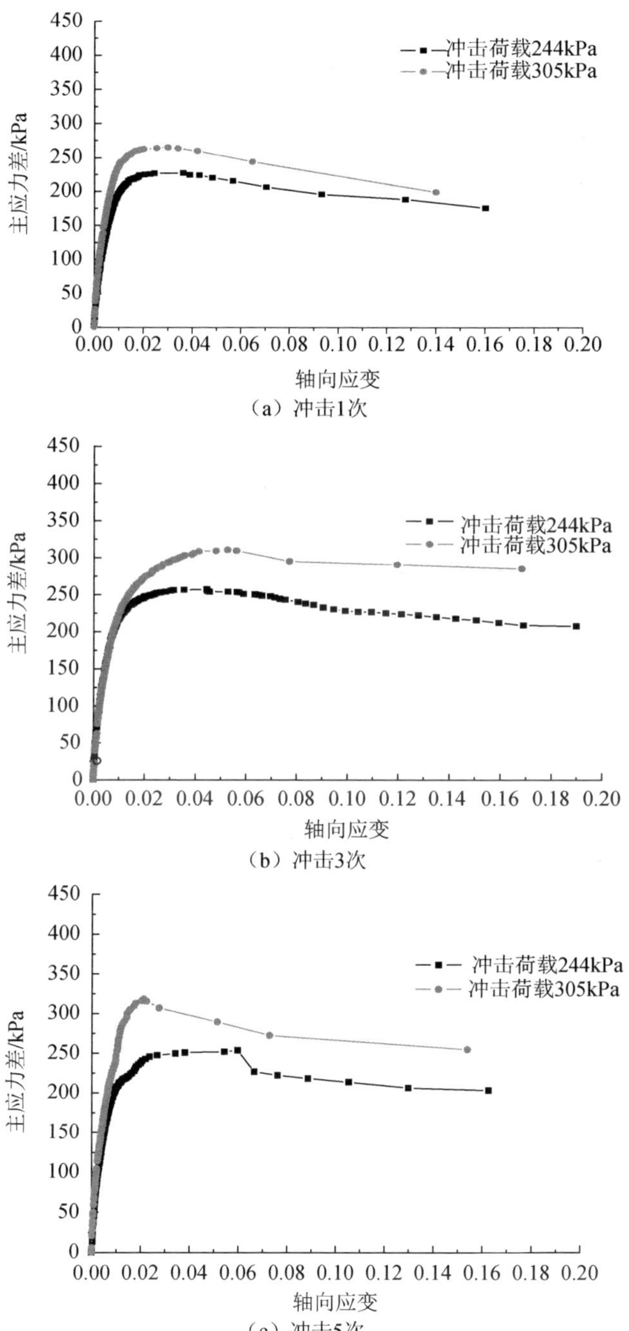

（a）冲击1次

（b）冲击3次

（c）冲击5次

图 9.16　围压为 30kPa 时不同冲击荷载下试验结果的比较

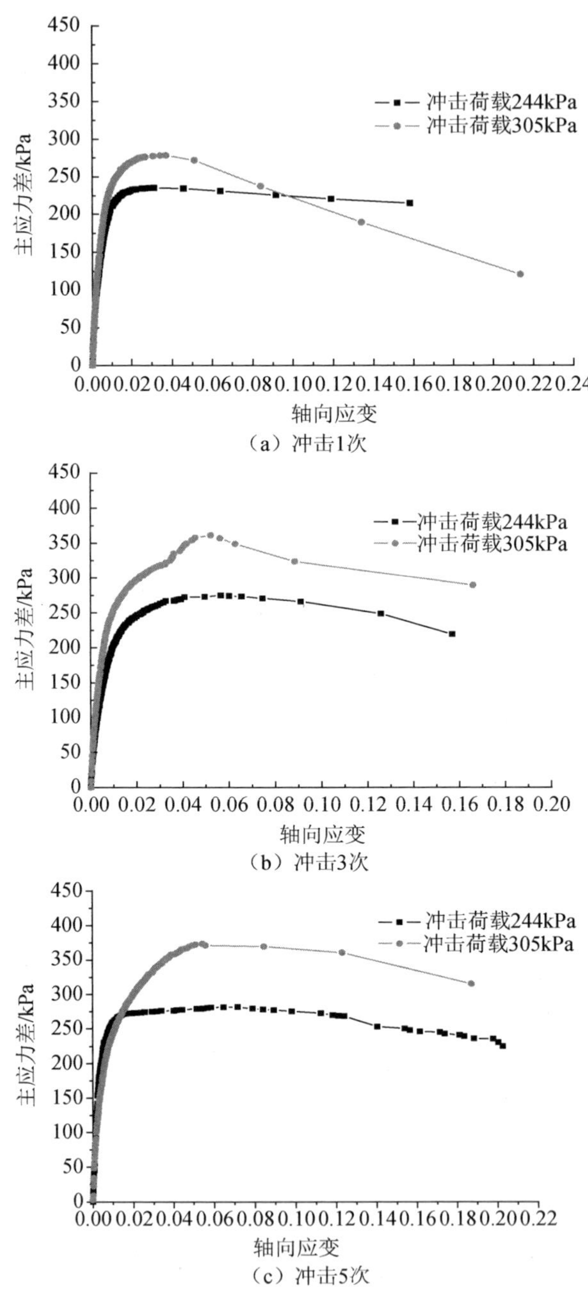

（a）冲击1次

（b）冲击3次

（c）冲击5次

图 9.17　围压为 60kPa 时不同冲击荷载下试验结果的比较

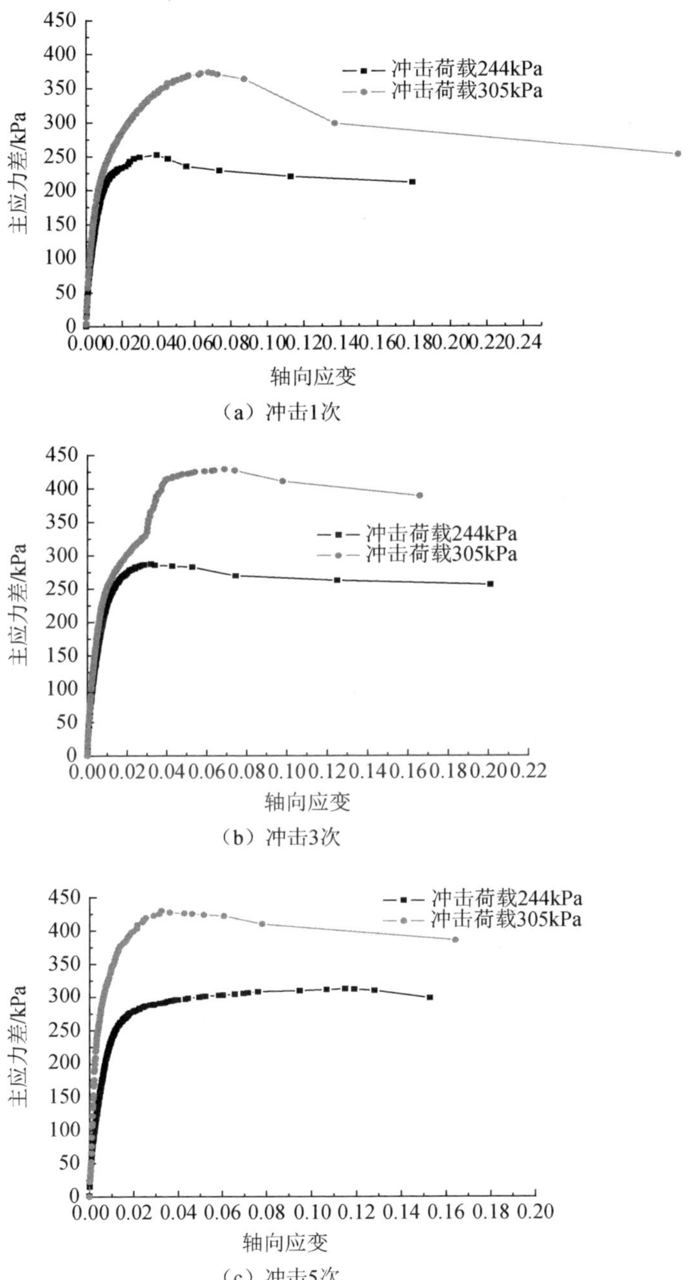

图 9.18　围压为 90kPa 时不同冲击荷载下试验结果的比较

4. 冲击荷载作用下土样的变形

为分析随着冲击次数的增加土样的变形规律，将不同冲击次数、不同的冲击荷载下的轴向变形量汇于图 9.19 中。由图 9.19 可知，不同冲击次数下几个土样的轴向变形量非常接近，表明试验结果的离散性比较小，试验结果比较可靠。

由图 9.19 可知，随着冲击荷载作用次数的增加，土样的变形量不断增大。当冲击荷载较小时［图 9.19（a），围压 σ_3'=60kPa，冲击荷载为 244kPa］，一般随着冲击次数的增加，轴向变形量有收敛的趋势；而当冲击荷载较大时［图 9.19（b），围压 σ_3'=60kPa，冲击力为 305kPa］，则当冲击次数到 4、5 次时，轴向变形量反而有进一步增大的趋势。此时，在冲击荷载作用下，土样强度有明显的软化，这与前面给出的随着夯击次数增大强度没有明显提高的现象在物理机制上是一致的。

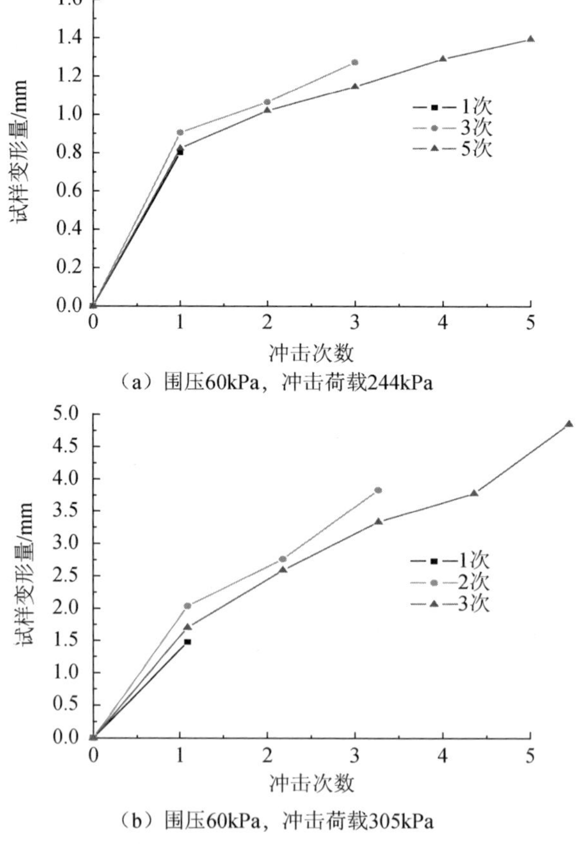

图 9.19　试样的变形量与冲击次数的关系

5. 冲击荷载作用下后的强度指标

图 9.20 所示为在冲击荷载为 244kPa 时，红黏土样分别冲击 1 次、3 次和 5 次后，由三轴剪切试验所得到的摩尔应力圆及其抗剪强度包线。

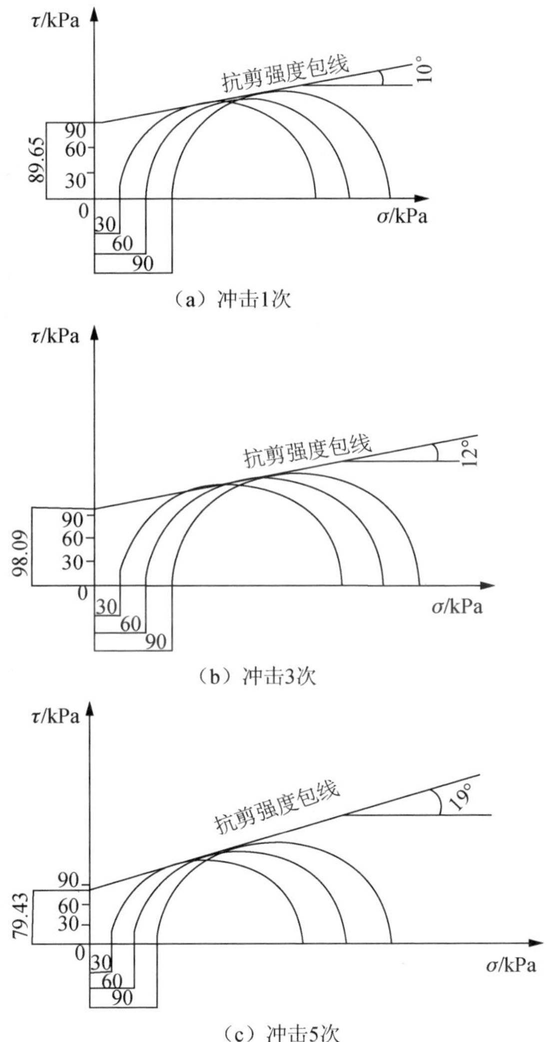

图 9.20　冲击荷载为 244kPa 时不同冲击次数下的强度包线

由图 9.20 可知，冲击荷载为 244kPa 时，不同冲击次数下（如冲击 1 次、3 次、5 次，围压σ_3=30kPa、60kPa、90kPa）的 3 组内摩擦角φ和黏聚力 c，见表 9.6。由表 9.6 可知，随着冲击次数的增加，土样的内摩擦角有增大的趋势，而其黏聚力却是先增大而后减小（即冲击 3 次的黏聚力最大，冲击 5 次的黏聚力又变小）。从这个角度来看，并非冲击次数越多越好，这可能与土样本身结构的破坏有关。

表 9.6　冲击后土样的强度指标

冲击次数	1	3	5
黏聚力 c/kPa	89.6	98.1	79.4
内摩擦角 φ/(°)	10	12	19

6. 试验研究主要结论

1）冲击荷载作用后的应力应变关系曲线一般随着冲击次数的增加而升高，即表现为强度的增大。当冲击次数由 1 次增加至 3 次时，强度有明显的提高；而当冲击次数由 3 次增加至 5 次时，强度有所提高但提高程度显然减小。

2）随着围压的增大，通过增加冲击次数而提高土样抗剪强度的效果更为明显。也就是说，在强夯荷载作用下，增加每点的夯击次数对加固深层土的效果更为明显，而对于浅层土则并不明显。

3）在不同的冲击次数作用下，随着围压的增大，土样的应力应变关系曲线均有所升高，即表现为强度的增大。而随着冲击次数的增加，由于围压增大所引起的强度改善也越为明显。

4）在本次试验的压力范围内（σ_3'=30～90kPa），当冲击力增大时（由 244kPa 增大至 305kPa），土样的强度值相应增大。

5）随着冲击荷载作用次数的增加，土样的变形量不断增大。当冲击荷载较小时，一般随着冲击次数的增加，轴向变形量有收敛的趋势；而当冲击荷载较大时，冲击次数达到 4、5 次，轴向变形量反而有进一步增大的趋势。

9.5.3　广西靖西红黏土地基处理实践

1. 红黏土处理前的特性

试夯前，为了确定土的特性参数，在电解铝车间的原状土及回填土区域，分别选择了 3 个和 6 个点位，进行平板载荷、标准贯入试验，以确定原状土及回填土在强夯前的特性参数。

原状土特性参数见表 9.7，回填土特性参数见表 9.8。表 9.7 和表 9.8 及本项目勘察成果表明，地基存在以下几个主要问题：

1）原状土存在软弱下卧层，下卧层埋深 1～14m，地层差异较大。

2）电解铝车间的回填土埋深 0～7m，厚度变化幅度大；地基承载力和压缩模量差异较大，最大相差达 3～4 倍。

3）检测结果表明，回填土区域的地基承载力低，均匀性差，不适宜直接作为建筑物基础的持力层。

4）电解铝车间南北两端原状土与中部回填土的物理、力学参数特性相差较大。

5）原状土与回填土相比，无论是物理参数还是力学指标差异很大。

6）无论原状土还是回填土，其含水率较大，为 30%～46%。

场地地质条件的较大差异，会造成建筑物的差异沉降，对工程极为有害。

表 9.7　原状土特性参数

地层编号及岩性	地层厚度/m	承载力特征值/kPa	标贯击数	压缩模量/MPa	直接剪切试验指标	
					黏聚力/kPa	内摩擦角/(°)
（1）层红黏土	1～14	220	12.0	10.91	56.4	12.3
（2）层红黏土	1～12	150	7.5	7.22	28.6	6.5
（3）层红黏土	0～4	140	3、4	—	17.3	3.7

表 9.8　回填土特性参数

试验点	最大试验荷载/kPa	对应的沉降量/mm	承载力极限值/kPa	承载力特征值/kPa	标贯击数	压缩模量/MPa	回填土厚度/m
测 1 号	150	57.93	100	50	2～9	6.24	5.8
测 2 号	320	17.01	320	160	2～9	8.11	7.1
测 3 号	210	49.99	130	65	2～3	7.28	6.5
测 4 号	400	11.95	400	200	7～8	10.34	6.0
测 5 号	150	50.60	100	50	3～10	6.82	4.8
测 6 号	400	50.69	350	175	4～9	4.33	5.0

针对上述问题，强夯法处理时应采取分区施工，不同区域选择不同的参数标准。为了取得合理的施工参数，在正式施工前，分别在原状土和回填土区域各选择 3 个点位进行试夯。完成后采用平板载荷、标准贯入和室内土工试验进行对比，得到强夯前后红黏土的特性变化。

本次强夯处理以回填土作为处理核心，然后再依据处理回填土的效果，对原状土的处理参数进行调整，即根据回填土强夯后达到的有关参数确定原状土的夯击参数，避免由于采用的设计参数选取不合理导致的地基不均匀沉降。

2. 红黏土地基的现场强夯试验

（1）试验区的选择

在正式强夯施工前进行了强夯效果试验，试夯的目的在于为正式强夯施工提供参数。在挖方区、填方区分别做 3 组试夯，夯击能分别采用 2000 kN · m 、3000 kN · m 。每个试夯区面积为 9m×9m。

（2）强夯试验的内容

每个试夯区都进行单点试夯试验，试夯过程中和试夯后应进行必要的监测和检测，以取得强夯施工参数。夯前/夯后各取 3 孔进行处理深度范围内的标准贯入试验。前后检测点平面位置应相同。试夯完成后，在试验点进行平板载荷试验。

（3）强夯试验应取得的参数

通过试夯和上述试验项目，可为正式强夯施工最终确定单点夯击能、夯击击数、夯点间距、夯击遍数、有效加固深度、遍夯间歇时间、终夯标准、夯锤尺寸等设计参数。

（4）试夯参数选取

在笔者团队所做的红黏土研究成果中，专门进行了红黏土的击实特性及其影响因素研究，获取了相关参数。现场试验时，结合当地施工经验，选用质量 17t 的钢制夯锤，夯锤直径为 2.0m，锤底静压力为 54kPa。锤底带有 2 个对称排列的圆形气孔，气孔直径宜为 250mm。

试夯控制标准：

1）夯击能 $3000\,\mathrm{kN\cdot m}$，满夯夯击能 $1500\,\mathrm{kN\cdot m}$。

2）夯点采用等腰三角形布置。

3）夯点间距：排间距为 3.5m，行距为 7.0m。

4）强夯时满足下列条件之一即可作为终夯标准：①夯坑周围不发生过大隆起；②不因夯坑过深而发生提锤困难；③由于土体含水率较大，最后两击的平均夯沉量按不大于 100mm 控制。

在原状土区域试夯夯击能采用 $2000\,\mathrm{kN\cdot m}$，其他控制标准同回填土。

3. 试夯结果

试夯结束 7d 后，对试夯区域进行检测，检测方法包括平板载荷、标准贯入和室内土工试验。

（1）地基承载力特征值

图 9.21 和图 9.22 是 4 号点在强夯前后的 *P-S* 曲线，4 号点位于电解铝二车间的回填土区域。从图中可以看出，图 9.21（夯前）当荷载加至第三级 150kPa 时，*P-S* 曲线已出现明显的陡降起始点，为陡降型沉降；图 9.22（夯后）当荷载加至第八级 600kPa 时，*P-S* 曲线未出现明显的陡降起始点，为缓变型沉降。其他各点的 *P-S* 曲线具有相似的特点。通过比较可以看出，强夯法处理回填土效果明显，地基承载力提高幅度大。

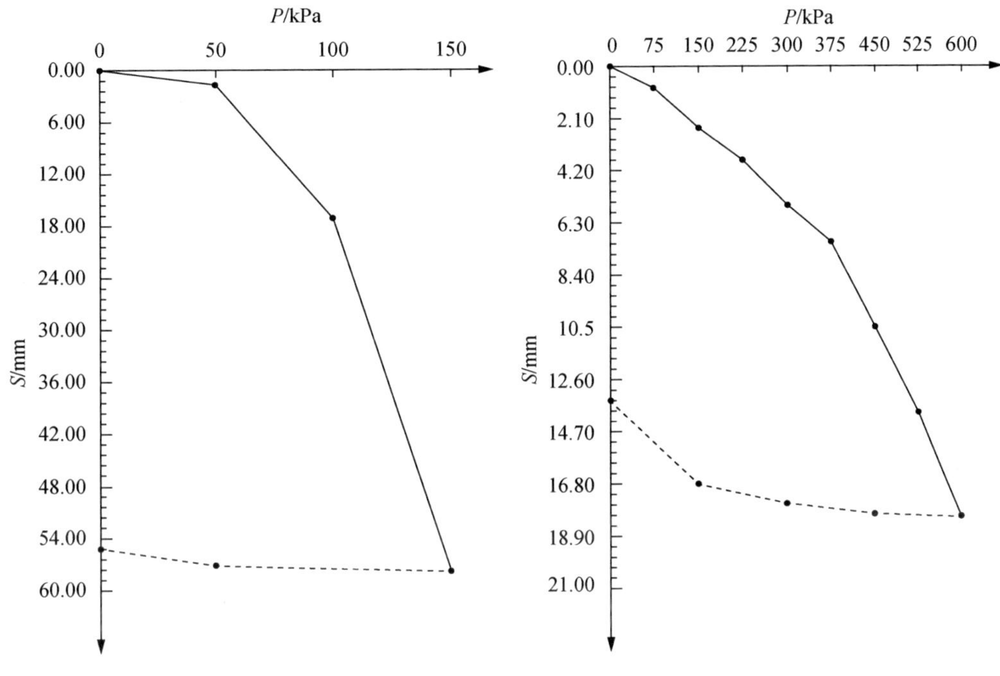

图 9.21　夯前载荷试验 *P-S* 曲线　　图 9.22　夯后载荷试验 *P-S* 曲线

表 9.9 中各项参数是回填土 3 号点及原状土 1 号点强夯前后的参数对比。

表 9.9　强夯前后参数对比

试验点	最大试验荷载/kPa	对应的沉降量/mm	承载力极限值/kPa	承载力特征值/kPa	标贯击数	回填土厚度/m
回填土（夯前）	210	49.99	130	65	3～8	6.5
回填土（夯后）	400	12.80	400	200	18～22	6.5
原状土（夯前）	—	—	—	220	10～14	—
原状土（夯后）	600	16.18	600	300	16～20	—

（2）影响深度

本次处理范围内回填土最大深度为 7.0m。试夯完成后，分别对 1～4 号点采用标准贯入试验对影响深度进行了验证，结果见表 9.10。

表 9.10　强夯后标贯击数随深度的变化

深度/m	1 号点标贯击数		2 号点标贯击数		3 号点标贯击数		4 号点标贯击数	
	夯前	夯后	夯前	夯后	夯前	夯后	夯前	夯后
0～1.0	3	24	2	19	5	21	2	23
1.0～2.0	4	24	7	23	2	20	3	22

续表

深度/m	1 号点标贯击数		2 号点标贯击数		3 号点标贯击数		4 号点标贯击数	
	夯前	夯后	夯前	夯后	夯前	夯后	夯前	夯后
2.0～3.0	4	22	8	20	2	19	5	26
3.0～4.0	10	21	8	19	2	18	7	24
4.0～5.0	5	20	7	19	2	18	9	23
5.0～6.0	10	17	10	15	2	17	9	22
6.0～7.0	16	16	13	18	2	15	8	17
7.0～8.0	17	14	13	14	7	17	6	16

标贯检测结果表明，在 6.0～7.0m 范围内，强夯后标贯击数比夯前有较大提高，超过此深度后，标贯击数明显减少，强夯影响减弱。可见，在红黏土地区采用强夯处理地基，3000 kN · m 夯击能量的影响深度在 7.0m 左右。

（3）土的物理、力学指标变化

从表 9.11 可以看出，无论是土的物理指标还是力学指标都有了较大改善，孔隙比降低、压缩模量增加。另外，通过强夯处理，地基土的均匀性得到改善。

表 9.11　夯前、夯后土的物理、力学指标对比

土样编号	取土深度/m	孔隙比	饱和度/%	黏聚力/kPa	内摩擦角/(°)	压缩模量/MPa
1-1（夯前）	2.0～2.20	1.158	86.4	59.5	18	9.35
1-1（夯后）	2.0～2.20	0.993	93.4	64.5	18	16.66
2-2（夯前）	2.2～2.4	1.183	94.4	50.8	6	6.92
2-2（夯后）	2.2～2.4	1.100	100	50.4	21	11.11
3-3（夯前）	3.0～3.2	1.235	84.1	61.7	8	4.28
3-3（夯后）	3.0～3.2	1.089	93.8	108	10	9.50

4. 强夯施工参数的确定

在建（构）筑物基础范围内，既存在原状土，也有回填土，岩土工程勘察与现场平板载荷试验、标准贯入试验表明，地层的承载力、压缩模量等差别较大。因此，本次强夯处理的目的是，在提高承载力的前提下，通过不同的夯击能调整地层的压缩模量。

根据试夯前后各项参数对比，以及专项技术研究的成果，强夯法处理地基采用以下参数：

（1）电解铝车间地基处理参数

厂房地基处理拟采用 3 种方式，具体施工参数尚应根据现场施工情况进行调整。

1）以场平后地层标高（797.0m，下同）为标准，经过对建（构）筑物沉降验算，对于原状土（挖方区）第①层厚度大于 7m 的区域，可不做处理，直接作为基础地基使用。

2）场区南部回填土厚度小于 4m 的区域及北部挖方区第①层厚度小于 4m 的区域，均采用强夯满夯处理，夯击能为 2000 kN · m 。

3）回填土厚度大于 4m 的区域使用强夯法，由于该区域地层差别较大，承载力、压缩模量偏低，采用 3000 kN · m 的夯击能。在夯击过程，如果 6 击以内夯沉量大于 1.5m，夯坑内填置块石，厚度按 50cm 填置，然后再将块石夯击至基础底部。

夯点采用等腰三角形布置，三遍夯击，即两遍高能量点夯、一遍低能量满夯。第一、第二遍间距（排距×行距）均为 7m×7m，第二遍点夯内插于第一遍内。点夯完成后，夯点间距为 3.5m×3.5m。第三遍为低能量满夯，夯击能 1500 kN · m ，满夯施工时，相邻夯点搭接面积不小于锤底面积的 1/4。

依据上述设计要求及勘察报告，确定了各区域的处理范围。

（2）沉降槽地基处理参数

夯击能采用 3000 kN · m ，其他参数及控制措施同电解铝车间要求。

9.6　本 章 小 结

本次施工勘察采用的浅层地震反射波法和超前孔施工勘察手段满足工程需要，所递交的岩土技术参数准确、经济，达到了施工勘察的目的。

1）浅层地震反射波法探测桩端岩溶具有快捷、经济、准确度高的特点，适用于本区人工挖孔桩施工勘察。针对浅层地震反射波法探测桩端岩溶，应采用多次检测、分析数据的方法，直到采集数据满足工程需要方可进入下一道工序。

2）超前孔施工勘察指导本区冲击成孔灌注桩施工，可满足施工勘察阶段对岩土技术参数的要求。超前孔施工勘察应重视现场编录工作，应关注施工进程，必要时采取补勘手段，确保桩基安全运营。

通过室内动三轴试验研究了厂址区红黏土的动力特性，并将试验成果应用于厂址区红黏土地基强夯处理实践中，取得了良好的经济与社会效益，值得类似工程借鉴。

第10章　中电四会2×400MW级燃气热电冷联产项目岩溶勘察与治理工程实录

10.1　工程背景

中电四会2×400MW级燃气热电冷联产项目位于广东省肇庆市四会市东城街道四会民营科技园之中，厂址属于东城工业区的东面片区，地块西邻广贺高速公路，北面为工业大道，西北向距四会市中心约10km，东南侧距大旺高新技术开发区约4.5km。厂址按6×400MW级（F级改进型）燃气蒸汽联合循环热电联产机组规划建设，本期工程建设2×400MW级（F级改进型）燃气蒸汽联合循环热电联产机组及相应的公用设施。根据厂址初勘资料，厂址部分区域岩溶发育，需进一步查明其分布特点，并进行溶洞处理施工工作。

10.2　厂址区岩溶勘察

本章在广泛收集和利用前人工作资料的基础上，有针对性地确定了勘察的工作内容。按照由面到点、点面结合并着重突出拟建（或现有的）重要建筑物的原则，采用以有效物探为先导、基桩超前钻孔进行验证的技术思路开展了厂址区岩溶勘察工作。

10.2.1　对称四极电测深法勘探

根据工程经验，本工程选用了对称四极电测深对建设场地进行勘探，共布置东西向剖面线16条，每条剖面线布置勘探点10个，最大供电极距为60m。

根据视电阻率断面图，发现了部分桩基控制深度范围内有溶洞异常，其中代表性断面分别如图10.1～图10.4所示。图10.1为1790断面发现的土洞异常，位于该断面的西侧起始部位，埋深约为25m。图10.2为1706断面发现的溶洞异常，位于该断面的中间部位，埋深约为40m。图10.3为1727断面发现的溶洞异常，位于该断面的东部，埋深约为40m。图10.4为1655断面发现的土洞异常，位于该断面的东部，埋深约为 20m。

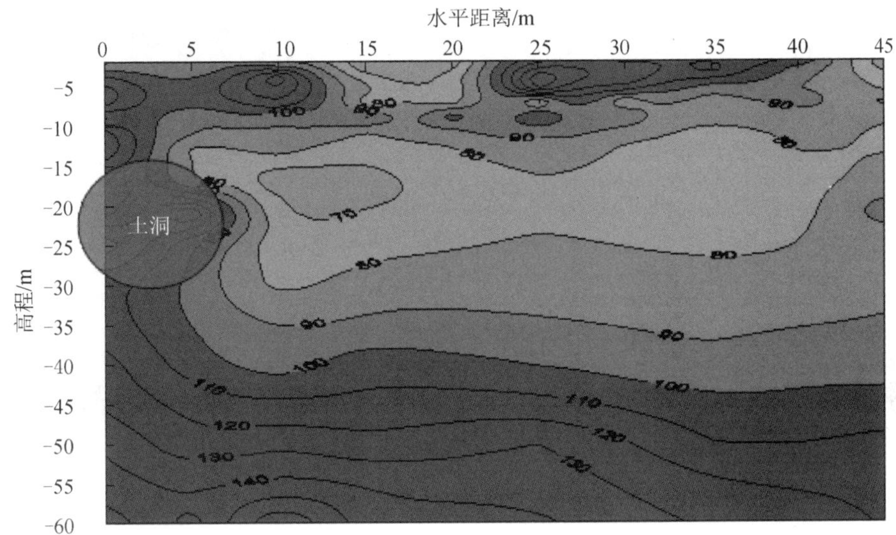

图 10.1　1790 断面土洞异常

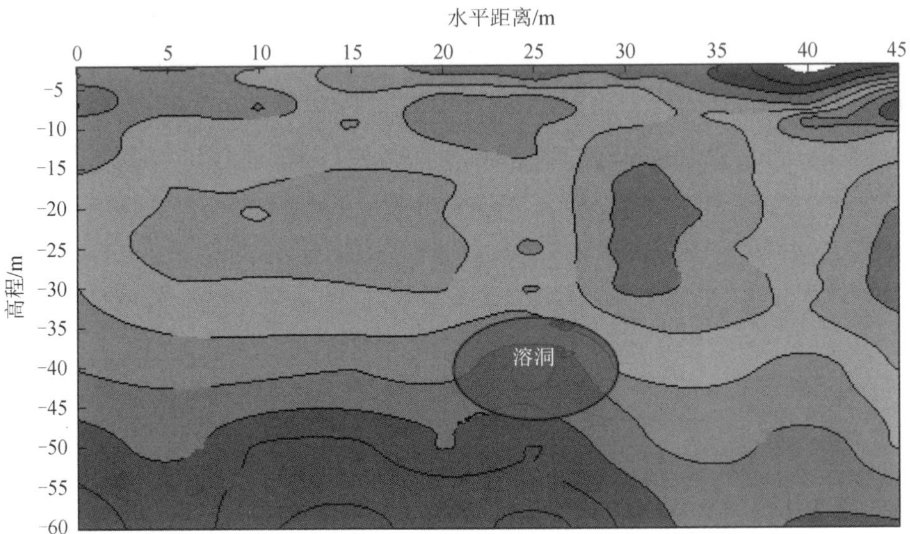

图 10.2　1706 断面溶洞异常

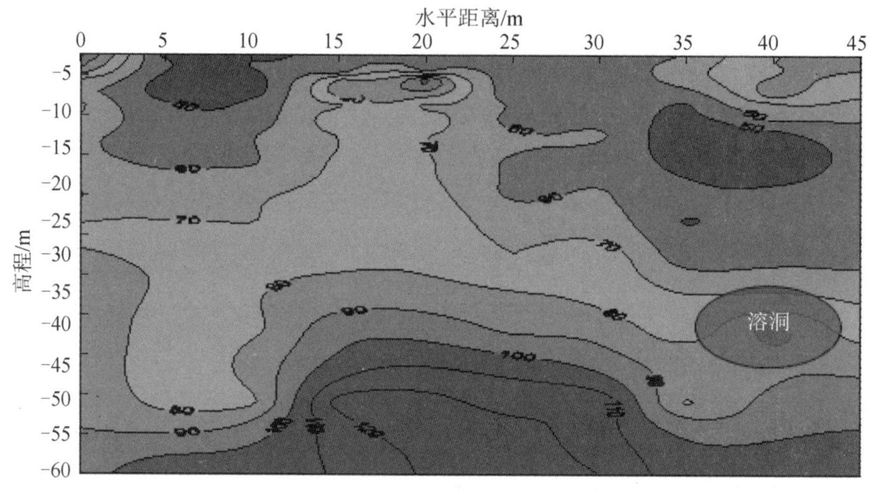

图 10.3　1727 断面溶洞异常

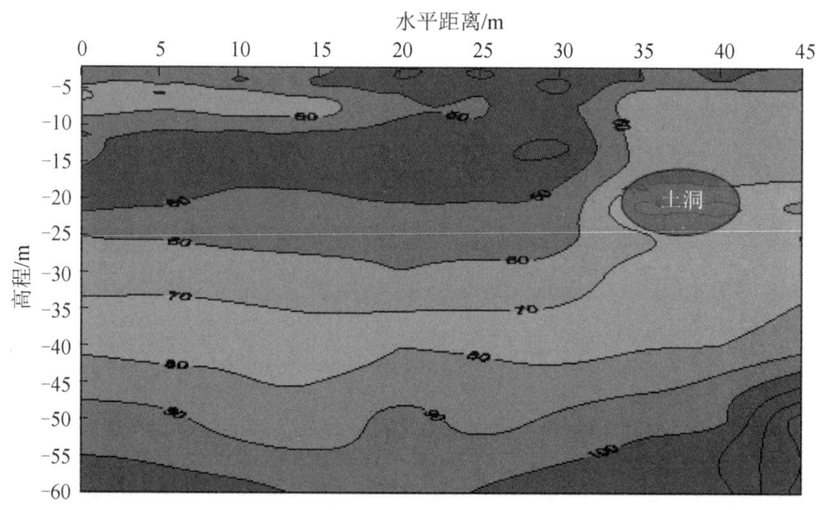

图 10.4　1655 断面土洞异常

10.2.2　基桩超前钻孔

根据钻孔资料，场地覆盖层主要有第四系人工填土、冲积黏性土、砂土、淤积淤泥质土及冲洪积黏性土等，下伏基岩为石炭系下统测水组灰岩。灰岩呈中厚-厚层状，属于中强岩溶化地层。本工程共进行超前钻孔 1829 个，其中 1209 个钻孔遇到溶洞，钻孔遇溶率为 66%，如图 10.5 和图 10.6 所示，图中图标代表不同钻孔中出现溶洞的位置。根据《火力发电厂岩土工程勘测技术规程》（DL/T 5074—2017），主厂区场地岩溶为极强烈发育。

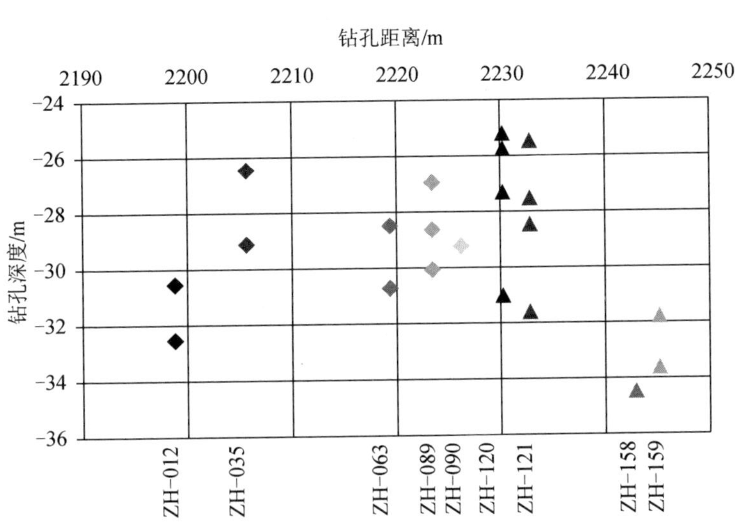

图 10.5　主厂房框架 10 轴超前钻孔溶洞分布散点图

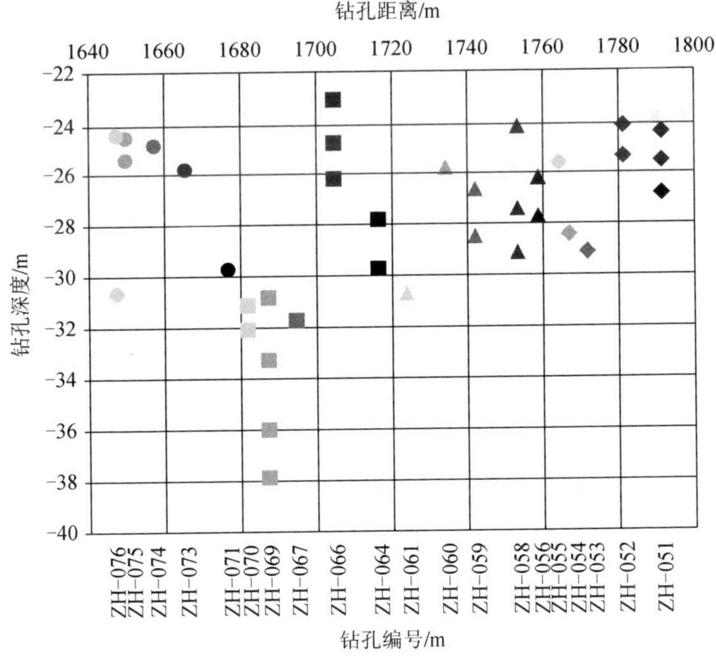

图 10.6　主厂房框架 C 轴超前钻孔溶洞分布散点图

10.2.3　厂址区溶洞的发育特征

通过物探和钻探并结合地质调绘成果，获得了厂址区岩溶发育特征，总结如下：

1）溶洞规模一般较小，在水平向和垂直向均呈串珠状分布，局部发育规模较大的溶洞。溶洞垂直高度最小为 0.1m，最大为 12.7m，平均为 3.96m；溶洞埋藏深度为 17.80～54.30m，平均埋深为 28.7m，属深部岩溶。

2）溶洞多为半充填-全充填，少量为无充填，充填物为软-可塑状黏性土混少量中细砂，局部夹少量砾石、碎石，粒径为 2～20mm，说明孔隙水的水动力条件较弱。

3）溶洞顶板一般较薄且破碎。钻探过程中发现钻进溶洞时一般都有不同程度的漏水现象发生，说明石灰岩岩体裂隙较发育或岩溶洞隙连通性较好。

4）场地基岩面相差非常大，存在石笋、石牙、溶蚀漏斗或凹槽等溶蚀现象。

10.3　桩基础施工过程中溶洞（土洞）处理方法

经方案比选后，本工程采用冲击成孔灌注桩和 PHC 管桩对地基进行处理。冲孔灌注桩设计桩型为摩擦端承桩，桩端应嵌入中风化石灰岩层≥1d（d 为桩径）并不小于 1m，或入微风化石灰岩层≥0.5d 并不小于 0.5m，桩端下 3d 深度且不小于 3～5m 范围内无软弱夹层、断裂破碎带和洞穴分布，在桩底应力扩散范围内无岩体临空面。收锤标准如下：以桩长为主要控制标准，以最后三阵贯入度［（40～50mm）/10 击］为次要控制标准。PHC 管桩规格为 PHC500AB125 型和 PHC600AB130 型，施工时必须保证达到图纸中要求的设计桩端持力层。PHC 管桩桩端下 3 倍桩径深度内无软弱夹层、断裂破碎带和洞穴分布。

10.3.1　桩型为冲孔灌注桩时溶洞（土洞）处置方案

对于超前孔施工勘察探明的溶洞（土洞），根据勘察成果资料对溶洞（土洞）进行预处理。预处理方法包括高压注浆法（水泥+粉煤灰+水玻璃）和冲孔过程中抛填片石+黏土法。一般情况，上述两种方法可获得满意效果，可顺利成桩。但是上述两种方法也存在一定的缺点。采用高压注浆预处理法进行溶洞治理，水泥浆的凝结时间、流动性、结石率、强度及可注性等控制的难度较大。因为水泥浆液在凝结过程中其体积均存在不同程度的收缩，且强度增长较慢，所以高压注浆预处理后，冲击钻孔过程中仍存在不同程度的漏浆问题，混凝土浇筑的过程中仍存在突然漏失混凝土的情况。对于高度较小、全充填的溶洞，冲孔过程中抛填片石+黏土方法进行溶洞治理是可行的；但是对于高度较大、非全充填的溶洞，该方法的治理效果不佳。

鉴于以上情况，结合本工程岩溶的发育的特点，通过反复试验，不断总结经验、积累施工参数，采用旋挖钻机与冲击钻机配合施工，形成了一套适合岩溶发育地区钻孔灌注桩施工的工艺，如图 10.7 所示。该工艺能够避免混凝土漏失，同时能够很好地保证成桩质量。该工艺具体操作步骤如下：

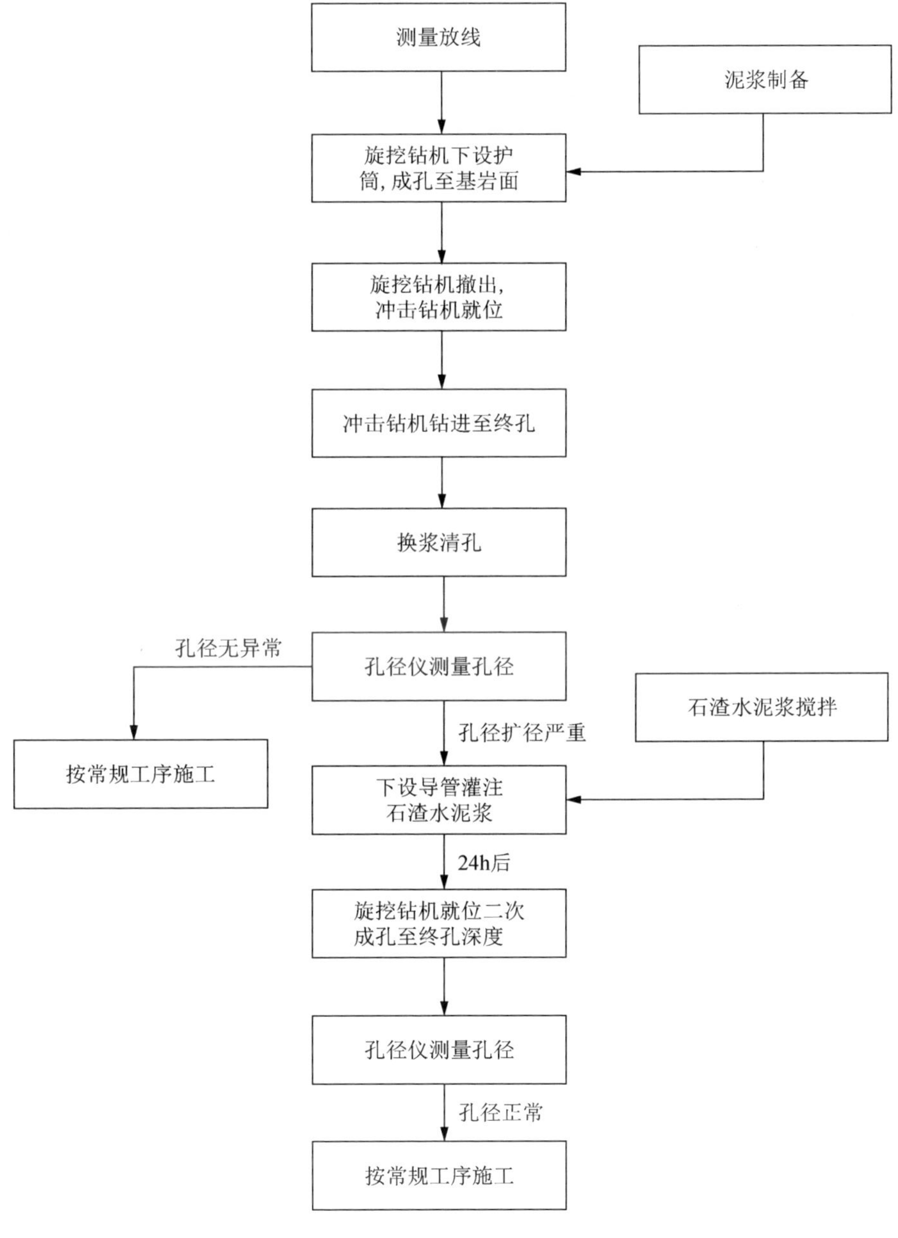

图 10.7　灌注石渣水泥浆溶洞治理施工流程图

1）对于探明存在溶洞的基桩，测量放线或校核桩位。

2）旋挖钻机下设护筒并钻孔至基岩面。

3）撤走旋挖钻机，将冲击钻机调入继续钻进至终孔。

4）验收终孔后，采用孔径仪测量桩径，判断桩径异常的位置。

5）搅拌石渣水泥浆。石渣水泥浆液配比见表 10.1。灌浆时，孔径较大位置处采用大骨胶比，孔径小处采用小骨胶比。水泥采用 P · C32.5R 复合硅酸盐水泥。

6）下设导管灌注石渣水泥浆。

7）采用石渣水泥浆充填溶洞，固结孔壁。

8）灌注石渣水泥浆 24h 且强度达到 1MPa 以上后，再进行灌注桩的成孔、钢筋笼和导管下设、混凝土浇筑作业。

表 10.1　石渣水泥浆配比

材料序号	水泥/kg	石粉/kg	水/kg	密度/（kg/m^3）	坍落度/mm	强度/MPa			骨胶比
						1d	3d	28d	
1	323	1615	312	2250	165	1.5	3.5	4	5
2	266	1594	341	2200	160	0.8	2	3.7	6
3	241	1688	321	2250	170	0.5	1	2.9	7

注：石粉密度为 $1550kg/m^3$；骨胶比为骨料与水泥的质量比。

10.3.2　桩型为管桩时溶洞（土洞）处置方案

鉴于 PHC 管桩的施工特点，该区域采用的溶洞治理方法为高压注浆法。采用高压注浆预处理法进行溶洞治理，水泥浆的凝结时间、流动性、结石率、强度及可注性控制的难度较大。针对以上情况，本书专门开展了岩溶注浆法治理中复合水泥浆液可注性试验研究，具体内容见 10.4 节。根据试验得出复合水泥浆配比的最佳方案如下：水胶比为 0.7，水泥∶粉煤灰∶矿粉质量比为 0.5∶0.25∶0.25，碳酸钠、钠基膨润土掺量分别为胶凝材料的 5%、9%；10min 左右可失去流动性，初凝时间 48min，终凝结石率 98%，3d 抗压强度可达 3.12MPa，均满足本项目施工的要求。本节试验采用的是 S95 矿粉、Ⅱ级粉煤灰及 32.5R 复合硅酸盐水泥。

高压注浆施工按照由外围逐步向内侧推进的顺序进行，在场地外缘形成帷幕，以阻挡浆液向场地外缘渗漏，保证注浆的处理效果。注浆法处理桩周溶（土）洞利用超前钻孔作为注浆孔，注浆管采用 DN25 的 PE 管，在现场设置水泥浆液集中搅拌区域，利用 BW250 型注浆泵将浆液通过注浆管注入桩周溶洞，从而达到填充固结溶洞的目的，注浆施工工艺流程如图 10.8 所示。

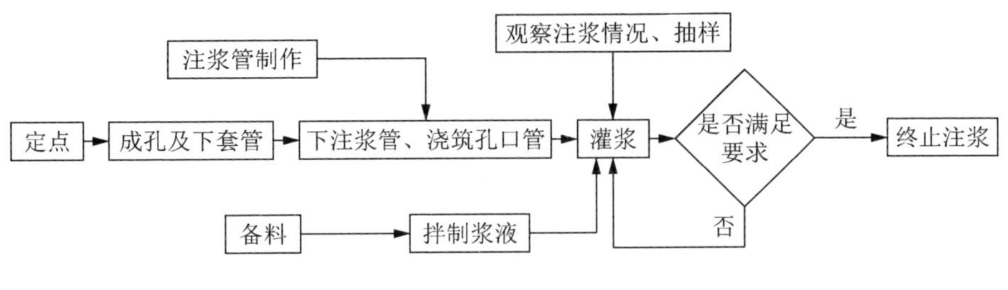

图 10.8　注浆施工工艺流程图

注浆压力及终灌标准：

1）注浆压力为 0.5～0.7MPa，注入量为 2～6L/min，稳压 5min。

2）注浆量的控制。参考工业和信息化部发布的《注浆技术规程》（YS/T 5211—2018），单根桩的注浆量计算公式如下：

$$Q = A\pi R^2 H \beta n / m$$

式中：Q——每孔注入量，m^3；

A——浆液损耗量，取 1.15～1.30；

R——浆液有效扩散半径，m；

H——注浆孔深，m；

n——土体孔隙率；

β——浆液充填系数；

m——浆液结石率，取 0.5～0.95，水灰比大时取小值，小时取大值。

3）当注浆孔周围有冒浆现象时，结束该孔的注浆施工。

10.3.3　成孔过程中突然漏浆、混凝土流失的处理措施

本工程在前期采用高压注浆预处理法、冲孔过程中采用抛填片石+黏土方法进行溶洞治理。上述两种方法均存在一定的缺点，冲击钻孔过程中仍存在不同程度的漏浆，混凝土浇筑的过程中仍存在突然漏失混凝土的情况。针对该情况，应采取如下措施：

1）应急物资的准备。施工前应详细分析超前钻孔柱状图，了解溶洞顶板面高程、溶洞规模、有无充填物等情况和施工现有条件，并准备充足的应急材料，如片石、黏土、水泥、编织袋等；应急机械有装载机、泥浆泵、轮式起重机等。

2）处理的具体办法。当施工过程中发现溶洞后，提起锤头，立即补充泥浆恢复孔内正常水位，防止孔壁坍塌。根据溶洞的大小，将足够数量的片石和黏土按照大致 3∶1 的比例抛填至溶洞顶面以上 2～3m（每填 50～60cm 都须经轻锤压实），抛填的片石最大粒径一般不超过 40cm；强度不能太高，20～50MPa 比较合

适；黏土应选用结团、成块的优质黏土坯，易分散的需用编织袋袋装，以便在溶洞内构筑有足够强度、密实的水下片石黏土结构孔壁以保持泥浆不漏失，并且在灌注水下混凝土时承受混凝土的压力。

施工过程中如遇突然漏浆，处理原则为及时处理、反复回填、欲进先退、低锤密击。

混凝土浇筑过程中如突遇混凝土漏失，应继续进行混凝土浇筑，直至混凝土不再漏失，并浇筑至设计桩顶标高。

10.4　岩溶注浆法治理中复合水泥浆液可注性试验研究

本节通过室内试验研究了复合水泥浆（水泥+粉煤灰+水玻璃）的可注性。首先，确定了复合水泥浆速凝剂；进而通过大量试验成果获得了复合水泥浆液的最优配合比，并将其应用于工程实践中。

10.4.1　复合水泥浆速凝剂的确定

分别向复合水泥浆中添加氯化钙、偏铝酸、水玻璃、硫酸钙和碳酸钠等外加剂，通过室内试验对复合水泥浆的流动性、凝结时间等性能进行测试。试验表明，碳酸钠作外加剂制备复合水泥浆效果最佳，如图 10.9～图 10.11 所示。

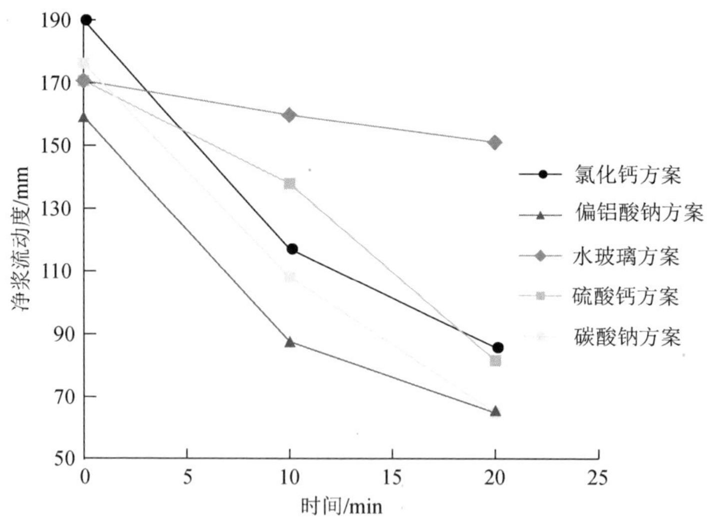

图 10.9　不同外加剂最佳配合比的流动性

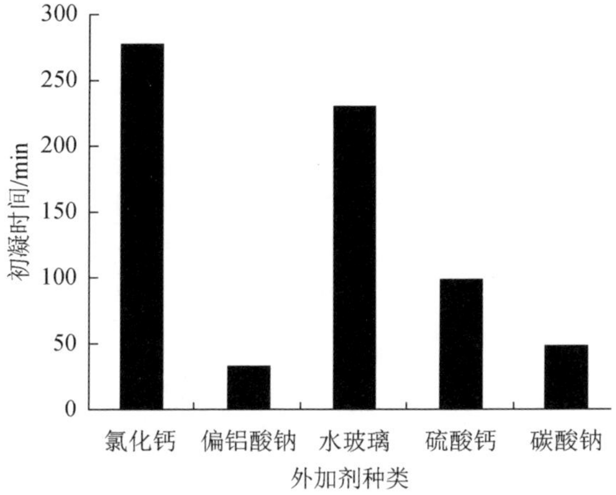

图 10.10　不同外加剂最佳配合比的初凝时间

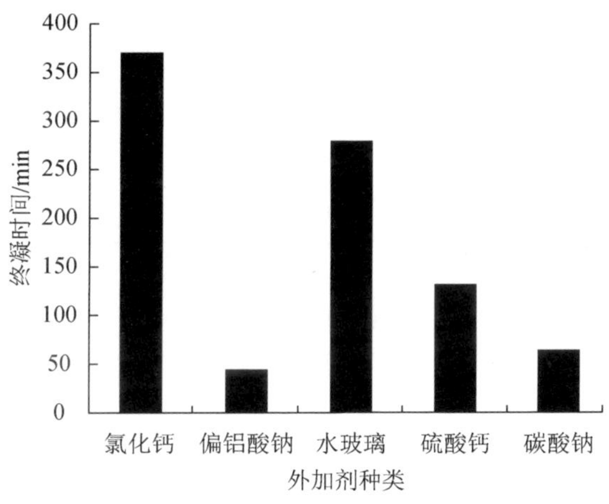

图 10.11　不同外加剂最佳配合比的终凝时间

图 10.9～图 10.11 中，复合水泥浆制备方案分为 5 种，分别为氯化钙方案、偏铝酸钠方案、水玻璃方案、硫酸钙方案与碳酸钠方案。以上 5 种方案中各外加剂的掺量如下：①氯化钙方案：氯化钙掺量为 3%，硫酸钙掺量为 4%；②偏铝酸钠方案：偏铝酸钠掺量为 2%；③水玻璃方案：水玻璃掺量为 13%，硫酸钙掺量为 3%；④硫酸钙方案：硫酸钙掺量为 3%，水玻璃掺量为 7%；⑤碳酸钠方案：碳酸钠掺量为 5%。

由图 10.9～图 10.11 可知，当采用氯化钙方案时，流动性随时间快速下降，初凝时间为 276min，流动性满足要求，但初凝时间太长，不满足要求；当采用偏铝酸钠方案时，流动性随时间快速下降，初凝时间为 33min，流动性和初凝时间均满足要求；当采用水玻璃方案时，初凝时间为 148min，凝结时间偏长；当采用硫酸钙方案时，流动性随时间快速下降，初凝时间为 98min，终凝结石率为 96.9%，3d 抗压强度为 1.85MPa，凝结时间偏长，抗压强度增长较慢；当采用碳酸钠方案时，停止搅拌时流动性较好，能够满足可注性，且流动性随时间变化下降较快，能够很快失去流动性，初凝时间也能控制在 50min 左右，经初步试验，3d 抗压强度一般在 2.5MPa 以上，能够满足本项目要求。综上可知，从浆液性能和经济实用性角度考虑，碳酸钠作为外加剂制备复合水泥浆最为理想。

10.4.2　复合水泥浆液最优配合比的确定

通过试验研究，认为以碳酸钠为速凝剂、钠基膨润土为增稠剂制备复合水泥浆的试验方案具有可行性。水胶比（A）为水、水泥、粉煤灰、矿粉之间的比值，取值分别为 A1=0.7∶0.5∶0.25∶0.25、A2=0.8∶0.5∶0.25∶0.25；碳酸钠掺量（B）取值分别为 B1=0、B2=3%、B3=4%、B4=5%、B5=6%；钠基膨润土掺量（C）取值分别为 C1=0、C2=6%、C3=9%、C4=12%、C5=15%。当水胶比取 A1 时，由于膨润土掺量若超过 9%，水泥浆流动性差，逐渐失去可注性，A1 组试验钠基膨润土掺量不超过 9%。试验方案见表 10.2 和表 10.3，按照正交配比试验的原则，共在现场制作 40 组试块，分别测试水泥浆的净浆流动度、凝结时间、结石率及抗压强度等性能指标。表 10.4 为不同水胶比、碳酸钠掺量、钠基膨润土掺量的水泥浆实测数据。

表 10.2　水胶比取 A1=0.7∶0.5∶0.25∶0.25 的正交试验方案

试件编号	B1	B2	B3	B4	B5
C1	A1B1C1	A1B2C1	A1B3C1	A1B4C1	A1B5C1
C2	A1B1C2	A1B2C2	A1B3C2	A1B4C2	A1B5C2
C3	A1B1C3	A1B2C3	A1B3C3	A1B4C3	A1B5C3

表 10.3　水胶比取 A2=0.8∶0.5∶0.25∶0.25 的正交试验方案

试件编号	B1	B2	B3	B4	B5
C1	A2B1C1	A2B2C1	A2B3C1	A2B4C1	A2B5C1
C2	A2B1C2	A2B2C2	A2B3C2	A2B4C2	A2B5C2
C3	A2B1C3	A2B2C3	A2B3C3	A2B4C3	A2B5C3
C4	A2B1C4	A2B2C4	A2B3C4	A2B4C4	A2B5C4
C5	A2B1C5	A2B2C5	A2B3C5	A2B4C5	A2B5C5

表 10.4　不同水胶比、碳酸钠掺量及钠基膨润土掺量的水泥浆实测数据

序号	试块编号	净浆流动度/mm			初凝时间/min	终凝时间/min	结石率/%				抗压强度/MPa			
		停止搅拌	10min 后	20min 后			净浆		胶砂		净浆		胶砂	
							终凝	7d	终凝	7d	3d	7d	3d	7d
1	A1B1C1	240	238	232	675	863	89.8	86.7	95.3	94.1	4.58	7.36	5.08	7.78
2	A1B2C1	252	168	65	93	142	97.4	96.9	98.6	98.2	3.9	5.24	4.43	6.32
3	A1B3C1	251	175	80	78	109	97.6	96.9	98.8	98.4	3.83	5.15	4.29	6.19
4	A1B4C1	249	209	165	67	96	97.4	96.7	98.6	98.2	3.43	4.98	4.22	5.98
5	A1B5C1	254	170	65	57	75	97.8	97.2	98.4	98	3.16	4.79	4.18	5.93
6	A1B1C2	155	153	147	687	903	96.5	95.7	98.6	97.9	4.15	6.87	4.64	7.03
7	A1B2C2	205	175	135	80	127	98	97.4	98.8	98.2	3.6	5.03	4.15	5.55
8	A1B3C2	198	136	65	56	88	98.4	97.6	99	98.6	3.42	4.88	3.76	5.25
9	A1B4C2	207	115	65	50	75	97.8	97.4	98.6	98.2	3.27	4.59	3.41	5.14
10	A1B5C2	203	178	120	65	88	97.8	97.2	99	98.4	3.09	4.27	3.14	4.47
11	A1B1C3	118	107	95	700	922	96.9	95.9	98.2	97.4	3.88	6.49	4.11	6.67
12	A1B2C3	185	95	65	75	102	98	97.5	98.8	98.4	3.41	4.55	3.7	4.7
13	A1B3C3	192	135	65	60	91	98.2	97.5	99	98.6	3.25	4.34	3.63	4.59
14	A1B4C3	195	127	65	48	78	98	97.8	99.2	98.2	3.12	4.16	3.21	4.51
15	A1B5C3	190	135	70	85	121	98.2	97.8	99.2	98.6	2.94	3.82	3.02	4.43
16	A2B1C1	255	253	252	724	937	87.3	80.3	93.2	92.2	3.97	5.88	4.78	6.95
17	A2B2C1	262	200	138	165	217	96.8	96.3	97.9	97.3	3.43	4.68	3.96	5.32
18	A2B3C1	275	212	126	139	184	97	96.5	97.7	97.1	3.01	4.4	3.58	4.91
19	A2B4C1	275	122	65	79	108	97.3	96.9	98	97.1	3.07	3.95	3.38	4.67
20	A2B5C1	265	186	65	86	124	97.1	96.9	97.9	97.3	2.71	3.92	3.12	4.53
21	A2B1C2	195	182	175	735	960	95.7	94.5	97.7	96.1	3.23	5.54	4.05	6.35
22	A2B2C2	250	196	129	137	225	97.5	97.1	98	97.3	3.11	4.61	3.7	5.2
23	A2B3C2	248	203	115	82	122	97.3	96.9	98.2	97.5	2.93	3.75	3.43	4.68
24	A2B4C2	231	173	65	56	90	97.8	97.3	98.4	97.7	2.95	3.71	3.07	4.32
25	A2B5C2	260	210	168	67	93	98	97.7	98.4	97.5	2.71	3.6	3	4.11
26	A2B1C3	145	142	140	745	978	96.5	95.5	98.2	96.5	3	5.31	3.72	6.19
27	A2B2C3	235	175	145	98	173	97.9	97.3	98.6	97.9	2.85	3.93	3.26	5
28	A2B3C3	231	187	140	80	114	97.7	97.3	98.4	98.2	2.68	3.89	3.09	4.59
29	A2B4C3	230	208	140	55	87	98	97.5	98.8	98.4	2.2	3.71	2.93	4.37
30	A2B5C3	228	205	138	65	96	98.2	97.9	98.6	98	2.03	3.53	2.76	4.22
31	A2B1C4	117	114	112	762	995	97.5	96.5	98.4	97.9	2.61	5.16	3.58	6.1
32	A2B2C4	212	130	65	112	154	98.2	97.7	98.6	98.2	2.01	3.49	2.92	4.1
33	A2B3C4	209	123	65	84	125	98.4	97.9	98.8	98.4	1.93	3.48	2.78	3.97

续表

序号	试块编号	净浆流动度/mm			初凝时间/min	终凝时间/min	结石率/%				抗压强度/MPa			
		停止搅拌	10min 后	20min 后			净浆		胶砂		净浆		胶砂	
							终凝	7d	终凝	7d	3d	7d	3d	7d
34	A2B4C4	215	142	65	63	85	98.6	98	99	98.6	2.07	3.68	2.54	3.85
35	A2B5C4	217	128	65	73	96	98.4	97.9	98.8	98.4	2.68	4.1	2.81	4.28
36	A2B1C5	98	97	95	780	1025	97.9	97.3	98.8	98	3.27	4.91	3.46	5.29
37	A2B2C5	187	85	65	145	226	98.6	98.2	99.4	98.6	1.75	3.23	2.84	4.06
38	A2B3C5	178	65	65	112	167	98.8	97.9	99.4	98.8	1.63	2.91	2.63	3.63
39	A2B4C5	195	107	65	72	105	98.4	97.9	99.2	98.6	1.58	2.74	2.46	3.39
40	A2B5C5	182	102	65	86	124	98.8	98.4	99	98.4	1.50	2.46	2.3	3.06

1. *净浆流动度*

图 10.12 为净浆流动度与碳酸钠及钠基膨润土掺量的关系曲线。

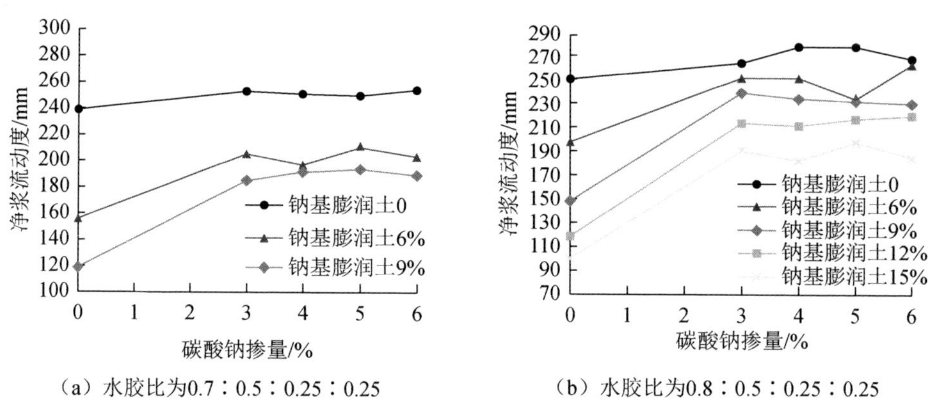

图 10.12　净浆流动度与碳酸钠、钠基膨润土掺量的关系曲线

1）图 10.12（a）中水胶比为 0.7∶0.5∶0.25∶0.25。①未掺加钠基膨润土情况下，当碳酸钠掺量为 0 时，水泥浆净浆流动度值为 240mm；当碳酸钠掺量为 3%时，净浆流动度值为 252mm，与碳酸钠掺量为 0 时相比，净浆流动值增长率为 5%；随着碳酸钠掺量的继续增加，净浆流动度值变化不大，基本稳定在 250mm 左右。②钠基膨润土掺量为 6%情况下，当碳酸钠掺量为 0 时，水泥浆净浆流动度值为 155mm；当碳酸钠掺量为 3%时，净浆流动度值为 205mm，与碳酸钠掺量为 0 时相比，净浆流动度值增长率为 32.3%；碳酸钠掺量继续增加，净浆流动度值没有发生明显变化。③钠基膨润土掺量为 9%情况下，当碳酸钠掺量为 0 时，水泥浆净浆流动度值为 118mm；当碳酸钠掺量为 3%时，净浆流动度值为 185mm，增长率

为 56.8%；随着碳酸钠掺量继续增加，净浆流动度值变化较小。

2）图 10.12（a）中水胶比为 0.7∶0.5∶0.25∶0.25。①碳酸钠掺量为 0 情况下，当钠基膨润土掺量为 0 时，水泥浆净浆流动度值为 240mm；当钠基膨润土掺量为 6%时，水泥浆净浆流动度值为 155mm，降低了 35.4%；当钠基膨润土掺量为 9%时，水泥浆净浆流动度值为 118mm，降低了 23.9%。②碳酸钠掺量为 3%情况下，当钠基膨润土掺量为 0 时，水泥浆净浆流动度值为 252mm；当钠基膨润土掺量为 6%时，水泥浆净浆流动度值为 205mm，降低了 18.7%；当钠基膨润土掺量为 9%时，水泥浆净浆流动度值为 185mm，降低了 9.7%。③碳酸钠掺量增加且一定时，随着钠基膨润土掺量增加，水泥浆净浆流动度值呈明显下降趋势。

3）图 10.12（b）中水胶比为 0.8∶0.5∶0.25∶0.25 时净浆流动度变化趋势与图 10.12（a）中水胶比为 0.7∶0.5∶0.25∶0.25 时一致。

由此可知，净浆流动度随碳酸钠掺量的变化规律如下：

1）当钠基膨润土掺量为 0 时，与未掺加碳酸钠的水泥浆相比较，掺加碳酸钠的水泥浆的净浆流动度值明显较高，流动性上升；当钠基膨润土掺量不小于 6%时，与未掺加碳酸钠的水泥浆相比较，掺加碳酸钠的水泥浆的净浆流动度值显著增加，流动性显著上升。

2）当钠基膨润土掺量一定时，如碳酸钠掺量超过 3%，碳酸钠掺量的增加对净浆流动度值影响很小，即此时流动性与碳酸钠掺量关系不大。

图 10.13（a）和（b）分别为两种水胶比情况下，净浆流动度与时间的关系曲线。可知，不论掺加膨润土与否，未掺加碳酸钠的水泥浆的净浆流动度值随时间变化缓慢下降，斜率很小，几乎趋于一条直线，即净浆流动度值随时间变化趋势与钠基膨润土掺量关系不大；反观掺加碳酸钠的水泥浆的净浆流动度值随时间变化明显增加，曲线斜率很大，甚至停止搅拌 10min 左右，水泥浆失去流动性（试验发现，净浆流动度值达到 130mm 左右时，水泥浆基本已经失去流动性）。图 10.13（c）选取了水胶比为 0.7∶0.5∶0.25∶0.25、钠基膨润土掺量为 6%的试验组，图 10.13（d）选取了水胶比为 0.8∶0.5∶0.25∶0.25、钠基膨润土掺量为 6%的试验组。随着碳酸钠掺量的增加，净浆流动度值随时间变化下降速率先增大后减小，当碳酸钠掺量未到 5%时，随着碳酸钠掺量的增加，净浆流动度值下降速率增加；当碳酸钠掺量达到 5%时，水泥浆净浆流动度值下降速率最大，此时，若碳酸钠掺量继续增加，净浆流动度值仍然呈下降趋势，但下降速率开始减小。因此，碳酸钠掺量对水泥浆的流动性影响较大。

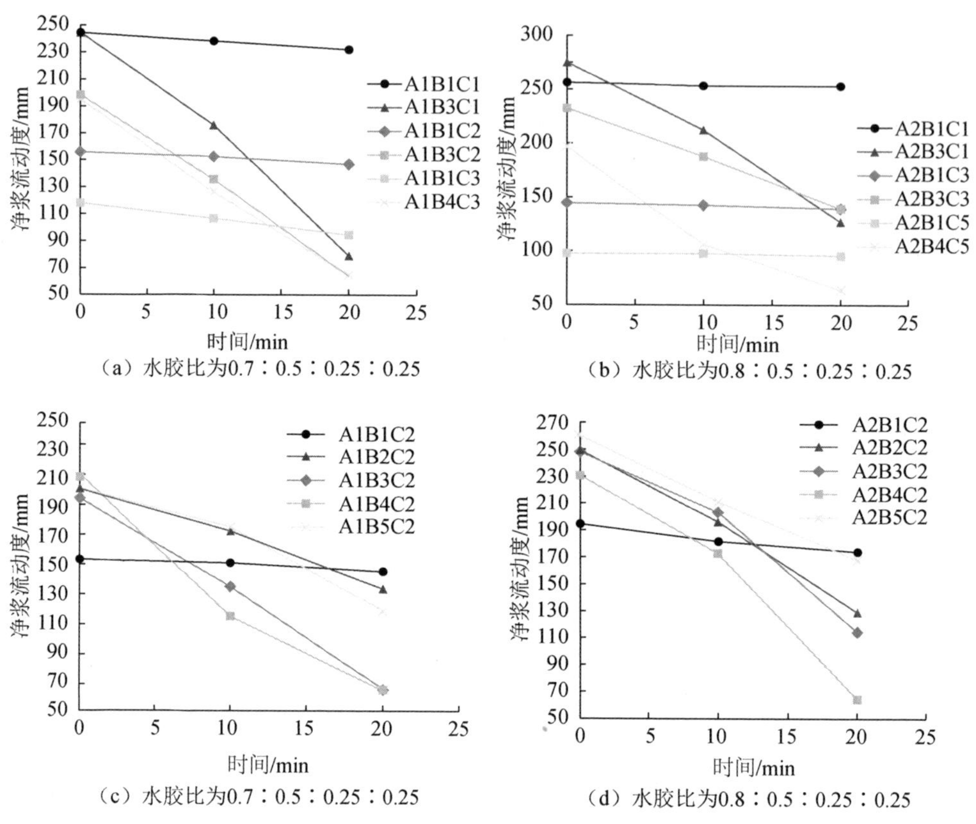

（a）水胶比为0.7∶0.5∶0.25∶0.25　（b）水胶比为0.8∶0.5∶0.25∶0.25

（c）水胶比为0.7∶0.5∶0.25∶0.25　（d）水胶比为0.8∶0.5∶0.25∶0.25

图 10.13　净浆流动度与时间的关系曲线

2. 凝结时间

（1）初凝时间

图 10.14 为初凝时间与碳酸钠及钠基膨润土掺量的关系曲线，由此可知：

1）图 10.14（a）中水胶比为 0.7∶0.5∶0.25∶0.25。未掺碳酸钠的水泥浆初凝时间在 700min 以内，而碳酸钠掺量不低于 3%的水泥浆初凝时间一般在 90min 以内，初凝时间缩短至原来的 1/7 以内。

2）图 10.14（b）中水胶比为 0.8∶0.5∶0.25∶0.25。未掺碳酸钠的水泥浆初凝时间为 720～800min，碳酸钠掺量不低于 3%的水泥浆初凝时间一般在 150min 以内，初凝时间缩短至原来的 1/5 以内。

3）当水胶比和钠基膨润土掺量一定时，与未掺碳酸钠的水泥浆相比，掺入碳酸钠的水泥浆的凝结时间明显缩短；但是，当碳酸钠掺量不低于 3%时，随着碳酸钠掺量增加，初凝时间先缩短再延长，碳酸钠掺量小于 5%时，水泥浆初凝时间的减少速率呈下降趋势，直到碳酸钠掺量达到 5%时，初凝时间达到最短，此时，碳酸钠掺量继续增加，初凝时间反而会延长，但还会明显短于未掺加碳酸钠的水泥浆的初凝时间。

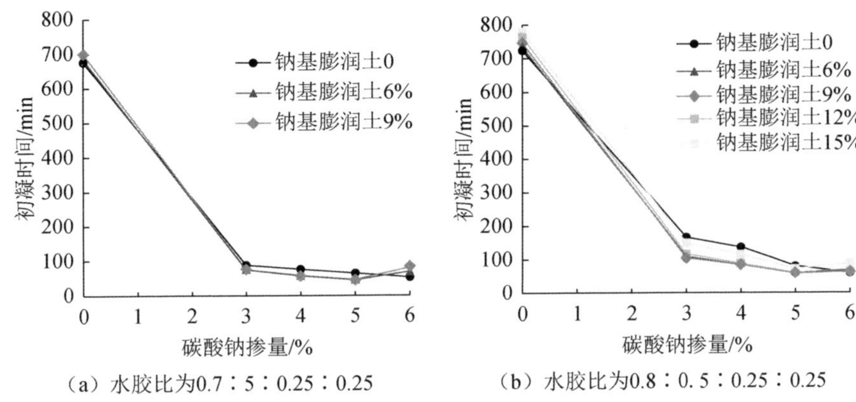

(a) 水胶比为0.7∶5∶0.25∶0.25　(b) 水胶比为0.8∶0.5∶0.25∶0.25

图 10.14　初凝时间与碳酸钠及钠基膨润土掺量的关系曲线

(2) 终凝时间

图 10.15 为终凝时间与碳酸钠及钠基膨润土掺量的关系曲线。

1) 图 10.15 (a) 中水胶比为 0.7∶0.5∶0.25∶0.25，未掺碳酸钠的水泥浆终凝时间在 900min 左右，掺加碳酸钠的水泥浆终凝时间在 150min 以内，终凝时间缩短了 5/6 以上。

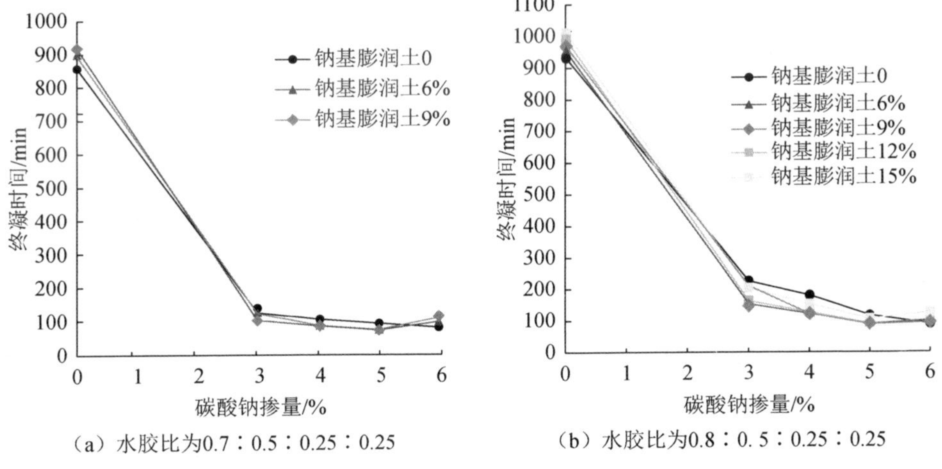

(a) 水胶比为0.7∶0.5∶0.25∶0.25　(b) 水胶比为0.8∶0.5∶0.25∶0.25

图 10.15　终凝时间与碳酸钠及钠基膨润土掺量的关系曲线

2) 图 10.15 (b) 中水胶比为 0.8∶0.5∶0.25∶0.25，未掺碳酸钠的水泥浆终凝时间在 1000min 左右，掺加碳酸钠的水泥浆终凝时间一般在 230min 以内，终凝时间缩短了 3/4 以上。随着碳酸钠掺量的增加，终凝时间变化趋势与图 10.14(b)中初凝时间基本一致。

综合以上分析，碳酸钠掺量小于5%时，凝结时间随碳酸钠掺量的增加而缩短；当碳酸钠掺量超过5%时，凝结时间随碳酸钠掺量的增加而延长。即适量碳酸钠能够促进水泥水化，有效缩短凝结时间。这主要是因为水泥中含有石膏，石膏在水泥水化过程中起缓凝作用，掺入碳酸钠后，石膏会与碳酸钠发生反应，直接生成碳酸钙沉淀，这样石膏就失去了缓凝作用，导致水泥浆内部水化速度急剧加快，同样加快浆体凝结硬化速度，进而缩短凝结时间。

由图10.14可知，图10.14（a）中水胶比为0.7∶0.5∶0.25∶0.25，当碳酸钠掺量一定时，随着钠基膨润土掺量的增加，水泥浆初凝时间稍有缩短，但所起作用有限，缩短趋势不明显；图10.14（b）中水胶比为0.8∶0.5∶0.25∶0.25，当碳酸钠掺量一定时，随着钠基膨润土掺量的增加，初凝时间先缩短后延长，钠基膨润土掺量小于9%时，随着钠基膨润土掺量的增加，初凝时间稍微缩短，直到钠基膨润土掺量达到9%时，初凝时间最短，钠基膨润土掺量继续增加，初凝时间反而延长。由图10.15可知，随着钠基膨润土掺量的增加，终凝时间变化趋势与图10.14中初凝时间变化趋势一致。因此，少量钠基膨润土有助于缩短水泥浆凝结时间，当膨润土掺量超过9%时，凝结时间反而随着钠基膨润土掺量的增加而延长。

当少量钠基膨润土掺入水泥浆时，凝结时间稍微缩短，可能是由于膨润土具有较强的吸水性能，而浆液中具有较多未参与水化反应的自由水，膨润土会吸收部分自由水，减少浆液内自由水分，而钠基膨润土掺量较少，对水化反应影响较小；但当钠基膨润土掺量较多时，浆体内土颗粒直径较大，颗粒较多，阻碍了水泥浆水化反应，从而降低了水泥浆水化速率，导致凝结时间延长。

3. 结石率

图10.16为终凝结石率与碳酸钠及钠基膨润土掺量的关系曲线。

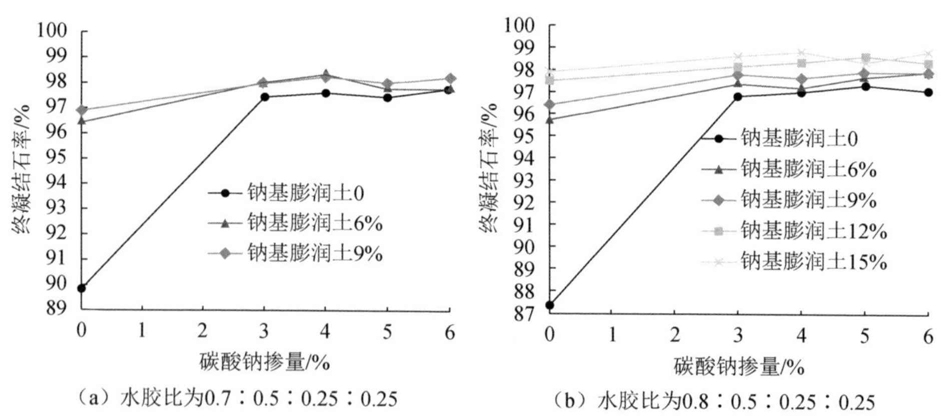

（a）水胶比为0.7∶0.5∶0.25∶0.25　　（b）水胶比为0.8∶0.5∶0.25∶0.25

图10.16　终凝结石率与碳酸钠及钠基膨润土掺量的关系曲线

1）图 10.16（a）中水胶比为 0.7∶0.5∶0.25∶0.25。①钠基膨润土掺量为 0 情况下，当碳酸钠掺量为 0 时，复合水泥浆终凝结石率为 89.8%；当碳酸钠掺量为 3%时，浆液终凝结石率为 97.4%，与碳酸钠掺量为 0 时相比，终凝结石率提高了 8.46%，曲线上升速率较大，终凝结石率上升趋势很明显。②钠基膨润土掺量为 6%情况下，当碳酸钠掺量为 0 时，终凝结石率为 96.5%；当碳酸钠掺量为 3%时，终凝结石率为 98%，终凝结石率提高了 1.55%，曲线上升速率减小很多。③钠基膨润土掺量为 9%情况下，当碳酸钠掺量为 0 时，终凝结石率为 96.9%；当碳酸钠掺量为 3%时，终凝结石率为 98%，终凝结石率提高了 1.14%，曲线上升速率较小，上升趋势明显减弱。④不论钠基膨润土掺量多少，只要钠基膨润土掺量一定，碳酸钠掺量不低于 3%时，随着碳酸钠掺量的增加，终凝结石率没有明显变化，曲线趋于平稳，此时碳酸钠掺量增加对终凝结石率影响不大。

2）图 10.16（a）中水胶比为 0.7∶0.5∶0.25∶0.25。①碳酸钠掺量为 0 情况下，当钠基膨润土掺量为 0 时，水泥浆终凝结石率为 89.8%；当钠基膨润土掺量为 6%时，终凝结石率为 96.5%，终凝结石率增加了 7.46%；当钠基膨润土掺量为 9%时，终凝结石率为 96.9%，相对于掺量为 6%的方案，终凝结石率增加了 0.41%。②碳酸钠掺量为 3%情况下，当钠基膨润土掺量为 0 时，水泥浆终凝结石率为 97.4%；当钠基膨润土掺量为 6%时，终凝结石率为 98%，终凝结石率增加了 0.62%；当钠基膨润土掺量为 9%时，终凝结石率为 98%，终凝结石率与膨润土掺量为 6%方案的结石率相当。③碳酸钠掺量为 4%情况下，当钠基膨润土掺量为 0 时，终凝结石率为 97.6%；当钠基膨润土掺量为 6%时，终凝结石率为 98.4%，终凝结石率增加了 8.2%；当钠基膨润土掺量为 9%时，终凝结石率为 98.2%，终凝结石率甚至出现下降趋势。④碳酸钠继续增加，随着钠基膨润土掺量的增加，水泥浆终凝结石率增速缓慢，基本稳定在 98%左右，钠基膨润土掺量的增加对浆液终凝结石率影响逐渐减弱。

3）图 10.16（b）中水胶比为 0.8∶0.5∶0.25∶0.25。①钠基膨润土掺量为 0 情况下，当碳酸钠掺量为 0 时，终凝结石率为 87.3%；当碳酸钠掺量为 3%时，浆液终凝结石率为 96.8%，终凝结石率提高了 10.88%，曲线上升速率明显很高，终凝结石率上升趋势明显。②钠基膨润土掺量为 6%情况下，当碳酸钠掺量为 0 时，终凝结石率为 95.7%；当碳酸钠掺量为 3%时，终凝结石率为 97.5%，终凝结石率提高了 1.88%。③钠基膨润土掺量为 9%情况下，当碳酸钠掺量为 0 时，终凝结石率为 96.5%；当碳酸钠掺量为 3%时，终凝结石率为 97.9%，终凝结石率提高了 1.45%。④钠基膨润土掺量为 12%情况下，当碳酸钠掺量为 0 时，终凝结石率为 97.5%；当碳酸钠掺量为 3%时，终凝结石率为 98.2%，终凝结石率提高了 0.72%。⑤钠基膨润土掺量为 15%情况下，碳酸钠掺量为 0 时，终凝结石率为 97.9%；碳酸钠掺量为 3%时，终凝结石率为 98.6%，终凝结石率提高了 0.72%。当钠基膨润土掺量一定，碳酸钠掺量大于 3%时，随着碳酸钠掺量增加，终凝结石率趋于稳定。

4）图 10.16（b）中水胶比为 0.8∶0.5∶0.25∶0.25。①碳酸钠掺量为 0 情况下，当钠基膨润土掺量为 0 时，终凝结石率为 87.3%；当钠基膨润土掺量为 6%时，终凝结石率为 95.7%，终凝结石率增加了 9.62%；当钠基膨润土掺量为 9%时，终凝结石率为 96.5%，相对于 6%掺量的方案提升了 0.84%；当钠基膨润土掺量为 12%时，终凝结石率为 97.5%，相对于 9%掺量的方案增加了 1.04%；当钠基膨润土掺量为 15%时，终凝结石率为 97.9%，相对于 12%掺量的方案增加了 0.41%。②碳酸钠掺量为 3%情况下，当钠基膨润土掺量为 0 时，终凝结石率为 96.8%；当钠基膨润土掺量为 6%时，终凝结石率为 97.5%，终凝结石率增加了 0.72%；当钠基膨润土掺量为 9%时，终凝结石率为 97.9%，相对于 6%掺量的方案提升了 0.41%；当钠基膨润土掺量为 12%时，终凝结石率为 98.2%，相对于 9%掺量的方案增加了 0.31%；当钠基膨润土掺量为 15%时，终凝结石率为 98.6%，相对于 12%掺量的方案增加了 0.41%。③3%碳酸钠掺量的水泥浆与不掺碳酸钠的水泥浆相比，终凝结石率增速明显降低。将碳酸钠掺量继续增加至某一定值后，保持其掺量不变，随着钠基膨润土掺量增大，终凝结石率略有提升，但增速逐渐降低。

图 10.17 中 7d 结石率曲线变化趋势与图 10.16 中终凝结石率曲线变化趋势基本相同。结石率随钠基膨润土掺量变化规律：水胶比一定，碳酸钠掺量为 0 时，随着钠基膨润土掺量的增加，结石率明显增加；当碳酸钠掺量不低于 3%时，结石率随钠基膨润土掺量的增加仍然呈上升趋势，但增长速率明显降低，即碳酸钠的掺入弱化了钠基膨润土对结石率的影响。

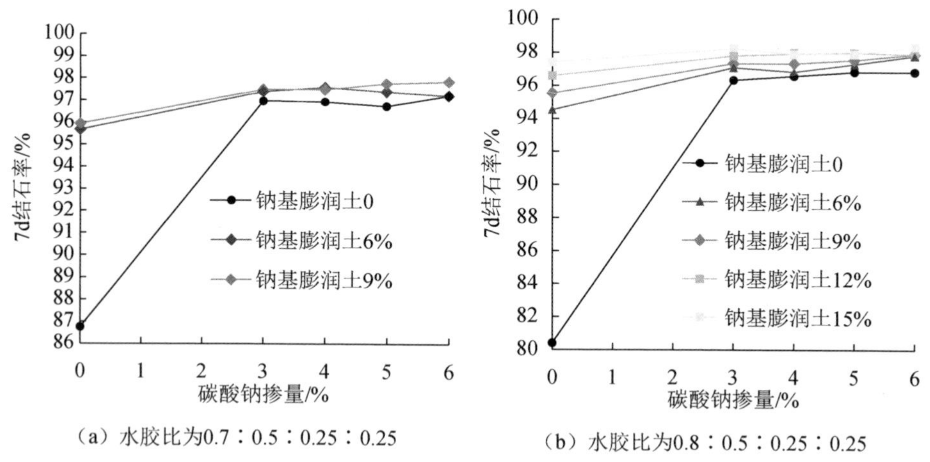

（a）水胶比为0.7∶0.5∶0.25∶0.25　　（b）水胶比为0.8∶0.5∶0.25∶0.25

图 10.17　7d 结石率与碳酸钠、钠基膨润土掺量关系

未掺加碳酸钠的水泥浆水化反应较慢，参加水化反应的水也较少，导致水泥浆中未参加水化反应的自由水较多，析水率较高，因此水泥浆结石率较低。向复合水泥浆中掺加碳酸钠后，碳酸钠与水泥浆中的石膏反应生成碳酸钙沉淀，使石膏失去缓凝作用，导致水泥浆中水化反应急剧增加，水泥浆中更多的水分参与到

水化反应，自由水快速减少，析水率降低，因此结石率提高。而钠基膨润土的结构特点使钠基膨润土分散于水泥浆后快速吸收周围的水分，使大量的自由水转变为束缚水，导致浆液黏度上升，保水性能提高，析水率降低，结石率提高。因此，二者在一定程度上都能提高水泥浆结石率，随着结石率的提高，二者掺量增加对结石率影响越来越小，且二者之间相互抑制。

4. 抗压强度

当钠基膨润土掺量一定时，变化碳酸钠的掺量，具体试验研究如下。

（1）3d 抗压强度

图 10.18 为 3d 抗压强度与碳酸钠及钠基膨润土掺量的关系曲线。

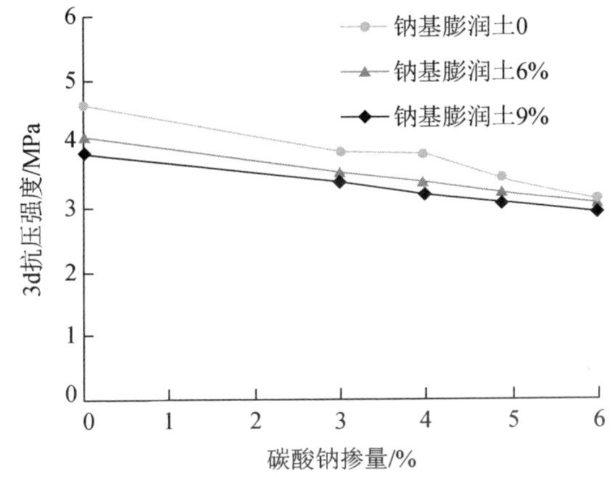

（a）水胶比为0.7：0.5：0.25：0.25

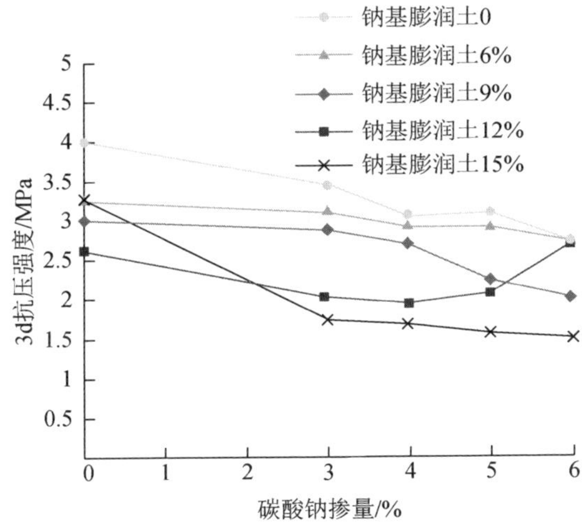

（b）水胶比为0.8：0.5：0.25：0.25

图 10.18　3d 抗压强度与碳酸钠及钠基膨润土掺量的关系曲线

1）图 10.18（a）中水胶比为 0.7∶0.5∶0.25∶0.25。①钠基膨润土掺量为 0 情况下，当碳酸钠掺量为 0 时，3d 抗压强度为 4.58MPa；当碳酸钠掺量从 3%依次增加到 6%时，3d 抗压强度分别为 3.9MPa、3.83 MPa、3.43 MPa、3.16 MPa。其中，当碳酸钠掺量从 0 增加到 3%时，3d 抗压强度降低 14.8%；当碳酸钠掺量从 3%增加到 4%时，强度降低 1.8%；当碳酸钠掺量从 4%增加到 5%时，强度降低 10.4%；当碳酸钠掺量从 5%增加到 6%时，强度降低 7.9%。②钠基膨润土掺量为 6%情况下，当碳酸钠掺量为 0 时，3d 抗压强度为 4.15MPa；当碳酸钠掺量从 3%依次增加到 6%时，3d 抗压强度分别为 3.6MPa、3.42 MPa、3.27 MPa、3.09MPa。其中，当碳酸钠掺量从 0 增加到 2%时，3d 抗压强度降低 13.3%；当碳酸钠掺量从 3%增加到 4%时，强度降低 5%；当碳酸钠掺量从 4%增加到 5%时，强度降低 4.4%；当碳酸钠掺量从 5%增加到 6%时，强度降低 5.5%。③钠基膨润土掺量为 9%情况下，当碳酸钠掺量为 0 时，3d 抗压强度为 3.88MPa；当碳酸钠掺量从 3%依次增加到 6%时，3d 抗压强度分别为 3.41MPa、3.25 MPa、3.12 MPa、2.94MPa；当碳酸钠掺量从 0 增加到 6%时，3d 抗压强度依次降低 12.1%、4.7%、4%、5.8%。

2）图 10.18（b）中水胶比为 0.8∶0.5∶0.25∶0.25，3d 抗压强度曲线变化走势与图 10.18（a）中 3d 抗压强度曲线走势基本一致。

（2）7d 抗压强度

图 10.19 为 7d 抗压强度与碳酸钠及钠基膨润土掺量的关系曲线。

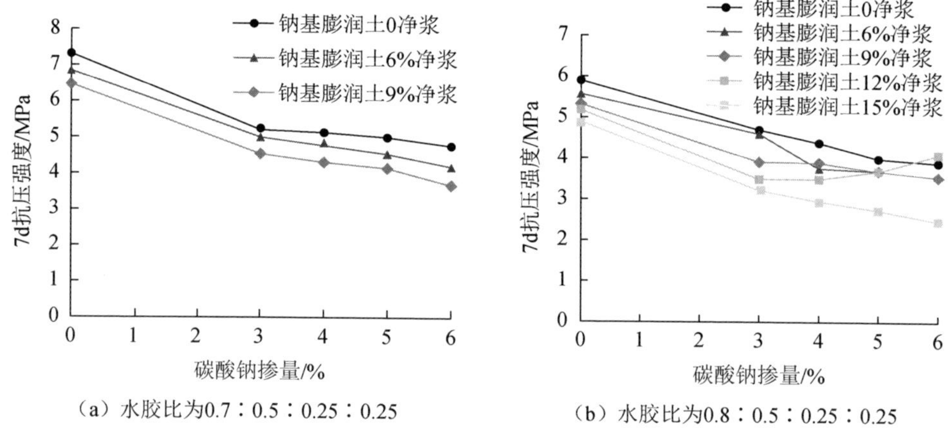

（a）水胶比为0.7∶0.5∶0.25∶0.25　（b）水胶比为0.8∶0.5∶0.25∶0.25

图 10.19　7d 抗压强度与碳酸钠及钠基膨润土掺量的关系曲线

1）图 10.19（a）中水胶比为 0.7∶0.5∶0.25∶0.25。①钠基膨润土掺量为 0 情况下，当碳酸钠掺量为 0 时，7d 抗压强度为 7.36MPa；当碳酸钠掺量从 3%依次增加到 6%时，7d 抗压强度分别为 5.24MPa、5.15MPa、4.98MPa、4.79MPa。其中，当碳酸钠掺量从 0 增加到 3%时，7d 抗压强度降低 28.8%；当碳酸钠掺量从 3%增加到 4%时，强度降低 1.7%；当碳酸钠掺量从 4%增加到 6%时，强度降低 3.3%；当碳酸钠掺量从 5%增加到 6%时，强度降低 3.8%。②钠基膨润土掺量为 6%情况下，当碳酸钠掺量分别为 0、3%、4%、5%、6%时，7d 抗压强度分别为 6.87MPa、5.03MPa、4.88MPa、4.59MPa、4.27 MPa。其中，当碳酸钠掺量从 0 增加到 3%时，7d 抗压强度降低 26.8%；当碳酸钠掺量从 3%增加到 4%时，强度降低 3%；当碳酸钠掺量从 4%增加到 5%时，强度降低 5.9%；当碳酸钠掺量从 5%增加到 6%时，强度降低 7%。③钠基膨润土掺量为 9%情况下，当碳酸钠掺量分别为 0、3%、4%、5%、6%时，对应的 7d 抗压强度分别为 6.49MPa、4.55MPa、4.34 MPa、4.16MPa、3.82 MPa。其中，当碳酸钠掺量从 0 增加到 3%时，7d 抗压强度降低 29.9%；当碳酸钠掺量从 3%增加到 4%时，强度降低 4.6%；当碳酸钠掺量从 4%增加到 5%时，强度降低 4.1%；当碳酸钠掺量从 5%增加到 6%时，强度降低 8.2%。

2）图 10.19（b）中水胶比为 0.8∶0.5∶0.25∶0.25，7d 抗压强度曲线变化趋势与图 10.19（a）中 7d 抗压强度曲线变化趋势基本一致。

由此可知，抗压强度随碳酸钠掺量的变化规律如下：水胶比一定情况下，当钠基膨润土和碳酸钠掺量同时为 0 时，水泥浆抗压强度最大。钠基膨润土掺量一定情况下，当碳酸钠掺量从 0 增加到 3%时，抗压强度随碳酸钠掺量的增加明显降低；当碳酸钠掺量超过 3%时，抗压强度随碳酸钠掺量的增加而降低，但降低幅度明显变小。

当钠基膨润土掺量一定时，变化碳酸钠的掺量，具体试验研究如下。

（1）3d 抗压强度

1）图 10.18（a）中水胶比为 0.7∶0.5∶0.25∶0.25。①碳酸钠掺量为 0 情况下，当钠基膨润土掺量为 0 时，3d 抗压强度为 4.58MPa；当钠基膨润土掺量为 6%、9%时，3d 抗压强度为 4.15 MPa、3.88 MPa。其中，当钠基膨润土掺量从 0 增加到 6%时，3d 强度降低 9.4%；当钠基膨润土掺量从 6%增加到 9%时，强度降低 6.5%。②碳酸钠掺量为 3%情况下，当钠基膨润土掺量为 0、6%、9%时，3d 抗压强度分别为 3.9MPa、3.6MPa、3.41 MPa。其中，当钠基膨润土掺量从 0 增加到 6%时，3d 强度降低 7.7%；当钠基膨润土掺量从 6%增加到 9%时，强度降低 5.3%。③碳酸钠掺量为 4%情况下，当钠基膨润土掺量为 0、6%、9%时，3d 抗压强度分别为 3.83MPa、3.42MPa、3.25 MPa。其中，当钠基膨润土掺量从 0 增加到 6%时，3d 强度降低 10.7%；当钠基膨润土掺量从 6%增加到 9%时，强度降低 5%。④将碳酸钠掺量继续增加至某一定值后，保持其掺量不变，3d 抗压强度随钠基膨润土的增加而降低，降低幅度与碳酸钠掺量为 3%、4%时相近。

2）图 10.18（b）中水胶比 0.8∶0.5∶0.25∶0.25。当碳酸钠掺量一定时，3d 抗压强度曲线随钠基膨润土掺量变化发展趋势与水胶比 0.7∶0.5∶0.25∶0.25 的曲线走势基本一致。

（2）7d 抗压强度

1）图 10.19（a）中水胶比 0.7∶0.5∶0.25∶0.25。①碳酸钠掺量为 0 情况下，当钠基膨润土掺量为 0、6%、9%时，7d 抗压强度分别为 7.36MPa、6.87MPa、6.49MPa。其中，当钠基膨润土掺量从 0 增加到 6%时，7d 强度降低 6.7%；当钠基膨润土掺量从 6%增加到 9%时，强度降低 5.5%。②碳酸钠掺量为 3%情况下，当钠基膨润土掺量为 0、6%、9%时，7d 抗压强度分别为 5.24MPa、5.03MPa、4.55MPa。其中，当钠基膨润土掺量从 0 增加到 6%时，7d 强度降低 4%；当钠基膨润土掺量从 6%增加到 9%时，强度降低 9.5%。③碳酸钠掺量为 4%情况下，当钠基膨润土掺量为 0、6%、9%时，7d 抗压强度分别为 5.15MPa、4.88MPa、4.34MPa。其中，当钠基膨润土掺量从 0 增加到 6%时，7d 强度降低 5.2%；当钠基膨润土掺量从 6%增加到 9%时，强度降低 11%。④将碳酸钠掺量继续增加至某一定值后，保持其掺量不变，7d 抗压强度随钠基膨润土的增加而降低，降低幅度与碳酸钠掺量为 3%、4%时接近。

2）图 10.19（b）中水胶比为 0.8∶0.5∶0.25∶0.25。当碳酸钠掺量一定时，7d 抗压强度曲线随钠基膨润土掺量变化发展趋势与水胶比为 0.7∶0.5∶0.25∶0.25 的曲线走势基本一致。

由此可知，抗压强度随钠基膨润土掺量的变化规律如下：当水胶比、碳酸钠掺量一定时，随着钠基膨润土掺量的增加，抗压强度均匀降低。

10.4.3 工程应用结论

根据大量试验研究成果，获得了碳酸钠作为速凝剂制备复合水泥浆的最佳配合比：水胶比为 0.7（水）∶0.5（水泥）∶0.25（粉煤灰）∶0.25（矿粉），碳酸钠掺量为 5%，钠基膨润土掺量为 9%，流动性随时间快速下降，10min 左右可失去流动性，初凝时间为 48min，终凝结石率为 98%，3d 抗压强度可达 3.12MPa，均满足本项目要求。根据以上配合比，对灌注桩区域探明的溶洞进行的预处理，在后期冲孔灌注桩成孔施工过程中未发生漏浆、混凝土突然漏失的现象，验证了利用复合水泥浆液进行溶洞治理是成功的。

10.5 本章小结

本工程前期采用高压注浆预处理法（水泥+粉煤灰+水玻璃）进行溶洞治理，鉴于高压注浆（水泥+粉煤灰+水玻璃）预处理法治理溶洞存在的问题，考虑到工程工期比较紧，本章开展了岩溶注浆治理中复合水泥浆液可注性的试验研究，研究成果表明，以碳酸钠作速凝剂，制备复合水泥浆时的最佳配合比如下：水胶比为 0.7（水）∶0.5（水泥）∶0.25（粉煤灰）∶0.25（矿粉），碳酸钠掺量 5%，钠基膨润土掺量 9%，流动性随时间快速下降，10min 左右可失去流动性，初凝时间为 48min，终凝结石率为 98%，3d 抗压强度可达 3.12MPa，均满足要求。通过现场的实际应用，验证了该方法在溶洞治理上是非常有效的。

参考文献

包惠明，胡长顺，2001．岩溶塌陷两级模糊综合评判[J]．水文地质工程地质，28（3）：49-52.

包惠明，胡长顺，2002．岩溶地面塌陷神经网络预测[J]．工程地质学报，10（3）：299-304.

曹文贵，程晔，赵明华，2005．公路路基岩溶顶板安全厚度确定的数值流形方法研究[J]．岩土工程学报，27（6）：621-625.

陈国亮，1994．岩溶地面塌陷的成因与防治[M]．北京：中国铁道出版社.

陈国亮，2009．岩溶工程论文集[M]．北京：中国铁道出版社.

陈立德，彭桂梅．武汉地调中心圈定长江中游城市群岩溶地面塌陷高易发区[N]．中国国土资源报，2015-12-01（5）.

陈尚桥，黄润秋，2000．基础下浅埋洞室安全顶板厚度研究[J]．岩石力学与工程学报，19（S1）：961-966.

陈学军，罗元华，2001．GIS 支持下的岩溶塌陷危险性评价[J]．水文地质工程地质（4）：15-18.

程惠红，乔利国，李日运，2009．大连海上休闲广场岩溶塌陷危险性模糊评价[J]．华北水利水电学院学报，30（2）：95-97.

程晔，曹文贵，赵明华，2003．高速公路下伏岩溶顶板稳定性二级模糊综合评判[J]．中国公路学报，16（4）：21-24.

代群力，1994．论岩溶地面塌陷的形成机制与防治[J]．中国煤田地质，6（2）：59-63.

戴建玲，雷明堂，赵杰华，等，2010．公路工程岩溶环境地理信息系统开发[J]．公路（7）：94-100.

邓学成，1996．岩溶区抽水引起地表塌陷问题的分析[J]．江西水利科技，22（4）：248-253.

邸凯昌，1999．空间数据发掘和知识发现的理论与方法[D]．武汉：武汉测绘科技大学.

丁丽光，余江，2006．广东省阳春市大河水库移民春城河西安置区岩溶塌陷及防治[J]．环境（6）：102-103.

冯翠娥，周建伟，周爱国，2004．当前世界环境地质学发展特点趋向及我国主要环境地质学问题分析[J]．中国地质灾害与防治学报，15（2）：9-15.

冯国双，刘德平，2012．医学研究中的 Logistic 回归分析及 SAS 实现[M]．北京：北京大学医学出版社.

冯永，陈鹏举，2012．基于改进模糊 K-M 法的岩溶塌陷危险性预测[J]．郑州大学学报（工学版），33（5）：30-33.

冯佐海，陈南春，韦继武，1998．桂林市拓木岩溶塌陷成因及其分布的基本特征[J]．中国地质灾害与防治学报，9（3）：85-89.

符策简，2010．岩溶地区隐伏溶洞顶板稳定性及变形分析[J]．岩土力学，31（S2）：288-291.

富振英，1992．Logistic 回归模型数据的预处理（一）[J]．中国卫生统计，9（1）：49-50.

富振英，1992．Logistic 回归模型数据的预处理（二）[J]．中国卫生统计，9（2）：43-46.

光耀华，1998．岩溶地区工程地质研究的若干新进展概述[J]．中国岩溶，12（4）：378-384.

郭殿权，刘连喜，1990．武昌陆家街地面塌陷成因机理分析[J]．工程勘察（6）：15-17.

郭强，1989．遵义金塘谷地岩溶塌陷形成机理初步探讨[J]．贵州地质，19（2）：163-171.

郝杰，侍克斌，王显丽，等，2016．基于模糊 C-均值算法粗糙集理论的云模型在岩爆等级评价中的应用[J]．岩土力学，37（3）：859-866，874.

何书，王家鼎，朱忠，等，2009．基于模糊贴近度的岩溶塌陷易发性研究[J]．自然灾害学报，18（1）：8-13.

贺可强，王滨，杜汝霖，2005．中国北方岩溶塌陷[M]．北京：地质出版社.

侯欣，2004．唐山市体育中心岩溶塌陷地质灾害治理研究[D]．天津：天津大学.

胡成，陈植华，陈学军，2003．基于 ANN 与 GIS 技术的区域岩溶塌陷稳定性预测——以桂林西城区为例[J]．中国地质大学学报（地球科学版），58（5）：557-562.

胡庆国，张可能，阳军生，2005．溶洞上方条形基础地基极限承载力有限元分析[J]．中南大学学报（自然科学版），36（4）：694-697.

黄崇福，2005．自然灾害风险评价理论与实践[M]．北京：科学出版社.

黄海生，王汝传，2008．基于隶属云理论的主观信任评估模型研究[J]．通信学报，29（4）：13-19.

黄仁东，韩明，张小军，等，2011．基于 Fisher 判别法岩溶塌陷倾向性等级分类预测[J]．中国安全科学学报，21（9）：70-75.

黄润秋，陈尚桥，黄家渝，等，1998．重庆市浅埋地下洞室安全顶板厚度研究[J]．工程地质学报，6（2）：120-127.

姜贤平，王春雷，2010．岩溶区桥基下伏溶腔顶板安全厚度分析[J]．铁道工程学报，27（4）：62-65．
蒋小珍，高金川，薛柳，2001．玉林市岩溶塌陷地理信息系统[J]．中国地质灾害与防治学报，12（1）：55-59．
赖永标，乔春生，2008．基于支持向量机岩溶塌陷的智能预测模型[J]．北京交通大学学报，32（1）：36-39．
雷国良，周济祚，1996．贵州水城工业区覆盖型岩溶塌陷研究[J]．中国地质灾害与防治学报，7（4）：39-46．
雷明堂，蒋小珍，2002．岩溶塌陷试验、评估与管理方法研究[J]．地质灾害与环境保护，13（1）：18-22．
雷明堂，蒋小珍，李瑜，1994．地理信息系统（GIS）在岩溶塌陷评价中的应用[J]．中国岩溶，13（4）：351-356．
雷明堂，蒋小珍，李瑜，1998．地理信息系统技术在地质灾害信息管理系统中的应用[J]．中国岩溶，17（2）：125-132．
雷明堂，蒋小珍，李瑜，1998．中国岩溶塌陷地理信息系统概况[J]．中国地质灾害与防治学报（S1）：179-184．
雷明堂，蒋小珍，李瑜，2002．岩溶塌陷试验评估及管理方法研究[J]．地质灾害与环境保护，13（1）：18-22．
黎斌，范秋雁，秦凤荣，等，2002．岩溶地区溶洞顶板稳定性分析[J]．岩石力学与工程学报，21（4）：532-536．
李德毅，杜鹢，2014．不确定性人工智能[M]．2 版．北京：国防工业出版社．
李光辉，潘懋，杨志双，等，2006．基于灰色聚类法的鞍山城区岩溶塌陷危险性区划[J]．吉林大学学报（地球科学版），36（S1）：75-79．
李建朋，聂庆科，刘泉声，等，2017．唐山市岩溶地面塌陷稳定性评价的 Logistic 回归模型[J]．岩土力学，38（S2）：250-256．
李建朋，聂庆科，刘泉声，等，2018．基于权重反分析的岩溶地面塌陷危险性评价方法研究[J]．岩土力学，39（4）：1395-1400．
李健，汪明武，徐鹏，等，2014．基于云模型的围岩稳定性分类[J]．岩土学报，36（1）：83-87．
李仁江，2006．溶洞顶板极限承载力研究[D]．武汉：中国科学院研究生院．
李雪平，徐光黎，吴强，等，2010．基于 GIS 的 Logistic 模型在深圳大运中心岩溶空间发育规律评价中的应用[J]．岩土力学，31（S2）：276-280．
李忠，张耀文，李海君，2013．改进型 BP-网络的岩溶塌陷预测评价[J]．辽宁工程技术大学学报（自然科学版），32（1）：1-6．
刘传正，2000．地质灾害勘察指南[M]．北京：地质出版社．
刘传正，温铭生，唐灿，2004．中国地质灾害气象预警初步研究[J]．地质通报，23（4）：303-309．
刘江龙，2006．广州市地面塌陷成灾机制与危险性评价[D]．广州：广州大学．
刘伟韬，廖尚辉，刘士亮，等，2015．主成分 Logistic 回归分析在底板突水预测中的应用[J]．辽宁工程技术大学学报（自然科学版），34（8）：905-909．
刘秀敏，陈从新，沈强，等，2011．覆盖型岩溶塌陷的空间预测与评价[J]．岩土力学，32（9）：2785-2790．
罗美芳，方琼，唐仲华，等，2006．浙江省江山市岩溶地质环境信息管理系统建设[J]．地球科学与环境，34（4）：66-70．
马金荣，韩宝平，1996．徐州市塌陷区岩土体特性与塌陷机理[J]．中国地质灾害与防治学报，7（2）：51-56．
缪钟灵，1998．桂林附近塌落地震分布、形成及特征[J]．水文地质工程地质（3）：38-41．
聂庆科，李建朋，贾向新，2017．唐山市岩溶勘察信息系统的实现与应用[J]．岩土工程技术，31（3）：115-118．
牛晶蕊，2010．唐山市长青楼小区岩溶地基稳定性评价方法[D]．北京：中国地质大学（北京）．
邱向荣，2004．岩溶塌陷稳定性的灰色模糊综合评判[J]．水文地质工程地质，31（4）：58-61．
茹锦文，刘光慧，马祖陆，等，1994．地理信息系统与岩溶区国土整治[J]．中国岩溶，13（4）：345-350．
沈冰，2005．岩溶地区桩基础稳定性研究析[D]．南宁：广西大学．
沈继方，史毅虹，于青春，等，1991．碳酸盐岩中岩溶洞穴的形成条件及预测方法初探[J]．中国地质大学学报（地球科学版），16（1）：61-70．
石建省，1996．唐山市活动性断裂与岩溶塌陷关系的空间分析[J]．中国地质灾害与防治学报，7（3）：87-91．
石祥峰，2005．岩溶区桩基荷载下隐伏溶洞顶板稳定性研究[D]．武汉：中国科学院研究生院．
田级生，1989．柳江水源地岩溶塌陷的调查[J]．工程勘察（4）：44-46．
铁道部第二勘测设计院，1984．岩溶工程地质[M]．北京：中国铁道出版社．
万继涛，杨蕊英，李公岩，等，2003．山东省枣庄市市中区地质灾害防治规划[J]．地质灾害与环境保护，14（3）：61-64．

王建秀，何静，2000．阻水盖层分布区岩溶塌陷的物质基础及成因研究[J]．水文地质工程地质（4）：25-29．
王建秀，杨立中，刘丹，等，1999．铁路岩溶塌陷典型概念模型研究及实例分析[J]．铁道工程学报（4）：75-79．
王建秀，杨立中，刘丹，等，2000．岩溶中低山区岩石路堑填土路基塌陷危险性叛识研究[J]．中国地质灾害与防治学报，11（1）：60-65．
王学聚，1997．山东省地面塌陷地质灾害的综合研究[J]．华北地震科学，15（4）：26-30．
王艳美，陈植华，王宁涛，2008．福建马坑铁矿岩溶发育规律研究及基于GIS的成果展示[J]．化工矿产地质，30（1）：28-34．
王迎超，靖洪文，张强，等，2015．基于正态云模型的深埋地下工程岩爆烈度分级预测研究[J]．岩土力学，36（4）：1189-1194．
王勇，乔春生，孙彩虹，等，2006．基于SVM的溶洞顶板安全厚度智能预测模型[J]．岩土力学，27（6）：1000-1004．
吴治生，2006．岩溶塌陷地表稳定性分析及工程地质分区[J]．铁道工程学报（4）：6-9．
肖明贵，2005．桂林市岩溶塌陷形成机制与危险性预测[D]．长春：吉林大学．
谢立军，朱智强，孙磊，等，2013．基于隶属度理论的云服务行为信任评估模型研究[J]．计算机应用研究，30（4）：1051-1054．
辛宝东，2005．北京市奥林匹克公园岩溶塌陷危险性评价[D]．长春：吉林大学．
徐涛，张峰，张桂林，等，2012．基于GIS的玉林-铁山港公路地质灾害危险性评价[J]．桂林理工大学学报，32（1）：55-62．
许来香，黄叶峰，唐已华，2008．基于GIS地理信息系统的岩溶发育规律分析[J]．西部探矿工程，20（2）：96-98．
薛勇，2009．贵州毕节机场岩溶塌陷成因分析及稳定性评价[D]．成都：成都理工大学．
燕柳斌，张研，苏国韶，2011．岩溶塌陷预测的高斯过程机器学习模型[J]．广西大学学报（自然科学版），36（1）：172-176．
杨志法，王思敬，冯紫良，等，2002．岩土工程反分析原理及应用[M]．北京：地震工程出版社．
姚春梅，冯克印，王元波，等，2007．数值模拟在岩溶塌陷预警系统建设中的应用：以临沂市城区岩溶塌陷为例[J]．水文地质工程地质（4）：94-97．
于贺艳，2006．武广客运专线英德段岩溶塌陷模式及致塌因素的研究[D]．成都：成都理工大学．
于青春，沈继方，1991．岩溶地面塌陷机理分析[J]．中国地质灾害与防治学报，2（1）：99-104．
张凯，孙文怀，2005．岩溶发育特征的数字化分析[J]．工程勘察（5）：30-32．
张菊连，沈明荣，2011．高速公路边坡稳定性评价新方法[J]．岩土力学，32（12）：3623-3629．
张菊连，沈明荣，2011．岩体分级的多分类有序因变量Logistic回归模型[J]．同济大学学报（自然科学版），39（4）：507-511．
张军，陈征宙，刘登峰，2014．基于云模型的岩质边坡稳定性评估研究[J]．水文地质工程地质，41（6）：44-50．
张丽芬，曾夏生，姚运生，等，2007．我国岩溶塌陷研究综述[J]．中国地质灾害与防治学报，18（3）：126-130．
张丽霞，熊大军，王集宁，等，2002．莱芜市岩溶塌陷原因分析与评价[J]．山东地质，l8（2）：32-35．
张永杰，曹文贵，赵明华，等，2011．岩溶区公路路基稳定性的区间模糊评判分析方法[J]．岩土工程学报，33（1）：38-44．
赵明华，曹文贵，何鹏祥，等，2004．岩溶及空区桥梁桩基桩端岩层安全厚度研究[J]．岩土力学，25（1）：64-68．
赵明华，蒋冲，曹文贵，2007．岩溶区嵌岩桩承载力及其下伏溶洞顶板安全厚度的研究[J]．岩土工程学报，29（11）：1618-1622．
赵明华，雷勇，张锐，2012．岩溶区桩基冲切破坏模式及安全厚度研究[J]．岩土力学，33（2）：524-529．
赵增玉，潘懋，梁河，2010．二值证据权（Wofe）模型岩溶塌陷区划研究[J]．北京大学学报（自然科学版），46（4）：595-600．
郅正华，杨海滨，张开伟，等，2013-01-09．一种桩底岩溶无损探测方法：201010539461[P]．
中华人民共和国地质矿产部，1993.岩溶地区工程地质调查规程（比例尺 1∶10 万～1∶20 万）：DZ/T 0060—93[S]．北京：中国标准出版社．
中华人民共和国铁道部，2012．铁路工程不良地质勘察规程：TB 10027—2012 [S]．北京：中国铁道出版社．
周明，孙树栋，1999．遗传算法原理及应用[M]．北京：国防工业出版社．

周宁，2000．云模型及其在智能控制中的应用[D]．南京：中国人民解放军理工大学．

朱良峰，吴信才，殷坤龙，等，2004．基干信息量模型的中国滑坡灾害风险区划研究[J]．地球科学与环境学报，26（3）：52-56．

朱庆杰，刘挺权，张秀彦，2003．唐山市岩溶塌陷的神经网络预测模型[J]．辽宁工程技术大学学报，22（6）：753-755．

Menard S，2012．应用 Logistic 回归分析[M]．李俊秀，译．上海：格致出版社，上海人民出版社．

NIE Q K, LI J P, LI H W, et al., 2014. Distribution and forming mechanism of karst collapses in Tangshan stadium[C]// American Society of Civil Engineers. Rock mechanics and its applications in civil, mining, and petroleum engineering. Reston: ASCE Library: 183-190.

Pampel F C，2014．Logistic 回归入门[M]．周穆之，译．上海：格致出版社，上海人民出版社．